R 1250 GS

BMW
R 1250 GS

Modelljahre
2019 bis 2023

R 1250 GS Adventure

BMW
R 1250 GS Adventure

Modelljahre
2019 bis 2024

bucheli verlag

Impressum

ISBN 978-3-7168-2331-6

Motorrad-Reparaturanleitung
Band 5328

Redaktion und Gestaltung:
Schermer Verlag GmbH,
D-70563 Stuttgart

Mitarbeiter dieser Ausgabe: Bernd Burbulla (Daten- und Technikrecherche), Horst Liebermann (Technik), Helmut Mader (Technik-Beratung), Axel Schermer, Franz Josef Schermer (Fotos und Texte), Dipl. Ing. (FH) Helmut Städele (Elektrik und Elektronik), Helmut Strauß (Daten und Texte)

Zeichnungen: Daniel Horvat, Stefanie Schenk, Wolf Kurz, Tomoko Wakayama

Für diese Motorrad-Reparaturanleitung wurden unter anderem Bilder,Texte und Daten aus den Archiven von BMW, der Bucheli Verlags AG (Schweiz), dem Motorbuch Verlag und dem Schermer Verlag verwendet.

Ein ganz besonderer Dank geht an die BMW-Niederlassung Stuttgart und dort speziell an die Werkstattmeister Fleige, Surmund und Zeiner für ihre Hilfe bei den Fotoaktionen der BMW R 1250 GS und Adventure sowie den vielen Tipps zur Vermeidung kleiner und großer Probleme im täglichen Umgang mit den Maschinen.

Satz und Layout: Schermer Verlag GmbH, Stefanie Schenk
Lektorat: Myrta Baumberger
Druck und Bindung:
DZS GRAFIK d.o.o.
1210 Ljubljana, Slovenia

Sie finden uns im Internet unter
www.motorbuch.de
www.bucheli-verlag.de
www.schrauberzeit.de

1. Auflage 2025

Der Vierventil-Boxermotor in der zweiten Evolutionsstufe mit Flüssigkeitskühlung, zwei oben liegenden Nockenwellen, vier Ventilen pro Zylinder mit variablen Steuerzeiten, Mehrscheiben-Nasskupplung und 6-Ganggetriebe. In den Modelljahren 2019 bis 2024 war dieser Motor in die Erfolgsmodelle R 1250 GS und Adventure eingebaut.

Warum dieses Buch wichtig ist

Die beiden BMW-Erfolgsmodelle R 1250 GS und Adventure haben den flüssigkeitsgekühlten Motor, bei dem Getriebe und Kupplung in den Motorblock integriert sind. Zum Verkaufsstart im Oktober 2018 hatte BMW alle Trümpfe in der Hand, um die schon mehr als 35 Jahre dauernde Erfolgsgeschichte der GS-Baureihe fortzuschreiben. Beide Modelle sind stark im Gelände und auf allen Straßen dieser Welt gut zu fahren und sicher zu beherrschen.

Wenn Sie sich dieses Buch gekauft haben, um Ihren Boxer besser kennen zu lernen, sind Sie ein umsichtiger Mensch, der sich rechtzeitig informiert, anstatt irgendwann hilflos dazustehen, wenn ein Problem auftaucht, das bei näherer Betrachtung vielleicht gar keines ist.

Wenn Sie dieses Buch gekauft haben, weil Sie Ihr Motorrad selbst warten möchten, hoffen wir, dass es Ihnen genügend Einblicke vermittelt in die komplexe Mechanik der Maschine und Sie damit arbeiten können.

Dieses Buch soll auch ein erklärender Lesestoff sein, der die Technik des Boxers verständlich macht. Wir haben uns größte Mühe gegeben, diese Motorrad-Reparaturanleitung so verständlich wie möglich und gleichzeitig so tiefgreifend technisch wie nötig zu gestalten.

Wir sind der festen Meinung, dass ein Fahrer, der sein Motorrad versteht, sorgsamer damit umgeht. Was wiederum hilft, Probleme entweder schon im Ansatz zu erkennen oder sie gar nicht erst auftreten zu lassen. Denn durch das Verständnis der Technik wird die Grundlage dafür geschaffen, dass man begreift, warum sich dieses Zahnrad so rum drehen muss, damit sich das andere andersrum dreht und das Motorrad vorwärts fährt. Tiefgreifende Reparaturen an Motor, Getriebe und Hinterradantrieb sowie am ABS-Bremssystem werden in diesem Buch nicht behandelt, sie müssen ausgebildeten BMW-Motorradmechanikern vorbehalten bleiben; dies gilt auch für die vollelektronische Zünd-Einspritzanlage.

BMW R 1250 GS und Adventure machen im Gelände (G) und auf Straße (S) eine gute Figur.

Der Inhalt dieser Motorrad-Reparaturanleitung kann kein Grundkurs in allgemeiner Motorradtechnik sein, weil sie speziell auf BMW R 1250 GS und Adventure ausgerichtet ist.

In diesem Sinne wünschen wir Ihnen viel Spaß bei der Lektüre. Wir hoffen, dass Sie keine Probleme mit Ihrer Maschine haben – und wenn, dann soll Ihnen das Buch helfen, diese rasch zu beseitigen. Der Spagat zwischen verständlicher Technik und stimmiger Anleitung zum Schrauben bestimmt den Inhalt dieses Buches.

Einige Grundsätze zu diesem Buch:

- Die Lektüre dieses Buches kann weder eine dreijährige Lehre zum Motorradmechaniker noch eine mehrjährige Praxis im Kraftfahrzeughandwerk ersetzen. Interessierte Laien sollten sich die Pflegetipps zu Herzen nehmen, denn bei guter Pflege lernt man seine Maschine besser kennen.
- Die Umsetzung der im Buch gezeigten Arbeitsschritte setzt einen gewissen Grundstock an Werkzeug voraus.
- Für einige Arbeiten sind Spezialwerkzeuge nötig, die den Umfang einer Hobby-Werkzeugausstattung bei Weitem sprengen. Selbst wer die grundsätzliche Bereitschaft hat, sich diese Spezialwerkzeuge zuzulegen, sollte sich reiflich überlegen, ob es sich wirklich rentiert, denn sie sind erstens sehr teuer und zweitens erfordert es Erfahrung und Fingerfertigkeit, um damit richtig umzugehen.

Damit sind wir beim kritischsten Punkt dieses Buchs, nämlich bei anspruchsvollen Inhalten wie z. B. Radlager erneuern oder Ventile einstellen: Wir erklären, aus welchen Teilen diese Baugruppen bestehen, wie sie funktionieren, wie man sie warten, zerlegen und wieder zusammenbauen kann. Fachleute werden Texte, Zeichnungen und Bilder begreifen, Laien sollten sie verstehen – und beim BMW-Händler reparieren lassen, denn dort arbeiten vom BMW-Werk geschulte Mechaniker.

In diesem Sinne wünsche ich Ihnen allzeit pannenfreie Fahrt mit der BMW R 1250 GS oder Adventure!

Herzlichst, Ihr
F. J. Schermer
(Redaktionsleiter)

Wenn in diesem Buch von »Fahrern« die Rede ist, meinen wir natürlich auch die weiblichen Leser. Der leichteren Lesbarkeit halber beschränken wir uns jedoch auf die allgemeine (männliche) Form.

Inhalt

Folgende Symbole verdienen während der Arbeiten besondere Beachtung:

Sichtprüfung:
Teil genau ansehen, besonders beachten

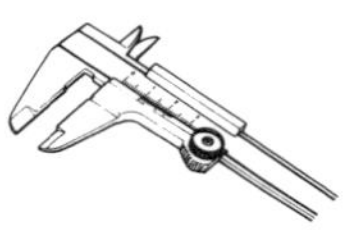

Messen:
Messschieber oder anderes Messwerkzeug nötig

Achtung:
Besondere Vorsicht geboten, Sicherheitshinweise beachten

Tipp:
Wertvoller Hinweis für einfacheres Schrauben

Hörprüfung:
Bei Prüfung genau hinhören

Folgende Symbole verdeutlichen den Schwierigkeitsgrad der Arbeiten:

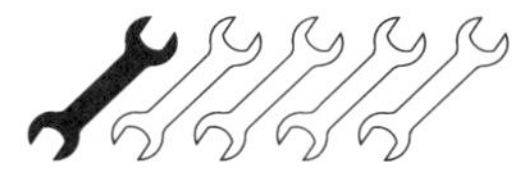

Ein Schlüssel:
Einfache Arbeit, erweitertes Bordwerkzeug reicht aus

Zwei Schlüssel:
Anspruchsvolle Arbeit, extra Werkzeug notwendig

Drei Schlüssel:
Gutes Werkzeug und Spezialkenntnisse erforderlich

Vier Schlüssel:
Spezialwerkzeug und sehr gute handwerkliche Fertigkeit gefragt

Fünf Schlüssel:
Spezialwerkzeug und meisterliche Fertigkeiten notwendig: Fachwerkstatt!

Sichtprüfung Messen

Zur unten stehenden Tabelle: Die Kilometer- und Zeitangaben sind wichtige Anhaltswerte, wann welche Wartungs- und Inspektionsarbeiten durchgeführt werden müssen. Abhängig vom Alter der Maschine und den gefahrenen Kilometern können diese variieren. Die Serviceanzeige im TFT-Display zeigt ungefähr einen Monat oder 1000 Kilometer den nahenden Servicetermin an. Mehr zum Thema Service gibt es unter: bmw-motorrad.com/service.

Wartung · Pflege

In diesem Kapitel: Inspektionen · Tabelle der Wartungs- und Inspektionsintervalle · Regelmäßige Kontrollen · Pre-Ride-Check · Motorstartunterdrückung · Seitenständerlagerung und Federn · Mittelständer · Waschen · Überwintern · Inbetriebnahme nach der Winterpause · Lackpflege und Politur · Öl- und Graphitspray · drei Text-Tabellen mit zugehörigen Bildern aller von BMW und uns empfohlenen Schmier-, Pflege- und Werkstatthilfsmittel · Schaubild Schmierstellen.

Inspektionen

In der Tabelle unten sind die von BMW vorgeschriebenen Wartungs- und Inspektionsarbeiten aufgelistet. In der letzten Spalte »siehe Kapitel« sind Verweise zu den entsprechenden Kapiteln.
■ Bei »Erneuern«, wie z. B. beim »Ölwechsel«, kommt einmal im Jahr oder alle 10 000 km neues Öl in den Motor; weiterhin muss ein neuer Ölfilter angebaut werden.
■ »Prüfen/Einstellen« bedeutet zum Beispiel beim Punkt »Ventilspiel« alle 20 000 km neben der Prüfung des vorgeschriebenen Ventilspiels auch gegebenenfalls eine Neueinstellung.

BMW schreibt vor, dass das Motorrad mindestens einmal im Jahr in der Werkstatt inspiziert und die nötigen Arbeiten durchgeführt werden. Wenn eine Jahresinspektion vereinbart wird, ist zu prüfen, ob auch Punkte aus der km-abhängigen Tabelle zu erledigen sind und mitgemacht werden können.

Für Selbermacher: Für alle kleinen wie großen Wartungs- und Inspektionsarbeiten gilt, dass man nur mit gutem Werkzeug in den entsprechenden Größen mit dem Schrauben anfängt; siehe dazu auch Kapitel 2 »Werkstatt«. Noch ein Tipp: Lesen Sie vor Beginn einer Wartungsarbeit das betreffende Kapitel in aller Ruhe durch, damit Sie die benötigten Werkzeuge und den Zeitaufwand ungefähr abschätzen können. Über die Betrachtung und Einhaltung der vorgeschriebenen Wartungspunkte hinaus sollten

Wartungs- und Inspektionsintervalle BMW R 1250 GS und R 1250 GS Adventure

Bauteil / Intervall [1]	bei 1000 km	bei 10 000 km	bei 20 000 km	bei 30 000 km	bei 40 000 km	jedes Jahr	alle 2 Jahre	siehe Kapitel
Steuergeräte Fehlerspeicher [2]	Bei jeder Inspektion in der BMW-Werkstatt Fehlerspeicher mit BMW-Motorrad-Diagnosesystem auslesen, neues Servicedatum und Restwegstrecke bis zur nächsten Inspektion setzen							12, 17, 20
Motor								
Motoröl, Ölfilter [3]	Erneuern	Erneuern	Erneuern	Erneuern	Erneuern	Erneuern	–	21
Ventilspiel	–	–	Prüfen/Einstellen	–	Prüfen/Einstellen	–	–	25
Zündkerzen [4]	–	Prüfen/Reinigen	Erneuern	Prüfen/Reinigen	Erneuern	–	–	16
Luftfilter [1]	–	Reinigen*	Erneuern	Reinigen*	Erneuern	Reinigen*	–	18
Batterie [5]	–	Prüfen	Prüfen	Prüfen	Prüfen	Prüfen	–	13
Kühlflüssigkeit	Stand prüfen	–	–	–	–	Stand prüfen	–	22
Antrieb								
Öl im Hinterradantrieb	Erneuern	–	Erneuern	–	Erneuern	–	Erneuern	21
Kupplungssystem, Hydraulikflüssigkeit	–	–	–	–	–	Prüfen	–	23
Rahmen und Fahrwerk								
Bremsbeläge und Bremsscheiben	–	–	–	–	–	Prüfen	–	6
Bremse: Funktion, Dichtheit	–	–	–	–	–	Prüfen	–	6
Bremsflüssigkeit [2]	Stand prüfen	–	–	–	–	Stand prüfen	Erneuern [2) 6)]	6
Spannung der Speichen [7]	Prüfen	–	–	–	–	Prüfen	–	5
Mittel- und Seitenständer [8]	–	–	–	–	–	Prüfen	–	1
Motorstartunterdrückung	Prüfen	–	–	–	–	Prüfen	–	1

1) Bei häufigen Fahrten unter Extrembedingungen wie Staub, Schmutz, viel Kurzstrecke, Wintereinsatz etc. ist eine häufigere Wartung ratsam. Die Intervalle können dann je nach Einsatzbedingungen auf 5000 oder 3000 km sinken.
* = Reinigen des Luftfilters bei den 10 000-km-Inspektionen ist keine BMW-Vorschrift, sondern eine Empfehlung von BMW-Spezialisten (siehe dazu auch Kapitel 18 »Luftfilter«).
2) Auch wenn alle Wartungsarbeiten selbst gemacht werden, wird empfohlen, einmal im Jahr die Maschine zur BMW-Motorradwerkstatt zu bringen zum Auslesen des Fehlerspeichers, Überprüfung der ABS-Bremsanlage und zum Wechseln der Bremsflüssigkeit nach BMW-Vorschrift. Denn zu allen Prüf- und Einstellarbeiten am ABS-System sind spezielle Prüf- und Einstellgeräte erforderlich, die es nur in der BMW-Motorradwerkstatt gibt. Noch einmal der Hinweis: An der ABS-Bremsanlage sollen ausschließlich von BMW geschulte Mechaniker arbeiten.
3) Ölwechsel bei ausschließlichem Kurzstreckenbetrieb oder Außentemperaturen unter 0 °C alle 3 Monate oder spätestens alle 3000 km durchführen.
4) Prüfen ggf. Reinigen der Zündkerzen bei den Inspektionen 10 000/30 000 km ist keine BMW-Vorschrift, sondern eine Empfehlung von BMW-Spezialisten.
5) Ladezustand/Spannung der Batterie prüfen, ggf. laden, Batterie dazu ausbauen.
6) Erstmals nach einem Jahr, dann alle 2 Jahre.
7) Wenn Speichenräder verbaut sind.
8) Lagerung, Leichtgängigkeit, Federn und Federspannung kontrollieren.

Hand- und Fußhebelgelenke regelmäßig mit einigen Tropfen Öl (oder einem Schuss Ölspray aus der Dose) bedacht werden. Im Absatz »Schmierstellen« weiter hinten und in Bild 23 sind die Schmierstellen beschrieben und gezeigt.

Regelmäßige Kontrollen

In der zur Maschine gehörenden »Betriebsanleitung« sind zum Thema »regelmäßige Kontrollen« folgende Punkte aufgeführt:

- Bremsfunktion
- Stand der Bremsflüssigkeit vorne und hinten
- Stand der Kühlflüssigkeit
- Kupplungsfunktion
- Dämpfungseinstellung und Federvorspannung
- Profiltiefe und Reifenluftdruck
- Sicherer Halt der Koffer und des Gepäcks
- Motorölstand bei jedem Tankstopp
- Bremsbelagverschleiß: Bei jedem dritten Tankstopp prüfen und zwar besonders dann, wenn Bergstrecken und Pässe gefahren werden

In den Kapiteln dieses Buchs gehen wir detailliert auf diese Prüfpunkte ein. Bitte werfen Sie zu den Stichpunkten einen Blick auf die Tabelle links und dort auf die letzte Spalte »siehe Kapitel«.

Was einmal am Tag (bzw. bevor man losfährt), während der Fahrt, beim Tanken und mindestens einmal die Woche geprüft werden sollte, damit die Maschine fit ist in Sachen Fahrsicherheit und Maschinentechnik, haben wir unten auf dieser Seite in einer weiteren Tabelle zusammengefasst.

Sicherer Halt der Koffer und des Gepäcks: Achten Sie bitte darauf, dass Seitenkoffer und Topcase satt in ihre Halterungen einrasten und die Schlösser verriegelt sein müssen. Zusätzlich angebrachtes Gepäck, wie Taschen oder Softcases, müssen mit geeigneten, funktionstüchtigen Riemen verspannt sein. Solche Riemen gibt es beim BMW-Händler für kleines Geld zu kaufen.

Weder Schnur noch Seile verwenden, um Gepäck damit anzubringen bzw. zu sichern!

Beleuchtung: Werfen Sie vor jeder Fahrt einen Blick auf die Beleuchtung und betätigen Sie dabei auch beide Bremsen: Leuchtet das Bremslicht auf, brennen alle Kontrolllampen, hupt die Hupe (»Signalhorn«), geht die Lenkung nach beiden Seiten bis zum Anschlag gleichmäßig leicht, federn Vorder- und Hinterrad leicht ein und gedämpft aus? Bei einem gut gepflegten Motorrad kann man davon ausgehen, dass alles in Ordnung ist; bei einem schlecht gewarteten Motorrad quietscht möglicherweise etwas – gehen Sie der Sache auf den Grund!

Reifen: Einmal die Woche, mindestens aber alle 500 Kilometer, einen Blick auf die Reifen werfen: Profil ok? Klemmt ein Stein im Profil? Ventilkappe vorhanden, sitzt sie fest?

Reifenluftdruck: bei kalten Reifen prüfen. Die Pneus dürfen von der Kurzstreckenfahrt zur Tankstelle nur handwarm (30 °C) sein:

- Reifenluftdruck vorne 2,5 bar
- Reifenluftdruck hinten 2,9 bar

Bremsen: Den beiden Vorratsbehältern für die Bremsflüssigkeit (Bilder 4 und 5) täglich einen Blick schenken: Sinkt der Pegelstand im Behälter unter die Mitte ab, wird es höchste Zeit, nach der Dicke und damit dem Verschleißzustand der Bremsbeläge zu sehen (Bilder 6 a bis 7).

Bilder 1 a und 1 b: Luftdruck bei kaltem Reifen prüfen. Auf das Reifenventil gehört eine Schraubkappe mit einwandfreier Dichtung.

Bild 2: Zwar kein Präzisionsmessgerät, aber besser als zu schätzen. Dieser Reifen hat noch 2 mm Profiltiefe und sollte bald erneuert werden.

Bild 3: Reifen öfter mal ansehen, ob er in Ordnung ist.

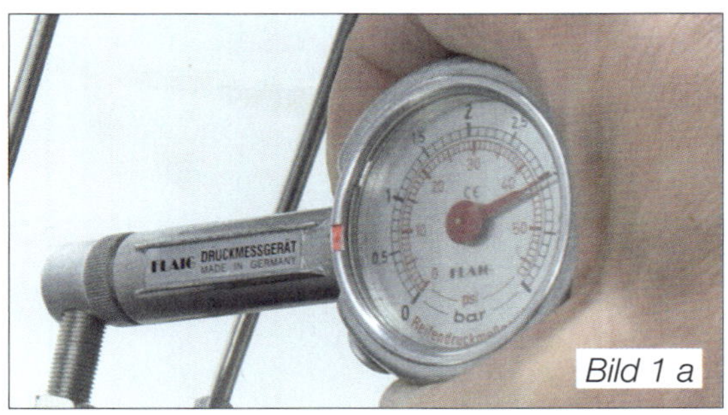
Bild 1 a

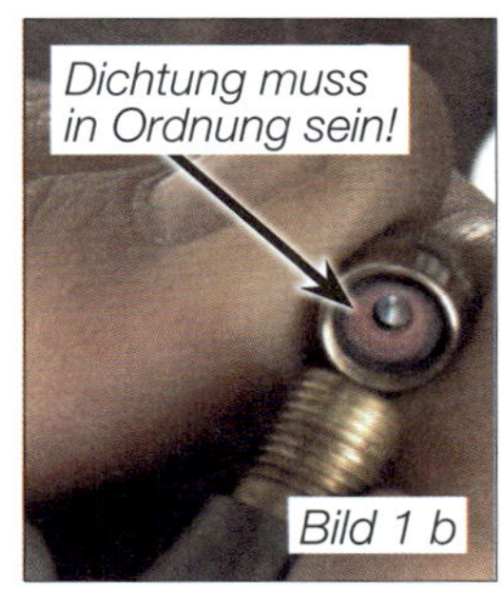

Bild 1 b

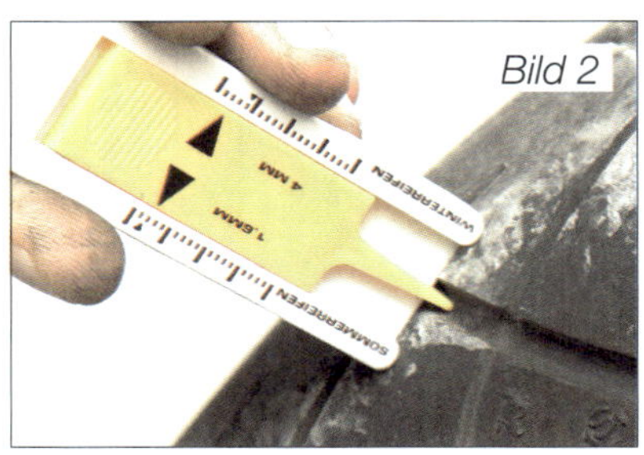
Bild 2

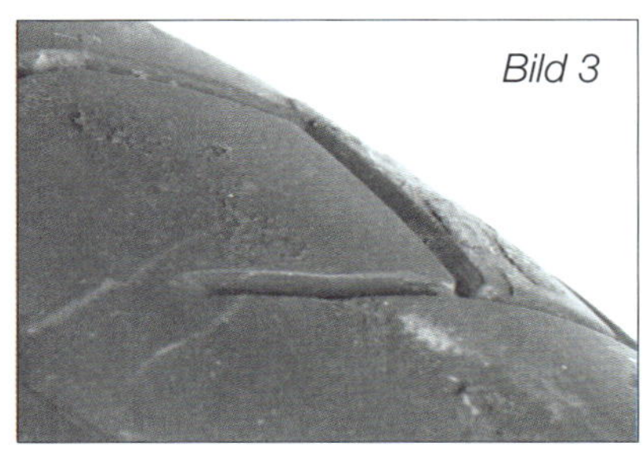
Bild 3

Regelmäßige Prüfpunkte der Fahrsicherheit und Maschinentechnik		
Beleuchtungs- und Signalanlage	vor jeder Fahrt	siehe Kapitel 11
Reifenprofil, Luftdruck	mindestens einmal die Woche	siehe Kapitel 4
Hand- und Fußbremse	vor jeder Fahrt und während der Fahrt	siehe Kapitel 6
Warn-/Kontrollleuchten, Instrumente	vor und während der Fahrt	
Lenkung, Federung und Dämpfung	mindestens einmal die Woche und nach Gefühl beim Fahren	
Bremsflüssigkeit	vor jeder Fahrt und während der Fahrt	siehe Kapitel 1, 6
Schaltung	vor jeder Fahrt und während der Fahrt	siehe Kapitel 24
Motoröl	Ölstand prüfen beim Tanken	siehe Kapitel 21
Batterie	Wartung/Laden wichtig nach Winterpause	siehe Kapitel 13
Seitenständerschalter	mindestens einmal wöchentlich	siehe Kapitel 1

Sichtprüfung   Messen

Bilder 4 und 5: Stand der Bremsflüssigkeit regelmäßig prüfen.

Bilder 6 a, 6 b und 7: Der Bremsbelag ist auf eine Trägerplatte aus Stahl aufgeklebt, beide zusammen bilden den Bremsklotz.

■ Sichtkontrolle der vorderen Bremsbeläge, die Nuten (»Verschleißmarkierungen)« müssen deutlich sichtbar sein. Spätestens bei 1 mm Dicke des Bremsbelags müssen neue Bremsklötze eingebaut werden.

■ Zur Kontrolle der hinteren Bremsbeläge von hinten in den Bremssattel auf die Bremsbeläge schauen.

Bilder 8 a bis 8 c: Am Kühlflüssigkeits-Ausgleichsbehälter sind Füllstandmarkierungen für »MAX« = obere Markierung und »MIN« = untere Markierung.
■ Wenn Kühlflüssigkeit fehlt, wird in diesen Behälter nachgefüllt.

Wichtig: Dunkle Bremsflüssigkeit in den Behältern ist alt und muss erneuert werden. Mehr zum Thema Bremsflüssigkeit und Bremsbelagverschleiß im Kapitel 6 »Bremsen«.

Kühlflüssigkeit

Der Ausgleichsbehälter für die Kühlflüssigkeit ist vorne unter dem rechten Verkleidungsseitenteil angebaut. Bild 8 a: An ihm sind Markierungen angebracht für »MAX« = obere Markierung und »MIN« = untere Markierung. Beim Blick durch die Aussparung in der Verkleidung kann man nachsehen, wo die Kühlflüssigkeit steht.
■ Obere Markierung »MAX« = Maximalstand
■ Untere Markierung »MIN« = Minimalstand
Wichtig: Pegelstand der Kühlflüssigkeit muss bei warmem Motor zwischen den Markierungen sein.
Beachten: Der Stand der Kühlflüssigkeit im Ausgleichsbehälter ist bei heißem Motor etwas höher als bei kaltem: Es kann durchaus sein, dass der Pegelstand bei kaltem Motor unter der Markierung »MIN« ist und erst bei warmem Motor der Pegel über die Markierung ansteigt.

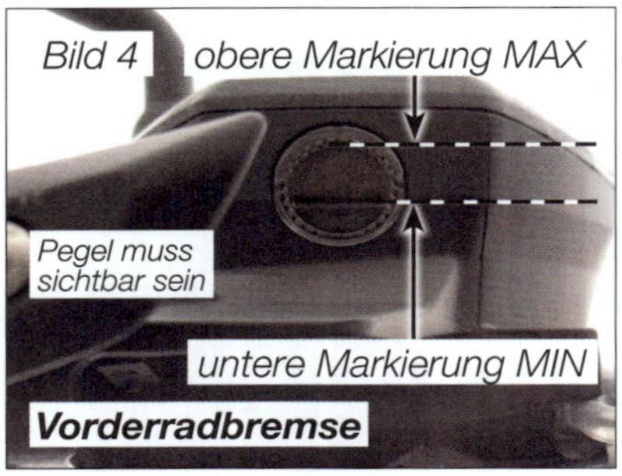

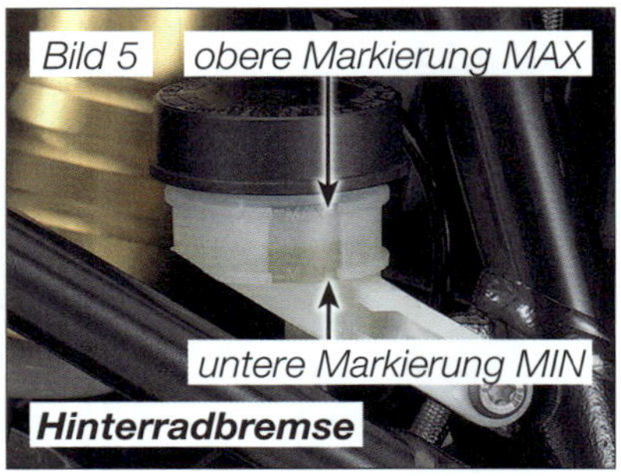

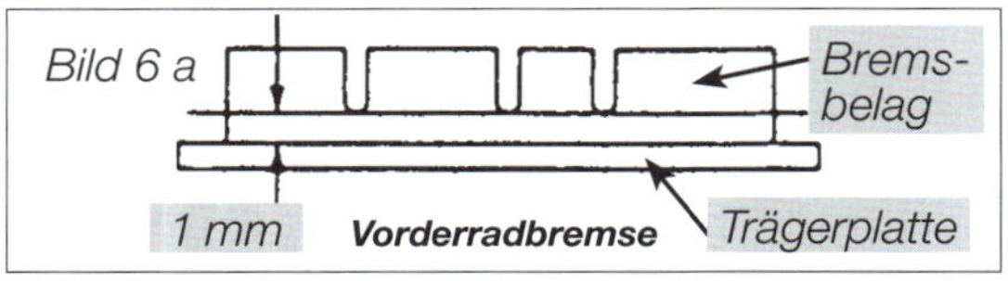

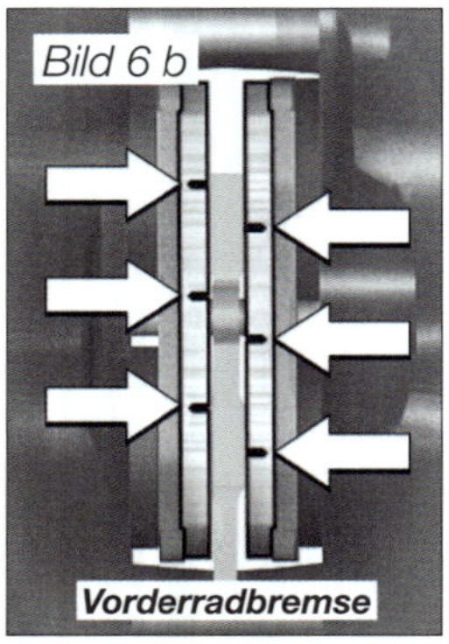

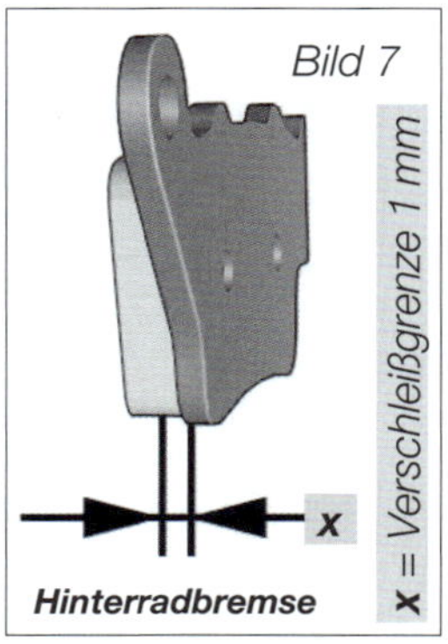

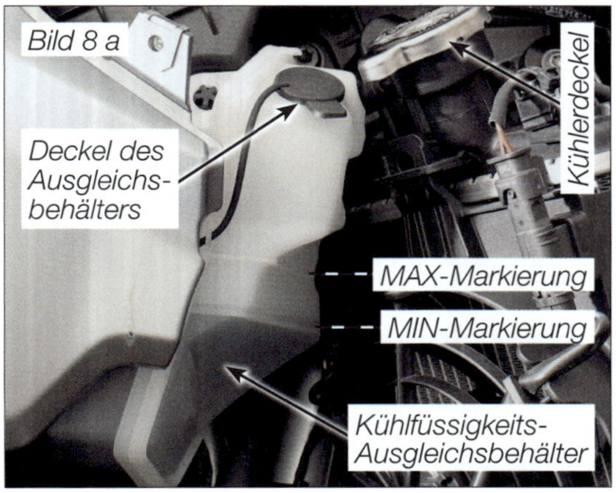

Kühlflüssigkeit nachfüllen

Wenn der Stand der Kühlflüssigkeit auch bei warmem Motor deutlich unterhalb der »MIN«-Markierung ist, und eventuell sogar der Motor zu heiß wird, sollte man als Erstes Kühlflüssigkeit nachfüllen – vielleicht ist ein Teil davon verdunstet und das Kühlsystem hat keinen anderen Schaden. Kühlflüssigkeit wird nur in den Ausgleichsbehälter nachgefüllt, nicht direkt in den Kühler.
■ Mehr zum Thema »Kühlkreislauf und Kühlmittel« steht in Kapitel 22 »Kühlsystem«.

1. Vorarbeiten:
■ Bei **R 1250 GS** Verkleidungsseitenteil rechts abbauen (Kapitel 3 »Verkleidung · Rahmen · Tank«).
■ Bei **Adventure** den Inspektionsdeckel rechts im Verkleidungsseitenteil ausbauen (Bild 8 b).
2. Schwarzen Deckel am Einfüllstutzen des Behälters abziehen (Bilder 8 a und 8 c).
3. Beim Einfüllen der Kühlflüssigkeit einen Trichter zu Hilfe nehmen, damit nichts danebenschwappt, denn Kühlflüssigkeit hinterlässt hässliche Flecken.
4. Kontrolle: So weit auffüllen, bis sich der Pegelstand zwischen den Markierungen »MIN« und »MAX« befindet (Bild 8 a).

Motorölstand

Ölstand nicht vor dem Start des Motors bei kaltem Motor kontrollieren, sondern

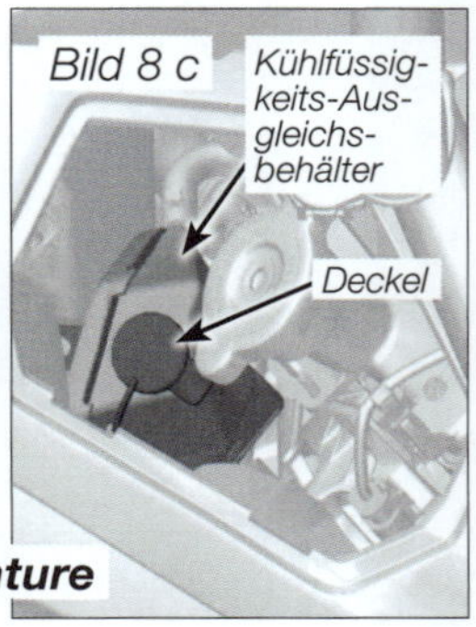

erst dann, wenn der Motor mindestens 10 Minuten gelaufen und warm ist.

■ Zum korrekten Prüfen des Ölstands den Motor abschalten, ungefähr zwei Minuten warten, bis das Öl von oben im Motor nach unten in die Ölwanne abgelaufen ist.

■ Dann das Motorrad in die Senkrechte bringen und den Motorölstand kontrollieren: Der Ölstand sollte sich etwas oberhalb der Mitte des Schauglases (Bild 9 a) befinden.

Wenn Öl fehlt, wird über die Bohrung im rechten Ventildeckel (Bild 9 b) aufgefüllt. Zum Öffnen der Öleinfüllöffnung den »Schlüssel« aus dem Bordwerkzeug verwenden, er besteht aus dem Kunststoffgriff des Schraubenziehers und der Schraubenzieherklinge.

■ Mehr zum Motoröl im Kapitel 21 »Ölwechsel«.

Pre-Ride-Check

Nach dem Einschalten der Zündung führt die Bordelektronik einen »Pre-Ride-Check« durch, so wird die » Kontrolle vor der Fahrt« genannt. Dabei werden Tachometer, Drehzahlmesser und alle Warnleuchten und Warnsymbole auf ihre Funktion überprüft. Bild 10: Auch das Warndreieck mit dem Ausrufezeichen in der Mitte, genannt »Warnleuchte Allgemein«, erscheint in der Instrumenteneinheit und zwar auf der rechten Seite.

Phase 1: Zündung wird EINgeschaltet. Alle Warnleuchten und Warnsymbole leuchten auf. Die »Warnleuchte Allgemein« leuchtet rot.
Phase 2: Die »Warnleuchte Allgemein« wechselt von rot auf gelb.
Phase 3: Nacheinander schalten sich alle Warnleuchten und Warnsymbole aus, auch die »Warnleuchte Allgemein«.
Phase 4: Wenn der Motor nicht gestartet wird, geht die Motorwarnleuchte (5 in Bild 10) nach 15 Sekunden aus.
Wird jedoch der Motor innerhalb der 15 Sekunden gestartet und losgefahren, geht die Motorwarnleuchte aus ab einer Fahrgeschwindigkeit von 5 km/h.

»ABS-Check« des Anti Blockier Systems: Zündung wird EINgeschaltet, die ABS-Wanleuchte blinkt regelmäßig. Motor wird umgehend gestartet, die Kupplung gezogen, der erste Gang eingelegt und das Motorrad fährt los. Jetzt wird die Funktion der ABS-Sensoren und des gesamten ABS-Systems überprüft, dabei blinkt die ABS-Warnleuchte regelmäßig. Wenn die Maschine schneller als 5 km/h fährt und im ABS-System alles in Ordnung ist, erlischt die ABS-Warnleuchte.

»DTC-Check« des Dynamic Traction Control Systems (= Traktionskontrolle): Die DTC-Warnleuchte (siehe Bild 10) blinkt regelmäßig. Während das Motorrad die ersten Meter fährt, wird die Funktion des gesamten DTC-Systems überprüft, dabei blinkt die DTC-Warnleuchte weiter regelmäßig. Wenn alles in Ordnung ist, erlischt die DTC-Warnleuchte.

Wenn kein Fehler gefunden wurde, verläuft der »Pre-Ride-Check« positiv, es wird nichts weiter angezeigt. Ist jedoch ein Defekt an einem Bauteil der Bordelektronik, Front- oder Rücklicht oder Blinker, wird dies im Display entsprechend dargestellt.

Doch trotz aller Elektronik und elektronischer Helferlein sollte man sich immer wieder auf seine Augen (und Ohren) verlassen und alle Lampen ringsum sowie die Hupe auf Sicht und Gehör prüfen: Auch die Stopplichtfunktion nicht vergessen!

Seitenständerschalter

Motorstartunterdrückung und Seitenständerschalter prüfen
Am Gelenk des Seitenständers ist ein Schalter angebracht, der ein Starten des Motors mit ausge-

Bilder 9 a und 9 b: Ölschauglas zur Kontrolle des Ölstands und Öleinfüllöffnung.

Bild 10: Beim »Pre-Ride-Check« werden Tachometer, Drehzahlmesser, alle Warnleuchten und Warnsymbole auf ihre Funktion überprüft.

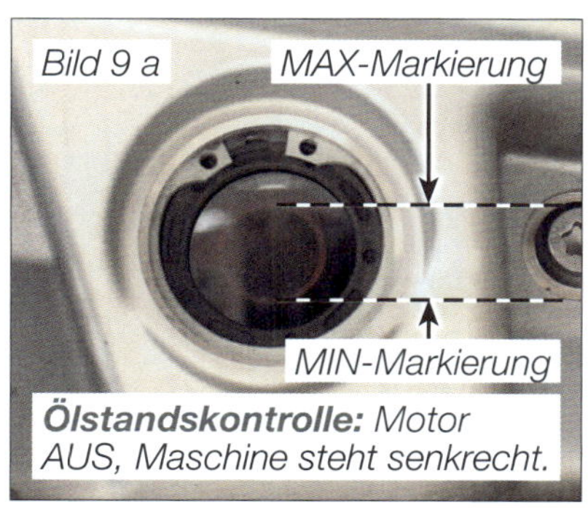

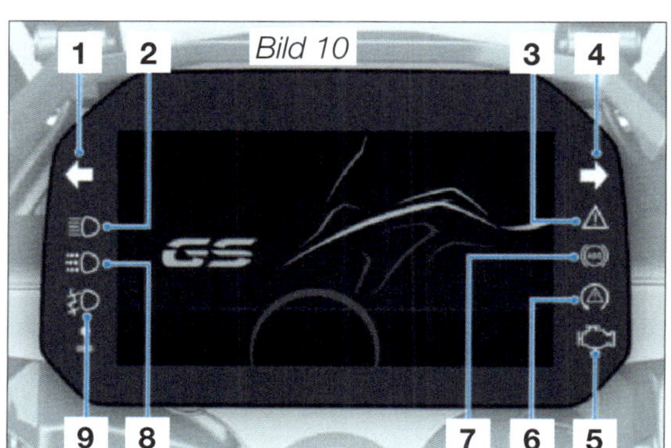

Kontroll- und Warnleuchten in Bild 10:
1: Blinker links
2: Fernlicht
3: Allgemeine Warnleuchte
4: Blinker rechts
5: Motorwarnleuchte
6: DTC
7: ABS
8: Tagfahrlicht
9: Zusatzscheinwerfer

Sichtprüfung

Messen

Bilder 11 und 12: Zentrisch zum Seitenständergelenk ist der Seitenständerschalter angebracht.

■ Wenn keine neue Schraube vorhanden ist: Die demontierte Schraube reinigen, ihr Gewinde mit Loctite »mittelfest« bestreichen und montieren.

Bild 13: Befestigung des Seitenständerschalters.

Bild 14: Die Lagerung des Mittelständers regelmäßig mit Fettspray schmieren.

Reparaturauftrag geben

Wenn Ihre Maschine eine Störung hat und Sie zum Finden und Beheben des Fehlers weder technische Fertigkeiten noch Messgeräte haben, dann ist es zu empfehlen, die Fehlersuche und Behebung beim BMW-Händler gezielt in Auftrag zu geben.

Ein »gezielter Auftrag« beim Händler sollte schriftlich erfolgen, das Problem sollte möglichst klar geschildert und eine finanzielle Obergrenze genannt werden.

Beispiel: »Motor stottert beim Beschleunigen und geht bei Kolonnenfahrt öfter aus. Wenn die Reparatur 200 Euro übersteigen sollte, rufen Sie mich bitte an«.

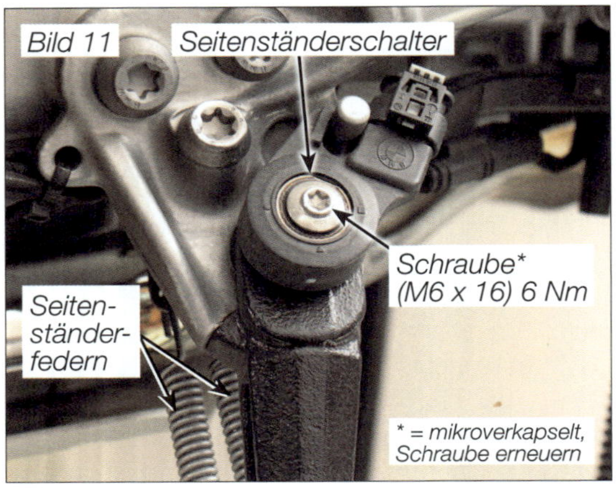

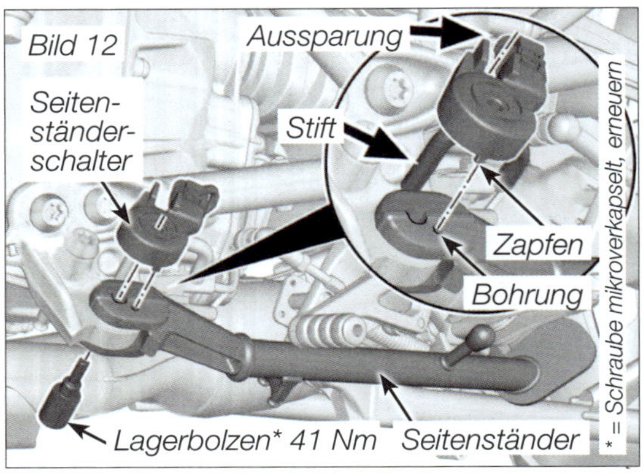

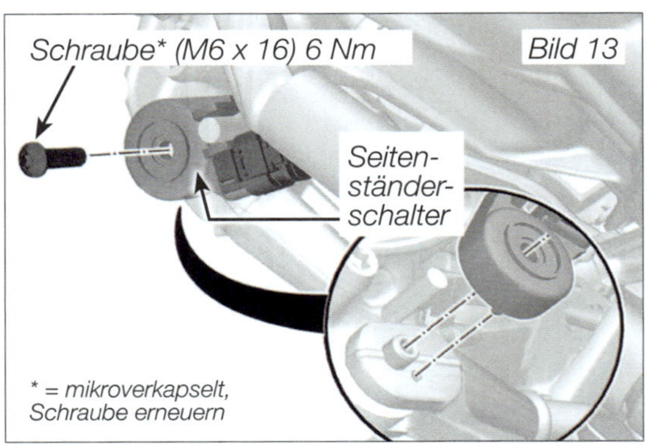

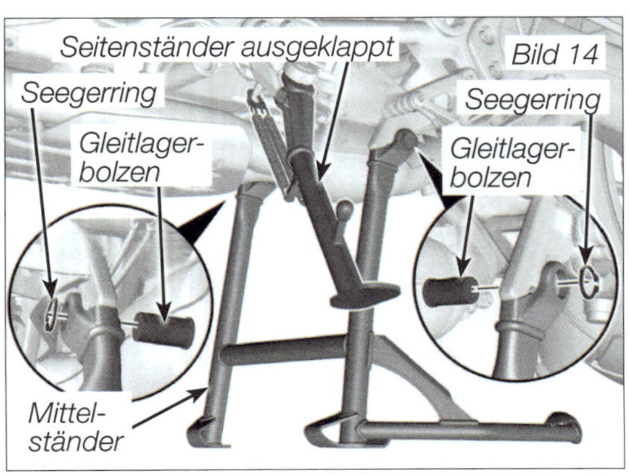

klapptem Seitenständer und eingelegtem Leerlauf erlaubt. Wird jedoch die Kupplung gezogen und ein Gang eingelegt, geht der Motor aus. Damit wird verhindert, dass man losfahren kann, wenn der Seitenständer ausgeklappt ist. Auch wenn der Seitenständer ausgeklappt und ein Gang eingelegt ist, kann der Motor nicht gestartet werden.

Diese beiden Startverhinderungs-Funktionen werden von BMW »Motorstartunterdrückung« genannt.

Die einwandfreie Funktion des Seitenständerschalters sollte im Rahmen einer Inspektion geprüft werden. Und das geht so:

1. Motorrad steht auf den Rädern oder auf dem Hauptständer (Mittelständer). Seitenständer ist eingeklappt, Leerlauf eingelegt. Motor starten.
2. Seitenständer ausklappen, Motor läuft weiter.
3. Kupplung ziehen und einen Gang einlegen, der Motor muss ausgehen.
3.1. Wenn der Motor bei ausgeklapptem Seitenständer und eingelegtem Gang weiterläuft, ist der Schalter defekt: Unbedingt erneuern!
4. Gegenprobe: Motor ist ausgeschaltet, Seitenständer ist eingeklappt, ein Gang ist eingelegt und die Kupplung gezogen: Motor muss starten.

Sollte die Maschine bei eingeklapptem Seitenständer nicht anspringen oder ab und zu aus unerfindlichem Grund während der Fahrt einfach ausgehen, obwohl gefühlt alles in Ordnung ist, Benzin im Tank ist und die Batterie genügend Strom liefert, kann der Seitenständerschalter der Übeltäter sein. Zum Erneuern des Seitenständerschalters nehmen Sie sich bitte Bild 11 und die Zeichnungen in den Bildern 12 und 13 zu Hilfe.

Seitenständerlagerung, Federn

Der Seitenständer muss alleine durch die Kraft der beiden Federn (Bild 11) in der Waagerechten gehalten werden. Tut er dies nicht, sind entweder die Federn erlahmt oder gebrochen und müssen erneuert werden, oder die Lagerung ist trocken, verdreckt oder korrodiert.

Wir empfehlen, dem Gelenk des Seitenständers in regelmäßigen Abständen (z. B. nach dem Waschen) einen Schuss Fett- oder Kettenspray zu geben (Bild 24). BMW empfiehlt zur Schmierung dieser Lagerstellen das Hochleistungsschmierfett Unirex S2. Man kann auch ein anderes dickes Kfz-Fett verwenden.

Das Gelenk muss zum Reinigen und Schmieren zerlegt werden, was allerdings nur bei einem alten und/oder sehr schlecht gepflegten Motorrad nötig ist.

Tipp: In zusammengebautem Zustand das Gelenk mit Rostlöserspray oder Bremsenreiniger regelrecht »baden«, Seitenständer dabei bewegen. Mit Druckluft trocken blasen. Mit Fettspray gezielt einfetten. Übriges Fett gut abwischen!

Mittelständer

Bild 14: Die Lagerung des Mittelständers, auch »Hauptständer« genannt, soll ab und zu geschmiert werden, auch dazu eignet sich Fettspray bestens. Vor dem Schmieren beide Gelenkstellen mit Bremsenreiniger reinigen, den Dreck auslaufen und die Reinigungsstelle gut austrocknen lassen – sonst zersetzt der Reiniger das frisch aufgesprühte Schmierspray.

Waschen

Wichtig: Motorrad in kaltem Zustand an einem schattigen Platz waschen. Bei warmem Motor oder in direkter Sonneneinstrahlung verdunstet das Waschwasser schnell, und die rückständigen Waschmittelzusätze brennen sich in die heißen Oberflächen von Motor, Auspuffkrümmer und Auspufftopf regelrecht ein.

Bilder 15 und 16: Die Maschine nur mit milden Waschmitteln und weichen Schwämmen oder Lappen waschen. Wenn aggressive Reinigungsmittel und harte Bürsten verwendet werden, zerkratzen Lack-, Alu- und Kunststoffteile, sie werden matt und damit hässlich.

Zwei große Eimer lauwarmes Wasser, Reinigungsmittel und ein großer, weicher Schwamm

Bilder 15 und 16: Weiche Bürsten, Schwämme, Lappen und nützliche Pflege- und Poliermittel.

Sicherheitshinweise Achtung und Tipps für diesen Kapitelabsatz

Das Waschen von Kraftfahrzeugen im »öffentlichen Verkehrsraum« (Straßen, Wege, Plätze) ist grundsätzlich dann nicht erlaubt, wenn zusätzliche Waschmittel benutzt werden – nur mit klarem Wasser darf gewaschen werden. Waschen mit Mitteln ist nur auf speziellen Waschplätzen erlaubt.

Motorrad nur bei extremer Verschmutzung (Geländefahrt) mit dem Dampfstrahler reinigen! Auf Folgendes achten: Das unter Druck stehende heiße Waschwasser (bzw. der Wasserdampf) enthält aggressive Reinigungsmittel, es darf weder an die Dichtungen in der Bremsanlage kommen noch an Hebelgelenke, Steckkontakte und Schalter der Elektrik, Radlager, Gabelbeine und Federbein; an diesen Stellen kann es Schäden anrichten!

Motorrad immer von oben nach unten waschen, die weniger verschmutzten Teile zuerst. Waschwasser fern halten von elektrischen Anschlüssen, Schaltern und Steckern (speziell im Bereich der Drosselklappen!).

Schmieren Sie keinesfalls die Gelenkstellen der Drosselklappen mit Fett, Öl oder Kettenspray, denn das Schmiermittel kann durch die Hitze festbacken und die Beweglichkeit der Drosselklappen beeinträchtigen, was bis zum Festgehen führt!

Nach dem Waschen besonders Reifen und Bremsscheiben mit reichlich klarem Wasser abspülen, damit alle glitschigen Rückstände abgespült werden – denn rutschige Reifen können in der ersten Kurve für Überraschungen sorgen und die Bremsen mit einem Schmierfilm überzogen sein, was der Bremsleistung nicht förderlich ist.

Wenn Sie eine Abdeckhaube kaufen, um die Maschine darunter überwintern zu lassen, dann nehmen Sie eine, die unten Ösen hat, in welche die Haken von Gepäckgummis eingehängt werden können, damit die Plane gesichert ist und nicht beim ersten Windstoß abhebt.

»Richtig überwintern« heißt vor allem, dass die Maschine über die Wintermonate so abgestellt werden soll, dass beide Räder frei in der Luft sind, also keinen Bodenkontakt haben. Denn wenn eine R 1250 GS monatelang auf dem Seitenständer steht und die Reifen schleichend Luft verlieren, bekommen die Reifen einen »schrägen Standplatten«, also eine abgeflachte Stelle.

Sichtprüfung Messen

Empfohlene Reinigungs- und Pflegemittel in den Bildern 1 bis 7 und der Tabelle.

1 *Castrol Greentec Bike Cleaner Motorradreiniger*

genügen für die Wäsche. Die in Motorrad- und Zubehör-Fachgeschäften angebotenen speziellen Motorradreiniger sind sehr zu empfehlen, sie lösen Dreck und Fettrückstände gut ab. **Nicht zu viel Reiniger verwenden!** In der Not kann man auch Mutters Geschirrspülmittel verwenden. **Wichtig:** Den schmutzigen Waschschwamm immer nur im zweiten Wassereimer ausdrücken! Alle Dreckpartikel müssen zuverlässig aus dem Schwamm rausgedrückt werden, sonst geraten sie ins warme Waschwasser, werden dort vom Waschschwamm wieder aufgenommen und produzieren Kratzer auf dem Lack! Nach der warmen Wäsche mit reichlich klarem, kaltem Wasser nachspülen. Nach der Klarwasser-Nachwäsche sofort alle Verkleidungs- und Lackteile mit Waschleder oder weichem Tuch abtrocknen.

■ Angetrocknete Insektenreste auf Verkleidung, Lampen- und Blinkergläser, Rückspiegel, Gabelbeinen sowie vorderem Schutzblech mit reichlich Wasser einweichen (z. B. nasses Tuch auflegen) und abwaschen. Nicht mit harten Gegenständen versuchen, den Schmodder abzukratzen!

■ Wenn mit heißem Wasser, Reiniger und Putzlappen nichts mehr geht, hilft nur noch Insektenentferner aus dem Fachhandel. Glasreiniger ist die preisgünstigere Lösung! Betroffene Stellen triefend nass einsprühen und mit einem Massagewaschlappen (Handschuh mit unterschiedlich rauen Seiten, zu finden in gut sortierten Drogerien) feste rubbeln, so wird auch die hartnäckigste Fliegenleiche im Nu verschwinden.

Zur unten stehenden Tabelle: Hier sind vorgeschriebene sowie empfehlenswerte Reinigungs- und Pflegemittel aufgelistet, wir zeigen diese in den Bildern **1** bis **7** und beschreiben stichwortartig ihre Eigenschaften. Weil man das meiste beim BMW-Händler kaufen kann, sind die BMW-Bestellnummern mit aufgeführt.

2 *Castrol Bike Polish für leichte Verschmutzungen*

3 *BMW Metal Polish vom Hersteller Autosol*

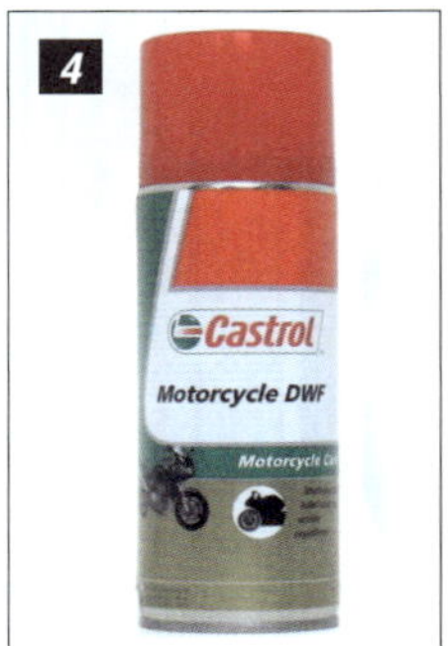

4 *Castrol Motorcycle DWF oder BMW Kontaktspray*

5 *Castrol Silikonspray zur Gummi-/Kunststoffpflege*

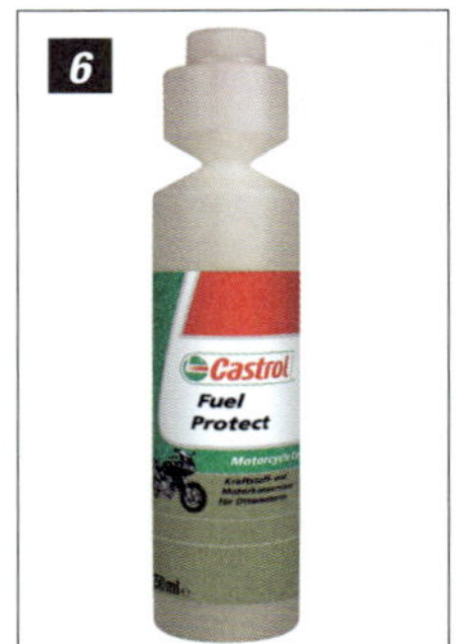

6 *Castrol Fuel Protect Benzinzusatz*

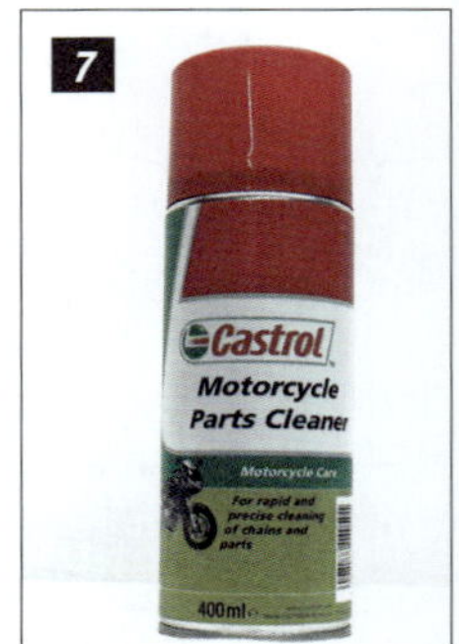

7 *Metall- und Bremsenreiniger*

Reinigungs- und Pflegemittel für BMW R 1250 GS und Adventure*

Produktname	Bild	BMW-Bestell-Nr.	Kurzbeschreibung	Eigenschaften
Castrol Greentec Bike Cleaner	1		Motorradreiniger, wird vor der Nassreinigung aufgesprüht	Schnelle und effektive Reinigung auch von besonders hartnäckigen Verschmutzungen. Kompatibilität mit über 30 Materialien geprüft (Metalle, Legierungen, Kunststoff, Gummi und Lack), biologisch abbaubar (Kapitel 1 »Wartung · Pflege«).
Castrol Bike Polish	2		Reinigungs- und Polierspray	Zum Reinigen ohne Wasser von leichten Verschmutzungen auf Lackoberflächen, Chrom, Kunststoff und Windschild und Entfernen von Insekten, Aufbereiten, Konservieren und Polieren von Oberflächen (Kapitel 1 »Wartung · Pflege«).
BMW Metal Polish	3	82 14 9 400 890	Polituermittel für Chromteile	Verleiht Chromteilen brillanten Hochglanz. Schutz vor Korrosion. Verschmutzungen und Rost lassen sich in einem Arbeitsgang beseitigen (Kapitel 1 »Wartung · Pflege«).
Castrol Motorcycle DWF oder BMW Kontaktspray	4	81 22 9 400 208	Wasserverdrängendes Spray für elektrische Kontakte	Verdrängt Feuchtigkeit aus Motor, Zündsystem und aus elektrischen Kontakten und Steckern, schützt vor Korrosion, wasserabweisende Eigenschaften (Kapitel 1 »Wartung · Pflege« und Kapitel 12 »Elektrik · Elektronik«).
Castrol Silicon Spray oder BMW Silikonspray	5	83 12 9 407 847	Silikonspray, auch zur Anti-Statik-Lackbehandlung	Frischt Gummi und Kunststoffe auf. Erleichtert Reinigung bei starker Verschmutzung bei vorheriger Anwendung und konserviert sie. Bietet UV-Schutz gegen Ausbleichen (Kapitel 1 »Wartung · Pflege«).
Castrol Fuel Protect	6		Benzinzusatz	Verhindert Ablagerungen im Tank und in den Einspritzdüsen. Verhindert, dass bei längerer Standzeit Wasser aus der Umgebungsluft aufgenommen wird, sich dann wieder trennt und sich absetzt. Tipp: Vor dem »Überwintern« der letzen Tankfüllung zugeben (Kapitel 1 »Wartung · Pflege«).
Castrol Motorcycle Parts Cleaner oder BMW-Bremsenreiniger	7	83 19 2 154 708	Reinigungsmittel, auch für Dichtflächen sehr zu empfehlen	Entfernt Öl und Fett. Zum Reinigen von Motorteilen, Bremsscheiben, elektrischen Schaltern und metallischen Oberflächen. Nicht korrosiv, greift Gummi und Kunststoffteile nicht an, verflüchtigt sich schnell und rückstandslos (Kapitel 1 »Wartung · Pflege« und Kapitel 6 »Bremsen«).

* = Stand der Recherche zum Redaktionsschluss dieses Buchs im Februar 2025

Waschen im Winter: Nach jeder längeren Winterfahrt sollte man das Motorrad mit kaltem Wasser abspülen und mit weichem Lappen trocknen. Kein heißes Wasser verwenden, denn dieses verstärkt die korrodierende Wirkung des Streusalzes. Lauwarm darf das Waschwasser im Winter sein. In den Bildern 18 und 19 sind ein korrodierter Schraubenkopf und ein Bremsleitungsanschluss einer Maschine zu sehen, die nach einer Winterfahrt auf trockenen (!) Straßen nicht gewaschen, sondern für einige Tage abgestellt wurde.

Putztipp aus der Praxis: Oberflächenkorrosion dieser Art lässt sich mit Topfreiniger (»Akopads«) wieder einigermaßen entfernen.

Überwintern

Mit einem Saisonkennzeichen braucht man die Maschine über Winter nicht abzumelden, darf aber in bestimmten Monaten nicht am öffentlichen Straßenverkehr teilnehmen.

Wichtig: Eine Maschine mit Saisonkennzeichen darf ebenso wenig wie ein abgemeldetes Motorrad während der Stilllegemonate auf der Straße im öffentlichen Verkehrsraum abgestellt werden. Deswegen: Ab mit der Maschine in eine gut gelüftete Garage oder in einen trockenen Hofraum, wo sie abgedeckt überwintern kann.

Zum Einmotten in die Winterpause folgende Vorbereitungen treffen:

1. Maschine ordentlich heiß fahren.
2. Tank randvoll machen, einen Schuss Castrol »Fuel Protect« (Bild 17) dazugeben.
3. An der Tankstelle gleich die Reifen auf vorne 3 bar und hinten 3,5 bar aufpumpen.
4. Zügig zum Winterabstellplatz fahren und den Motor abstellen.
5. Batterie ausbauen (Kapitel 13 »Batterie«).
6. Gelenkstellen von Brems- und Kupplungshebel, Fußrasten und Seitenständer (Bild 24) mit Öl- oder Fettspray einsprühen.
7. Blanke und verchromte Teile mit säurefreiem Fett (Vaseline) dünn einreiben.
Wichtig: Auspuff vorher kalt werden lassen.
8. Maschine auf Mittelständer abstellen, Lenkschloss sperren.

Ganz penible Menschen wechseln vor der Überwinterung das Motoröl. Folgende Vorgehensweise hat sich bewährt: Wenn der Ölwechsel vor der Überwinterung länger als drei Monate oder mehr als 3000 km zurückliegt, machen Sie einen Öl- samt Filterwechsel. Sollten Sie Ihr Motorrad vor der Winterpause zum Ölwechsel in die BMW-Werkstatt geben, lassen Sie gleich eine komplette Inspektion machen. Dann können Sie im Frühjahr gleich durchstarten. Was Sie noch tun können: Alle paar Tage Vorder- und Hinterrad einige Male durchdrehen und in eine andere Ruheposition bringen. Das verhindert das Festkleben der Bremsbeläge an den Bremsscheiben und somit hässliche Flecken an der Bremsscheibe.

Inbetriebnahme nach der Winterpause

1. Motorrad abdecken, Fettschicht von den blanken und verchromten Teilen mit weichem Lappen abwischen, kein Benzin oder ähnliche Lösungsmittel verwenden!
2. Betriebsbereite, gut geladene Batterie einbauen, Polanschlüsse mit säurefreiem Fett (»Polfett«) dick einschmieren; siehe dazu Kapitel 13 »Batterie«.
3. Reifenluftdruck prüfen und ggf. korrigieren. Luftdrücke siehe Kapitelabsatz »Regelmäßige Kontrollen« weiter vorne und Kapitel 4 »Reifen«.
4. Zur Sicherheitskontrolle das Fern-Abblendlicht, Tagfahrlicht, Rücklicht, Bremslicht, Blinker, Warnblinker und Hupe prüfen.
4.1. Uhr auf aktuelle Zeit einstellen.
5. Motor starten: Zündung einschalten und VOR dem Betätigen des Starterknopfes zwei- bis dreimal Gas geben, damit das Motorsteuergerät Signale vom Drosselklappen-Potentiometer empfangen und sich einstellen kann.
6. Wenn die Batterie abgeklemmt war, muss sich das Motorsteuergerät erst wieder neu einjustieren. Deswegen läuft der Motor direkt nach dem Anspringen nicht gleich rund und braucht einige Sekunden, bis er seinen Rhythmus gefunden hat.
7. Motor nicht zu lange im Standgas laufen lassen, sondern nach spätestens drei Minuten losfahren.
8. Motor sanft warm fahren. Darauf achten, dass alle Funktionen in Ordnung sind: Öldruck, Bremsleistung, Federung und Dämpfung.

■ Gute Fahrt in die neue Saison!

Fit in die neue Saison

Nicht nur die im Frühjahr aus der Winterpause entmottete Maschine, sondern auch der Fahrer muss sich wieder langsam an das Motorradfahren mit all seinen Eigenheiten gewöhnen. Üben Sie vor allem das Bremsen, am besten auf einem großen, leeren Parkplatz (sonntags beim Supermarkt). Besser noch: Nehmen Sie im Frühjahr an einem Sicherheitstraining teil.

Bild 17

Bild 17: »Fuel Protect« verhindert Ablagerungen im Tank und der Einspritzanlage.

Bilder 18 und 19: Wegen schlechter Pflege korrodierter Schraubenkopf und Bremsleitungsanschluss.

Bild 18

Bild 19

Sichtprüfung

Messen

Bild 20: Pflege- und Poliermittel der Marke »Rot Weiss«.

Die Tabelle mit den zugehörigen Bildern 8 bis 13 beschreibt und zeigt Öle für Motor und Getriebe sowie Brems- und Kupplungsflüssigkeit.

Lackpflege und Politur

Jeder BMW-Händler hat Politurmittel im Angebot, welche auf die Farben der Maschine abgestimmt sind. Mit diesen sind Sie auf der sicheren Seite.

■ Wenn Sie sich bei einem Lackpflegemittel nicht sicher sind, ob es geeignet ist, prüfen Sie es erst an einer wenig sichtbaren Stelle auf Tauglichkeit.

■ Lack- und Kunststoffteile sowie Metalloberflächen nicht mit Benzin oder anderen Lösungsmitteln bearbeiten: Erstens ist das Zeug giftig und zweitens brennen sich solche Mittel in die Oberflächen ein und hinterlassen dort Flecken, die nicht mehr entfernt werden können.

■ Silikonspray und andere silikonhaltige Pflegemittel immer fein dosiert verwenden, also nie zu viel auftragen (!), sonst können Lack- und Verkleidungsoberflächen »blind« werden!

Bild 20

Zur unten stehenden Tabelle: Auf dieser Seite haben wir von BMW vorgeschriebene sowie empfehlenswerte Motoröle, Getriebeöl, Brems- und Kupplungsflüssigkeit aufgelistet, in Bildern 8 bis 13 gezeigt und stichwortartig ihre Eigenschaften beschrieben. Für das, was.man beim BMW-Händler kaufen kann, haben wir die BMW-Bestellnummer aufgeführt.

Eingebrannte Flecken im Auspuff

Wenn sich z. B. ein Stück Schuhsohle in den Auspuff eingebrannt hat oder die Krümmer durch Straßenschmutz fleckig geworden sind, kann man ihre Oberflächen mit WD-40 und der rauen Seite eines Haushaltsschwammes oder einem extrem feinen Schleifkissen be-

Motoröle, Hinterachsöl, Brems-, Kühl- und Kupplungsflüssigkeit für BMW R 1250 GS und Adventure*

Produktname	Bild	BMW-Bestell-Nr.	Kurzbeschreibung	Eigenschaften
Castrol Power 1 Ultimate SAE 5W-40 4T	8		Motoröl vollsynthetisch	Aufbau eines enorm belastbaren Schmierfilms und Reduzierung interner Reibungsverluste für mehr Leistung und bessere Beschleunigung auch unter extremen Bedingungen (Kapitel 1 »Wartung · Pflege« und Kapitel 21 »Ölwechsel«).
BMW Motorrad Motoröl Advantec Ultimate SAE 5W-40	9	83 12 2 405 887	Motoröl vollsynthetisch	Bessere Viskositätseigenschaften: Verminderte Reibung und geringere Flüchtigkeit. Schnellere Durchölung des Motors und besseres Kaltstartverhalten. Bestes Reinigungsvermögen (Kapitel 1 »Wartung · Pflege« und Kapitel 21 »Ölwechsel«).
BMW Hypoid Axle Oil G3 SAE 70W-80	10	83 22 2 460 128	Hinterachsöl vollsynthetisch	Vollsynthetisches Hypoid-Achsgetriebeöl mit modernsten vollsynthetischen Komponenten. Es gewährleistet auch unter schwersten Betriebsbedingungen und großen Temperaturschwankungen eine einwandfreie Funktion (Kapitel 21 »Ölwechsel«).
Castrol Motorcycle Brakefluid	11		Bremsflüssigkeit (DOT 4)	Vollsynthetische, hochleistungsfähige Bremsflüssigkeit in Qualität DOT 4. Beste Sicherheitsreserve durch hohen Nass-/Trockensiedepunkt (Kapitel 6 »Bremsen«).
Hyspin V10	12	21 52 2 455 540	Hydraulikflüssigkeit	Wird als Kupplungsflüssigkeit verwendet. Biologisch abbaubare Hydraulikflüssigkeit auf Basis synthetischer Kohlenwasserstoffe. Nimmt kein Wasser auf. Gewährleistet genaue Steuerung auch bei großen Temperaturschwankungen. Altert nicht, muss nicht gewechselt werden (Kapitel 23 »Kupplung«).
Castrol Motorcycle Coolant oder BMW-Kühlerfrostschutz	13	83 19 2 211 191	Kühlflüssigkeit	Nitritfreies Langzeit-Frost- und Korrosionsschutzmittel.

8

Castrol Power 1 Ultimate Motoröl in SAE 5W-40

9

BMW Motorrad Motoröl Advantec Ultimate in SAE 5W-40

10

BMW Hypoid Axle Oil G3 SAE 70W-80 Hinterachsöl

11

Castrol Motorcycle Brakefluid Bremsflüssigkeit

12

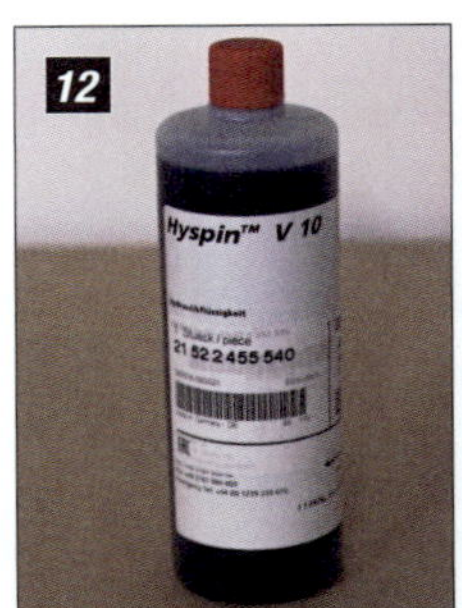

Hyspin V10 Kupplungsflüssigkeit

13

Castrol Motorcycle Coolant Kühlflüssigkeit

* = Stand der Recherche zum Redaktionsschluss dieses Buchs im Februar 2025

arbeiten (Bilder 21 und 22). Selbst hartnäckige Teerflecken lassen sich damit entfernen, die Oberflächen der Auspuffkrümmer und des Auspufftopfs werden wieder metallisch rein und glänzen wieder.

Schmierstellen

Abschmieren beweglicher Teile dient in erster Linie dazu, Schmutz und Wasser von ihren Gelenkstellen fern zu halten und Rost vorzubeugen, damit Leichtgängigkeit und lange Lebensdauer gewährleistet werden.

Auch die zueinander beweglichen Aluminiumteile korrodieren, und auch die Gelenke von Kupplungs- und Bremshebel. Wenn diese Gelenk- und Kontaktstellen nicht regelmäßig gepflegt werden, gibt es im Laufe der Zeit Schwergängigkeit. Vor allem wenn das Motorrad immer im Freien abgestellt ist, lagert sich Umgebungsdreck aus der Luft darauf ab und kriecht in die Gelenkstellen hinein.

Gasdrehgriff: Wenn er schwer geht, etwa nach einem Sturz im Gelände, muss er gereinigt und mit leichtem Molybdänfett geschmiert werden. Ab- und Anbau des Gasgriffs ist in Kapitel 19 »Gasgriff · E-Gas« beschrieben.

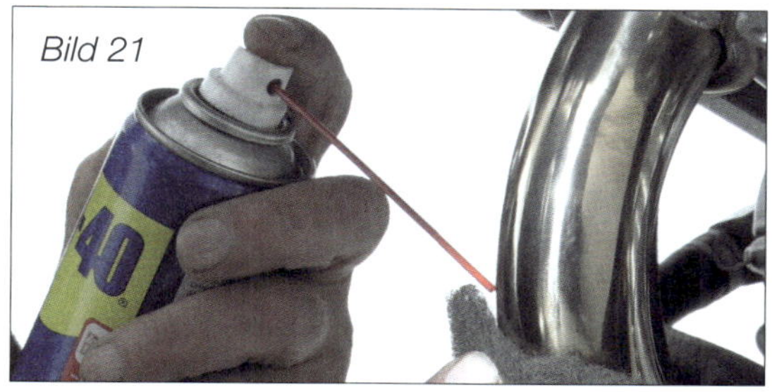

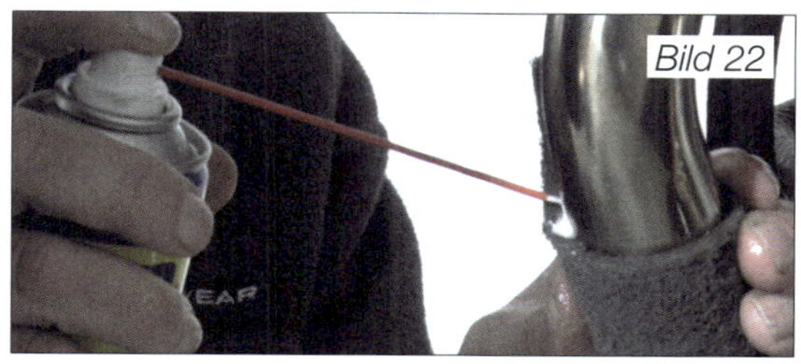

Bilder 21 und 22: Fleckige Auspuffrohre mit einem rauen Schwamm und unter Zuhilfenahme von Kriechöl vorsichtig putzen.

Bild 23: Schmier- und Pflegestellen an der R 1250 GS.

* = Bei »Glasreiniger« bitte nur milde Glasreinigungsmittel verwenden.

Öl- und Graphitspray

Nach dem Waschen an Gelenkstellen von Fußrasten, Bremshebel, Bremsgestänge, Mittel- und Seitenständer einen Schuss Ölspray geben. Wenn das Motorrad durch Nässe gefahren wird, schützt das Öl vor Wasser, das in jede Ritze kriecht. Verwenden Sie bei der regelmäßigen Pflege ein gutes Allzweck-Ölspray. Wenn man einer Schmierstelle gleich nach einer Regenfahrt zu Hause einen Schuss Öl spendiert, sieht man deutlich, wie das Wasser vom aufgesprühten Öl verdrängt wird. Leichter Lauf und Gelenkstellen ohne Korrosion werden es Ihnen danken. **Wichtig 1:** Zünd-Lenkschloss, Schloss im Tankdeckel und Sitzbankschloss NICHT mit Ölspray oder gar Kettenspray schmieren. Zum Schmieren der Schlösser nur BMW-Schließzylinderfett oder

Schmier- und Werkstatthilfsmittel für BMW R 1250 GS und Adventure*

Produktname	Bild ...	BMW-Bestell-Nr.	Kurzbeschreibung	Eigenschaften
Castrol LMX Li-Komplexfett 2	14		Komplexfett auf Lithiumbasis	Speziell entwickelt für den Einsatz in Gleit-, Wälz- und Kugellagern, wie z. B. Radlager. Sehr gute Druckaufnahmefähigkeit, hohe Alterungsbeständigkeit, exzellenter Korrosionsschutz, gute Wasserbeständigkeit, thermisch hoch belastbar, verschleißschützend, für Lebensdauerschmierung geeignet (Kapitel 5 »Räder«).
Molykote 111	15	11 00 7 660 832	Silikonfett	Gute Beständigkeit gegen Chemikalien, weiter Gebrauchstemperaturbereich von – 40 °C bis + 200 °C. Geringe Flüchtigkeit, ausgezeichnete Wasserbeständigkeit. Wird verwendet bei Schnellkupplung Benzinschlauch (Kapitel 3 »Verkleidung · Rahmen · Tank«) und bei Gabelsimmerringen (Kapitel 9 »Gabelbeine«)..
Staburags NBU 30 PTM	16	07 55 9 056 992	Hochleistungs-Schmierfett	Festschmierstoffhaltiges, wasserbeständiges Montagefett gegen Passungs- und Reibrostbildung. Wird verwendet bei Auflageflächen Faltenbalg an Getriebe, Auflageflächen Faltenbalg am Hinterradantrieb, Buchse Fußbremshebel, Bolzen Fußrasten und Verzahnung Schaltwelle in kleinem Schalthebel (Kapitel 10 »Schwinge · Kardan«, Kapitel 6 »Bremsen« und Kapitel 24 »Schaltung«).
Unirex S2	17	83 23 9 416 138	Hoch- und Tieftemperaturfett	Schmierfett zum Schmieren von Wälz- und Gleitlagern. Gebrauchstemperaturbereich – 50 °C bis + 200 °C. Wird verwendet bei den Buchsen des Seitenständers (Kapitel 1 »Wartung · Pflege«).
Optimoly TA	18	18 21 9 062 599	Hochtemperatur-Montagefett	Hochtemperaturbeständig (Einsatzbereich bis 1100 °C) bei gleichzeitig guter Druckstabilität. Verwendung bei korrosionsgefährdeten, temperatur- und umweltbelasteten Schraubverbindungen. Wird verwendet bei Längslenkerachse, Loslagerzapfen Schwinge, Verzahnung Kardanwelle zu Getriebe-Abtriebswelle und Hinterradantrieb, Achse Vorderrad, Lambdasonden, Schelle Endtopf an Sammler, Schelle auf Endtopf (Kapitel Kapitel 8 »Lenkung«, Kapitel 10 »Schwinge · Kardan«, Kapitel 5 »Räder«, Kapitel 20 »Auspuffanlage«).
Teflonspray	19	83 23 0 154 884	Flüssigschmiermittel	Anwendung auf mechanisch stark belasteten Elementen aus Metall, Kunststoff und Gummi. Sehr niedriger Reibungskoeffizient, hervorragende Haftfähigkeit. Wird verwendet bei Schraube und Hülse Brems- und Kupplungshebel (Kapitel 8 »Lenkung«).
Liqui Moly Türschlosspflege	20		Flüssigschmiermittel	Exzellente Kriecheigenschaften, sehr gute Feuchtigkeitsverdrängung. Frei von Harz, Säure und Silikon. Enthält Korrosionsschutzadditive. Für alle Schlösser geeignet (Kapitel 1 »Wartung · Pflege«).
Dow Corning 3-0115	21	07 58 0 397 777	Dichtmasse aus Silikonkautschuk	Hochtemperatur-Silikonkautschuk zum Kleben und Dichten am Motor, dauerelastisch. Wird verwendet bei Motorgehäusedeckel, -hälften, Membranventildeckel, Getriebedeckel, Kabeltülle Generatorstatorkabel (Kapitel 14 »Ladesystem«).
Loctite 243	22	83 19 2 210 339	Schraubensicherung »mittelfest«	Mit normalem Werkzeug noch demontierbar. Losbrechmoment Schrauben M10: 26 Nm, handfest auf Stahl nach 10 Minuten. Wird verwendet bei Hülse (Axialanschlag Freilaufrad) an Kurbelgehäuse, Schelle an Auspufftopf, Spritzschutz an Federbein, Metallventil in Felge, RDC-Sensor an Felge, Motorschutzbügel mit Rahmen an Motor, Tankschutzbügel an Motorschutzbügel bei Adventure, Topcaseträger mit Haltegriff an Heckrahmen (Kapitel 15 »Anlasser«, Kapitel 20 »Auspuffanlage«, Kapitel 7 »Federung · Dämpfung«, Kapitel 5 »Räder«, Kapitel 3 »Verkleidung · Rahmen · Tank«).
Loctite 2701	23	83 19 2 210 337	Schraubensicherung »hochfest«	Zum dauerhaften Sichern von stark vibrations- und schlagbeanspruchten Gewindeverbindungen. Losbrechmoment Schrauben M10: 38 Nm, handfest auf Stahl nach 10 Minuten. Wird verwendet bei Ölsaugschnorchel in Motorgehäuse, Generatorstator an Spulenträger und Lichtmaschinenrotor auf Kurbelwelle (Kapitel 21 »Ölwechsel«, Kapitel 14 »Ladesystem«, Kapitel 15 »Anlasser«).
BMW Bremsklotzpaste Never Seez Compound	24	83 19 2 158 852	Paste gegen Bremsenquietschen	Wird auf die Rückseite und auf die Stirnflächen der hinteren Bremsklötze aufgetragen. Verhindert Bremsengeräusche, schützt vor Korrosion, erleichtert Montage und Demontage (Kapitel 6 »Bremsen«).
Reifenmontierpaste	25	81 22 0 433 046	Montagepaste	Erleichtert die Montagearbeit und unterstützt die spätere Demontage, da der Reifen nicht an der Felge anklebt. Geringer Kraft- und Zeitaufwand durch hohe Gleitfähigkeit. Wird verwendet zur Reifenmontage und am Dichtring der Benzinpumpeneinheit (Kapitel 4 »Reifen« und Kapitel 3 »Verkleidung · Rahmen · Tank«).

* = Stand der Recherche zum Redaktionsschluss dieses Buchs im Februar 2025

ein anderes spezielles Schlossspray auf Graphitbasis verwenden.
Wichtig 2: Halten Sie jede Art von Schmiermittel fern von Sensoren und elektrischen Steckern.

Zur Tabelle auf der linken Seite: In dieser Tabelle haben wir von BMW vorgeschriebene und empfehlenswerte Schmier- und Werkstattmittel aufgelistet, beschreiben stichwortartig ihre Eigenschaften und zeigen sie auf dieser Seite in den Bildern **14** bis **25**.

Kontaktadressen Castrol und Loctite in D, A und CH

- **Deutsche Castrol-Vertriebsgesellschaft mbH**
  Überseeallee 1, D-20457 Hamburg
  www.castrolmoto.com
- **Castrol Austria GmbH**
  Industriezentrum Niederösterreich
  Süd Straße 6, Objekt 7, A-2355 Wiener Neudorf
  www.castrol.at
- **Castrol (Switzerland) AG**
  Baarerstrasse 139, CH-6302 Zug
  www.castrol.ch
- **Henkel Loctite Deutschland GmbH**
  Gutenbergstraße 3, D-85748 Garching
  www.loctite.de
- **Henkel Central Eastern Europe GmbH**
  Erdbergstraße 29, A-1030 Wien
  www.loctite.at
- **Henkel & Cie AG**
  Salinenstrasse 61, CH-4133 Pratteln 1
  www.loctite.ch

Bei allen Produkten, die man beim BMW-Händler kaufen kann, haben wir die BMW-Bestellnummer mit aufgeführt. Einige Produkte, wie z. B. Loctite Schraubensicherung oder Reifenmontierpaste, kann man auch im Kfz-Werkzeughandel kaufen. Für Fern- und Wüstenreisende empfiehlt sich eine Handvoll davon in ein dichtes Gefäß abzupacken. Beim BMW-Händler gibt es kleine Gebinde, die ins Bordwerkzeug passen.

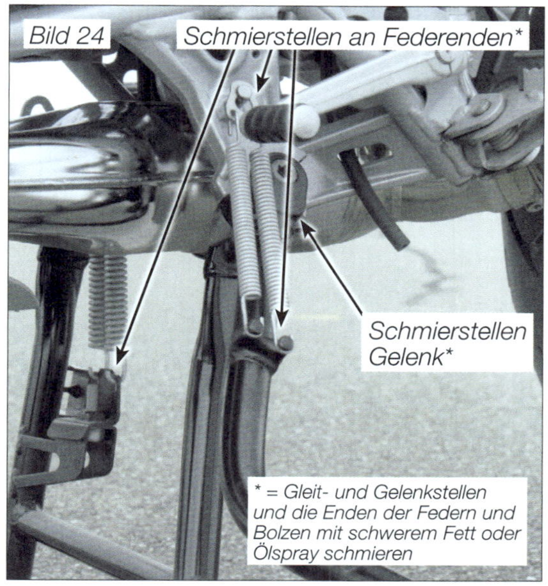

Bild 24: Nach jeder großen Wäsche den Schmierstellen an den Federenden und den Ständergelenken einen guten Schuss Öl- oder Fettspray geben verhindert Korrosion.

Castrol LMX Li-Komplexfett 2 auf Lithiumbasis

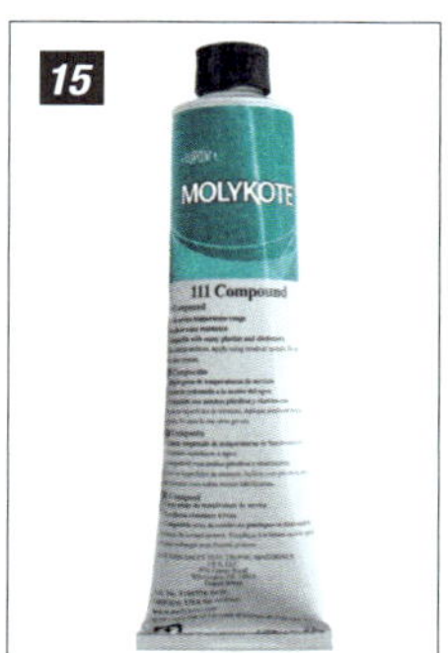

Molykote 111 Silikonfett

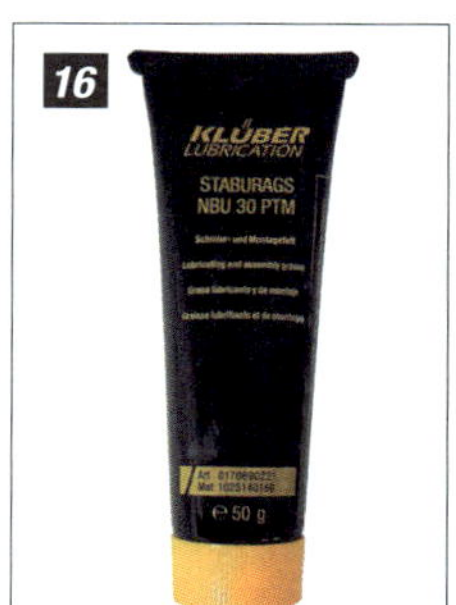

Staburags NBU 30 PTM Hochleistungs-Schmierfett

Unirex S2

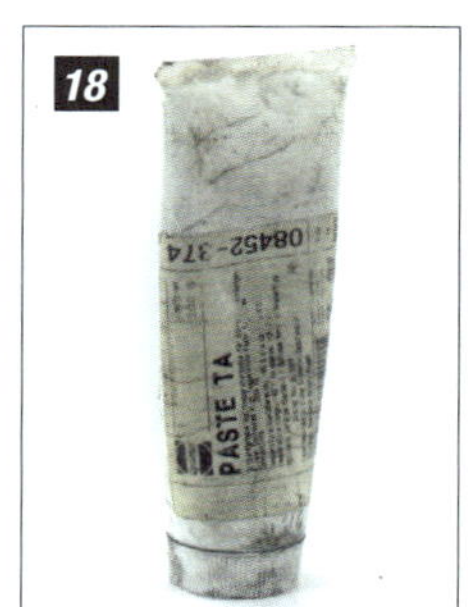

Optimoly TA Paste, Hochtemperatur-Montagefett

Teflonspray

Liqui Moly Türschlosspflege

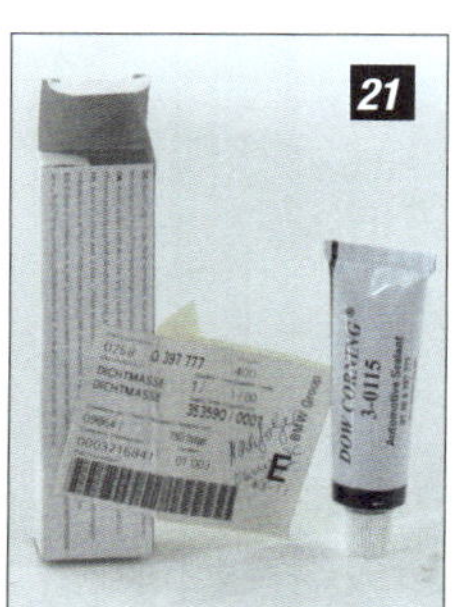

Dow Corning 3-0115 Dichtmasse

Loctite 243 Schraubensicherung »mittelfest«

Loctite 2701 Schraubensicherung »hochfest«

BMW Bremsklotzpaste

Reifenmontierpaste

Werkstatt

In diesem Kapitel: Werkzeug · Bordwerkzeug · Aufbockhilfen · Werkzeug für die Hobbywerkstatt · Werkzeugwagen, Hebebühne · Werkstatthilfsmittel · Spezialwerkzeug · Richtig schrauben · Schrauben, Scheiben, Muttern · Fetten, Ölen, Kleben, Sichern · Anziehdrehmomente · Seegerringe · Simmerringe · Flächendichtmittel · Gewindereparatur mit HeliCoil · Technikbücher · Adressen.

Bild 1: Sinnvolles Basis-Werkzeugsortiment für die Hobbywerkstatt. Teilebezeichnungen siehe nächste Seite unten.

Bild 2: Digitaler Messschieber (A), Bügelmessschraube (B), Fühlerlehren (C).

Bild 3: Besteckkasten als Werkzeug- und Teileablage.

Werkzeug

Für jede Wartungsarbeit und Reparatur braucht man gutes Werkzeug. Die Idee, kleinere Servicearbeiten oder größere Reparaturen mit dem Bordwerkzeug durchführen zu wollen, ist und bleibt eine Illusion.

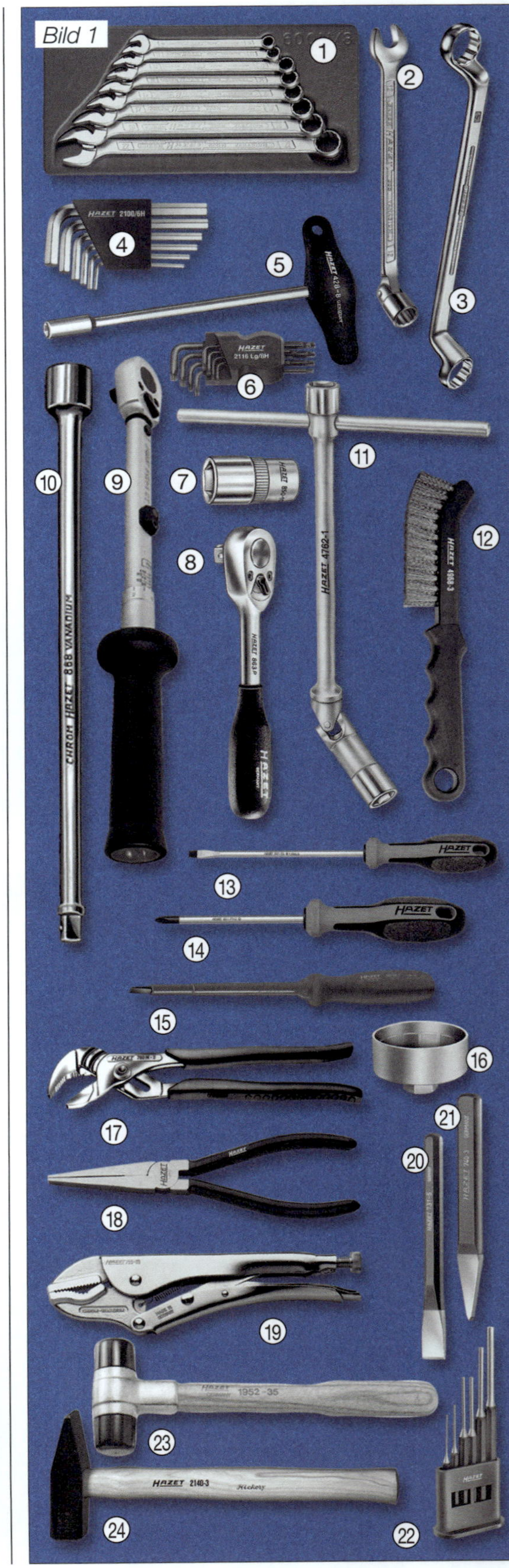

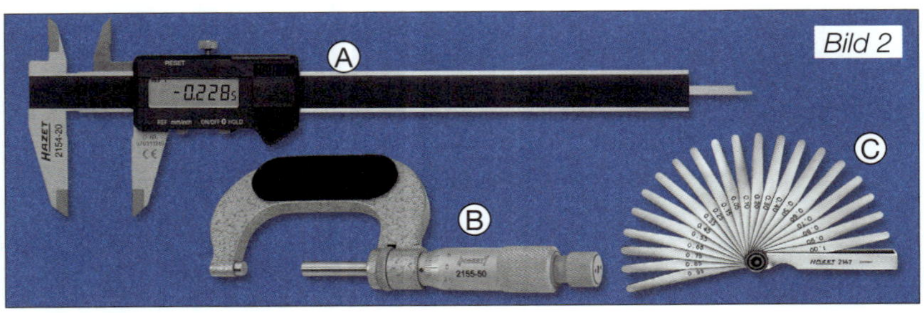

Sicherheitshinweise ⚠ Achtung und ☞ Tipps

⚠ Werkzeug nicht im Baumarkt kaufen, auch wenn dessen Sonderangebot noch so verlockend ist! Das in Baumärkten angebotene Werkzeug ist generell eher schlecht als recht, in vielen Fällen sogar gefährlich, weil es aus minderwertigem Material besteht und deswegen bruchgefährdet ist.

☞ Ein Blick ins Internet rentiert sich bei der Werkzeugrecherche. Echtes Qualitätswerkzeug ist im Internet unter *www.hazet.de* zu finden. Hazet ist einer der bekanntesten deutschen Hersteller von Kraftfahrzeug-Qualitätswerkzeugen.

☞ Im Haushaltswarengeschäft (z. B. bei IKEA) gibt es für kleines Geld Besteckablagen für Schubladenkästen in verschiedenen Unterteilungen. Diese eignen sich ganz hervorragend als Schrauben- und Kleinteileablage (Bild 3).

☞ Wenn teure Spezialwerkzeuge benötigt werden, bei der Werkstatt um die Ecke nachfragen, ob man gegen ein hinterlegtes Pfand und einen Obolus in die Trinkgeldkasse das Werkzeug geliehen bekommt.

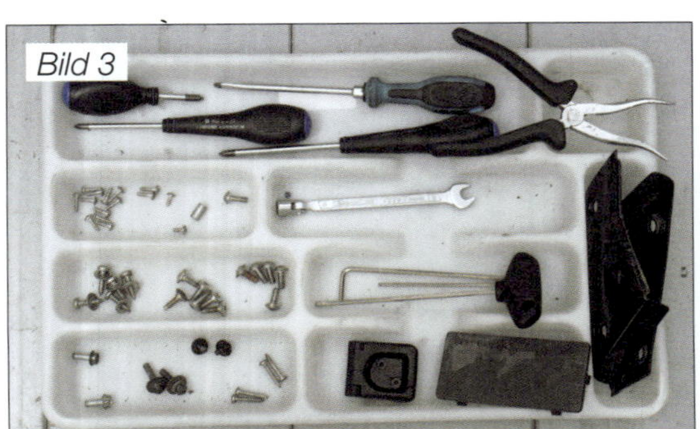

Sowohl für die kleine Notreparatur unterwegs wie für alle Wartungs- und Pflegearbeiten zu Hause in der Garage oder (Hobby-)Werkstatt gilt: Mit schlechtem Werkzeug kann man keine guten Arbeiten machen! Beispielhaft für »schlechtes Werkzeug« sind die geplatzte Nuss (Bild 4) und die ausgefranste Bürste (Bild 5).

Merke: Vermurkste Schrauben und Muttern oder gar hässliche Kratzer im Umfeld von Schraubverbindungen, die von abgerutschten, weil nicht passenden Schlüsseln herrühren, sehen schlimm aus. Ganz zu schweigen von den Verletzungen, die ein »Mechaniker« sich beim Schrauben zuziehen kann, wenn er mit schlechtem Werkzeug arbeitet.

Torxschrauben brauchen Torxwerkzeug

An der R 1250 GS sind überwiegend Schrauben mit Torx-Köpfen verbaut, man braucht also Torx-Schlüssel bzw. Torx-Nüsse in gängigen Größen. Kaufen Sie am besten einen kompletten Kasten mit Torxwerkzeug und Nüssen (Bilder 6, 6 a und 6 b) mit passendem Anschluss für den Drehmomentschlüssel. Für Sechskant-Muttern empfehlen wir Sechskantnüsse, die eng am Schraubenkopf anliegen. Auch Gabel- und Ringschlüssel werden gebraucht, denn nicht an alle Muttern kommt man mit Nüssen ran. In den Kapiteln dieses Buchs gehen wir in Bild und Text auf die jeweils benötigten Werkzeuge ein.

Schlüsselweite, Schraubenzieher

Der Begriff SW ist die Abkürzung für »Schlüsselweite«. SW 12 bedeutet also, dass dieser Schlüssel für einen Schraubenkopf oder eine Mutter mit 12 mm bestimmt ist, gemessen über die Mitte an zwei zueinander parallelen Flächen. M8-Schrauben oder Muttern brauchen einen 12er- oder 13er-Schlüssel; M6 einen 8er- oder 10er-Schlüssel.

Teilebezeichnungen Bild 1 links: Satz Ring-Maulschlüssel (1), Maul-Steckschlüssel (2), Doppelringschlüssel (3), Satz Inbusschlüssel (4), Sechskant-Steckschlüssel mit Querknauf (5), Satz Torx-Schlüssel (6), Steckschlüsselnuss mit Innensechskant (7), Umschaltknarre (8), Drehmomentschlüssel (9), Verlängerung (10), Zündkerzenschlüssel (11), Bremssattelbürste mit Messingborsten (12), Schlitz-Schraubenzieher (13), Kreuzschlitz-Schraubenzieher (14), Elektriker-Schraubenzieher (15), Ölfilterschlüssel (16), Universalzange (17), Flachzange (18), Gripzange (19), Flachmeißel (20), Kreuzmeißel (21), Satz Splinttreiber (22), Kunststoffhammer (23), Schlosserhammer (24).

Zu dem normgerecht als »Schraubendreher« bezeichneten Werkzeug sagen wir hier in dieser Reparaturanleitung »Schraubenzieher«, weil das unter Motorradfahrern üblich ist.

Bordwerkzeug

Das serienmäßige Bordwerkzeug (Bild 7) der R 1250 GS enthält keine Werkzeugteile, mit denen man die Räder ein- und ausbauen oder die Zündkerzen aus- und wieder einschrauben kann. Im Text »Besseres Bordwerkzeug« auf der nächsten Seite nennen wir Ergänzungswerkzeuge.

Ob Sie Geld für besseres Bordwerkzeug ausgeben können und auch wollen, wissen wir nicht. Doch zwei Dinge sollten Sie unbedingt haben: **Flickzeug:** Reifen-Flickzeug für Schlauchlosreifen vom Hersteller »TIP TOP« (Bild 8). Damit lässt sich ein Loch im Schlauchlosreifen bis ca. 4 mm Durchmesser unterwegs zur Not reparieren. **Reifendruckprüfer:** Bitte verwenden Sie KEIN Plastikteil aus dem Baumarkt, sondern ein Präzisionsmessgerät (Bild 9). Das beste Druckmessgerät, das wir kennen und in unserer Werkstatt

Bild 4

Bild 5

Bilder 4 und 5: Schlechtes Werkzeug aus dem Baumarkt.

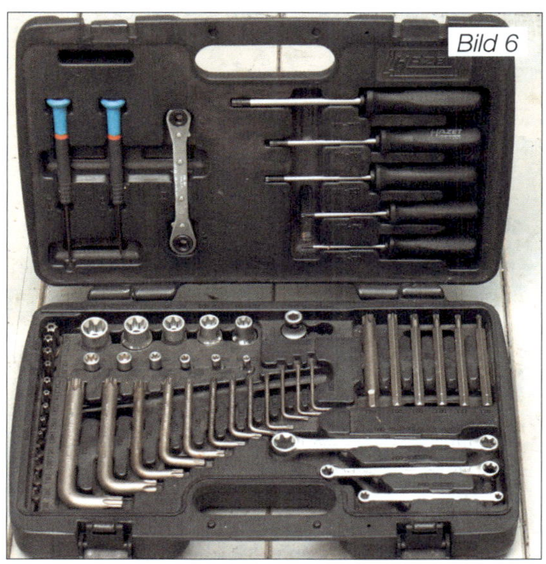
Bild 6

Bild 6a

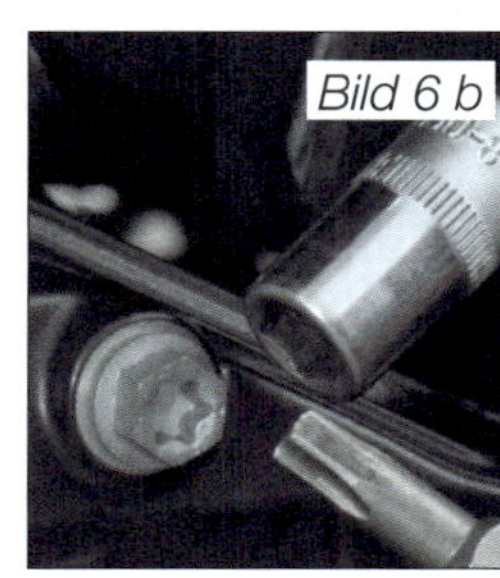
Bild 6 b

Bilder 6 bis 6 b: Zum intensiven Beschrauben der R 1250 GS sind Torxwerkzeuge nötig.

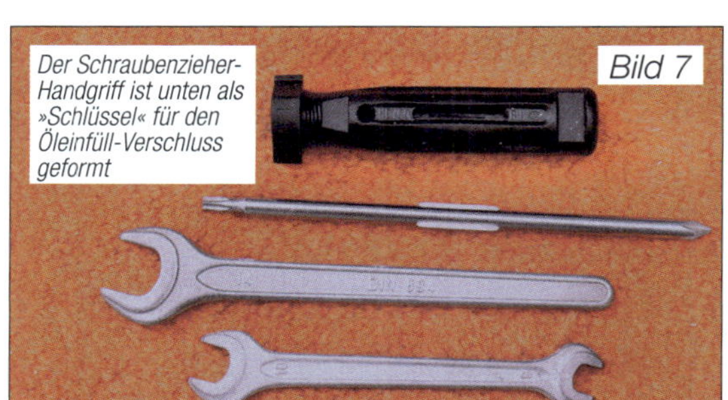
Bild 7

Der Schraubenzieher-Handgriff ist unten als »Schlüssel« für den Öleinfüll-Verschluss geformt

Bild 7: Das serienmäßige Bordwerkzeug ist dürftig.

Sichtprüfung Messen

täglich verwenden, stammt vom deutschen Hersteller Flaig und hat ein stabiles Alu-Gehäuse. Erhältlich ist es in gut sortierten Zubehörläden und bei Motorradhändlern.

Bild 8
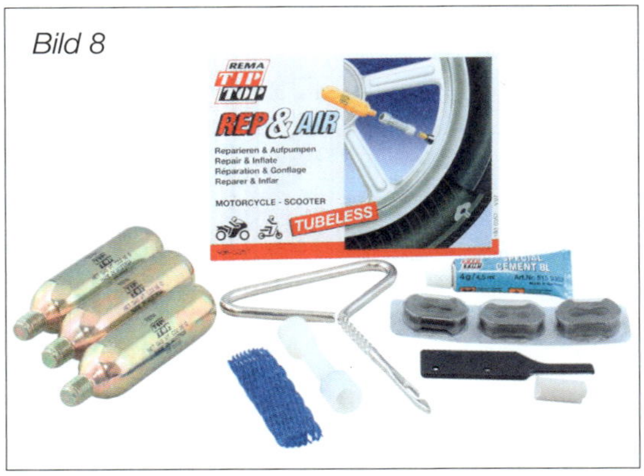

Bild 8: Reifen-Pannenhilfeset zur notdürftigen Reparatur eines Plattfußes.

Bild 9
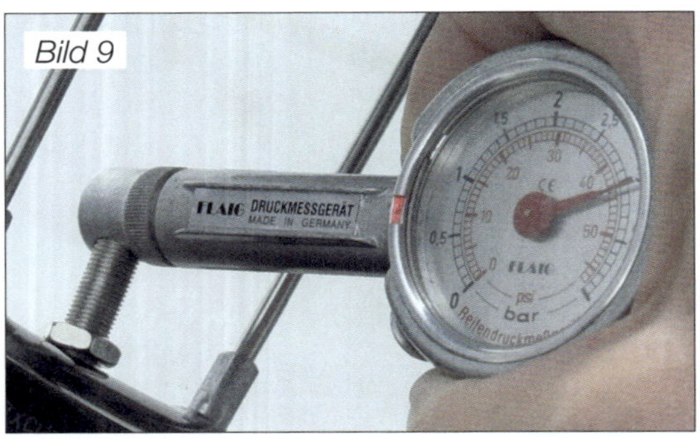

Bild 9: Flaig-Reifendruckprüfer.

Bild 10

Bild 10: Unterbauen des Rades mit Holzstücken beim Aus- und Einbau.

Besseres Bordwerkzeug
Damit man unterwegs die Räder aus- und einbauen kann, werden folgende Teile benötigt:

Vorderrad
- Torxnuss T45 für die Achsklemmschrauben
- Inbusnuss SW 19 für Achskopf
- Nuss SW 17 für die Achsschraube
- Nuss SW 13 für die Bremssattelschrauben
- Torxnuss T30 für Raddrehzahl-Sensor (ABS)
- Knebel (Querknauf) für die Nüsse

Hinterrad
- Torxnuss T50 für die Radschrauben
- Knebel (Querknauf) für die Nuss

Bordwerkzeug für die Reise
Entsprechend dem Alter einer R 1250 GS und ihrem technischen Pflegezustand braucht man mehr oder weniger Werkzeug, damit eine Panne auch in einem dünn besiedelten Gebiet ordentlich beschraubt werden kann.

- Maul-Steckschlüssel SW 8, 10, 12, 13 und 17
- Torxschlüssel 25, 30, 40, 45 und 50
- BMW-Spezialwerkzeug »Auszieher« für die Zündkerzenstecker
- Zündkerzenschlüssel SW 14
- Schraubenzieher mit Flach- und Kreuzschlitzklinge 5 mm, Elektriker-Schraubenzieher
- Kombizange
- einige mitteldicke Kabelbinder
- Rolle Gewebe-Klebeband, damit können z. B. zerstürzte Plastikteile geflickt werden.

Wichtig: Unbedingt Qualitäts-Gewebeband nehmen, KEIN durchsichtiger Büro-Tesafilm oder das ekelige, braune Karton-Packband!
- Prüflampe oder kleines Multimeter
- kleiner Schlosserhammer (100 Gramm)
- mittelgroße Wasserpumpenzange
- eine Tube benzin-/ölfestes Silikondichtmittel
- Messingdrahtbürste, Dose Ölspray (WD-40), Schmutzlappen, zwei Arbeitshandschuhe

Bild 11

Bild 11: Der »X5 Hydraulischer Hubtisch« von Kern kostet ca. 250 Euro. Dank der Rollen lässt sich das aufgebockte Motorrad gut rangieren.

Bild 12 a
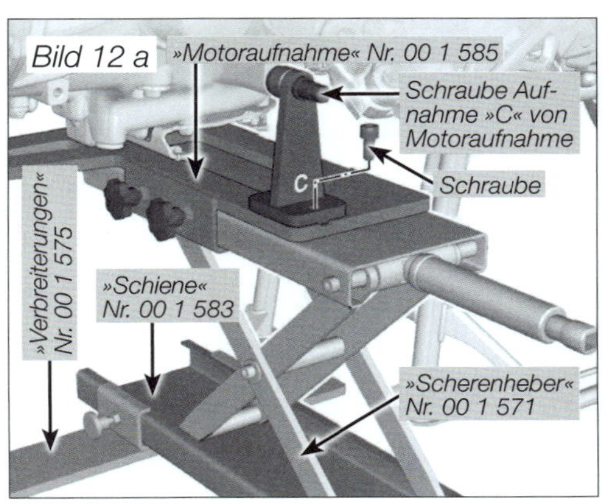

Im Bild 12 a steht die Maschine auf dem BMW-Spezialwerkzeug-Hebebock »Motorheber« ...

Bild 12 b

... und in Bild 12 b auf dem Mittelständer und einem kleinen Wagenheber mit zwischengelegtem Holzklotz.

Aufbockhilfen

Perfekt ist eine Motorradhebebühne. Wer dazu weder Platz noch Geld hat, für den empfiehlt sich das praktische, preiswerte Gerät von Kern-Stabi, es nennt sich »X5 Hydraulischer Hubtisch« (Bild 11) und wird direkt unten an den Motorschutz angesetzt. Mit Rollen versehen kann man das aufgebockte Motorrad in der Werkstatt herumrangieren und in die Ecke schieben. X5 kostet rund 250 Euro, dazu gibt es noch verschiedene Adapter und Zubehörteile.

Mittelständer: Die R 1250 GS hat serienmäßig einen stabilen Mittelständer. Wenn die Maschine darauf aufgebockt ist, kann das Hinterrad ausgebaut werden. Zum Ausbau des Vorderrads wird zusätzlich noch ein kleiner Wagenheber benötigt, der unter dem Motor angesetzt wird (Bild 12 b), damit das Vorderrad freikommt.

Heckmontageständer, Motorheber: Man kann zur Radmontage auch einen »Heckmontageständer« verwenden und den Motor mit dem BMW-Spezialwerkzeug »Motorheber« unterbauen, zu sehen in Bild 12 a: Er besteht aus den Spezialwerkzeugen »Scherenheber« (Nr. 00 1 571), »Motoraufnahme« (Nr. 00 1 585), »Verbreiterung« (Nr. 00 1 575) und »Schiene« (Nr. 00 1 583).

Werkzeug für die Hobbywerkstatt

Hier Werkzeugempfehlungen für eine Hobby-Motorradwerkstatt, in der Arbeiten und Reparaturen durchgeführt werden, die über die Behebung einer Panne am Straßenrand hinausgehen.

- **Zwei Drehmomentschlüssel**: Einen großen mit Einstellbereich 40 bis 200 Nm und einen kleinen mit 5 bis 40 Nm. Diese werden zwingend beim Aus- und Einbau der Räder und Bremse benötigt sowie bei Arbeiten an Rahmen, Telelever, Federbein und Schwinge.
- **Ölauffangwanne** mit integriertem Öltank für den Ölwechsel.
- **Fächer-Fühlerlehre** von 0,05 bis 1,0 mm zum Prüfen des Ventilspiels.
- **Batterieladegerät** 12 Volt, elektronisch geregelt.
- **Kupferpaste** (oder Keramikfett) für Dichtungen, Schraub- und Klemmstellen am Auspuff.
- **Silikondichtpaste** für Gehäusedichtflächen.
- **Flachspitzzange** klein und **Seitenschneider**.
- **Messing**- und **Stahldrahtbürsten** in verschiedenen Größen.
- **Schlosserhammer** mit 250 Gramm sowie ein rückschlagfreier **Kunststoffhammer**.
- Satz **Durchschläge** (»Splint-Austreiber«).
- Isolierter **Seitenschneider** (»Elektro-Knipser«).
- **Kasten Torx-Schlüssel und -Nüsse** (Bild 6), aus denen man sich für's Bordwerkzeug einen entsprechenden Satz zusammenstellt.

Und wenn Sie jetzt noch Geld übrig haben:

- **Schlagschrauber**, mit dem lassen sich z. B. große, sehr fest angezogene Schrauben und Muttern relativ einfach öffnen. Es gibt Druckluft- oder Akku-Schlagschrauber.
- **Akkubohrmaschine** mit einem Satz bester Qualitätsbohrer von 2 bis 12,5 mm.
- **Druckluft-Kompressor**, Druck bis 8 bar, mit Druckluftpistole, Reifenfüllmanometer (Bild 13).
- **HeliCoil**-Gewindereparaturkits M5, M6, M8 und M10 sowie für das Zündkerzengewinde. Weiter hinten in diesem Kapitel zeigen wir die richtige Anwendung von HeliCoil.
- **Lötkolben** mit 150 Watt Leistung.
- **Heizplatte** mit 25 cm Durchmesser oder einen starken Werkstatt-**Heißluftföhn**.
- **Schleifbock:** Er ist immer nützlich, und wenn man daran nur ab und zu Bohrer scharf schleift und sich am Funkenflug freut.

Bild 13

Bild 13: Druckluft-Kompressor mit Luftpistole, Reifenfüller und langem Schlauch.

Werkzeugwagen, Hebebühne

Als Ablage beim Schrauben direkt am Motorrad benutzen wir einen Besteckkasten (Bild 3). Darin lassen sich momentan benötigte Werkzeuge und abgebaute Kleinteile wunderbar ablegen. Für kleines Geld gibt es diese Besteckkästen in jedem Haushaltswarenladen (z. B. bei IKEA, dort sind sie besonders billig!). Man kann auch (ausgespülte!) Joghurt-Becher nehmen und darin Muttern, Schrauben und Kleinteile nach Baugruppen geordnet ablegen.

Werkzeug muss nicht nur vorhanden, sondern auch auffindbar sein. Und weil es mit der Ordnung immer so eine Sache ist, empfehlen wir, das am meisten benötigte Werkzeug im fahr- und faltbaren Hazet-Werkzeugwagen »Assistent« aufzubewahren. Dieser ist innen größer, als er von außen aussieht. Das Grundmaß des »Assistent« beträgt 725 mm x 398 mm, aufgezogen ist er etwas mehr als einen Meter hoch, zusammengeschoben kaum noch die Hälfte (Bild 14).

Perfekt ist eine Hebebühne. Sie erleichtert alle Schraubarbeiten am Motorrad, denn man kann die Maschine in die gewünschte Arbeitshöhe bringen, muss sich also nicht bücken. Preiswerte Hebebühnen gibt es in den Shops der Motorrad-Zubehörketten.

Bild 14

Bild 14: Der fahr- und faltbare Werkstattwagen »Assistent« ist seit vielen Jahren ein Klassiker in Werkstätten von Hobby- und Profischraubern.

Werkstatthilfsmittel

BMW bietet alle nötigen Montagehilfsmittel, Dichtmaterialien, Fette und Schraubensicherungen als Ersatzteile an, man kann sie also bei jedem BMW-Motorradhändler kaufen. Diese Mittel haben wir in einer Tabelle in Kapitel 1 »Wartung · Pflege« aufgelistet.

Spezialwerkzeug

Spezialwerkzeug: Für tiefer gehende Arbeiten werden spezielle Werkzeuge benötigt. Man kann diese beim BMW-Händler kaufen, aber sie sind teuer. Auf einige der originalen BMW-Spezialwerkzeuge und preiswerte, weil selbst herzustellende Alternativwerkzeuge gehen wir in den entsprechenden Kapiteln ein.

Gewindeschneider, HeliCoil: Unter die Rubrik »Spezialwerkzeug« fällt auch ein kompletter Satz Gewinde-Schneid- und Bohrwerkzeuge. Damit lassen sich Außen- wie Innengewinde anfertigen, nachschneiden und auch reinigen, wenn z. B. Reste von Loctite daran hängen, Farbe oder Rost. Weiter hinten im Kapitelabsatz »Gewinde reparieren« zeigen wir den Umgang mit Gewinde-Reparaturmittel »HeliCoil«.

Nachstehend eine Auflistung wichtiger Spezialwerkzeuge für die GS und ihr Einsatzgebiet:

- **Mitnehmerarretierung** (Nr. 11 0 828, Bild 15) zum Aus- und Einbau der Kupplungsnabe.
- **Polradabzieher** (Nr. 12 0 531, Bild 17) zum Abziehen des Polrads, wenn Anlasserfreilauf erneuert wird.
- **Zange** (Nr. 13 1 512, Bild 19) zum Aus- und Einbau der Oetiker-Schellen.
- **OT-Absteckdorn** (Nr. 11 0 822, Bild 16) zum Einstellen der Ventile.
- **Ventilfederspanner,** bestehend aus »Gegenstütze« (Nr. 11 5 691), »Ventilfederspannvorrichtung« (Nr. 11 0 851), »Druckkorb« (Nr. 11 0 852) und »Aufnahme« (Nr. 11 0 853) zum Ausbau der Ventile und Ventilfedern.
- **Abziehzange** (Nr. 11 1 250) für Ventilschaftabdichtungen.
- **Elektronischer Drehmoment-/Drehwinkelschlüssel** (Nr. 81 64 2 218 230) oder ein handelsübliches Drehwinkelmessgerät, zum Festziehen der Pleuelschrauben und sonstiger Schrauben wie z. B. der Zylinderkopfschrauben.
- **Stecknuss** (Nr. 33 6 641) und **Innensechs-**

kant (Nr. 33 6 642) zum Anziehen des Loslagerzapfens an der Schwinge.
- **Steuerkettenspannvorrichtung** (Nr. 11 1 512) **mit Hülse** (Nr. 11 1 515), wird zum Einstellen der Ventile benötigt.
- **Gegenstütze** (Nr. 00 8 572), **Stützring** (Nr. 36 6 610) und **Innenauszieher 2 1/3** (Nr. 00 8 574), wird z. B. zum Herausziehen der Schwingenlager benötigt.

Folgende Spezialwerkzeuge kann man im Motorrad-Zubehörhandel und auch im guten Werkzeughandel preiswert kaufen:
- Ölfilterschlüssel (Bild 18)
- Multistromkreistester (Satz)
- Kompressionsdruck-Prüfgerät mit Adapter
- Kraftstoffdruckmesser mit Adapter

Richtig schrauben

Gut schrauben zu können ist keine angeborene Gottesgabe, sondern eine Sache der realen Einschätzung: Was habe ich bisher gelernt, kann ich schon, traue ich mir zu, kann ich noch lernen? Und: Von was lasse ich die Finger weg, weil Wissens- und Könnenstand sowie der Werkzeugbestand nicht ausreichend genug sind?

Zum Thema »Richtig schrauben« gehört z. B. ein Federspanner (Bild 20); man kann zwar auch mit einer Zange den Federhaken aushängen, rutscht dabei aber oft ab. Das Wissen um die eigenen Fähigkeiten ist beste Voraussetzung, um ein guter Schrauber zu sein – oder zu werden.

Ordnung halten in der Bude! Wer Ordnung hält, ist nur zu faul zum Suchen. Eine blödere Ausrede als diese gibt es nicht, wenn man in eine Garage oder Hobbywerkstatt kommt, wo alte Dichtungen und Ölfilter auf gebrauchten Reifen gestapelt sind, leere Bierflaschen und Pizzapappen vor sich hin stinken. Ähnlich der Ordnung in

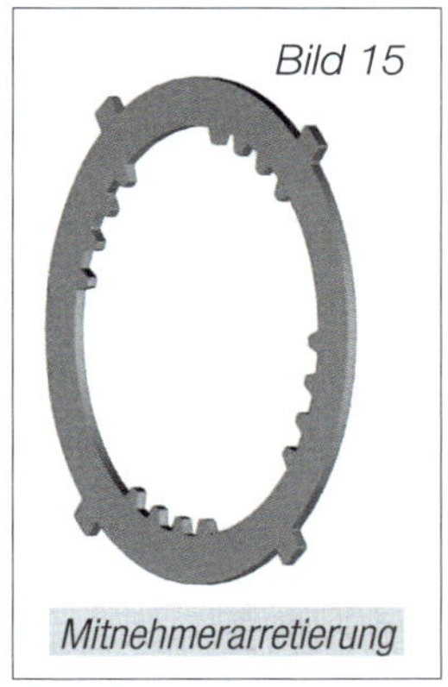
Bild 15 – Mitnehmerarretierung

Bild 16 – OT-Absteckdorn

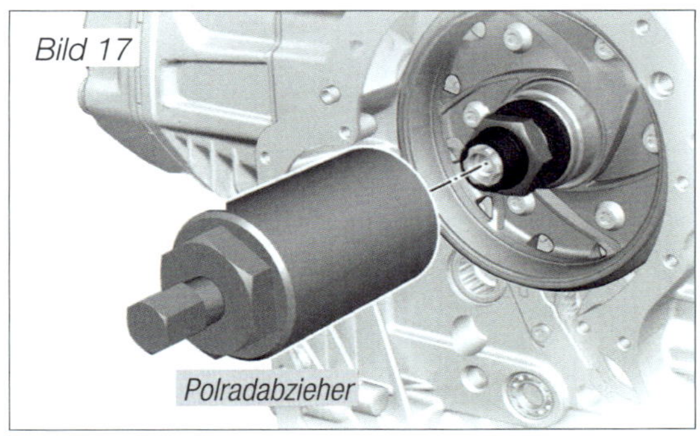
Bild 17 – Polradabzieher

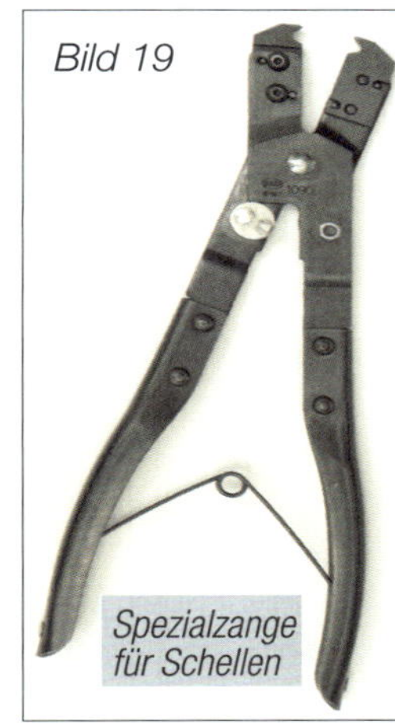
Bild 19 – Spezialzange für Schellen

Bilder 15 bis 19: Verschiedene Spezialwerkzeuge.

Bild 20: Federspanner für Ständerfedern.

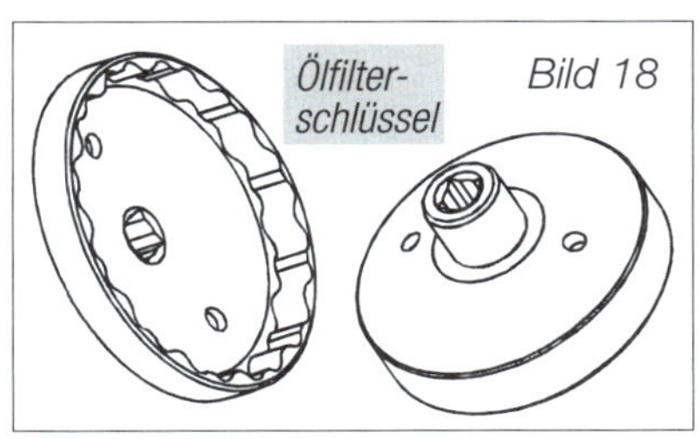
Bild 18 – Ölfilterschlüssel

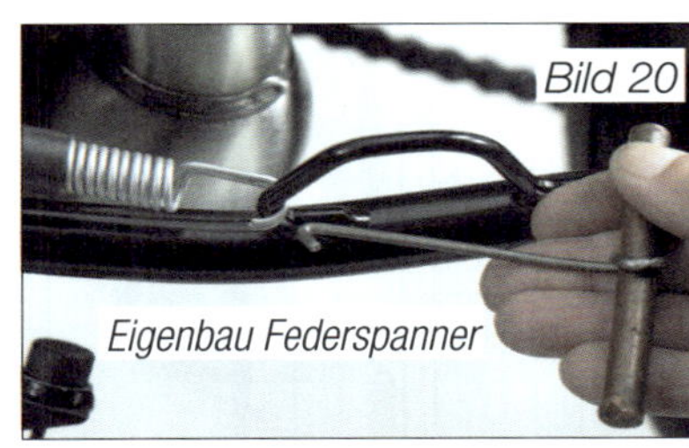
Bild 20 – Eigenbau Federspanner

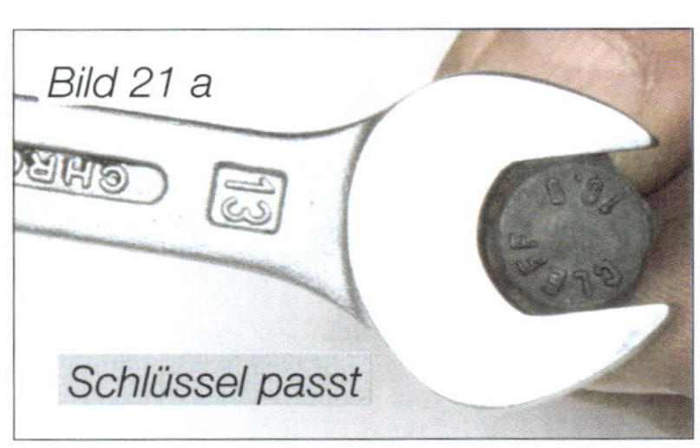
Bild 21 a – Schlüssel passt

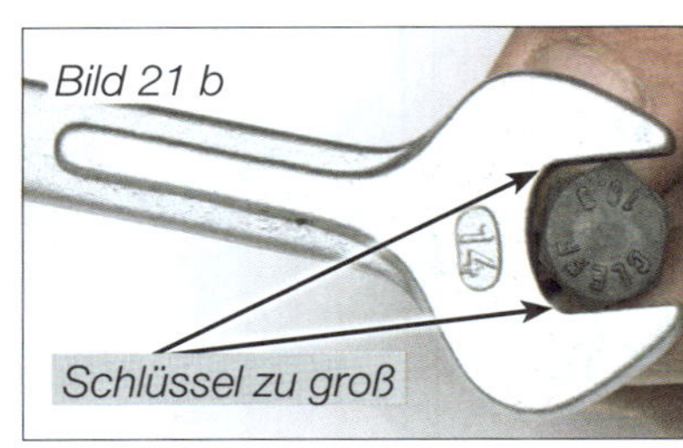
Bild 21 b – Schlüssel zu groß

Bild 22 a – Kreuzklinge zu klein – Kreuzklinge passt – Kreuzklinge zu groß

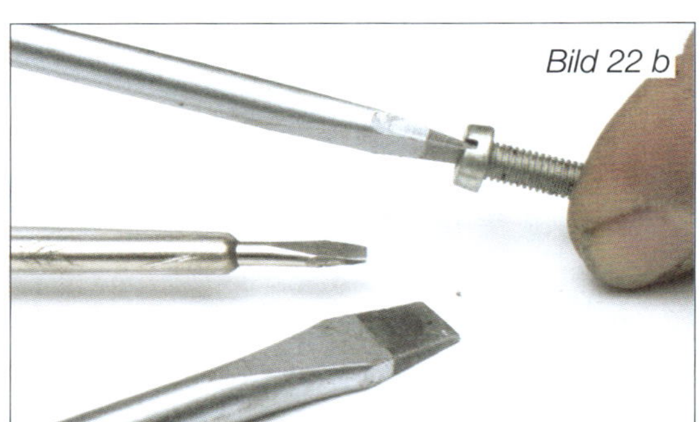
Bild 22 b

Bilder 21 a bis 22 b: Passendes Werkzeug verwenden. Ein zu großer Schlüssel vermurkst beim ersten Ansatz den Schraubenkopf, ein zu kleiner Schraubenzieher rutscht durch, ein zu großer versaut den Schraubenkopfschlitz.

der Werkstatt verhält es sich mit der Sauberkeit der Maschine: Bevor man anfängt an irgendeiner Baugruppe zu schrauben, sollte man die Maschine gründlich waschen, denn an verdreckten Bauteilen und verschmutzten Schrauben lässt sich Werkzeug nur unsicher ansetzen.

Sicherer Werkzeuggebrauch

Am Anfang dieses Kapitels haben wir es schon gesagt, hier wiederholen wir es: Mit schlechtem Werkzeug kann man keine gute Arbeit machen! Hier ergänzen wir thematisch: Mit gutem Werkzeug muss man auch umgehen können.
Die Bilder 21 a bis 23 zeigen, was wir meinen:

- Wenn ein Schraubenkopf oder eine Mutter einen 13er-Schlüssel braucht (Bild 21 a), dann ist der 14er (Bild 21 b) das falsche Werkzeug.
- Ein Kreuz- bzw. Schlitz-Schraubenkopf braucht einen passenden Kreuz- oder Schlitz-Schraubenzieher (Bilder 22 a und 22 b). Bitte versuchen Sie NICHT, eine Kreuzschlitzschraube mit einem Flachklingen-Schraubenzieher zu öffnen!

Bilder 23 und 24: Bei Stahlschrauben in Alu auf genügend Einschraublänge achten.

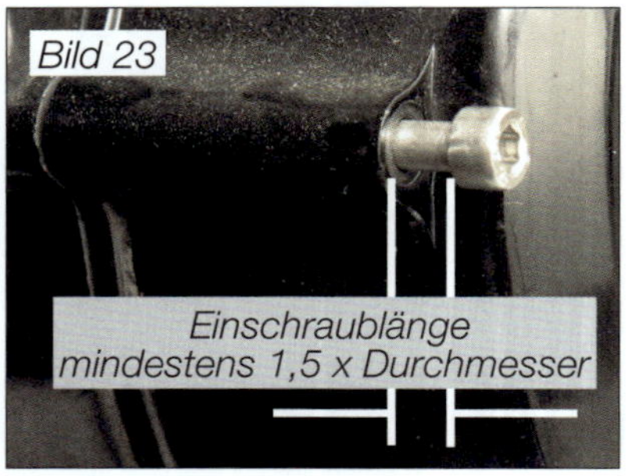

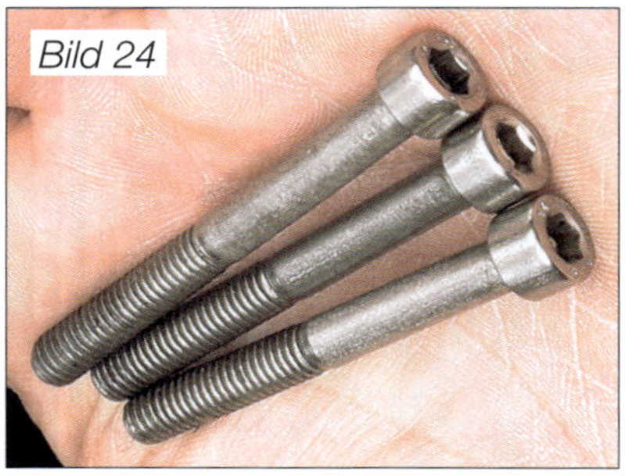

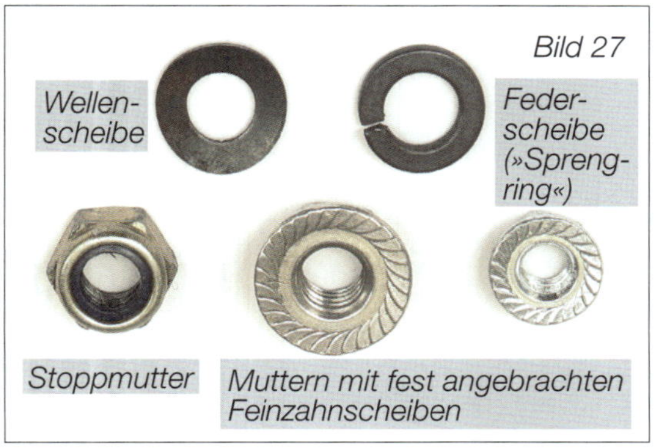

Bild 25: Gewinde immer nur mit einer Messingbürste reinigen.

Bild 26: Schrauben mit defekten Gewinden.

Bild 27: Verschiedene Scheiben und Muttern.

Schrauben, Scheiben, Muttern

Stahlschrauben, die in Aluminium wie z. B. Motorgehäuse gedreht werden, müssen mindestens mit der Länge des 1,5-fachen Schraubendurchmessers in das Innengewinde eingeschraubt werden (M6 also 9 mm). In Bild 23 sieht man eine zu kurze Schraube, in Bild 24 eine in der richtigen Länge und zwei zu kurze. Natürlich ist die serienmäßige Schraube immer die beste Schraube, aber manchmal geht halt eine verloren – deswegen nachstehend einige Grundlagen für die Verwendung von nicht serienmäßigen Schrauben.

- Wenn man keine Schrauben in der passenden Länge bekommt und nur solche, die 5 mm zu kurz oder 20 mm zu lang sind, dann lieber die zu langen kaufen und auf Länge absägen.
- Wenn Schmutz oder Reste von Schraubenkleber an der Schraube haften, diese mit einer Messingbürste reinigen (Bild 25). KEINE Stahlbürste verwenden, denn die scharfen Stahldrähte reißen die Oberflächen des Gewindes auf!
- Bei jeder ausgedrehten Schraube und abgedrehten Mutter vor der Montage das Gewinde begutachten: Bei den in Bild 26 gezeigten Schrauben sind die Gewinde defekt (»überdreht«), und damit sind sie reif für die Mülltonne. Die Begutachtung der Gewinde VOR der Montage (oder gleich nach der Demontage, also dem Ausschrauben!) ist besonders wichtig bei sicherheitsrelevanten Baugruppen wie Fahrwerk mit Rahmen, Federung, Rädern und Bremsen.

Bild 27 zeigt spezielle Scheiben und Muttern:

- **Unterlag- oder Wellenscheiben** sollen zwischen Stahlmuttern und Aluminium gelegt werden, das verbessert die Flächenpressung und schont das Alu.
- Eine **Federscheibe**, auch »Sprengring« genannt, hat zwei »Zacken«, die bis zu einem gewissen Maße das Lösen der Schraube/Mutter verhindern. Nur bei Stahl auf Stahl verbauen!
- In eine **Stoppmutter** ist ein Sicherungsring aus Kunststoff oder ein mehrteiliges Stahlblechsegment eingesetzt, das die Mutter auf dem Gewinde der Schraube »verklemmt« und damit sichert. Eine Stoppmutter mit Kunststoff-Sicherungsring soll nur einmal (zulässige Ausnahme: höchstens zweimal) verwendet werden; eine Stoppmutter mit mehrteiligem Stahlblechsegment kann mehrmals verbaut werden.
- Eine **Stahlmutter** mit fest angefügter Feinzahnscheibe wird ohne zusätzliche Unterlegscheibe

auf Alu oder Stahl verschraubt. Nach zwei- oder dreimaliger Verwendung ist die Verzahnung »flach« und sichert nicht mehr richtig. Für die Befestigung einer Nummernschildschraube ist eine solche Mutter aber immer noch gut genug!

Fetten, Ölen, Kleben, Sichern

■ Wenn blanke Bauteile miteinander verschraubt werden, die Kontaktflächen beider Teile mit Fett einschmieren, dann rosten (bzw. korrodieren) sie nicht zueinander fest, weil Fett zwischen Passflächen das Eindringen von Feuchtigkeit verhindert. Dies gilt auch für Alu auf Alu oder Alu auf Stahl, denn ohne schützende Fettschicht dazwischen bildet sich mit der Zeit böse Korrosion!
■ Wenn Schrauben und Muttern verarbeitet werden, immer einen Tropfen Öl auf/in ihre (gereinigten!) Gewinde und Anlageflächen geben.
■ Loctite »mittelfest« hält jede Schraubverbindung zuverlässig zusammen. Bei extrem belasteten Schraubverbindungen, wie z. B. den Zugankern der Zylinderköpfe, schreibt BMW Loctite 2701 »hochfest« vor. Bei Schrauben einen Tropfen Loctite auf (Bild 28), bei Muttern in das Gewinde (Bild 29) geben.
Wichtig: Wenn Loctite verwendet wird, beide Gewinde sorgfältig von Öl und Fett reinigen (mit Bremsenreiniger) und trocknen.

Farbmarkierung: Profis zeichnen jede Schraube (Mutter), die sie mit dem vorgeschriebenen Anziehdrehmoment angezogen haben, mit einer Farbmarkierung (Bild 30). Sollte sich eine Schraubverbindung wider Erwarten öffnen, sieht man das an den zueinander verdrehten Farbstrich-Markierungen!

Anziehdrehmomente

Um eine notwendige Verbindungs-Haltekraft ausüben zu können, muss eine Schraube (Mutter) in dem ihr zugeordneten Innengewinde (Außengewinde) mit einem bestimmten Anziehdrehmoment festgezogen werden. Nur damit ist garantiert, dass die durch die Schraube (Mutter) zueinander verspannten Bauteile ausreichend fest sind und sich die Schraubverbindung nicht von alleine löst (z. B. durch Vibrationen).

Wichtig zu wissen:
■ Werden Schrauben/Muttern zu leicht angezogen, besteht die Gefahr, dass sich die Schraubverbindung lockert.
■ Werden Schrauben/Muttern zu fest angezogen, werden ihre Gegengewinde »weich«, reißen bzw. brechen dabei aber (noch) nicht, die Schraubverbindung erscheint »gefühlt fest«. Später lockert sie sich und fällt ab.

In den Kapiteln nennen wir die benötigten Anziehdrehmomente. Im Kapitel 28 »Anziehdrehmomente« sind die von BMW vorgeschriebenen Anziehdrehmomente aufgelistet.

Seegerringe

Zum Aus- und Einbau von Seegerringen werden spezielle Zangen benötigt: Innenseegerringe werden zusammengedrückt (Zange Bild 31) und aus der Bohrung gezogen, Außenseegerringe auseinandergezogen (Zange Bild 32) und von der Welle abgezogen. Ausgebaute Seegerringe sollen durch Neuteile ersetzt wer-

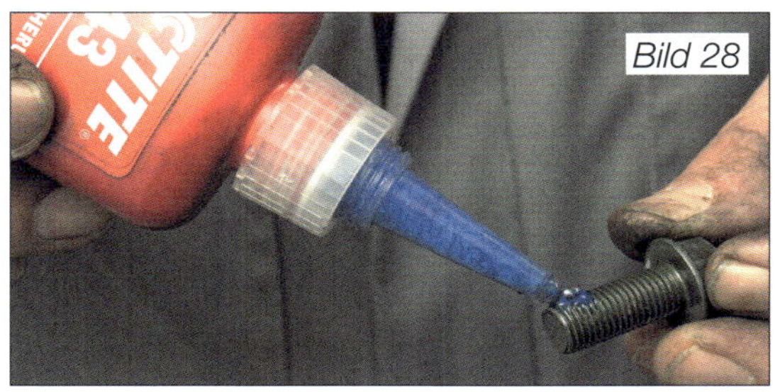
Bild 28

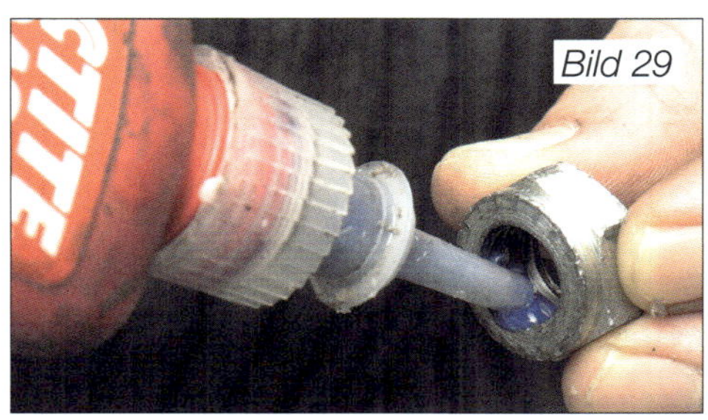
Bild 29

Bild 30

Bilder 28 und 29: Zur Gewindesicherung einen Tropfen Loctite auf die Schraube bzw. in die Mutter geben.

Bild 30: Farbmarkierung zur Sichtprüfung.

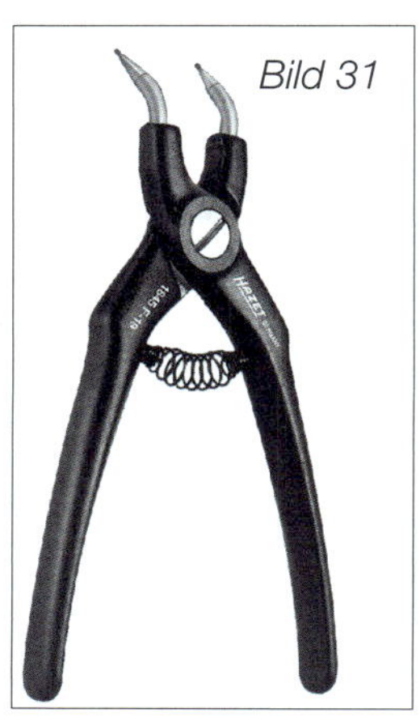
Bild 31

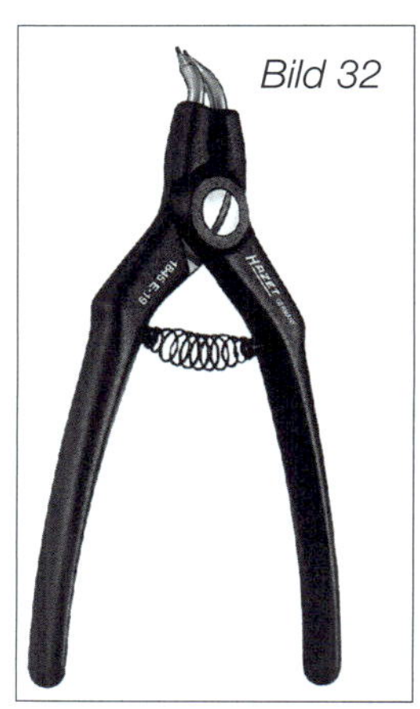
Bild 32

Bilder 31 und 32: Zangen zum Aus- und Einbau von Seegerringen. Mit der Innenseegerring-Zange in Bild 31 wird der Seegerring zusammengedrückt und aus der Bohrung gezogen. Außenseegerringe werden mit der Zange in Bild 32 auseinander- und abgezogen.

den. Ausnahme: Wenn man den Seegerring ganz vorsichtig ausbaut, damit er dabei nicht bleibend verformt wird, kann man ihn noch einmal verwenden.

Beim Einbau muss die scharfe Kante des Seegerrings in Druckrichtung (also quasi »nach außen«) eingebaut werden (Bilder 33 und 34). Auch muss der Seegerring richtig satt in seiner Nut sitzen – deswegen lieber zwei- als nur einmal nachsehen, ob er wirklich richtig sitzt!

Bilder 33 und 34: Im Lauftext sind die zu den Bildern gehörenden Arbeitsschritte nummeriert beschrieben.

Simmerringe

Simmerringe, auch »Wellendichtring« genannt, dichten drehende (Radlager) oder zueinander gleitende Bauteile (Gabelbeine) zu den stehenden Teilen nach außen und/oder innen ab. Simmerringe müssen mit der Aufschrift nach außen eingebaut werden, egal wie der Simmerring geformt ist!

Bild 35: Simmerringe mit der Aufschrift nach außen einbauen. Vor Zusammenbau mit leichtem Wälzlagerfett einschmieren (Bilder 35 a und 35 c).

Wichtig beim Einbau (Bild 35)

- Einmal ausgebaute Simmerringe nicht mehr einbauen, also immer Neuteile verwenden.
- Simmerring mit leichtem Wälzlagerfett einfetten (Bilder 35 a und 35 c), niemals »trocken« über die Welle schieben oder in seinen Sitz einpressen!
- Die dünne Spannfeder (Bild 35 b) im Simmerring muss vorhanden sein – sie keinesfalls entfernen in dem Glauben, dass dann die Welle (oder das Rad) leichter läuft!

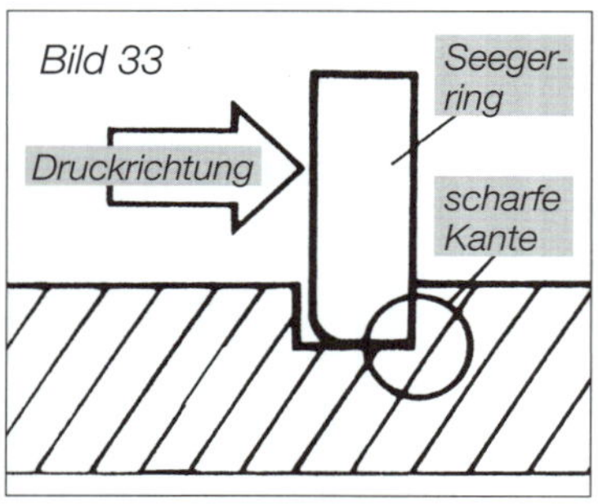

Bild 33

Bild 34

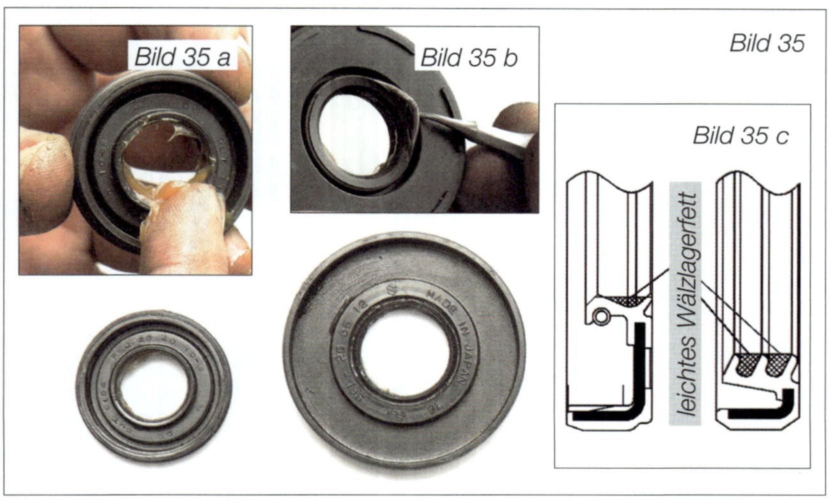

Bild 35

Flächendichtmittel

Spezielle Kraftfahrzeug-Silikondichtmasse ist öl- und fettverträglich und hat eine Temperaturbeständigkeit von –40 °C bis 250 °C. Sie wird benötigt, wenn Bauteil auf Bauteil ohne zwischengelegte Papierdichtung verbaut wird.

Bei Silikondichtmasse beachten: Silikondichtmasse vor dem Zusammenfügen der Bauteile ca. 10 Minuten »ablüften« lassen.

Gewindereparatur mit HeliCoil

An älteren Motorrädern sind oft Gewinde beschädigt oder zerstört, weil häufiges Lösen und Anziehen zu Verschleiß oder Zerstörung des Gewindes geführt haben. Es kann auch sein, dass Schrauben oder Muttern mit zu großen Anziehdrehmomenten angezogen wurden und deswegen das Gewinde »ausgerissen« ist. Es kann auch durch Korrosion (»Rost«) zwischen Schraube und Bauteilwerkstoff zum »Festbacken« gekommen sein, und beim Versuch die Schraube zu lösen wird das Mutterngewinde zerstört.

Zerstörte Gewinde können mit geringem Aufwand und Kosten einfach und zuverlässig repariert werden, indem das defekte Innengewinde ausgebohrt und ein aus gewickeltem Draht bestehender Gewindeeinsatz eingedreht wird: »HeliCoil« nennt sich dieses Reparaturverfahren, das von der Firma Böllhoff Verbindungstechnik GmbH in Bielefeld hergestellt und weltweit vertrieben wird (*www.helicoil.de*).

HeliCoil bietet so genannte »Repairkits« in den Abmessungen von M2 bis M36 an. Ein HeliCoil-Repairkit (Bild 36) kostet ca. 40 Euro, ist im Fachhandel erhältlich und enthält:

- Kernlochbohrer mit dem Kernloch-Gewindedurchmesser für das neue Gewinde.
- HeliCoil-Gewindebohrer.
- HeliCoil-Einbauwerkzeug, das ist eine Einbau-Gewindespindel mit einem kleinen Ansatz vorne.
- 20 HeliCoil-Drahtgewindeeinsätze aus hoch korrosionsbeständigem Stahl der Legierung 1.4301 (Festigkeit mehr als 1.400 N/mm²).

Gewinde reparieren

Am Beispiel eines ausgerissenen M6-Gewindes in einem Motorblock (Bilder 36 bis 44) erklären wir die Gewindereparatur mit HeliCoil:

1. Schritt: Wenn der Rest einer abgebrochenen Schraube (Bild 37) im alten Gewinde steckt: Den sichtbaren Schraubenrest exakt mittig ankörnen und mit scharf geschliffenem Bohrer, der 0,5 mm kleiner ist als der alte Gewinde-Nenndurchmesser (Beispiel M6: Bohrer 5,5 mm), das abgebrochene Gewindestück vorsichtig ausbohren.

2. Schritt: Mit dem im HeliCoil-Repairkit befindlichen Bohrer das beschädigte Gewinde komplett ausbohren (Bild 38). Der Bohrerdurchmesser entspricht dem Kerndurchmesser des neuen Aufnahmegewindes für den HeliCoil plus-Drahtgewindeeinsatz.

3. Schritt: Aufnahmegewinde für den HeliCoil-Drahtgewindeeinsatz mit dem beiliegenden Gewindebohrer schneiden (Bild 39).

Wichtig: Damit keine Späne in Gewindebohrungen hineinfallen, den Gewindebohrer vor dem Gewindeschneiden in Fett eintauchen, dann bleiben die Späne am Gewindebohrer haften.

4. Schritt: Gewinde reinigen, z. B. mit Druckluft ausblasen. ALLE Späne entfernen!

5. Schritt: HeliCoil-Drahtgewindeeinsatz mit der Einbauspindel montieren. Dieses ist sehr einfach, der Drahtgewindeeinsatz wird mit der Spindel wie eine Schraube in das vorbereitete Aufnahmegewinde eingedreht (Bilder 40 und 41).

6. Schritt: Nach der Montage des Drahtgewindeeinsatzes dessen Mitnehmerzapfen abbrechen (Bild 42).

■ Zapfenwerkzeug zuvor in etwas Fett tauchen, ganz in den Drahtgewindeeinsatz einführen, mit einem kleinen Hammer einen leichten Schlag auf das Zapfenwerkzeug geben und den abgebrochenen Mitnehmerzapfen aus dem Drahtgewindeeinsatz entfernen.

Wichtig: Bei der Reparatur von Durchgangsbohrungen muss Obacht gegeben werden, dass der abgebrochene Mitnehmerzapfen nicht in den Motor zwischen empfindliche Mechaniken gerät! Eine solche Gewindereparatur ist innerhalb von zehn Minuten ohne Schweißaufwand erledigt. Nach der Reparatur mit HeliCoil ist das Gewinde um ein Vielfaches belastbarer als das Originalgewinde. Das Gewinde wurde nicht etwa »geflickt«, sondern seine Qualität wurde deutlich verbessert: Der HeliCoil-Drahtgewindeeinsatz aus Edelstahl macht das Gewinde verschleißfester und korrosionsbeständiger. Zukünftige Wartungsarbeiten können diesem Gewinde nichts mehr anhaben (Bilder 43 und 44).

Bild 36

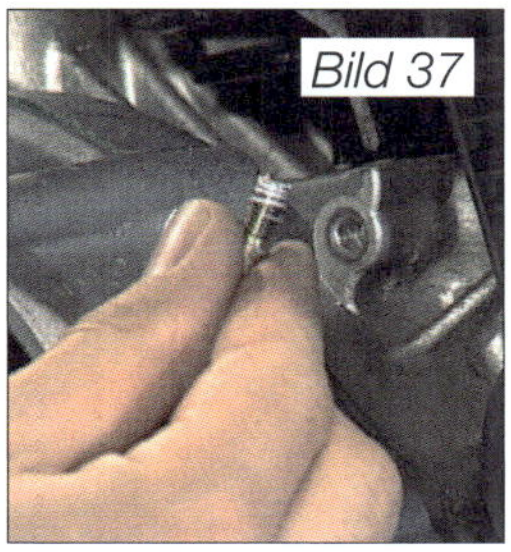
Bild 37

Bild 38

Bild 39

Bild 40

Bild 41

Bild 42

Bild 43

Bild 44

Bilder 36 bis 44:
■ 36: Kompletter HeliCoil-Reparaturkit.

■ 37: Defektes Gewinde, überdrehte Schraube.

■ 38: Schraubenreste ausbohren, sauberes Kernloch erzeugen.

■ 39: Neues Aufnahmegewinde für den HeliCoil-Gewindeeinsatz schneiden.

■ 40 und 41: HeliCoil-Gewindeeinsatz mit der Einbauspindel montieren.

■ 42: Zapfen brechen und entfernen.

■ 43: Perfekt ist das neue Gewinde mit HeliCoil-Gewindeeinsatz.

■ 44: Schraube eindrehen und anziehen, fertig!

Bücher

Titel: Fachkunde Kraftfahrzeugtechnik
ISBN-Nummer: 978-3-8085-2240-0
Preis: 49,90 Euro
www.europa-lehrmittel.de

Wer seine Technikkenntnisse erweitern und vervollständigen möchte, dem sei das Buch »Fachkunde Kraftfahrzeugtechnik« aus dem Europa-Lehrmittel-Verlag ans Herz gelegt. Bei dem 784 Seiten starken Werk handelt es sich zwar um ein Übungsbuch und Nachschlagewerk für Auszubildende des Kfz-Handwerks, wozu Motorrad- und Automechaniker gehören, dennoch werden auch Laien mit geringen Vorkenntnissen nicht überfordert.

Die Themen reichen von Werkstoffkunde über Elektrotechnik bis hin zur genauen Beschreibung der Baugruppen eines Kraftfahrzeugs. Fotos und Zeichnungen sind farbig, außerdem liegt dem Buch eine CD mit über 2000 Prüfungsfragen bei. »Fachkunde Kraftfahrzeugtechnik« legt zwar den Schwerpunkt auf Automobile, doch die Zweiradtechnik kommt nicht zu kurz.

Für spannende und gleichzeitig lehrreiche Leseabende empfehlen wir diese beiden Technikfachbücher ganz besonders.

Titel: Motorradtechnik
Autor: Jürgen Stoffregen
ISBN-Nummer: 978-3-8348-2180-5
Preis: 54,99 Euro
www.springer.com/springer+vieweg

Ein Stück tiefer und (vor allem!) motorradspezifischer als das zuvor beschriebene Buch behandelt der langjährige Versuchsingenieur, späterer BMW-Motorrad-Pressesprecher und heutiger Antriebs-Zukunftsforscher Jürgen Stoffregen die Materie. Das mittlerweile schon in neunter Auflage im Vieweg-Verlag erschienene Werk »Motorradtechnik – Grundlagen und Konzepte von Motor, Antrieb und Fahrwerk« hat 488 Seiten, es bietet 413 Fotos und Zeichnungen und 21 Tabellen.

Trotz Stoffregens beruflicher BMW-Lastigkeit kommen nicht nur weiß-blaue Motorräder darin vor, sondern auch Zweitakter, japanische, italienische, amerikanische und englische Motorräder.

Berechnungsformeln bei vielen Kapiteln vervollständigen das Buch, das unter Spezialisten als Referenzwerk gilt. Aber: Ein gewisser Grundstock technischer Kenntnisse sollte beim Leser vorhanden sein.

Wichtige Adressen

Gedore Werkzeuge
Gedore Tool Center KG
Remscheider Straße 149
D-42899 Remscheid
www.gedore.de
www.gedore.at
www.gedore.ch

GL Motorradtechnik
Beta-Werkzeug, Montageständer, Messwerkzeuge
Truchtelfinger Straße 110
D-72458 Albstadt
www.gl-motorradtechnik.de

Hazet Spezialwerkzeuge für Kraftfahrzeuge
Hazet Werk, Postfach 10 04 61
D-42804 Remscheid
www.hazet.de
www.hommel-seitz.at
www.karlernstag.ch

HeliCoil Gewindeeinsätze Böllhoff GmbH & Co. KG
Archimedesstraße 1–4
D-33649 Bielefeld
www.boellhoff.de
www.boellhoff.at
www.boellhoff.ch

Kern Montagetechnik
Montageständer, Hebebühnen
Gewerbestraße 13–16
D-79364 Malterdingen
www.kern-stabi.de
www.motacc.ch

Loctite Deutschland GmbH
Schraubenkleber, Dichtmittel
Gutenbergstraße 3
D-85748 Garching
www.loctite.de
www.loctite.at
www.loctite.ch

Profi Products Spurprüfsysteme, Kettenfluchttester
Flörsheimer Ring 6
D-67705 Trippstadt
www.profi-products.de
www.faie.at
www.gcp-geering.ch

Verkleidung · Rahmen · Tank

In diesem Kapitel: Tipps für Arbeiten an Verkleidungsteilen · Spiegel · Windschild · Ab- und anbauen: Seiten- und Tankverkleidungen · Zapfen, Buchsen, Spreiznieten · Tank ab- und aufbauen.

Verkleidungsteile

R 1250 GS und Adventure haben im vorderen Bereich und am Tank rechts, links und oben mittig markante Verkleidungsteile aus durchgefärbtem Kunststoff. Bei Demontage und Montage gibt es einiges zu beachten.

■ In den Bildern, Montage- und Explosionszeichnungen sind die Verkleidungsteile und ihre Halterungen so dargestellt, dass hoffentlich keine Fragen mehr offen bleiben.

■ Beim Ab- und Anbau von Verkleidungsteilen sind Geduld und Fingerspitzengefühl gefragt.

■ Merken Sie sich, wie Sie die Teile abgebaut haben. Sie werden in umgekehrter Reihenfolge wieder angebaut. Noch einmal der Ratschlag: Zeichnungen zu Hilfe nehmen.

■ Kein Verkleidungsteil mit Gewalt abziehen oder einstecken wollen – vor allem alter und deswegen spröde gewordener Kunststoff bricht schnell!

■ Platzieren Sie abgeschraubte Verkleidungsteile außerhalb jeglicher Fußreichweite, denn man tritt während des Schraubens an der Maschine rasch auf ein am Boden liegendes Teil. Im Extremfall bricht es oder zerkratzt.

■ Schrauben Sie immer mit exakt passendem Werkzeug. Die meisten Schrauben, mit denen die Verkleidungsteile befestigt sind, haben Torxköpfe, für die ein T25-Schlüssel benötigt wird.

■ Bei der Montage im Werk werden die Schrauben »trocken« eingeschraubt, also ohne Öl. Im Laufe der Zeit korrodieren die Schrauben. Reinigen Sie diese vor dem Wiedereinschrauben und geben Sie einen Tropfen Öl daran.

■ Achten Sie beim Anschrauben der Verkleidungsteile darauf, dass keine Kabel, Stecker oder Züge eingeklemmt werden. Wenn es doch passiert, nehmen Sie das Teil wieder ab und verlegen Kabel, Stecker und Züge sauber und klemmfrei.

Bild 2: Silikonpaste verhindert Versprödung von Gummiteilen und lässt Zapfen leicht einrutschen.

Bilder 1 a und 1 b: Anbau- und Verkleidungsteile an R 1250 GS und Adventure.

Bilder 3 a bis 3 c: Für die meisten Verkleidungsschrauben wird ein Torx T25 benötigt.

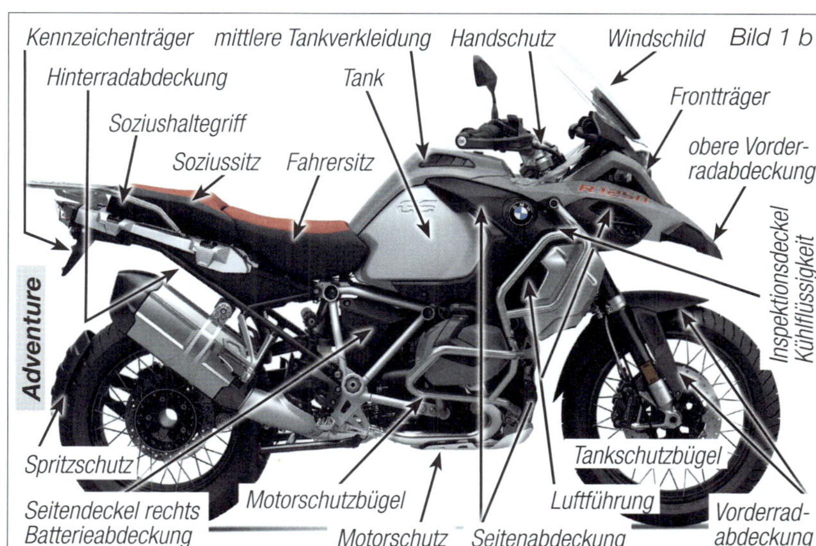

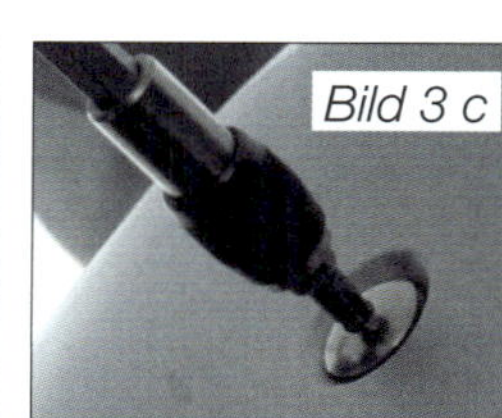

Sichtprüfung Messen

Bilder 4 a und 4 b: Klemmenmuttern werden aufgesteckt zur Verbindung von Verkleidungsteilen.

Bild 5: Verkleidungsschrauben mit langem (6 mm) und mit kurzem Bund (3 mm).

Bild 6: Spreizniet zur Verbindung von Verkleidungsteilen.

■ Montageinformationen zu den Spreiznieten siehe Bilder 23 bis 26.

Bilder 7 a und 7 b: Rückblickspiegel der Sonderausstattung »HP«, »Storm« und »Classic« mit Frästeilen.

Bilder 8 a bis 8 d: Wenn beim serienmäßigen Rückblickspiegel die Kontermutter den Rückspiegelarm nicht mehr richtig fest hält: Alles auseinanderbauen, reinigen und gut eingefettet wieder zusammenbauen.

Bild 4 a

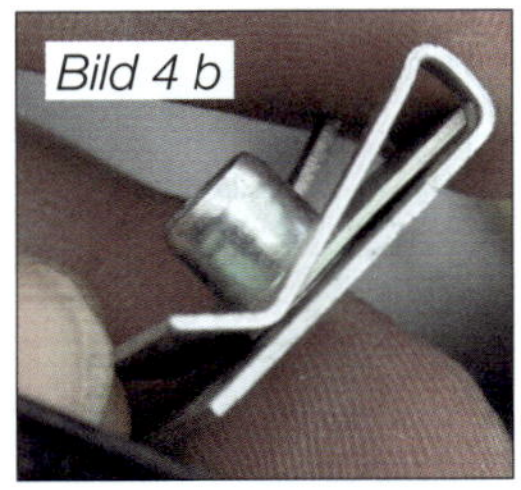
Bild 4 b

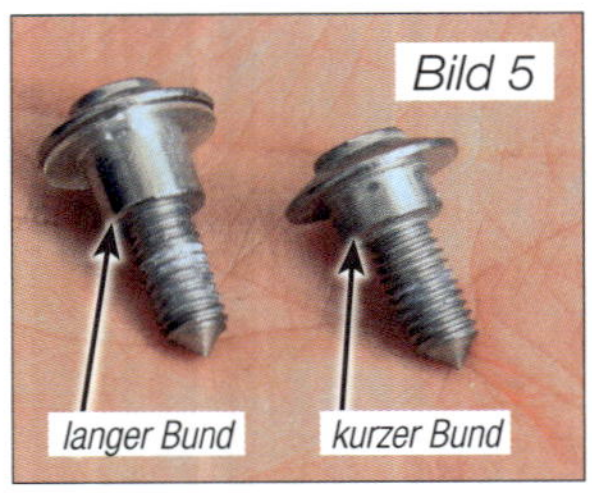

Bild 5

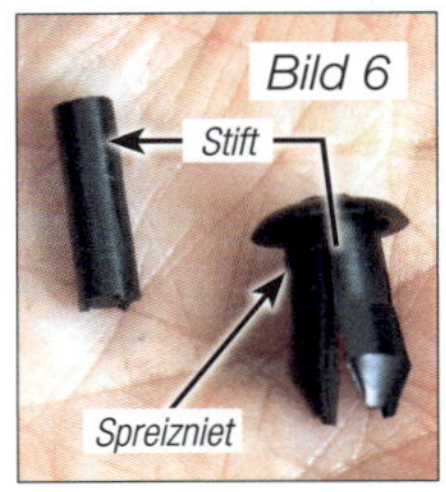

Bild 6

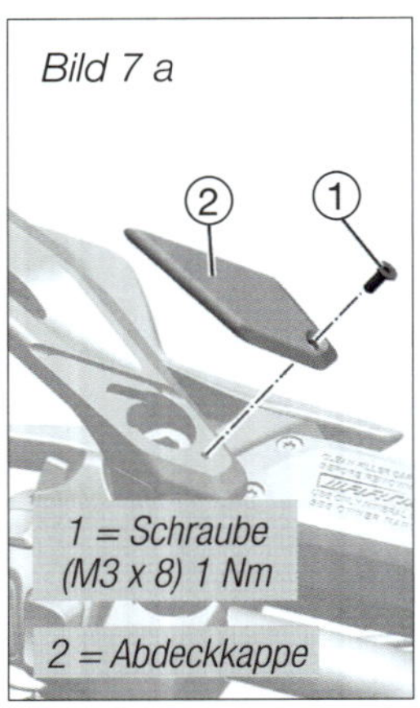

Bild 7 a

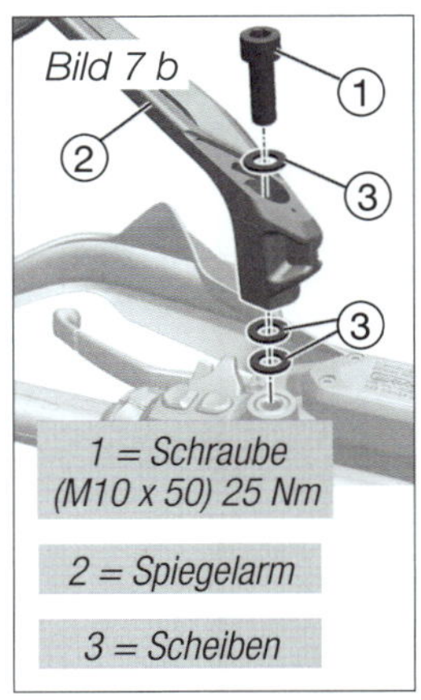

Bild 7 b

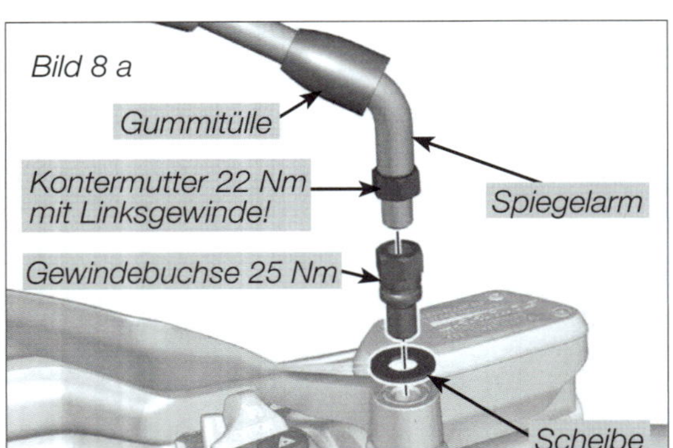

Bild 8 a

Bild 8 b

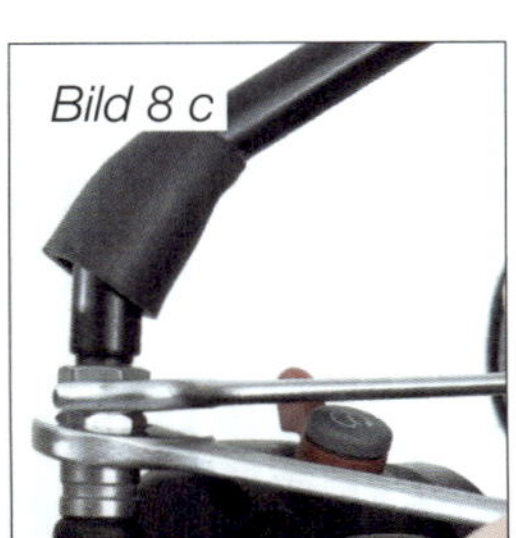
Bild 8 c

Bild 8 d

■ Beim Anbau müssen alle Teile ohne Schrauben passgenau an den Schrauböffnungen anliegen, erst dann Schrauben eindrehen.
■ Bilder 4 a und 4 b: Klemmenmuttern werden aufgesteckt zur Schraubverbindung von zwei Verkleidungsteilen.
■ Bild 6: Spreizniet zur Verbindung von zwei Verkleidungsteilen (siehe auch Bilder 23 bis 26).
■ An den Schraubstellen, wo Scheiben vorgesehen sind, müssen diese vorhanden sein.

Spreizniet

Bild 6: Spreiznieten aus Plastik, auch »Spreiznippel« genannt, werden zur Verbindung von Verkleidungsteilen verwendet. Aus- und Einbau ist einfach und geht so:
Ausbau: 1. Bild 6: Stift mit einem 2-mm-Dorn vom Kopf her nach hinten durchdrücken.
1.1 Stift entweder nicht ganz durchschlagen, auffangen oder darauf achten, wo er hinfällt.
2. Spreizniet ausziehen.

Einbau: 1. Stift einfetten und in den Kopf der Spreizniet ansetzen.
2. Spreizniet in die zu befestigenden Bauteile einsetzen.
3. Den Stift mit einem genügend großen Dorn in die Spreizniet eindrücken.

Spiegel

Bilder 8 a bis 8 d: Am runden Arm eines jeden serienmäßigen Rückspiegels ist unten ein Links(!)gewinde, mit dem er in eine Gewindebuchse eingedreht und mit einer Kontermutter gegen Verdrehen gesichert ist. Die Gewindebuchse selbst ist mit einem Rechtsgewinde in die Lenkerarmatur eingedreht.

Wichtig 1: Gewindebuchse und Kontermutter müssen gut festgezogen sein (Bild 8 a), damit sich der Spiegel unter dem Druck des Fahrtwindes nicht nach hinten verdreht.
Wichtig 2: Bitte denken Sie beim Festziehen der Kontermutter daran, dass diese ein LINKSgewinde hat!

Wenn der Spiegel nicht richtig fest ist und sich immer wieder löst:
1. Bild 8 c: Gummitülle nach oben abschieben.
■ Bild 8 b: Wenn diese auf dem Spiegelarm verklebt ist, vorher etwas Ölspray einsprühen.
2. Bilder 8 a und 8 d: Kontermutter lösen und den Spiegelarm ausdrehen – LINKSgewinde!

3. Außen- und Innengewinde reinigen, etwas schweres Fett daran geben, Kontermutter auf Gewinde des Spiegelarms drehen, Spiegelarm in Gewindebuchse eindrehen.
4. Bild 8 c: Kontermutter mit 22 Nm (»gut handfest«) gegen die Gewindebuchse festziehen.
5. Wenn die Gewindebuchse im (RECHTS-) Gewinde der Lenkerklemmschelle lose ist: Ausschrauben, Außen- und Innengewinde reinigen, einen Tropfen Loctite »mittelfest« daran geben, einschrauben und mit 25 Nm festziehen.

Zubehör-Rückblickspiegel: In den Bildern 7 a und 7 b sind die Befestigungsstellen der Frästeile-Rückblickspiegel, welche in den BMW Zubehör-Paketen »HP«, »Storm« und »Classic« enthalten sind, gezeigt. Befestigung, An- und Abbau und die Anziehdrehmomente gehen aus den Abbildungen hervor.

Windschild

Windschild verstellen

Bilder 12 a bis 13 b: Das Windschild kann an einem rechts neben dem Instrumententräger angebrachten Handrad stufenlos in der Höhe verstellt werden.

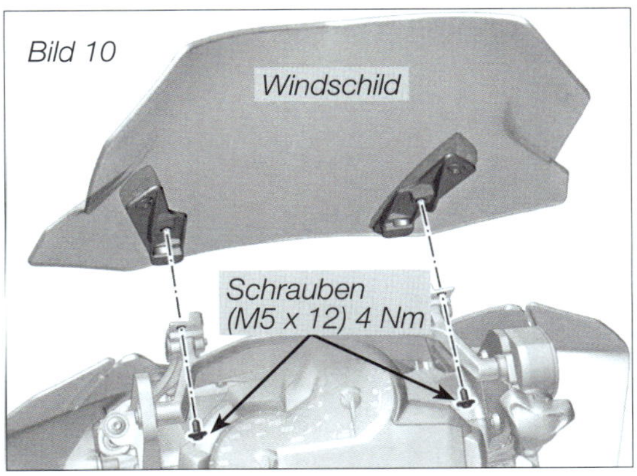

Bild 10

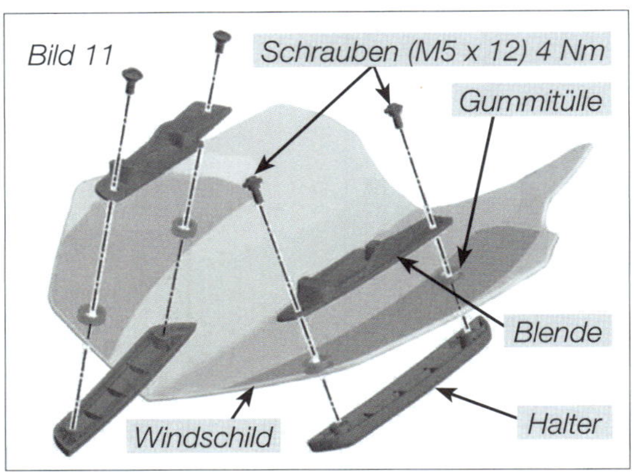

Bild 11

Windschild abbauen

1. Windschild per Handrad auf maximale Höhe einstellen.
2. Bild 10: Schrauben ausschrauben, Windschild vom Arm der Windschildverstellung abnehmen.

Windschild ersetzen

Bild 11: Wenn das Windschild ersetzt wird, die Blenden und Halter vom alten Windschild abschrauben und an das neue Windschild anschrauben.

Windschild anbauen

Windschild in Montageposition ansetzen. Schrauben eindrehen und mit 4 Nm festziehen.

Bilder 9 a und 9 b: Verschraubungen von Windabweiser und Cockpitverkleidung.

Bilder 10 und 11: Befestigung Windschild und Windschildhalter.

Bilder 12 a und 12 b: Handrad für die Höheneinstellung.

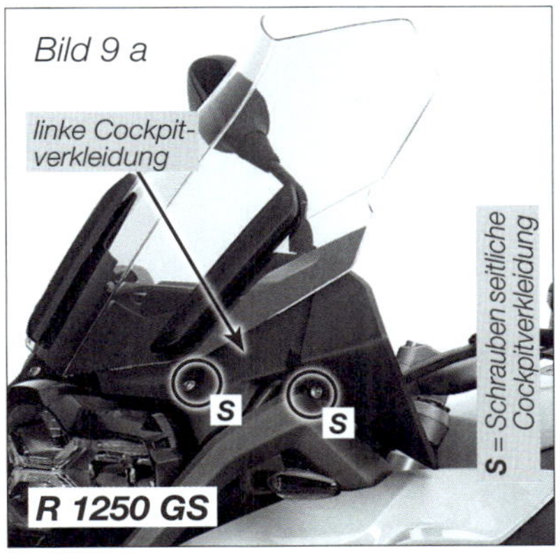

Bild 9 a

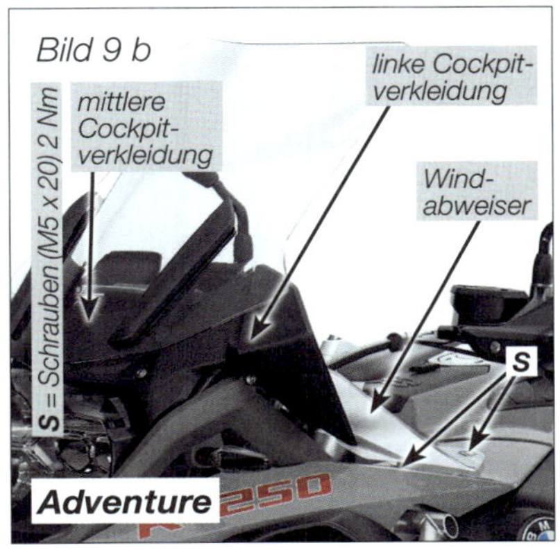

Bild 9 b

Bild 12 a

Bild 12 b

Bild 13 a

Bild 13 b

Bilder 13 a und 13 b: Das Windschild in unterschiedlicher Höheneinstellung.

Sichtprüfung

Messen

Bilder 14 bis 20: Seitendeckel, Seitenblenden und Seitenabdeckungen an R 1250 GS und Adventure.

Teile in Bild 18:
■ 1 = Abdeckung des linken Ansaugschnorchels
■ 2 = BMW-Plakette
■ 3 = Schraube mit Bund (M5 x 14,5) 2 Nm
■ 4 = Klemmenmuttern M5 selbstsichernd
■ 5 = Schraube ohne Bund (M5 x 14) 2 Nm

Teile in Bild 19:
■ 1 = Kühlerblende mit Schriftzug
■ 2 = Schraube ohne Bund (M5 x 14) 2 Nm

Adventure-Teile in Bild 20:
■ 1 = Abdeckung Ansaugschnorchel
■ 2 = Kühlerblende Chrom
■ 3 = Deckel
■ 4 = BMW-Plakette
■ 5 = Schraube ohne Bund (M5 x 14) 2 Nm
■ 6 = Klemmenmutter M5 selbstsichernd
■ 7= Schraube ohne Bund (M5 x 20) 2 Nm
■ 8 = Distanzstück
■ 9 = Gummipuffer

Teile in Bild 21:
■ 1 = Seitliche Tankverkleidung
■ 2 = Schraube mit Bund (M5 x14,5) 2 Nm
■ 3 = Schraube ohne Bund (M5 x 14) 2 Nm
■ 4 = Klemmenmutter M5 selbstsichernd

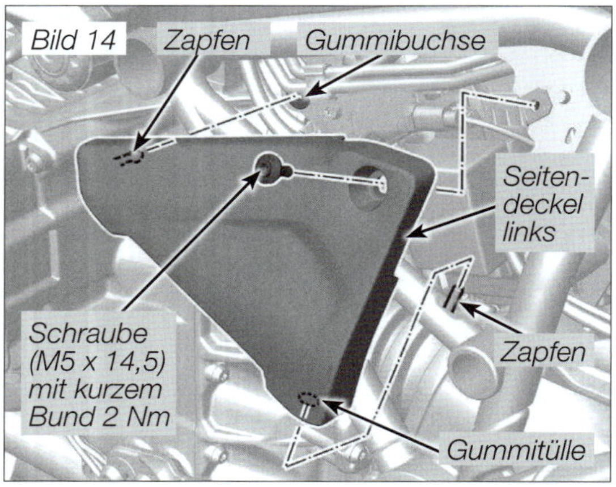

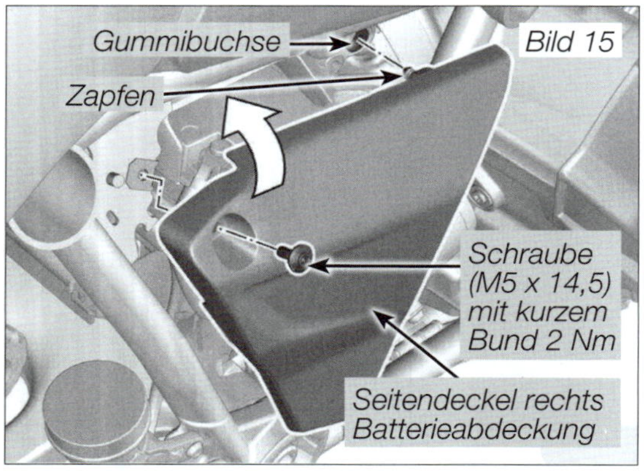

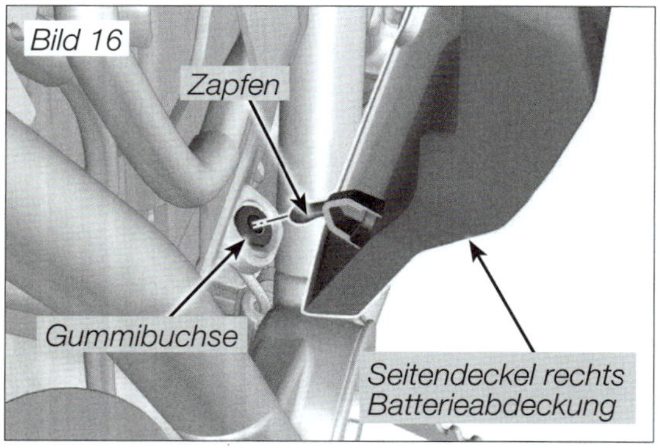

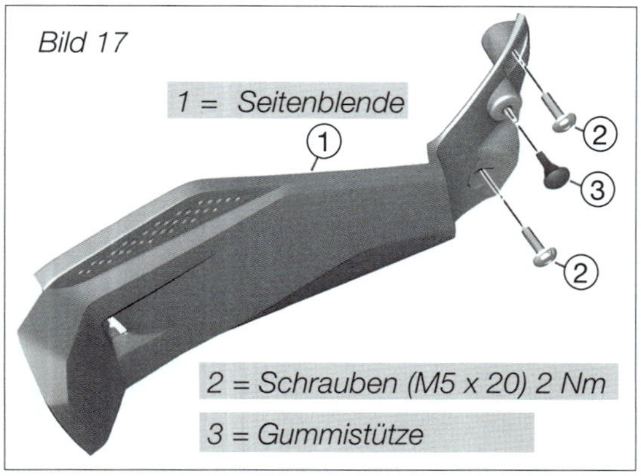

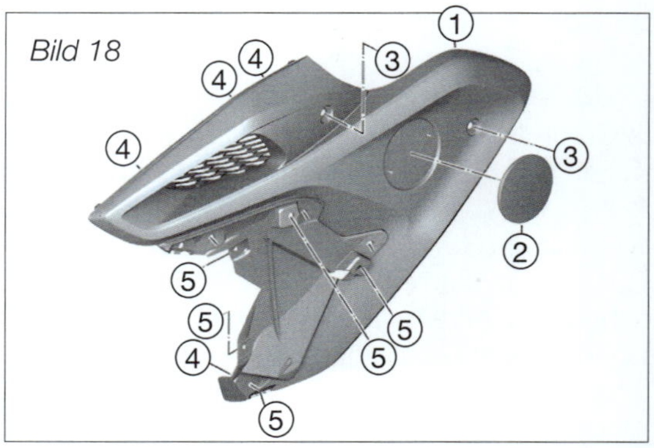

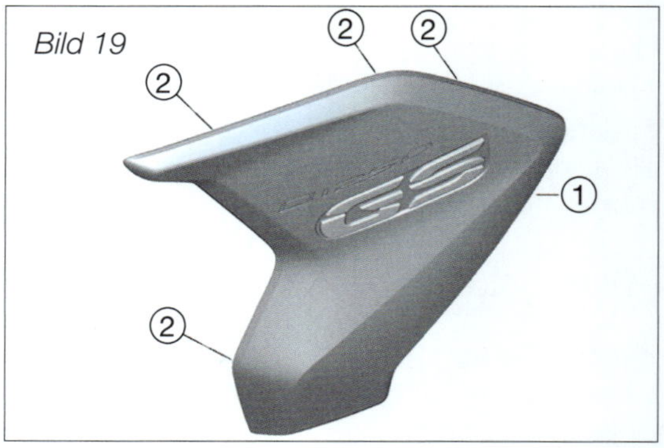

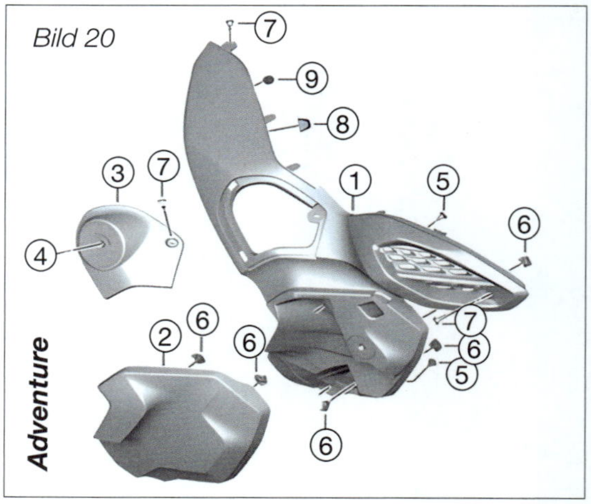

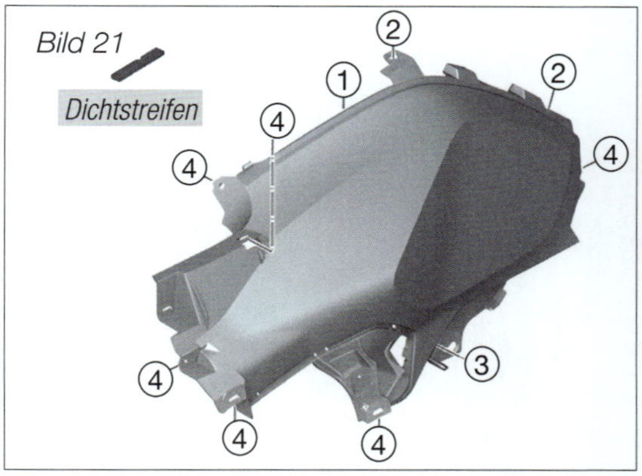

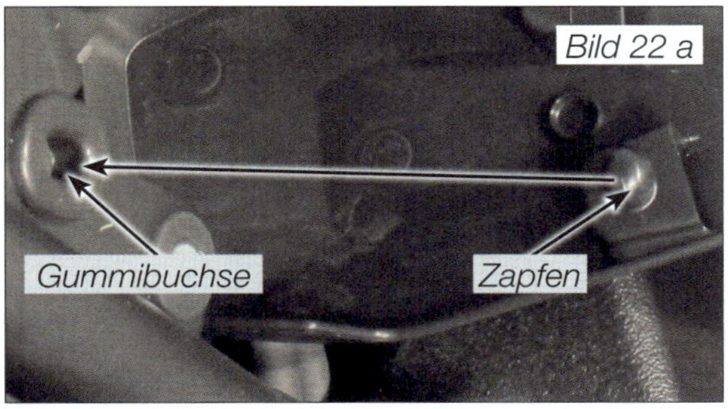

Zapfen, Buchsen, Spreiznieten

Zapfen und Buchsen
In den 21 Bildern vom Anfang dieses Kapitels bis zur Seite links kamen einige Bilder vor mit Bauteilen, an denen Zapfen und Buchsen angebracht sind: Die Zapfen müssen beim Abbau der Bauteile aus den Buchsen gezogen und beim Anbau auch wieder dort eingesteckt werden.

Wir können nur mahnen, ohne unsere Zeigefinger allzu hoch zu heben – und schon gar nicht werden wir Sie bevormunden. Aber wir bitten Sie höflich: Gehen Sie vorgfältig mit den Bauteilen um! Zerren und Zotteln Sie nicht daran und fluchen schon gar nicht, weil das blöde Verkleidungsteil sich nicht abbauen lassen will. Es ist nämlich einfach so, dass je länger der Zapfen in der Gummibuchse war, desto fester hat er sich darin verklebt. Und die Klebung ist störrisch – wenn man sie mit Gewalt überlisten möchte, dann bricht der Zapfen einfach ab und bleibt in der Buchse stecken.

Fazit: Packen Sie das abzubauende Teil ganz nah am Zapfen und ziehen diesen möglichst genau in Flucht aus der Buchse. ■ Beim Einbau zuvor etwas Silikon an die Gummibuchse geben, den Zapfen exakt an der Buchse ansetzen und mit leichtem Druck (Stoß) eintreiben.

Spreiznieten
Die Dinger sind klein und störrisch, sie halten bombenfest. Man kann auch deswegen daran verzweifeln, weil sie meistens an versteckten Stellen angebaut sind. In den Bildern 23 bis 26 gehen wir ganz nah auf sie ein. Alles klar jetzt?

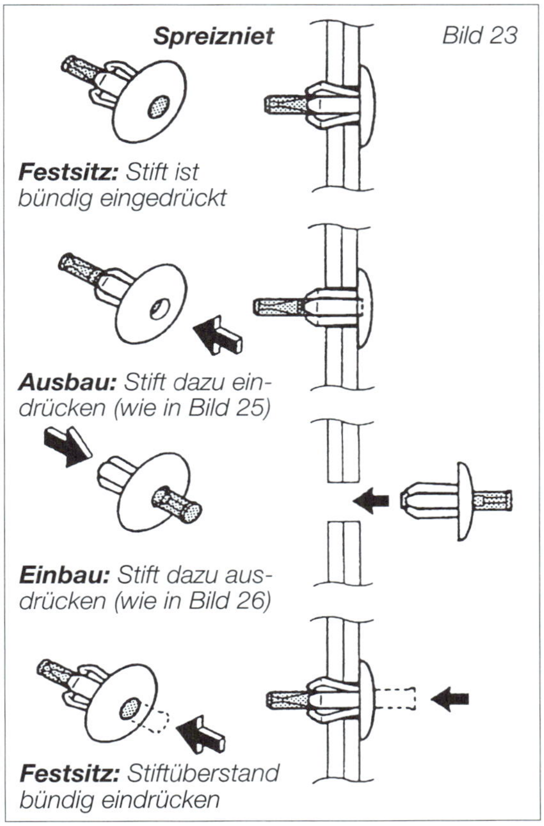

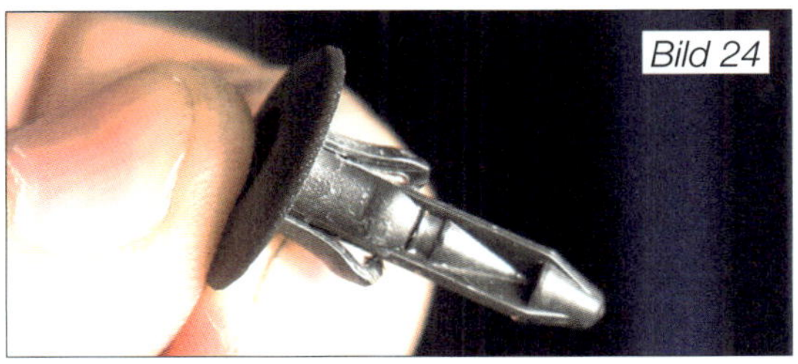

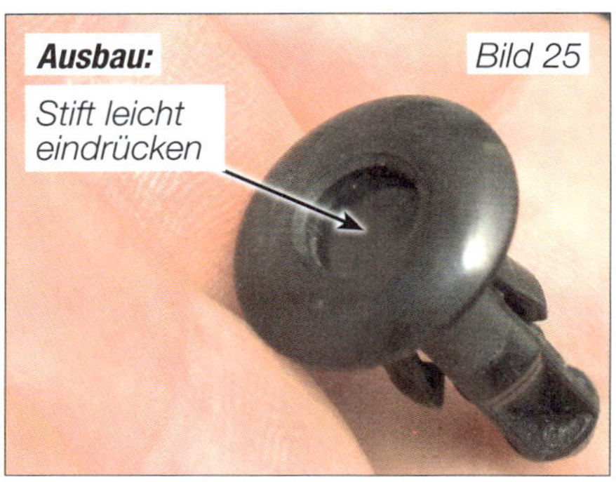

Bilder 22 a und 22 b: Wenn Zapfen und Gummibuchsen lange Zeit beisammen sind, gehen sie eine nahezu fest verklebte Verbindung ein. Deswegen muss man beim Auseinanderbau sehr sorgfältig mit ihnen umgehen, sonst bricht der Zapfen plötzlich ab.

Bilder 23 bis 26: Der Aus- und Einbau einer Spreizniet kann nerven, wenn man nicht weiß wie man mit ihr umzugehen hat.

Die Zeichnungen in Bild 23 und die Bilder 24, 25 und 26 zeigen deutlich, wie einfach der Aus- und Einbau ist. »Gewusst wie« ist die halbe Miete.

Sichtprüfung Messen

Tank ab- und aufbauen

Zum Ab- und Anbau sollte der Tank möglichst leer sein, weil er dann weniger wiegt und die Gefahr geringer ist, dass Sprit ausläuft.

⚠ **Achtung:** Bei Arbeiten am Tank nicht rauchen, keine offenen Flammen und kein Funkenflug in weitem Umkreis der Maschine!

Tank abbauen

Zum Abbau des Tanks müssen bei der R 1250 GS abgebaut werden: Fahrer- und Soziussitz, mittlere Tankverkleidung, Seitenabdeckung links und rechts, Seitenblende links und rechts, die seitlichen Tankverkleidungen links und rechts (siehe am Anfang dieses Kapitels).

Bei der Adventure müssen abgebaut werden: Fahrersitz, mittlere Tankverkleidung, Tankschutzbügel links und rechts, Seitenabdeckung links und rechts, Luftführung links und rechts (siehe am Anfang dieses Kapitels).

1. Bild 27 a: Kabelbinder entfernen, Sicherungsträger vom Sicherungshalter abziehen.
2. Bild 27 a: Schrauben der hinteren Tankbefestigung und Befestigungsschrauben der Sitzverstellungs-Grundplatte ausschrauben.
3. Bilder 33 a und 33 b: Entlüftungs- und Überlaufschlauch oben am Tankstutzen abschieben.
4. Bild 28 a: Bei R 1250 GS die obere Radabdeckung vorsichtig etwas anheben.
4.1. Bilder 28 a und 28 b: Bei R 1250 GS und Adventure die Kabelbinder aufzwicken, Stecker für den Tankdeckel trennen, Kabel aus dem Halter und der Vertiefung im Luftfilterkasten nehmen.
5. Tank nach hinten von den Haltegummis abziehen und etwas anheben.
6. Bild 29: Elektrische Stecker für Benzinpumpe und Benzinstandsanzeige ausziehen.
■ Bild 30: Beim Ausziehen der Stecker deren Verriegelung vorsichtig lösen, wenn notwendig einen Schraubenzieher benutzen.
7. Bild 29: Schnellkupplung trennen: Auf die Verriegelung seitlich an der Buchse drücken und das Kupplungsstück aus der Buchse ausziehen.
8. Tank nach hinten-oben abnehmen und an

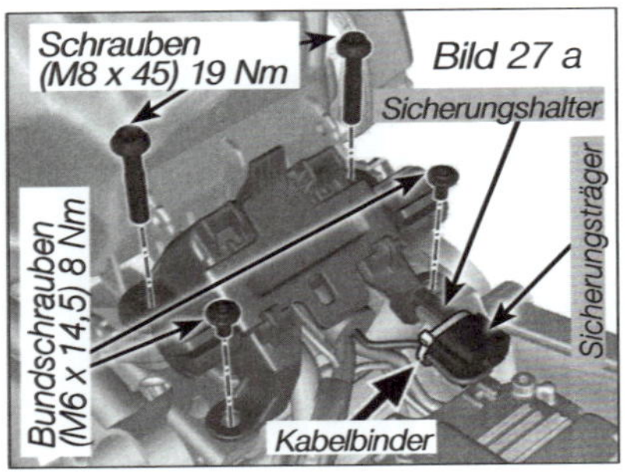

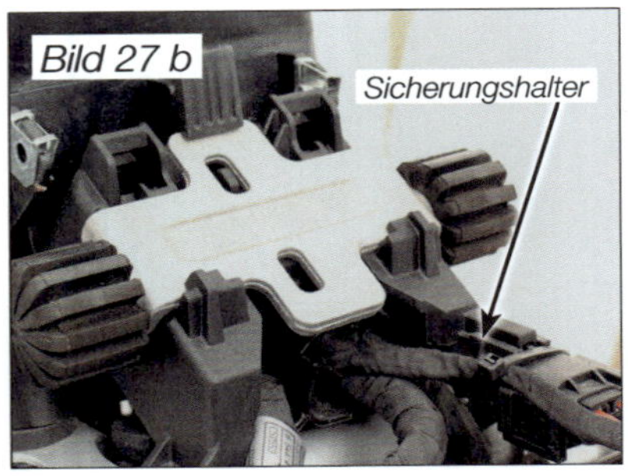

Bilder 27 a und 27 b: Sicherungsträger abziehen, Sitzverstellungs-Grundplatte abbauen.

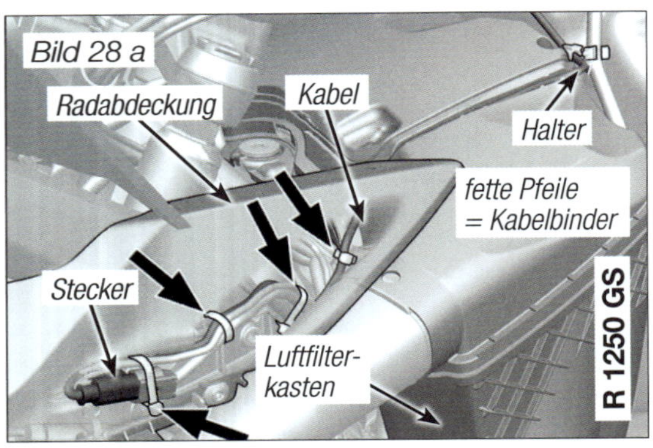

Bilder 28 a und 28 b: Zum Abbau des Tanks den Stecker im Kabel zum Tankdeckel trennen.

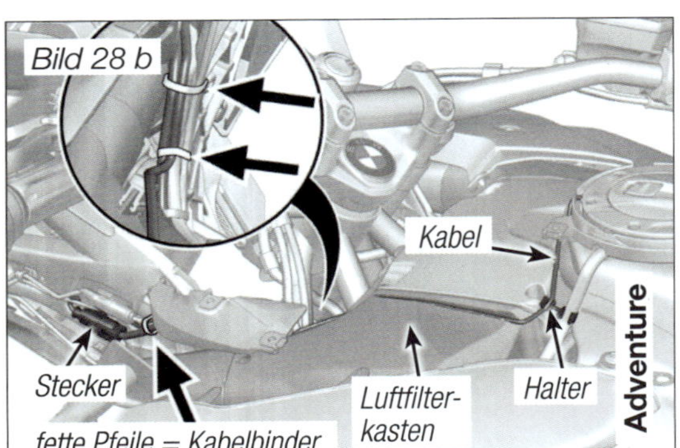

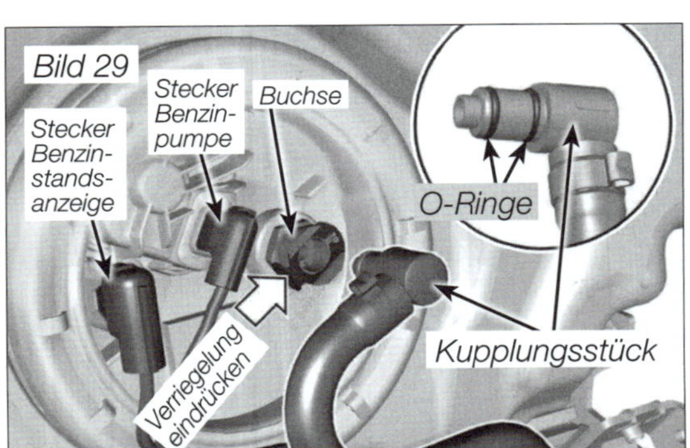

Bild 29: Zum Trennen der Schnellkupplung auf die Verriegelung seitlich an der Buchse drücken und gleichzeitig das Kupplungsstück aus der Buchse ziehen.

Bild 30: Zum Ausziehen der Stecker ihre Verriegelung vorsichtig lösen. Wenn nötig, mit einem kleinen Schraubenzieher nachhelfen.

einem sicheren Ort auf sauberen Lappen lagern. Dabei darauf achten, dass der Sicherungshalter nicht beschädigt wird (Bild 27 b).

Tank aufbauen

Aufbau des Tanks in umgekehrter Reihenfolge. Auf Folgendes besonders achten:

■ Schläuche und Kabel müssen exakt verlegt sein, sie dürfen sich nicht zwischen Tank und Rahmen verklemmen.

■ Bilder 29 und 31: Die Stecker von Benzinpumpe und Benzinstandanzeige aufstecken.

■ O-Ringe der Schnellkupplung (Bilder 29 und 32) auf einwandfreie Form kontrollieren, sie dürfen weder ausgerissen, eingedrückt oder gequetscht sein. Wenn defekt, unbedingt erneuern.

■ Wenn alles in Ordnung ist, einen Hauch Silikonfett oder Molykote 111 an die O-Ringe geben, dann rutscht die Schnellkupplung leichter zusammen.

■ Beim Zusammenstecken der Schnellkupplung muss es fühl- und hörbar klicken als hörbares Zeichen, dass die Verriegelung einrastet.

■ Bilder 28 a und 28 b: Kabel des Tankdeckels in die Vertiefung des Luftfilterkastens einlegen, im Halter befestigen und nach vorne verlegen.

■ Bei R 1250 GS die obere Radabdeckung vorsichtig anheben.

■ Bei R 1250 GS und Adventure den Stecker zusammenstecken. Neue Kabelbinder anbringen.

■ Bilder 33 a und 33 b: Überlaufschlauch und Entlüftungsschlauch auf ihre Stutzen schieben.

■ Tank auf Haltegummis schieben und ablassen.

■ Bilder 33 a, 33 b und 34: Überlaufschlauch und Entlüftungsschlauch dürfen nicht geknickt sein: Zur Prüfung unten, wo sie ins Freie ragen, ganz leicht daran ziehen.

■ Bild 27 a: Schrauben der hinteren Tankbefestigung einschrauben und mit 19 Nm festziehen.

■ Bild 27 a: Befestigungsschrauben der Sitzverstellungs-Grundplatte einschrauben, mit 8 Nm festziehen.

■ Abgebaute Verkleidungsteile anbauen. Bei der R 1250 GS folgende Reihenfolge beachten: Seitliche Tankverkleidung links und rechts ansetzen, mittlere Tankverkleidung anbauen, seitliche Tankverkleidung rechts festschrauben, Seitenblende und Seitenabdeckung rechts anbauen, seitliche Tankverkleidung links festschrauben, Seitenblende und Seitenabdeckung links anbauen, Fahrer- und Soziussitz aufbauen (siehe am Anfang dieses Kapitels).

■ Bei der Adventure bitte folgende Reihenfolge beachten:

Luftführung links einbauen, Seitenabdeckung und Tankschutzbügel links anbauen, Luftführung rechts einbauen, Seitenabdeckung und Tankschutzbügel rechts anbauen, mittlere Tankverkleidung anbauen, Fahrersitz aufbauen (siehe am Anfang dieses Kapitels).

Bild 31: Stecker für Benzinpumpe und Benzinstandsanzeige.

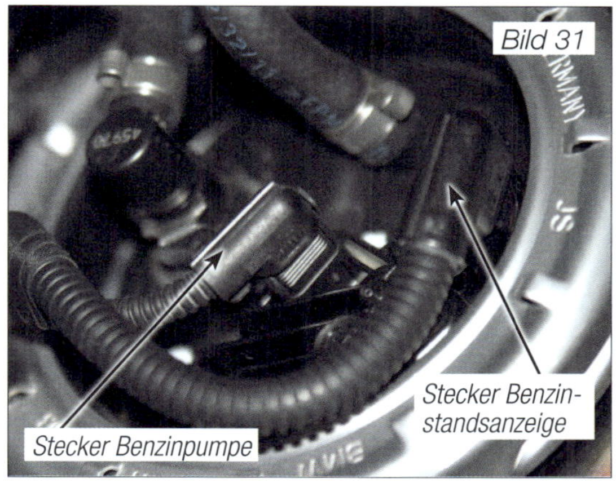

Bild 32: Beim Zusammenbau die O-Ringe der Schnellkupplung leicht einfetten.

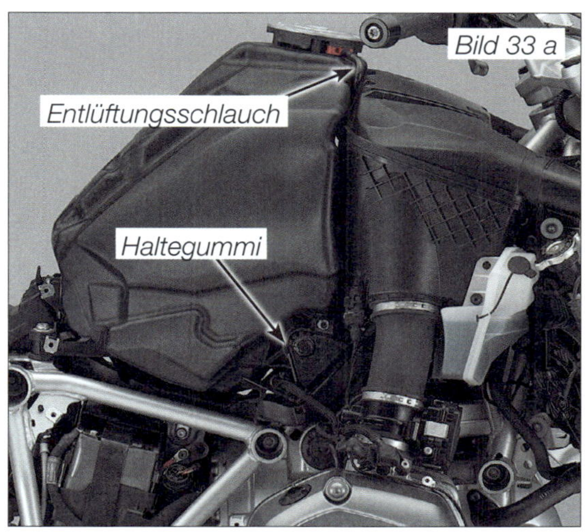

Bilder 33 a, 33 b, und 34: Entlüftungsschlauch, Haltegummis und Überlaufschlauch.

■ Oval in Bild 34: Achten Sie bitte darauf, dass die Schläuche ohne Knicke bis nach unten ins Freie führen.

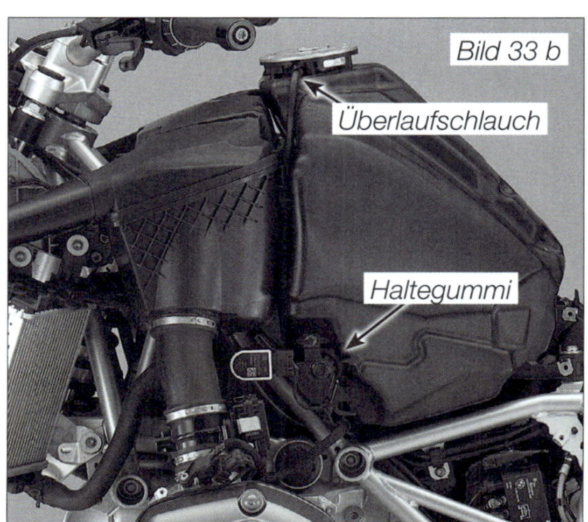

Sichtprüfung Messen

Reifen

In diesem Kapitel: Felgen- und Reifengrößen · Reifenluftdruck · Luftdruckkontrolle · Reifendruckprüfer · RDC · Reifenverschleiß · Profiltiefe · Was auf dem Reifen steht · Auswuchtung · Nachrüstreifen · Reifenlebensdauer, Reifenalter · Adressen der Reifenhersteller und Importeure · Beispielhafte Metzeler-Reifen.

Bild 1: Luftdruck bei kaltem Reifen prüfen. Sehr gut ist das Druckmessgerät mit stabilem Alugehäuse vom Hersteller Flaig.

Bild 2: Auf das Reifenventil gehört eine Schraubkappe mit einwandfreier Dichtung.

Bilder 3 a, 3 b, 3 c: RDC-Ventil, -Sensor, Einbaulage und -Steuergerät.

Räder und Reifen

Räder bei R 1250 GS: Leichtmetallgussräder mit fünf Doppelspeichen, schlauchlose Reifen. **Sonderausstattung:** In die R 1250 GS können Kreuzspeichenräder eingebaut werden.

Räder bei R 1250 GS Adventure: Kreuzspeichenräder mit Leichtmetallfelgen, schlauchlose Reifen.

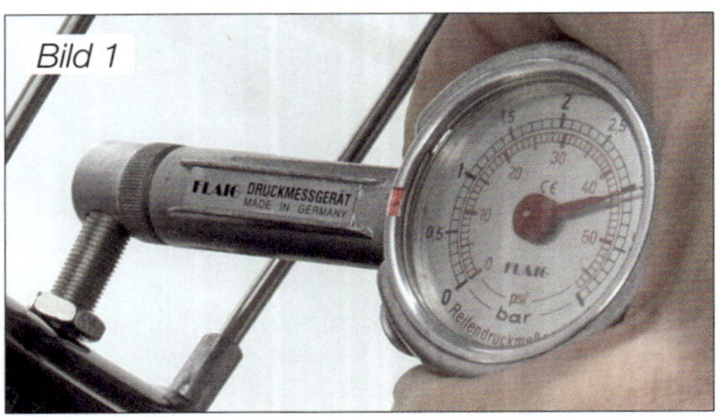

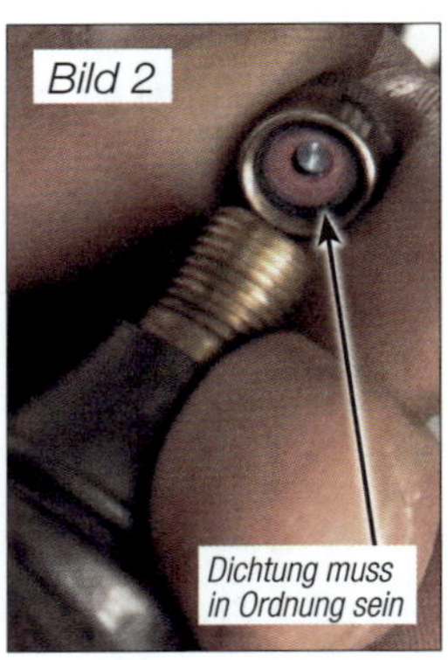

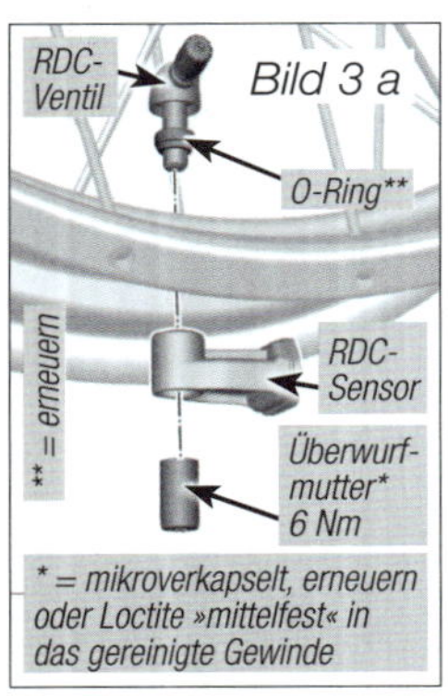

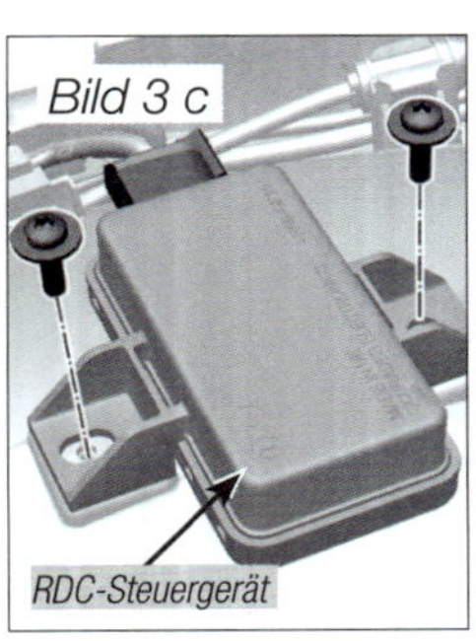

Vorderradfelge:
3,00 x 19 MT H2
Vorderradreifen:
120/70 R19 MT 60V TL
Hinterradfelge:
4.50 x 17 MT H2
Hinterradreifen:
170/60 R17 M/C 72V TL

Reifenluftdrücke: Achten Sie immer auf korrekten Reifenluftdruck. Dieser soll bei kalten Reifen (20 °C) gemessen werden. Die maximal zulässige Reifen-Messtemperatur beträgt 30 °C, das entspricht »handwarm«.

BMW gibt einen Reifenluftdruck für Vorder- und Hinterrad an, dieser gilt für solo, mit Sozius und Beladung:
Vorderradreifen... 2,5 bar
Hinterradreifen.... 2,9 bar

Luftdruckkontrolle: Der Reifenluftdruck sollte mindestens alle zwei Wochen geprüft (Bild 1) und ggf. korrigiert werden. Gut schließende Ventilkappen mit einwandfreier Gummidichtung verwenden (Bild 2). Wenn keine Kappe aufgeschraubt ist, kann Schmutz in das Ventil hinein kommen. Auch kann sich der Ventileinsatz bei hoher Geschwindigkeit öffnen, dann entweicht Luft – und das ist lebensgefährlich!

Reifendruckprüfer: Verlassen Sie sich bei der Kontrolle des Reifenluftdrucks nicht unbedingt auf die Angabe auf der Skala des Tankstellengeräts. Besorgen Sie sich einen guten Reifendruckprüfer und führen diesen im Motorrad mit.

Neue Radventile: Wenn neue Ventileinsätze nötig werden, achten Sie darauf, dass ihr Prüfdruck mindestens 4 bar (oder mehr) beträgt. Die entsprechenden Angaben finden Sie im Kleingedruckten auf der Verpackung des Ventils.

RDC (= **R**eifen**d**ruck-**C**ontrol) ist eine Sonderausstattung und kostete ca. 240 Euro Aufpreis. Man kann RDC auch nachrüsten; es ist ein sehr sinnvolles Sicherheits-Zubehör.

Funktion des RDC: In Vorder- und Hinterradfelge sind Luftdruck-Sensoren eingebaut (RDC-Sensor, Bilder 3 a und 3 b). Diese messen permanent den Reifenluftdruck und geben die gemessenen Werte über Funk an das RDC-Steuergerät (Bild 3 c) und von dort an das Cockpit weiter, wo sie lesbar dargestellt werden.

Im RDC-Sensor ist eine Batterie, die nicht gewechselt werden kann. Die Lebensdauer der Batterie beträgt 2 bis 7 Jahre. Wenn ein Reifenwechsel in der BMW-Werkstatt durchgeführt wird, misst der Monteur mit einem berührungslosen Messgerät (BMW-Spezialwerkzeug) die Batteriespannung. Wenn diese dem Ende entgegen geht, wird ein neuer RDC-Sensor eingebaut.

Reifenverschleiß

Reifen sind Verschleißteile: Die Oberfläche (»Lauffläche«) wird mit fortschreitender km-Leistung immer dünner, die Rillen (»Profilrillen«) immer niedriger. Der Gesetzgeber schreibt vorne und hinten eine Mindestprofiltiefe von 1,6 mm vor.

Profiltiefe: In die Profilrillen sind Verschleißanzeiger eingearbeitet; ihre Lage ist außen am Profilrand mit TWI bezeichnet (Bild 6). TWI« ist die Abkürzung von »Tread Wear Indicator«. Einige Hersteller haben auch nur ein kleines Dreieck angebracht; bei Metzeler ist es ein Elefant (Bild 6).

Ein TWI markiert an der Seitenwand eine Hauptprofilrille, in der diese Erhebungen eingearbeitet sind. **Wichtig:** Die TWI-Erhebungen sind entweder 0,8 mm oder 1,6 mm hoch:

- 0,8 mm entspricht der in Amerika vorgeschriebenen Mindestprofiltiefe.
- 1,6 mm ist die europaweit gesetzlich vorgeschriebene Mindestprofiltiefe.

Gemessen wird die tatsächliche Profiltiefe _neben_ einer TWI-Erhebung (Bild 7).

Wichtig 1: Wenn bei einer Polizeikontrolle die Profiltiefe weniger als 1,6 mm an einer Stelle des Reifens beträgt (die anderen Messstellen können noch mehr Profiltiefe haben!), wird es ungemütlich, denn neben 60 Euro Bußgeld gibt es für den Fahrer auch einen Punkt in Flensburg auf's Konto. Im Zweifelsfall kann das Motorrad sogar am Ort der Kontrolle stillgelegt werden!

Wichtig 2: Weiterhin informiert die Polizei das zuständige Landratsamt und dieses verlangt eine Mängelbeseitigung innerhalb von zwei Wochen. Wird kein Mängelbeseitigungs-Nachweis erbracht, wird das Motorrad zwangsweise stillgelegt.

Was auf dem Reifen steht

Beispielhafte Reifenbezeichnungen (Bild 4)

- Vorderreifen: 120/70 R19 M/C 60V TL
- Hinterreifen: 170/60 R17 M/C 72V TL

Die Zahlen und Buchstaben bedeuten:

- **120** bzw. **170** = Reifenbreite in mm
- **/70** bzw. **/60** = Querschnittsverhältnis

Höhe zu Breite = 70 : 120 bzw. 60 : 170
Der Vorderreifen ist 84 mm hoch (70% von 120)
Der Hinterreifen ist 102 mm hoch (60% von 170)

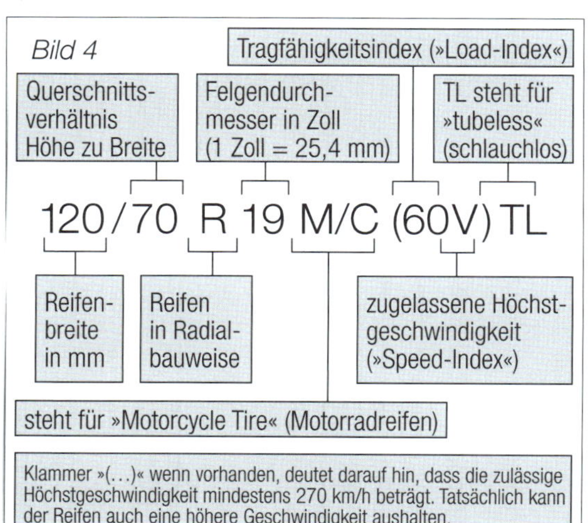

- **R** bzw. **ZR** = Reifen in Radialbauweise: **R** ist die neuere Reifenbezeichnung, **ZR** die ältere)
- **17** = Felgendurchmesser in Zoll:

1 Zoll = 25,4 mm; 17 Zoll = 431,8 mm

- **M/C** = »Motorcycle Tire« (Motorradreifen)
- **60** bzw. **72** = Tragfähigkeitsindex (Load-Index)

Der 60er-Vorderradreifen darf mit 250 kg belastet werden, der 72er-Hinterradreifen mit 355 kg

- **V** = dieser »Speed-Index« steht als Symbol für die zugelassene Höchstgeschwindigkeit, das »V« steht für »bis 240 km/h«. Der Speed-Index muss in jedem Fall höher sein als das Motorrad schnell ist, bzw. was an Höchstgeschwindigkeit im Kraftfahrzeugbrief eingetragen ist.
- **TL** = tubeless = schlauchloser Reifen

Nachrüstreifen

Neue Reifen können Sie auf der Internetseite der Reifenhersteller auswählen; siehe Adressen auf der nächsten Seite unten. Oder Sie können sich beim BMW-Motorradhändler beraten lassen: Die BMW-MechanikerInnen in den BMW-Werkstätten sind fachlich sehr gut drauf. Verfolgen Sie auch die aktuelle Motorrad-Fachpresse.

Bei Nachrüstreifen unbedingt beachten:

- Vorder- und Hinterradreifen müssen von einem Hersteller sein und vom Profil zusammenpassen.
- Zahlen- und Buchstaben-Bezeichnungen für Reifengröße, Tragkraft und Geschwindigkeitsklasse müssen passen.

Produktionsdatum: An einer Stelle auf der Seitenwand ist die DOT-Buchstabenkombination

Bild 5: Auswuchtgewicht jeweils zur Hälfte auf der Felge rechts und links angebracht.

Bild 6: Verschleißanzeiger in der Profilrille und TWI-Kennzeichnung am Rand des Profils.

Bild 7: Zwar kein Präzisionsmessgerät, aber besser als zu schätzen: Der Reifen hat noch 2 mm Profil.

Reifenmontage: Die Montage neuer Reifen sollte beim BMW- oder Reifenhändler erfolgen, denn mit normalen Reifenmontiereisen lassen sich Schlauchlosreifen weder ab- noch aufziehen. Auch haben Fachwerkstätten moderne elektronische Auswuchtmaschinen.

Unwucht, Auswuchtgewichte: Für die Modelle unseres Buchs gilt die Empfehlung, die Ausgleichsgewichte jeweils zur Hälfte auf beiden Seiten der Felge anzubringen (Bild 5). Beispiel:

- ermitteltes Auswuchtgewicht 60 Gramm
- anzubringen in zwei Gewichten zu je 30 Gramm rechts und links auf der Felge

Gewichtsobergrenze: BMW gibt 80 Gramm als maximal zulässiges Ausgleichsgewicht an. Die Restunwucht nach Auswuchten darf maximal 5 Gramm vorne und 45 Gramm hinten betragen.

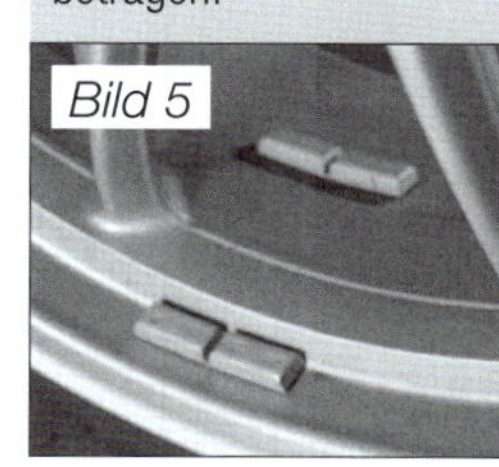

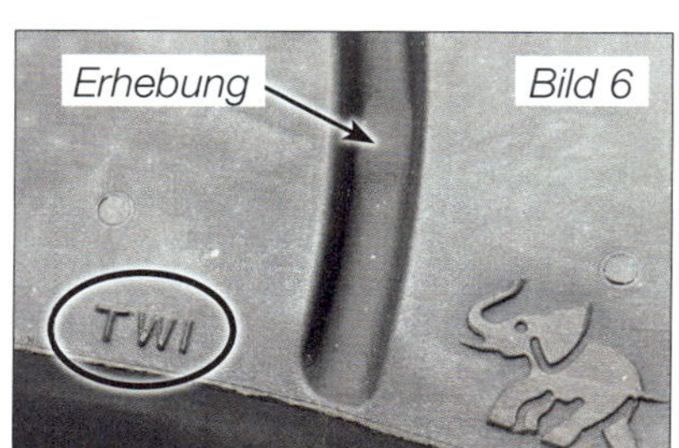

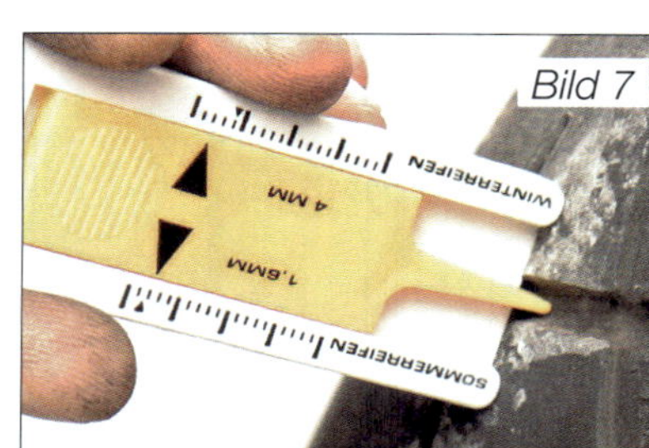

Gelände- und Winterreifen: Für die BMW R 1250 GS gibt es von verschiedenen Herstellern grobstollige Reifen, die sich für extremen Geländebetrieb sowie für Winterbetrieb und damit Schnee und Matsch, sehr gut eignen. Wenn diese Reifen montiert sind, muss ein M&S-Aufkleber im Blickfeld des Fahres angebracht sein:

- »160 km/h« bei Speed Index »Q«
- »190 km/h« bei Speed Index »T«

Bild 8

Bild 9: Diese Ziffern auf der Seitenwand des Reifens nennen das Produktionsdatum.

einvulkanisiert, danach eine vierstellige Zahl ohne Punkt und Komma (Oval in Bild 9), diese steht für die Produktionswoche und das Produktionsjahr (»0223« bedeutet 2. Kalenderwoche 2023).

Herstellergarantie: Für neue Reifen garantiert jeder Reifenhersteller die von ihm zugesagten Qualitätseigenschaften für den Zeitraum von mindestens fünf Jahren. Ein neuer Reifen, der laut Produktionscode vor drei Jahren produziert wurde, gilt als »frisch«. Dazu gibt es folgende offizielle Erklärung aller namhaften Hersteller von Motorradreifen: *»Ein bis zu maximal 5 Jahren sachgemäß gelagerter Reifen entspricht der Spezifikation eines Neureifens und ist in seiner Verwendungstauglichkeit und Qualität nicht beeinträchtigt und damit neuwertig. Daraus ergibt sich jedoch nicht zwangsläufig, dass Reifen, welche älter als 5 Jahre sind und immer sachgemäß gelagert wurden, nicht mehr verkehrssicher sind oder irgendwelchen qualitativen Einschränkungen unterliegen«.*

Bild 9

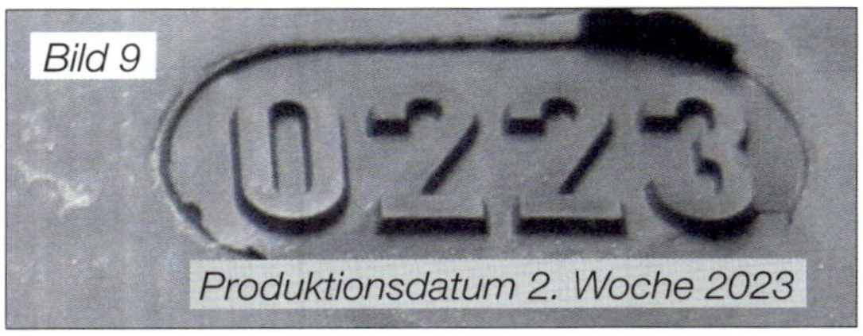

Produktionsdatum 2. Woche 2023

Reifenschäden: Es kann selbst auf gut ausgebauten Straßen zu Reifenschäden (»Plattfuß«) kommen. In Kapitel 2 zeigen wir ein »Reifen-Flickzeug«, das man immer dabei haben sollte. Bitte beachten Sie, dass ein »geflickter« Reifen immer nur ein Notbehelf ist und umgehend erneuert werden muss. Fahren Sie mit einem geflickten Reifen äußerst vorsichtig. Niemals Vollgas und auch nicht mit maximaler Zuladung.

Reifen länger als fünf Jahre fahren?
Wenn ein neuer Reifen montiert wird, der vor vier Jahren und elf Monaten produziert wurde, ist er in einem Monat fünf Jahre alt (logisch!). Wenn dieser Reifen regelmäßig gefahren wird, bleibt er »frisch«, denn durch die Walkarbeit des Reifens während des Fahrens laufen in seinem Inneren chemische Prozesse ab, die dem Reifen seine zugesicherten Eigenschaften erhalten.

Fazit: Weil Reifen so ziemlich die wichtigsten Fahrwerksbauteile sind, empfehlen wir, auf sie zu achten – und im Zweifelsfall neue Reifen aufzuziehen, statt mit alten zu fahren!

Metzeler-Reifen für R 1250 GS

Metzeler und BMW pflegen seit vielen Jahrzehnten eine erfolgreiche Münchener Tradition. Die blaue Reifenmarke mit dem Elefanten bietet die meisten Reifentypen für die Maschinen unseres Buches an. Die sechs verschiedene Profile umfassende Metzeler-Palette reicht vom Gelände-Straßenreifen Karoo 4 mit ausgeprägten Stollen bis zu »echten« Straßenreifen, bei denen das markante glatte Profil ähnlich einem Supersportreifen gestaltet ist und sofort ins Auge fällt.

Reifenhersteller und Reifenimporteure in D, A, CH*

Avon
- **Goodyear Germany GmbH**
  Dunlopstraße 2, D-63450 Hanau
  www.avontyres.com
- **Autoplus GmbH**
  Erdbergstr. 189 – 193, A-1030 Wien
  www.avon.at
- **Cooper Avon (Suisse SA)** Urs Gohl
  Ribistrasse 26, CH-4466 Ormalingen
  www.avontyres.com

Bridgestone
- **Bridgestone Deutschland GmbH**
  Franklinstraße 61-63
  D-60486 Frankfurt am Main
  www.bridgestone.de
- **Bridgestone Austria GmbH**
  Maria-Jakobi-Gasse 1, A-1030 Wien
  www.bridgestone.at
- **Bridgestone Schweiz AG**
  Bodenäckerstrasse 1
  CH-8957 Spreitenbach
  www.bridgestone.ch

Continental
- **Continental Reifen Deutschland GmbH**
  Continental Plaza 1
  D-30175 Hannover
  www.continental-reifen.de
- **Continental Reifen Austria GmbH**
  Triester Straße 14
  A-2351 Wiener Neudorf
  www.continental-tires.com
- **Continental Suisse SA**
  Lerzenstrasse 19, CH-8953 Dietikon
  www.continental-tires.com

Dunlop
- **Goodyear Germany GmbH**
  Dunlopstraße 2, D-63450 Hanau
  www.dunlop.eu
- **Goodyear Austria GmbH**
  Wienerbergstraße 3/5, A-1100 Wien
  www.dunlop.eu
- **Goodyear Suisse SA**
  Industriestrasse 21, CH-8604 Volketswil
  www.dunlop.eu

Heidenau
- **Reifenwerk Heidenau GmbH & Co. KG**
  Hauptstraße 44, D-01809 Heidenau
  www.heidenau.com
- **RBT Reifen und Kfz GmbH**
  Goethegasse 61, A-2340 Mödling
  www.rbt-Reifen.at

Maxxis
- **D und A: Maxxis International GmbH**
  Kaddenbusch 31, D-25578 Dägeling
  www.maxxis.de
- **Profi Pneu AG**
  Gewerbestrasse 6, CH-4553 Subingen
  www.profipneu.ch

Metzeler
- **D und A: Pirelli Deutschland GmbH Metzeler Motorradreifen**
  Brabanter Straße 4, D-80805 München
  www.metzeler.com
- **Hostettler AG Pneuservice**
  Haldenmattstrasse 3, CH-6210 Sursee
  www.hostettler.com

Michelin
- **Michelin Reifenwerke AG & Co. KGaA**
  Michelinstraße 4, D-76185 Karlsruhe
  www.motorrad.michelin.de
- **Michelin Reifenverkaufsgesellschaft m.b.H.**
  Schönbrunner Schloßstraße 2/50,
  A-1120 Wien
  www.michelin.at
- **Michelin Suisse S.A.**
  Route de Jo Siffert 36, CH-1762 Givisiez
  www.michelin.ch

Pirelli
- **Pirelli Deutschland AG Pirelli Motorradreifen**
  Brabanter Straße 4, D-80805 München
  www.pirellimoto.de
- **Pirelli GmbH**
  Lemböckgasse 47a, A-1230 Wien
  www.pirelli.at
- **Pirelli Tyre (Suisse) SA**
  St. Jakobs-Strasse 54, CH-4052 Basel
  www.pirelli.ch

* = Stand der Recherche zum Redaktionsschluss dieses Buchs im März 2025

Bild M1: Der Metzeler Karoo 4 mit dem klassischen groben Geländeprofil ist ein vielseitiger Reifen. Er punktet mit Offroad-Traktion auf Rallye-Niveau und bietet zudem auf Asphalt eine ausgezeichnete Laufleistung und sehr gute Stabilität auch bei hohen Geschwindigkeiten und voller Beladung.

Bild M2: Der Metzeler Karoo Street ist für gemischten Straßen- und Geländebetrieb optimal geeignet. Er punktet mit sehr gutem Trocken- und Nass-Grip auf Asphalt und liefert beste Traktion abseits normaler Straßen. Weiterhin bietet er einen sehr guten Fahrkomfort und hohe Laufleistung.

Bild M3: Der Tourance Next 2 ist ein Reifen der neuesten Generation für leistungsstarke Adventure-Motorräder wie die BMW R 1250 GS eine ist. Sein innovatives Profildesign und die moderne Gummimischung mit hohem Silica-Anteil sorgen für überragendes Fahrverhalten und erstklassigen Grip bei Nässe und im Trockenen, hohe Stabilität sowie beste Laufruhe und prima Fahrkomfort.

Bild M4: Der Roadtec 01 SE glänzt durch überdurchschnittlich intuitiv-sportliches Handling. Sehr guter Grip bei jedem Wetter in einem breiten Temperaturbereich machen ihn zur ersten Wahl unter den Reifen mit gemischtem Einsatzbereich.

Bild M5: Der Roadtec 02 eignet sich für Langstreckenfahrten ebenso wie für sportliche Fahrten. Die schräg und längs angeordneten Rillen wirken sich positiv auf die Manövrierfähigkeit aus und sorgen für eine hervorragende Leistung auf nasser und trockener Fahrbahn.

Bild M6: Der Sportec M9 RR ist ein supersportlicher Reifen, der auf Basis der Erfahrungen von Metzeler aus dem Straßenrennsport entwickelt wurde. Durch seine topmoderne Gummimischung und Struktur punktet er mit hervorragendem Grip, bestem Handling und hoher Stabilität bei allen Witterungsbedingungen und auf den unterschiedlichsten Arten von Asphalt-Oberflächen.

Bild M1

Karoo 4

Bild M2

Karoo Street

Bild M3

Tourance Next 2

Bild M4

Roadtec 01 SE

Bild M5

Roadtec 02

Bild M6

Sportec M9 RR

Räder

In diesem Kapitel: Räder aus- und einbauen · Vorderrad aus- und einbauen · Hinterrad aus- und einbauen · Vorderachse und Räder prüfen · Räder auf Rundlauf prüfen · Radlager prüfen, erneuern · Speichen prüfen, spannen, ersetzen.

Bild 1: Wenn man keine 19er-Stecknuss hat, kann man ein solches Notwerkzeug basteln. Eine Mutter auf eine Schraube mit 19er-Kopf fest aufdrehen und mit einem Schweißpunkt sichern.

Bild 2: Werkzeuge zum Aus- und Einbau von Vorder- und Hinterrad.

Bilder 3 a und 3 b: Zum Ausbau des Vorderrads die Maschine auf den Mittelständer stellen, den Motor mit einem Wagenheber unterbauen und ein passendes Holz unter den Reifen legen.

Räder aus- und einbauen

Wenn Sie die Räder ausbauen wollen, um diese zum Reifenwechsel zum BMW-Händler oder zum Reifendienst zu bringen, versichern Sie sich, dass Sie die nötigen Werkzeuge bereithaben. Denn im Bordwerkzeug sind keine Werkzeugteile enthalten, mit denen man die Räder aus- und wieder einbauen kann. Bild 2 zeigt die zur Radmontage benötigten Werkzeuge, die man zum Teil im Bordwerkzeug mitführen sollte. Für den Aus- und Einbau der Räder zu Hause sollte man zwei Drehmomentschlüssel haben: Einen kleinen bis 40 Nm für Achsklemmschrauben, vordere Bremssattelschrauben, Achsschraube, Schraube ABS-Sensor, Schrauben Spritzschutz und einen großen für die hinteren Radschrauben.

Bild 1

Maschine gegen Umfallen sichern Bilder 3a und 20: Wenn man das Hinterrad ausbauen möchte und die Maschine auf dem Mittelständer aufbockt, sollte man diesen zum Vorderrad hin mit einem Band so verspannen, dass während des Werkens am Hinterrad der Mittelständer nicht einklappen kann und die Maschine deswegen auf den Boden fällt. Wenn man unterwegs auf Tour ist und das Vorderrad muss ausgebaut werden, sollte ein Helfer das aufgebockte Motorrad hinten entsprechend belasten, damit das Vorderrad frei kommt.

Ausbau beider Räder: Einen Wagenheber wie in Bild 3 a verwenden. Maschine mit Riemen gegen Umfallen sichern. Zuerst das Hinterrad und dann das Vorderrad ausbauen.

Der Trick mit dem Holzklotz (Bild 3 b)
Wenn man beim Aus- und Einbau eines Rades alleine arbeiten muss, kann das zu einer nervigen Frickelei ausarten, bis alle Bauteile in korrekte Einbauposition gebracht sind; man bräuchte drei oder vier Hände. Organisieren Sie sich vor dem Radausbau ein Stück Holz, das so dick ist, dass es bei aufgebockter Maschine gerade eben zwischen Rad und Boden passt. Dann knallt das Rad nicht plötzlich herunter, wenn die Achse ausgezogen ist, und es lässt sich auch viel einfacher wieder einbauen.

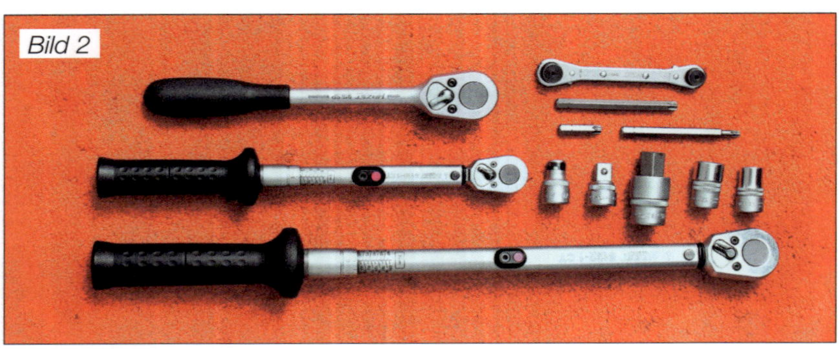
Bild 2

Bild 3 a

Bild 3 b

Benötigte Werkzeuge (Bild 2)
... zur Vorderradmontage

Achskopf	Inbusnuss SW 19
Achsschraube	Nuss SW 17
Achsklemmschrauben	Torx T45
Bremssattelschrauben	Nuss SW 13
ABS-Raddrehzahl-Sensor	Torx T30

... zur Hinterradmontage

Radschrauben	Torx T50
Spritzschutz Schrauben	Torx T30

Anziehdrehmomente Vorderrad

Achsschraube (M12)	30 Nm
Achsklemmschrauben (M8)	19 Nm
Bremssattel an Gabeltauchrohr (M10)	38 Nm
Schraube (M6) ABS-Sensor	8 Nm

■ *mikroverkapselt, Schraube erneuern oder Loctite »mittelfest« an gereinigtes Gewinde*

Anziehdrehmomente Hinterrad

Radschrauben (M10)	60 Nm

■ *Schrauben über Kreuz stufenweise festziehen*

Spritzschutz Schrauben (M6 x 20)	8 Nm

■ *mikroverkapselt, Schrauben erneuern oder Loctite »mittelfest« an gereinigtes Gewinde*

Hinweis 1: Zum Aus- und Einbau des Vorderrads sollte in jedem Falle der ABS-Sensor ausgebaut werden (Bilder 4 a und 4 b), sonst kann er während des Montierens einen Schlag bekommen und dann ist er defekt.
Hinweis 2: Zum Aus- und Einbau des Hinterrads muss der Bremssattel nicht vom Bremsanker abgeschraubt werden.

Gewinde reinigen und schmieren
BMW schreibt vor, dass die Vorderachse vor der Montage gereinigt und mit Optimoly TA leicht eingefettet wird. Wenn dieses Fett nicht zur Hand ist, kann man auch ein anderes gutes, »leichtes« Kfz-Wälzlagerfett verwenden; z. B. das LMX Li-Komplexfett 2 von Castrol (Bild 12).

Achtung: Hinterradschrauben niemals einölen oder einfetten! Radschrauben trocken eindrehen! Die Radschrauben für Guss- und Speichenrad sind gleich lang: M10 x 40 x 1,25. Nur originale BMW-Radschrauben verwenden!

Bilder 4 a und 4 b: Damit der ABS-Sensor beim Aus- und Einbau des Vorderrads nicht hart angeschlagen wird, sollte man ihn ausschrauben.

Bilder 5 a bis 8: Bremssättel abbauen und vom Rad weghängen. Bremsschlauch und ABS-Kabel nicht stark knicken oder verdrehen.

Vorderrad aus- und einbauen

Achtung: Handbremshebel niemals betätigen, wenn die Bremssättel abgebaut sind! Sonst rutschen die Bremsklötze in die Sättel und man kann sie nicht mehr montieren.

Tipp: Einen Lappen so dick um den Gasgriff wickeln, dass der Bremshebel nicht bewegt werden kann.

Vorderrad ausbauen
1. Bild 3 a: Motorrad auf Mittelständer aufbocken. Motor vorne entsprechend unterbauen, damit das Vorderrad vom Boden frei kommt.
2. Bilder 4 a und 4 b: ABS-Sensor abschrauben, aus seiner Bohrung ziehen, bis er »frei« hängt.
3. Bilder 5 a bis 8: Bremssättel abschrauben, von den Bremsscheiben ziehen, mit Gepäckgummis außerhalb des Rades weghängen.

Bild 4 a

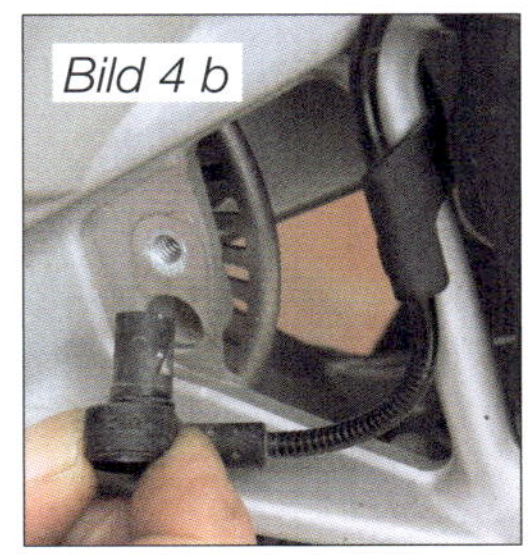
Bild 4 b

Bild 5 a

Bild 5 b

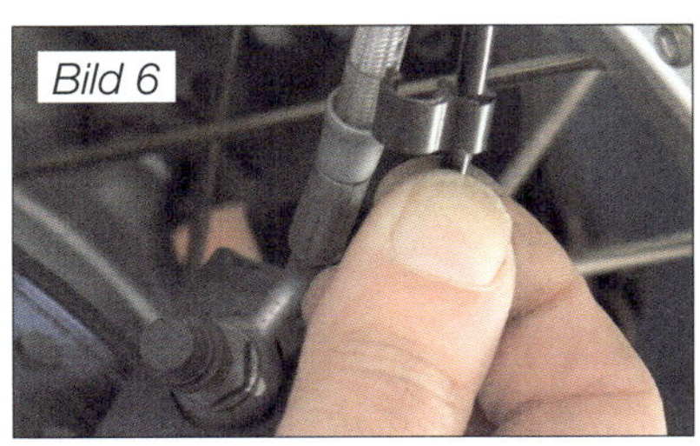
Bild 6

Bild 7

Bild 8

Bilder 9 bis 14: Im Lauftext sind die zu den Bildern gehörenden Arbeitsschritte nummeriert beschrieben.

Bild 9

Bild 10

Bild 10 a

Bild 11 a

Bild 11 b

■ Bremsschläuche dabei nur so wenig wie möglich verdrehen und nicht knicken!

4. Bilder 10 und 10 a: Achsschraube mit 17er-Nuss lösen und ausschrauben.

5. Bild 9: Achsklemmschrauben in linker und rechter Gabelfaust lösen und mindestens drei Umdrehungen aufdrehen.

5.1. Bilder 11 a und 11 b: 19er-Inbusnuss in Achskopf stecken und daran die Achse unter gleichzeitigem Drehen und Ziehen ausziehen.

■ Rad dabei mit einer Hand hochhalten und gleichzeitig leicht daran wackeln.

5.2. Rad ablassen. Distanzbuchse links herausnehmen. Weil sie einen kleinen Bund hat (Bild 13) muss man etwas ziehen an ihr, um sie aus dem Simmerring herauszubringen.

6. Rad nach vorne herausnehmen.

Bauteile reinigen, prüfen

1. Mit Ölspray und Lappen reinigen: Achse, Gewinde in der Achse, Achsschraube, Buchse, Radlager-Simmerringe, Achsbohrungen in den Gabelfäusten, Befestigungsstellen der Bremssättel.

2. Radlager prüfen: Zeigefinger in den Innenring des Lagers stecken und drehen. Man spürt mit dieser »Fingerprobe« wie das Lager läuft.

■ Wenn die Lager spielfrei sind, ohne Knacken und Rubbeln laufen, sind sie in Ordnung.

■ Wenn die Lager beschädigt sind, also Luft haben oder laut, knackend oder schwer laufen, müssen sie ersetzt werden. Wie das geht, steht weiter hinten in diesem Kapitel.

3. Bilder 12 und 13: Leichtes Wälzlagerfett in die Simmerringe schmieren. Achse und Distanzbuchse ebenfalls dünn mit Fett einschmieren.

4. Bremssättel mit Bremsenreiniger säubern. Dicke der Bremsbeläge kontrollieren (siehe dazu auch Kapitel 6 »Bremsen«).

5. Befestigungsschrauben der Bremssättel mit Messingbürste reinigen. Kontrollieren Sie jetzt bitte noch einmal die Gewinde an den

Bild 12

Bild 13

Bild 14

Schrauben und die zugehörigen Innengewinde in den Gabelbeinen: Sie müssen technisch in Ordnung sein, auch für die Schraubenköpfe gibt es keine Kompromisse.

Vorderrad einbauen

1. Rad in die Gabel einschieben: Drehrichtung des Rads ist mit einem Pfeil auf der Nabe markiert.
■ Man kann sich auch am Pfeil »Drehrichtung« auf dem Reifen orientieren.
2. Rad einbauen:
2.1. Bild 13: Distanzbuchse links in den Simmerring einsetzen, Bund nach innen zum Lager.
2.2. Rad anheben. Distanzbuchse, Radlager-Innenringe und Bohrungen in den Gabelfäusten in Flucht zueinander bringen.
2.3. Bild 14: Achse von rechts einführen und ganz durchschieben.
3. Bremsscheiben mit Bremsenreiniger reinigen.
3.1. Bremssättel auf Bremsscheiben schieben.
3.2. Bilder 15 und 16: Bremssattelschrauben eindrehen und mit 38 Nm festziehen.
4. Bild 17: ABS-Sensor einbauen: Sensor in seine Sitzbohrung einschieben, Schraube reinigen, mit Loctite »mittelfest« bestreichen, eindrehen und mit 8 Nm festziehen.
4.1. Kabel des ABS-Sensors exakt verlegen und in den Kabelclip (Bild 6) einclipsen.
5. Bilder 18 a und 18: Achsschraube eindrehen und mit 30 Nm festziehen.
5.1. Motorrad abbocken, senkrecht auf die Räder stellen und mit nicht betätigter Vorderradbremse einige Male ein- und ausfedern.
■ Dadurch »setzt« sich die Achse in den Bohrungen der Gabelfäuste, Verspannungen werden ausgeglichen bzw. vermieden.
6. Bild 19: Maschine wieder aufbocken und die Achsklemmschrauben in linker und rechter Gabelfaust mit 19 Nm festziehen.
7. Bremse einige Male betätigen, ganz lösen, Rad durchdrehen und prüfen, ob es leicht und frei läuft.
Wichtig: Überschüssiges Fett von Simmerringen, Achse und allen anderen Schraubstellen gut abwischen.

Hinterrad aus- und einbauen

Achtung: Zum Lösen und Festziehen der Hinterradschrauben (Bilder 23, 26 und 27) einen Torxschlüssel T50 verwenden!
■ Alle Schraubenköpfe, Schraubengewinde und Konusflächen müssen einwandfrei sein, die Schrauben dürfen keine Korrosionsspuren oder sonstige Beschädigungen aufweisen.
■ Im Zweifelsfall neue Schrauben verwenden!

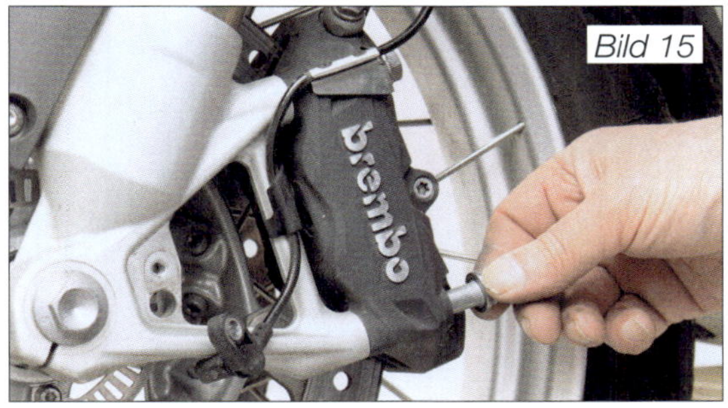

Bilder 15 und 16: Beim Anbau der Bremssättel auf richtige Montage der ABS-Kabelhalter achten; siehe dazu auch die Bilder 5 a und 5 b.

Bild 17: ABS-Raddrehzahl-Sensor festschrauben. Kabel mit Kabelclip verlegen; siehe dazu auch Bild 6.

Bilder 18 und 18 a: Achsschraube eindrehen und mit 30 Nm festziehen.

Bild 19: Beide Achsklemmschrauben mit 19 Nm festziehen.

Sichtprüfung

Messen

Bild 20: Zum Lösen der Hinterradschrauben den Fußbremshebel mit einer langen Eisenstange und Spanngurten blockieren.

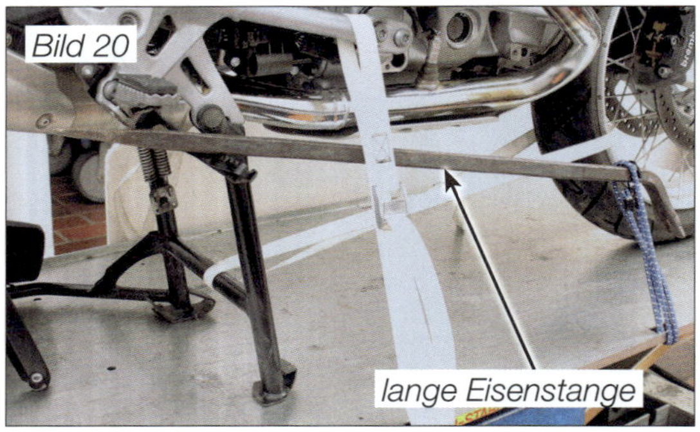

Bilder 21 und 22: Die Radschrauben für Kreuzspeichen- und Gusshinterrad sind gleich lang und werden mit dem gleichen Anzieh-Drehmoment von 60 Nm festgezogen.

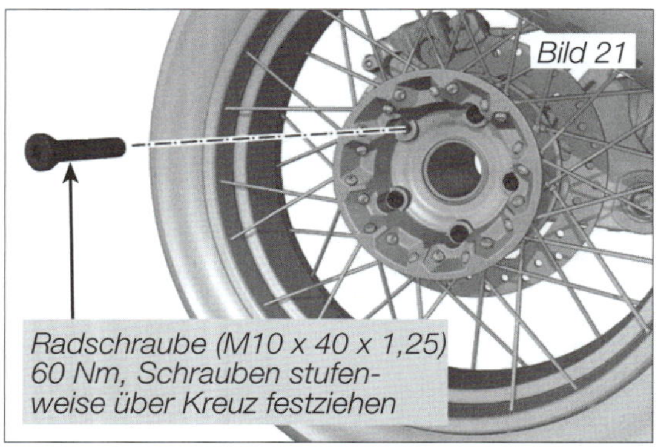

Bilder 23 bis 27: Im Lauftext sind die zu den Bildern gehörenden Arbeitsschritte nummeriert beschrieben.

Hinterrad ausbauen

Hinweis: Zum Aus- und Einbau des Hinterrads muss der hintere Bremssattel nicht abgebaut werden. Bild 29 b: Den Spritzschutz sollte man abbauen, dann lässt sich das Rad leichter abnehmen und wieder aufsetzen.

1. Maschine auf Mittelständer aufbocken, mit Riemen sichern (siehe Bild 3 a und Text dazu).
2. Bild 20: Hinterradbremse mit Hilfe einer langen Eisenstange und Spanngurten blockieren.
3. Bilder 21 und 26: Radschrauben lösen.
■ Verlängerung verwenden und ein Rohrstück wie in Bild 26 gezeigt.
4. Bild 23: Radschrauben ganz ausschrauben.
5. Rad nach rechts abnehmen.

Hinterrad einbauen

1. Bild 24: Anlageflächen von Radträger und

Anlagefläche am Hinterrad reinigen, sie müssen vollkommen frei sein von Schmutz und Fett.
2. Bilder 22 und 25: Gewinde der Radschrauben mit einer Messingbürste säubern – KEINE Stahlbürste verwenden!
3. Rad rechts von schräg hinten-unten einfädeln und auf den Bund des Radträgers aufsetzen: Bohrungen im Rad zu den Gewindelöchern im Radträger zur Deckung bringen. Bild 23: Radschrauben mit der Hand einschrauben.
4. Bild 27: Radschrauben über Kreuz mit 60 Nm festziehen. Dabei muss die Bremse blockiert sein, damit sich das Rad nicht dreht.
5. Bilder 29 a und 29 b: Spritzschutz anbauen. Loctite »mittelfest« an gereinigtes Gewinde der Schrauben geben, Schrauben eindrehen und mit 8 Nm festziehen.

Räder und Vorderachse prüfen

Räder auf Rundlauf prüfen
Bild 30 a: Zur Aufnahme der Räder auf einen Wuchtbock werden Aufnahmeadapter für Vorder- und Hinterachse benötigt, die es beim BMW-Händler oder im Zubehörhandel zu kaufen gibt. Reifen muss abgezogen werden.

1. Bild 30 a: Rad in Zentrierständer einhängen.
2. Bild 30 b: Taster der Messuhr auf die Innenseite der Felge (Sitz des Reifenwulstes) anführen.
3. Seiten- und Höhenschlag mit Messuhr prüfen.
■ Gussrad, vorne und hinten: maximal zulässiger Höhen- und Seitenschlag .... 1,5 mm
■ Speichenrad, vorne und hinten: maximal zulässiger Höhen- und Seitenschlag .... 1,7 mm

Achtung: Unrunde **Gussräder** dürfen nicht gerichtet werden, man muss die erneuern. Geringfügig unrunde **Speichenräder** können durch Nachspannen der Speichen zentriert werden. Weil zum Nachspannen der Kreuzspeichenräder eine intensive Technik-Schulung erforderlich ist, sollte man diese Arbeiten entweder in der BMW-Motorradwerkstatt oder einer speziellen Radspannerei durchführen lassen.

Vorderachse prüfen und vermessen
Bild 28: Radachse in Prismenblöcke legen und den Ist-Achsschlag mit einer Messuhr feststellen.
■ Die Verschleißgrenze liegt bei 0,25 mm. Bei einem Verzug muss die Achse erneuert werden. Niemals versuchen, eine krumme Achse gerade zu richten!
Beachten: Der tatsächliche Schlag ist nur halb so groß wie der von der Meßuhr angezeigte Wert.

Radlager prüfen

Radlager prüfen
Zur Prüfung der Lager im Vorderrad den Zeigefinger in den Innenring des Lagers stecken und den Innenring drehen. Man spürt im Finger, wie das Lager läuft. »Fingerprobe« nennt man dies. Wenn die Lager spielfrei sind und ohne fühlbares Knacken und Rubbeln laufen, sind sie in Ordnung. Wenn die Lager beschädigt sind, also Luft haben oder deutlich knackend laufen, müssen sie ausgebaut und durch Neuteile ersetzt werden.

Radlager erneuern

Wir beschreiben nachstehend einen Wechsel der Radlager nach der in Hobbywerkstätten üblichen Handwerkermethode mit Heizgerät, Dorn, Hammer und Kühlschrank. Dies gilt für Notfälle, denn besser ist es allemal, die Radlager mit den dafür vorgesehenen BMW-Spezialwerkzeugen aus- und einzubauen. Sehr wichtig ist auch, dass die Bremsscheiben abgebaut sind und die Räder auf Hartholzunterlagen so abgelegt werden, dass Radnabe und Radaußenseiten nicht beschädigt werden können. Im später folgenden Textabschnitt »Radlager einbauen« empfehlen wir, neue Lager vor dem Einbau einige Zeit in den Kühlschrank zu legen, weil sie sich duch die Kälte zusammenziehen und so leichter eingebaut werden können. Wem die zwei Stun-

Bild 28: Zum Vermessen der Vorderachse diese in Prismenböcke legen und mit einer Messuhr den Schlag messen. Bis zu 0,25 mm sind erlaubt.

Bilder 29 a und 29 b: Spritzschutz anbauen.

Bilder 30 a und 30 b: Rad auf Rundlauf messen, der Reifen muss dazu abgezogen sein, weil der Taster der Messuhr innen an der Felge angeführt wird.

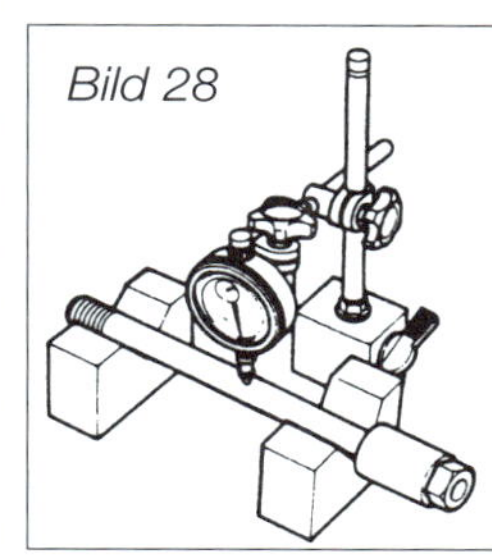
Bild 28

Bild 29 a

Bild 29 b

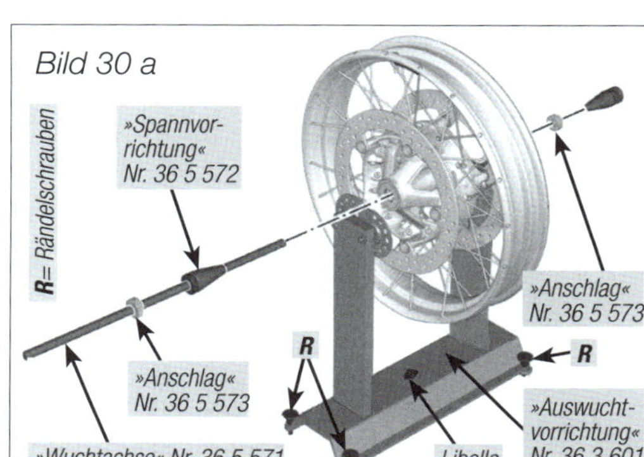

Bild 30 a

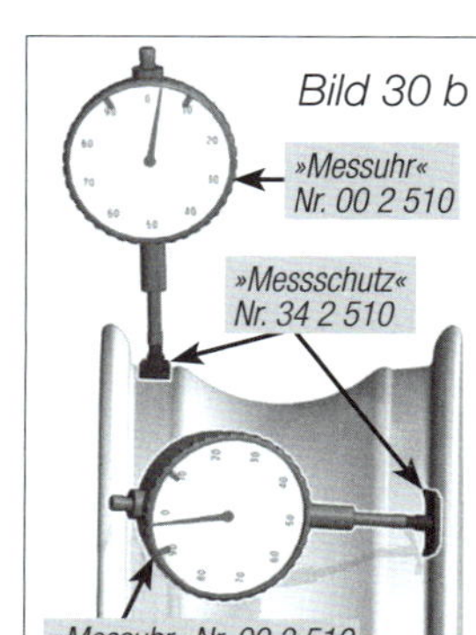

Bild 30 b

Bild 32: Zum Wechsel der Radlager Bremsscheiben abbauen.

den Kühlschrankzeit zu lang dauern, der kann auch das von BMW angebotene Kältespray nehmen: Damit werden die Lageraußenringe kurz eingesprüht (zwei bis drei Sekunden), sie ziehen sich durch den Kälteschock zusammen. **Wichtig:** Das eingesprühte Lager darf nicht gedreht werden!

Hinweise zu neuen Radlagern

- Verwenden Sie am besten originale BMW-Radlager mit Abdeckscheiben auf beiden Seiten.
- Diese werden mit der Bezeichnung nach außen eingebaut.
- Auch neue Simmerringe einbauen.

Falls andere Lager eingebaut werden, achten Sie beim Kauf darauf, dass diese beidseitig abgedeckt sind.

- KEINE beidseitig offenen Lager verwenden! Nur im Notfall kann man einseitig abgedeckte Lager verwenden:

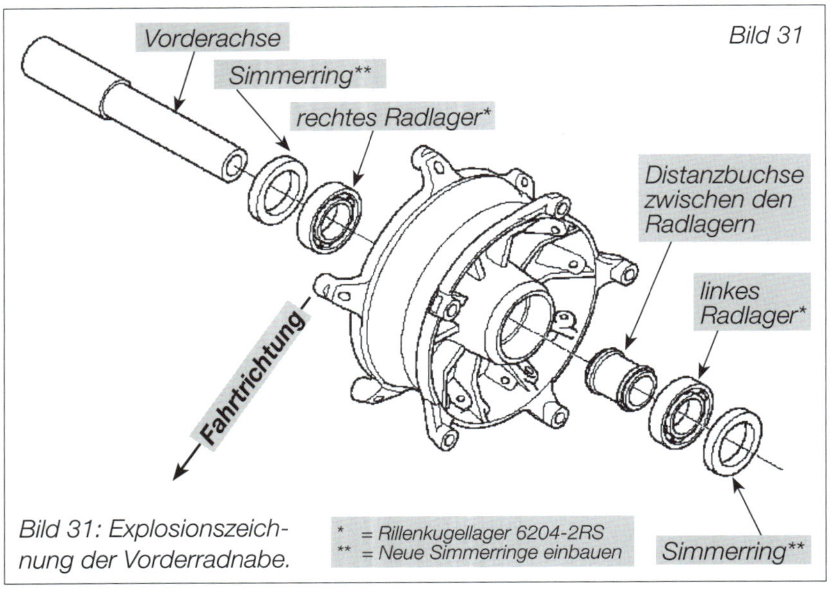

Bild 31: Explosionszeichnung der Vorderradnabe.

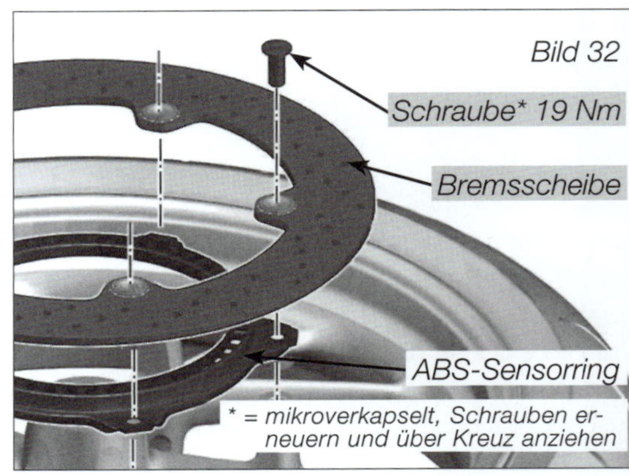

Bilder 33 und 34: Zum warmen Wechsel der Radlager benötigte Werkzeuge und Hilfsmittel.

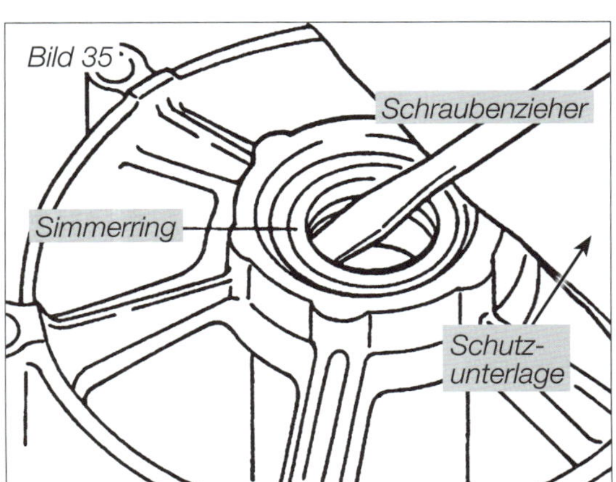

Bild 35: Aushebeln des Simmerrings mit Schraubenzieher.

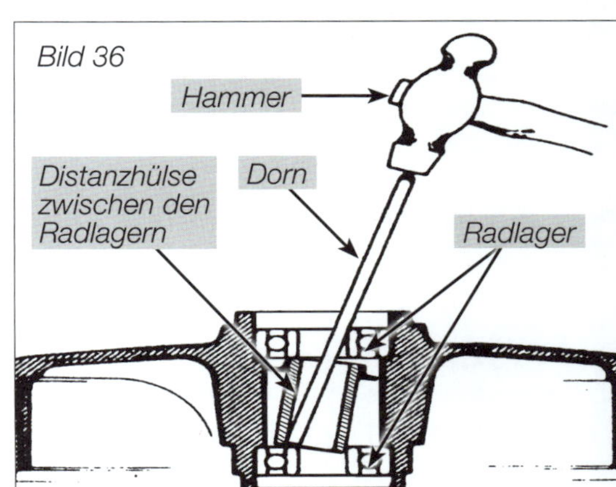

Bild 36: Austreiben der Radlager über Kreuz mit Hammer und langem Dorn.

■ Offene Lagerseite gut mit speziellem Radlagerfett füllen (z. B. Castrol LMX Li-Komplexfett 2).
■ Einseitig abgedeckte Lager mit der Abdeckscheibe nach außen einbauen.

Radlager ausbauen

1. Bremsscheiben abschrauben (Bild 32)
Die Schrauben, mit denen die Bremsscheiben an der Radnabe befestigt sind, sind eingeklebt und lassen sich deswegen nur sehr zäh lösen. Vor dem Öffnen die Schrauben vom Schraubenkopf her mit einem Heißluftföhn etwas erwärmen, das löst den Schraubenkleber. Exakt passenden Torxschlüssel verwenden, sonst vermurkst man die Schraubenköpfe!
2. Drehrichtung der Bremsscheiben mit Pfeil (Filzstift) aufzeichnen, dann erst abmontieren: Die Torxschrauben über Kreuz Schritt für Schritt lösen und ausdrehen.
Wichtig: Auf den ABS-Sensorring unter der linken Bremsscheibe achten (Bild 32), dieser darf weder verbogen noch anderweitig beschädigt sein. Wenn doch, ersetzen!
3. Bild 35: Simmerring mit Schraubenzieher oder Reifenmontiereisen vorsichtig aushebeln.
4. Bilder 33 und 34: Den Lagersitz mit Heißluftföhn auf maximal 100 °C erwärmen oder das Rad zentral mit der Radnabe platt auf eine Heizplatte legen. Diese von »kalt« bis auf »Stufe II« langsam (!) aufheizen.
4.1. Bilder 36 und 37 a: Zuerst das eine Radlager mit einem langen Dorn schrittweise über Kreuz austreiben, dann das Rad umdrehen und das andere Lager (Bild 37 b) austreiben.
■ Schrittweise deswegen, weil dadurch das Lager immer ein kleines Stück ausgetrieben und ein Aufweiten des Lagersitzes vermieden wird.
5. Distanzbuchse und Lagersitze gut reinigen. Eventuelle Grate in den Lagersitzen, die beim Ausschlagen der alten Lager entstanden sind, punktgenau mit einem kleinen Dreikantschaber und feinem Schmirgel entfernen.

Radlager einbauen

1. Bilder 33 und 34: Lagersitz des Rades mit Werkstattföhn oder auf der Heizplatte auf maximal 100 °C erwärmen.
2. Lager in seinen Lagersitz einschieben. Wenn es nicht von selbst bis nach ganz unten in der Lagersitzbohrung rutscht, mit einer auf den LagerAUSSENring passenden Nuss (Bild 39) und kurzen Hammerschlägen ein wenig nachhelfen.
■ Wenn ein Dorn verwendet wird: Diesen nur auf den LagerAUSSENring ansetzen (Bild 38 a).
2.1. Einige Minuten warten, bis das erste Lager und der Lagersitz in der Radnabe die gleiche Temperatur haben und das Lager fest sitzt.
3. Rad umdrehen. Distanzhülse einsetzen. Lagersitz der Radnabe etwas erwärmen. Lager in seinen Lagersitz einschieben, nach unten in den Lagersitz drücken bzw. einschlagen.
4. Bild 40: Simmerringe mit passender Nuss eindrücken. Oberfläche muss rundum bündig sein mit der Außenseite des Lagersitzes.
5. Bremsscheiben montieren (Bild 32)
■ Drehrichtung der Bremsscheiben beachten.
■ Mit Schrift nach außen montieren.
■ Unter die linke Bremsscheibe wird der ABS-Sensorring montiert.
■ Neue Schrauben verwenden. Wenn keine neuen Schrauben verfügbar sind: Befestigungsschrauben reinigen, mit Loctite »mittelfest« bestreichen, eindrehen und Schritt für Schritt über Kreuz bis auf 19 Nm festziehen.

Bilder 37 a und 37 b: Radlager austreiben über Kreuz mit Hammer und langem Dorn.

Bilder 38 a und 38 b: Eintreiben des neuen Lagers mit einem Dorn, der auf dem Lageraußenring angesetzt wird.

Bilder 39 und 40: Eintreiben von Lager und Simmerring mit Nuss bzw. spezieller Hülse.

Bild 37 a

Bild 37 b

Bild 38 a

Bild 38 b

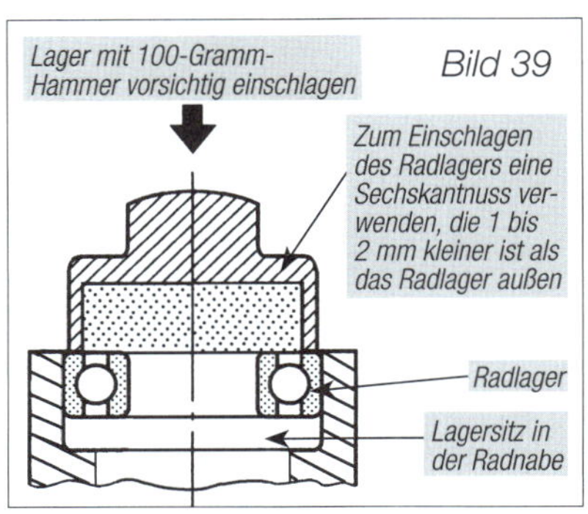

Bild 39

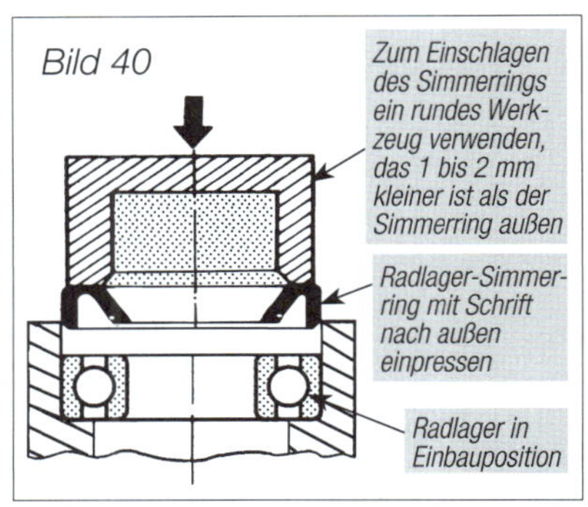

Bild 40

Sichtprüfung Messen

6. Bremsscheiben nach dem Radeinbau und vor dem Anbau der Bremssättel mit Bremsenreiniger reinigen.

Speichen prüfen, spannen

Speichen »abklingeln«
Durch Anschlagen der Speiche kann man hören, ob diese richtig gespannt oder zu lose ist: Dazu die Speiche ungefähr in der Mitte mit einem Schlüssel mehrmals leicht anschlagen (Bild 41).
■ Eine richtig gespannte Speiche klingt hell.
■ Eine zu lasch gespannte und deswegen lockere Speiche klingt dumpf, matt und träge. Wenn man sie in der Mitte mit zwei Fingern fest anpackt, lässt sie sich etwas hin und her biegen.

Druckprobe
Wenn man zwei Speichen in der Mitte mit zwei Fingern anfasst und gegeneinander drückt, lassen sich die richtig gespannten Speichen zwar etwas hin und her biegen, aber nicht sehr viel (Erfahrungssache).

Bild 41: Speiche abklingeln.

Bild 42: Die Speichen sind außen vom Felgenhorn nach innen zur Nabe geführt, wo der Nippel sitzt.

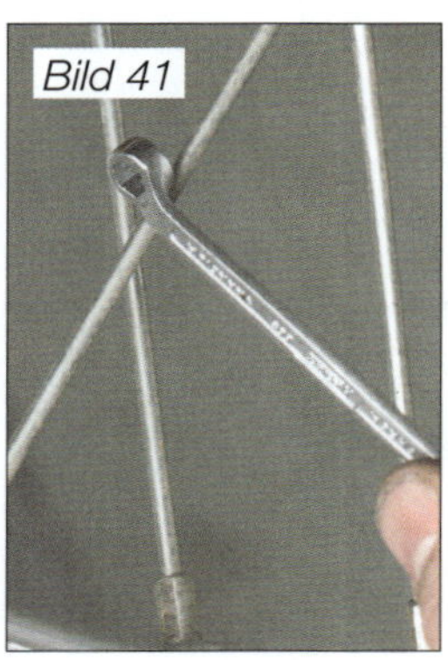

Speichen nachspannen
1. Speichennippel putzen und einen Tropfen Öl in das Gewinde und den Sitz des Nippels in der Felge geben. Warten, bis das Öl eingezogen ist.
2. Bild 42: Madenschraube ausschrauben.
3. Speiche am Nippel nachspannen:
■ Voranzug 1 Nm, Endanzug 4 Nm
4. Madenschraube eindrehen, mit 2 Nm festziehen.
Wichtig: Nach jedem Spann-Arbeitsgang den Rundlauf (»Zentrierung«) des Rads sorgfältig prüfen (siehe weiter vorne in diesem Kapitel)!

Speichenrad zentrieren

Hinweis: Wie eine Seite weiter vorne beschrieben, sollte ein Zentrieren eines Speichenrads ausschließlich in einer BMW- oder Motorrad-Fachwerkstatt erfolgen, weil man zum Zentrieren des Speichenrads einen Lehrgang absolviert haben muss. So gesehen können die nachfolgenden Tipps nur für Notsituationen gelten.

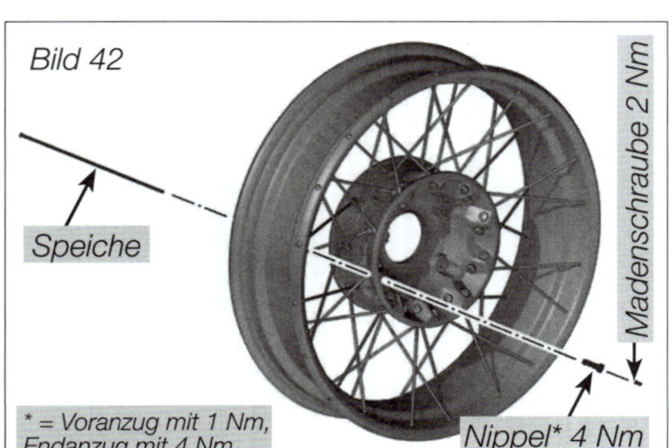

Wenn ein Speichenrad nicht mehr sauber rund läuft (einen »Schlag« hat), kann es bis zu einem gewissen Grad wieder einzentriert werden. Der Reifen sollte dazu abgezogen sein, damit die Felgenspannung sowie die Speichennippel entlastet sind. Bei einer Notreparatur unterwegs hat man ja generell kein Reifenmontiergerät dabei, aber man sollte zumindest die Luft aus dem Reifen ablassen.

1. Alle Speichennippel ringsum putzen und einen Tropfen Öl in das Gewinde und den Sitz des Nippels (in der Radnabe) geben. Einige Minuten warten, bis das Öl eingezogen ist.
2. Rad langsam drehen und dabei den Seiten- und Höhenschlag feststellen.
2.1. Ausschlagstelle(n) mit Buntkreide markieren.
3. Seitenschlag zentrieren:
3.1. Auf der Seite des Seitenausschlags zwei bis drei Speichennippel etwas lösen.
3.2. Auf der Seite gegenüber zwei bis drei Speichennippel um den Lösebetrag fester ziehen.
4. Höhenschlag zentrieren:
4.1. Drei bis vier Speichen im Bereich des Höhenschlags etwas fester ziehen.
■ Eventuell muss man den Speichennippel auf der gegenüberliegenden Radseite lösen.
5. Nach jeder bearbeiteten Seite den Rundlauf des Rads bzw. den Schlag der Felge erneut messen.

Gerissene Speiche ersetzen

Bild 42: Wenn eine Speiche abreißt, muss sie umgehend durch eine neue ersetzt werden, sonst reißen in kürzester Zeit weitere Speichen ab, das Rad wird dadurch »weich« und bricht irgendwann zusammen. Je nachdem, welche Speiche gerissen ist, muss das Rad zum Ausbau der alten Speiche und Einbau der neuen ausgebaut werden!

1. Erfahrungsgemäß kann man die gerissene Speiche samt Nippel ausziehen.
2. Gerissene Speiche in Schraubstock spannen, Madenschraube und Nippel abdrehen.
■ Wenn sie fest im Gewinde des Nippels sitzt, weil das Gewinde vermurkst ist, neuen Speichennippel mit Madenschraube verwenden.
3. Bild 42: Neue Speiche in Felge und Nabe einfädeln, in den Nippel einführen, Nippel auf Gewinde der Speiche ansetzen und andrehen, dann festziehen wie weiter vorne beschrieben.
3.1. Madenschraube eindrehen, festziehen.
4. Rad auf Höhen- und Seitenschlag kontrollieren, ggf. zentrieren.

Bremsen

In diesem Kapitel: Bremsanlage · Bremsanlage prüfen · Bremsflüssigkeit prüfen, auffüllen · Bremslicht · Bremsklötze vorne und hinten wechseln · Bremsflüssigkeit wechseln, Bremshydraulik entlüften · Probleme mit dem ABS? · Technische Daten · Anziehdrehmomente

Bremsanlage

Bei den »Bremsen« gibt es keine Kompromisse: 100 Prozent Leistungsfähigkeit und Sicherheit der Bremsanlage müssen auf jedem Meter Fahrstrecke zur Verfügung stehen.

An der Bremsanlage selbst arbeiten?
Arbeiten an der Bremsanlage erfordern gute Werkzeuge und qualifizierte Kenntnisse. Es sollten nur ausgebildete Mechaniker an der Bremsanlage arbeiten. Einfache Arbeiten wie Kontrolle Bremsflüssigkeitsstand (Bilder 12 und 13), Nachfüllen von Bremsflüssigkeit, Prüfung auf Dichtheit und Bremsbelagstärke (Bilder 3 a, 3 b und 4) können selbst ausgeführt werden. Höhere Qualifikation wird beim Wechsel von Bremsklötzen und Bremsflüssigkeit verlangt.

Bremsanlage prüfen

1. Alle Bremsschläuche und Bremsleitungen auf Risse, Knicke und Scheuerstellen überprüfen. Defekte Teile sofort austauschen!
2. Alle Hydraulikanschlüsse der Bremsleitungen sowie Dichtmanschetten der Bremspumpen und Bremssättel müssen in einwandfreiem Zustand sein, also staubtrocken.
3. Verglaste, riefige und abgenutzte Bremsbeläge reduzieren die Bremswirkung. Deshalb sollte man Bremsklötze rechtzeitig erneuern, auch wenn sie oberflächlich betrachtet noch »genügend Bremsbelag« haben.
4. Verschmierte Bremsscheiben ausschließlich mit Bremsenreiniger oder Aceton reinigen,

Bild 1: Professionelles Bremsflüssigkeitswechsel- und Entlüftungsgerät von Lucas.

Bild 2: Farbmarkierung an einer mit dem richtigen Drehmomentwert angezogenen Schraube.

Sicherheitshinweise Achtung und Tipps für dieses Kapitel

Bild 1

Im Motorrad-Zubehörhandel sowie im Kfz-Werkzeughandel gibt es spezielle Vakuumpumpen, mit denen man ohne Kontakt zur Bremsflüssigkeit und ohne Gefahr des Verschüttens die Bremsen entlüften bzw. Bremsflüssigkeit wechseln kann (Bild 1).

Nach jeder Bremssattelmontage Schrauben und Muttern nochmals auf Festsitz kontrollieren! Ganz penible Mechaniker setzen Farbmarkierungen an die Schraubenköpfe und Muttern (Bild 2), die sie mit dem richtigen Drehmomentwert angezogen haben.

Gebirgstouren mit Passabfahrten, Reisen in besonders staubige Gebiete oder Rennstreckenfahrten bedeuten extreme Belastungen für die Bremsen. Der Verschleiß der Bremsbeläge ist dabei sehr hoch. Bevor Sie mit der Maschine in den Jahresurlaub, auf Passtour oder die Rennstrecke fahren, rechtzeitig vorher einen umfangreichen Check der Bremsanlage machen (lassen).

Bremsflüssigkeit ist giftig. Hautkontakt vermeiden. Nicht in die Augen, nicht auf die Atemwege, nicht auf die Schleimhäute kommen lassen. Nicht trinken! Immer nur geeignete Gefäße verwenden. Bremsflüssigkeit umweltgerecht beseitigen (bei einer Entsorgungsstelle abgeben).

Bild 2

Wenn ein Bremsflüssigkeitsbehälter offen ist, unbedingt darauf achten, dass kein Schmutz in den Behälter und in die Bremsflüssigkeit gelangt.

Bei abgebautem Bremssattel bzw. entfernten Belägen den Bremshebel nicht betätigen! Sonst fahren die Kolben ungehindert aus und müssen mühsam wieder in den Sattel gedrückt werden. Wenn sie ganz aus ihren Zylindern im Sattel herausrutschen, verursacht das eine üble Bremsflüssigkeitssauerei!

Bremsenreiniger ist meist in Spraydosen erhältlich und ziemlich aggressiv. Nur im Freien oder in gut gelüfteten Werkstatträumen verwenden. Nicht rauchen! Nicht auf die Haut, in die Augen oder Atemwege sprühen! Einatmen vermeiden!
- Zur Reinigung von Bremsenbauteilen speziellen Bremsenreiniger oder Aceton verwenden, KEIN Benzin, Dieselöl, Motorenöl oder Ölspray!
- Bremsenreiniger sparsam und ganz gezielt einsetzen, Sprühkopf direkt auf die zu reinigende Stelle richten und nicht länger als zwei Sekunden betätigen.
- Teile nach Besprühen mit Bremsenreiniger sofort mit weichem, nicht fusselndem Lappen durchputzen.
- Druckluft bei Reinigung und anderen Arbeiten am Bremssattel sehr sparsam und gezielt einsetzen.

Nicht mit scharfkantigen Gegenständen wie Schraubenzieher oder Schraubenschlüssel im Bremssattel herumwerken, sonst können die Gleitflächen der Bremskolben zerkratzt werden!

Niemals unterschiedlich dicke Bremsklötze oder solche von verschiedenen Herstellern in einem Bremssattel verwenden! Niemals einen neuen und einen alten Bremsklotz in einen Sattel einsetzen!

Riefige Bremsscheiben, die ihre Minimaldicke noch nicht erreicht haben, können nachgeschliffen werden. Solche Arbeiten erledigen Spezialbetriebe zum Preis von 50 bis 70 Euro pro Bremsscheibe. Eine neue Originalbremsscheibe, vorne oder hinten, kostet mehr als 250 Euro.

Bilder 3 a, 3 b und 4: Der Bremsbelag ist auf einer Trägerplatte aus Stahl aufgeklebt, beide zusammen bilden den Bremsklotz. ■ *Sichtkontrolle der vorderen Bremsbeläge, die Nuten (»Verschleißmarkierungen)« müssen deutlich sichtbar sein. Spätestens bei 1 mm Dicke des Bremsbelags müssen neue Bremsklötze eingebaut werden.* ■ *Zur Kontrolle der hinteren Bremsbeläge von hinten in den Bremssattel und damit auf die Bremsbeläge schauen.*

Bilder 5 und 6: Verschlissene und geschliffene Bremsscheibe. Bremsscheibe messen.

Bilder 7 a und 7 b: Vordere Bremssättel von Hayes (Bild 7 a) und Brembo (Bild 7 b)

Bremsscheiben ab- und anschrauben: Im Kapitel 5 »Räder« ist das Ab- und Anschrauben der Bremsscheiben erklärt.

NIEMALS mit Allzwecköl oder etwa ölhaltigen Reinigungs- oder Politurmitteln.

5. Bild 6: Ältere Bremsscheiben haben Riefen, die man beim Drüberfahren mit dem Fingernagel spüren kann. Bis zu einer gewissen Tiefe ist das normaler Verschleiß. Wenn die Riefen sehr tief sind und der Nagel von Riefe zu Riefe deutlich stolpert, ist die Bremsscheibe verschlissen.

6. Bild 5: Besonders bei älteren Maschinen die Dicke der Bremsscheiben mit Mikrometer an mehreren Punkten messen. Ver-

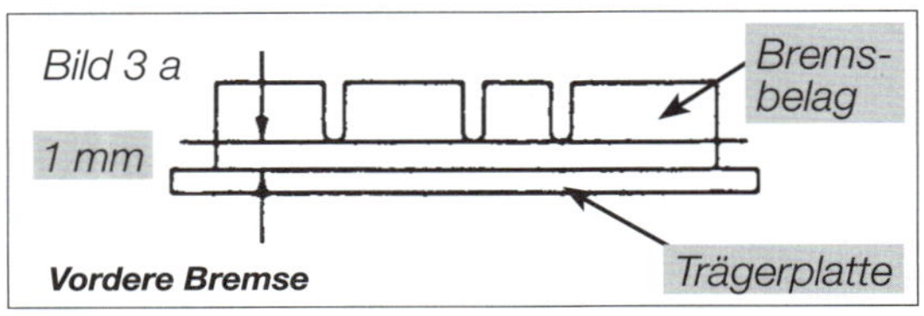

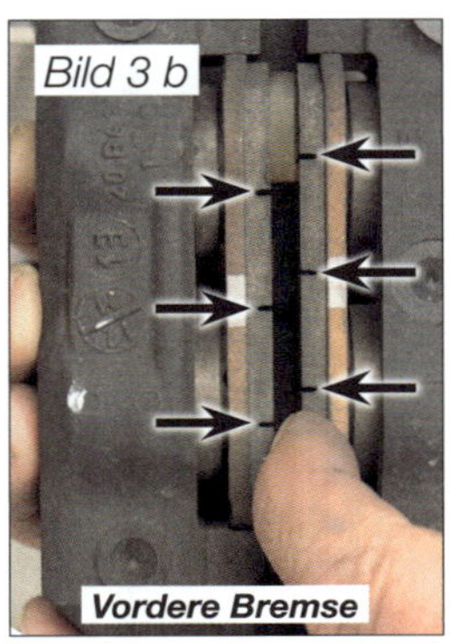

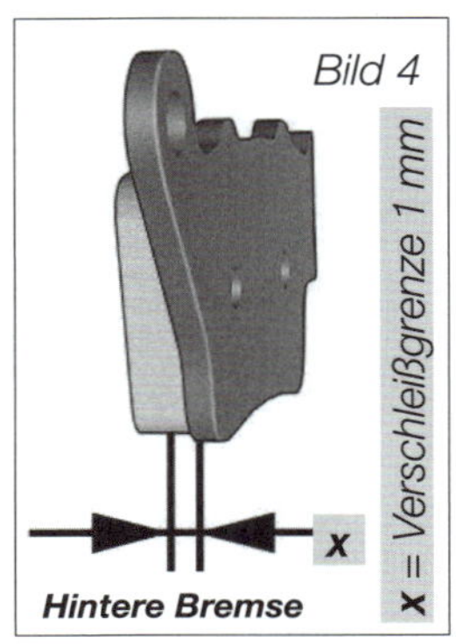

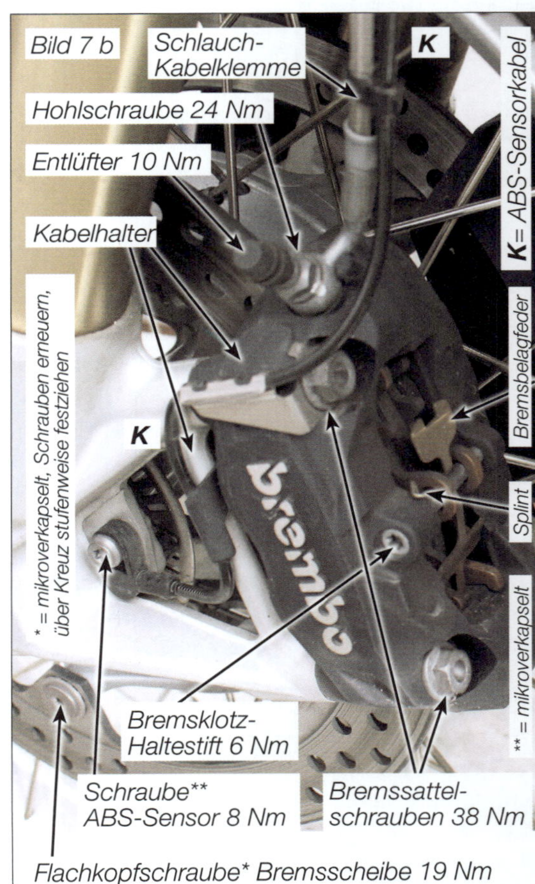

schleißgrenzen vorne 4,0 mm, hinten 4,5 mm.
■ Eine neue vordere Bremsscheibe ist 4,5 mm dick, die hintere 5,0 mm.

7. Verzug (Schlag) der Bremsscheiben mit Messuhr ermitteln. Er darf vorne 0,15 mm und hinten 0,35 mm betragen.

Bremssättel

Bremssättel vorne: Abhängig vom Modelljahr sind am Vorderrad verschiedene Bremssättel verbaut: Zuerst waren sie vom US-Hersteller Hayes (Bild 7 a) und später vom Italiener Brembo (Bild 7 b). An- und Abbau ist gleich, ein wenig Unterschied gibt es beim Wechseln der Bremsklötze.

Bremssättel hinten: Die hinteren Bremssättel sind von Brembo (Bild 8).

Bremsbeläge prüfen

1. In die Beläge der Vorderradbremse sind Nuten eingearbeitet, das sind die so genannten Verschleißmarkierungen (Bilder 3 a und 3 b). Wenn diese Nuten nicht mehr zu sehen sind, ist der Bremsbelag nur noch 1,0 mm dick (oder noch dünner).

2. Kontrolle der Dicke der Bremsbeläge in der Hinterradbremse, Bild 4: Von hinten zwischen Spritzschutz und Hinterrad hindurch in den Bremssattel und dort auf die Bremsbeläge schauen. Sie müssen noch mindestens 1 mm dick sein.

Stand der Bremsflüssigkeit

1. Motorrad steht auf ebenem Untergrund auf dem Mittelständer. Das Vorderrad ist in Fahrtrichtung. Der Bremsflüssigkeits-Vorratsbehälter am Lenker ist »im Lot«.

2. Der Bremsflüssigkeitsstand lässt sich leicht am Schauglas im vorderen und am transparenten Behälter hinten ablesen:
■ Vorderradbremse, Bild 12: Der Stand der Bremsflüssigkeit darf die Minimum-Markierung »MIN« nicht unterschreiten.
■ Hinterradbremse, Bild 13: Der Stand der Bremsflüssigkeit darf nicht unter Markierung »MIN« stehen, sondern muss leicht darüber sein, aber maximal bis zur »MAX«-Markierung.
■ Behälter NICHT überfüllen!

3. Wenn Bremsflüssigkeit aufgefüllt werden muss, zuerst den Behälter mit einem weichen, saugfähigen Lappen umwickeln, damit eventuell ausschwappende Hydraulikflüssigkeit aufgesaugt

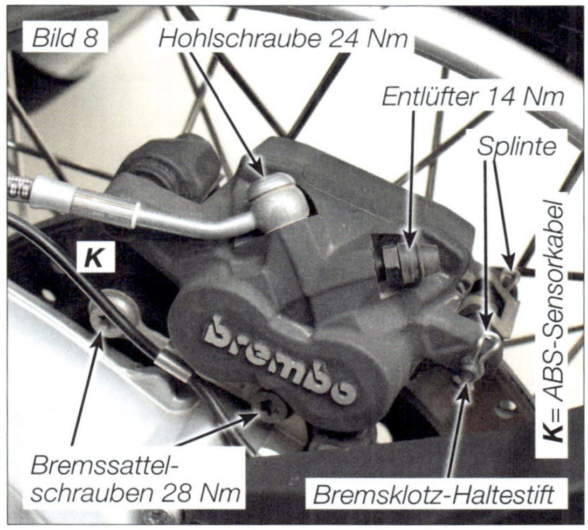

Bild 8: Hinterer Bremssattel.

Bild 9: Vorgeschrieben ist Bremsflüssigkeit in der Qualität DOT 4.

Bilder 10 bis 14: Kontrolle des Bremsflüssigkeitsstands und öffnen des vorderen und hinteren Bremsflüssigkeitsbehälters.

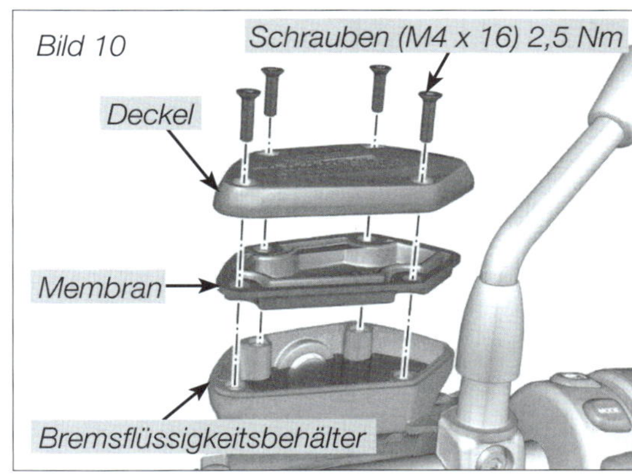

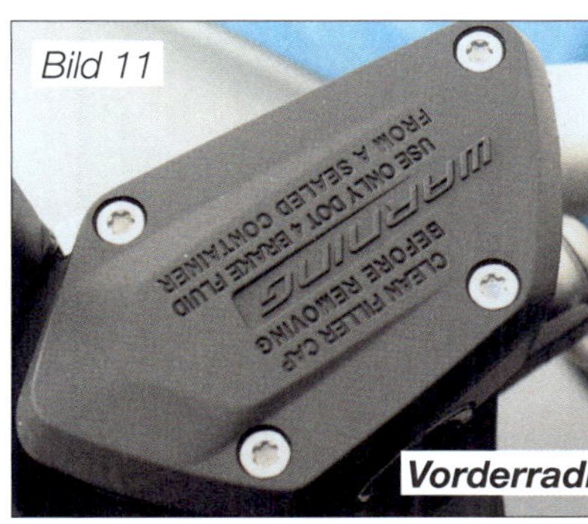

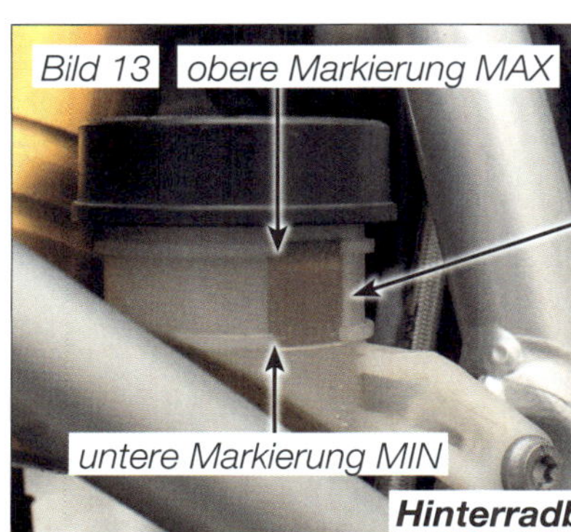

Bild 15: ABS-Raddrehzahl-Sensor vorne.

Bilder 16 bis 18: Abbau des vorderen Bremssattels.

Bilder 19 bis 20 c: Ausbau der vorderen Bremsklötze bei den Bremssätteln von Brembo.

wird und nicht an Lackteile kommt.

4. Vorderer Behälter, Bilder 10 und 11: Deckelschrauben lösen und ausschrauben, Deckel abnehmen, Membran vorsichtig herausnehmen.

4.1. Hinterer Behälter, Bild 14: Deckel abschrauben, Stützscheibe und Membran vorsichtig herausnehmen.

5. Bremsflüssigkeit auffüllen bis zu Oberkante des Schauglases vorne bzw. bis zur »MAX«-Markierung hinten.

6. Membran mit sauberem, nicht fusselndem Lappen reinigen, in Form bringen (wie in Bild 14).

6.1. Vorne und hinten: Membran einsetzen.

6.2. Nur hinten: Stützscheibe aufsetzen.

6.3. Vorne: Deckel aufsetzen, Schrauben eindrehen und mit 2,5 Nm (»leicht handfest«) anziehen.

6.4. Hinten: Deckel aufdrehen, handfest anziehen. **Wichtig:** Eventuell herausgespritzte oder übergelaufene Bremsflüssigkeit mit reichlich klarem Wasser abspülen und gut abtrocknen.

Wichtiges zur Bremsflüssigkeit

Bei Betätigung des Bremshebels wird vom Kolben im Hauptbremszylinder ein Druck auf die Bremsflüssigkeit aufgebaut. Dieser Druck wird an die Kolben in den Bremssätteln weitergegeben, die Kolben fahren aus ihren Bohrungen aus und pressen die Bremsbeläge gegen die Bremsscheiben. Dadurch entsteht eine Reibkraft, welche das Rad abbremst.

Durch den Verschleiß der Bremsbeläge wandern die Kolben immer weiter aus ihren Bohrungen hinaus. Bremsflüssigkeit läuft nach und es sinkt der Pegelstand im Flüssigkeitsbehälter. Deswegen muss der Bremsflüssigkeitsstand regelmäßig überprüft und ggf. ergänzt werden. Die Bremsflüssigkeit muss erstmalig nach einem Jahr und dann alle zwei Jahre gewechselt werden.

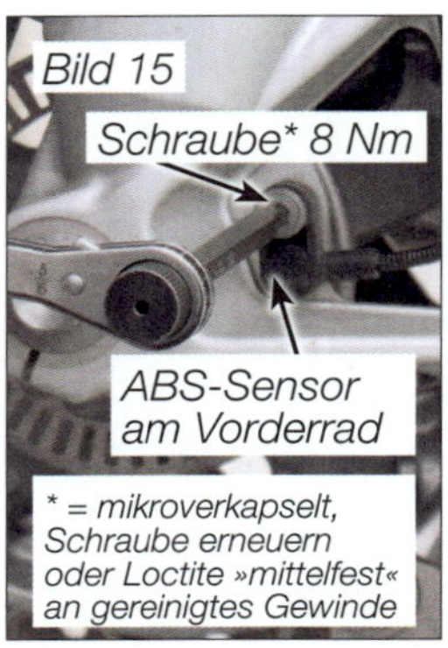

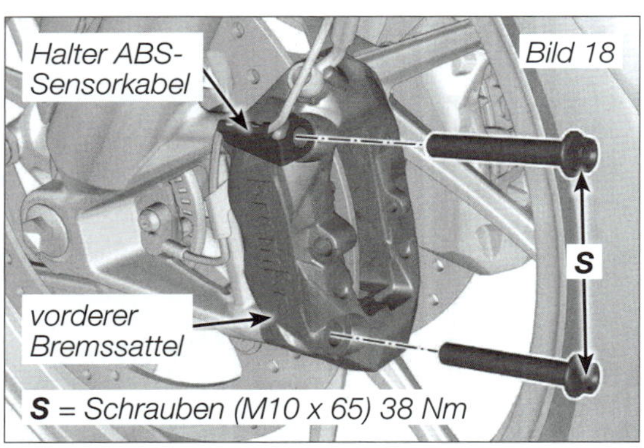

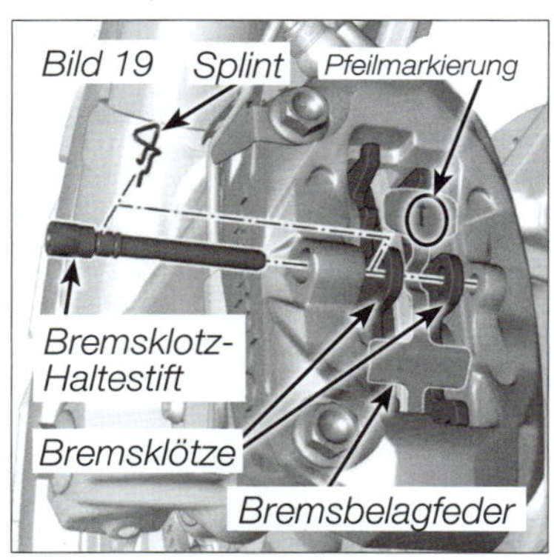

Wichtig: Bremsflüssigkeit ist hygroskopisch, sie zieht also Feuchtigkeit aus der Luft an, die sich mit der Bremsflüssigkeit vermischt. Dadurch sinkt der Siedepunkt und die Temperaturbeständigkeit der Bremse wird schlechter. Deswegen soll immer neue Bremsflüssigkeit aus einem neuen, ungeöffneten Behälter benutzt werden.

- Bild 9: Vorgeschriebene Qualität ist DOT 4.
- Keinesfalls dürfen Verunreinigungen, Schmutz oder Wasser in die Bremsflüssigkeit gelangen.
- Keine Flüssigkeiten anderer Art verwenden oder dazumischen und nie ältere Bremsflüssigkeitsreste einfüllen.

Bremssättel montieren

1. Bild 15: ABS-Sensor abschrauben und aus seiner Bohrung ziehen, dass er »frei« hängt.

2. Bilder 16 und 18: Beide Schrauben, mit denen der Bremssattel am Gabeltauchrohr befestigt ist, lösen und ausdrehen.

3. Bild 17: Bremssattel von Bremsscheibe abziehen. Weder am Sensorkabel noch am Bremsschlauch ziehen oder diese abknicken!

Bremssättel anbauen

1. Befestigungsschrauben mit Messingbürste reinigen.

1.1. Eine kleine Menge Öl auf Gewinde und Anlageflächen der Schrauben geben.

2. Bild 17: Bremssattel auf die Bremsscheibe schieben, Befestigungsbohrungen zur Deckung bringen.

3. Bild 18: Am linken Bremssattel den Halter des ABS-Sensorkabels an oberer Bohrung ansetzen.

4. Bild 16: Schrauben eindrehen und in mehreren Schritten bis auf 38 Nm festziehen.

5. Bilder 7 b und 15: Das ABS-Sensorkabel in seine Klemmen und Halterungen verlegen.

6. Den ABS-Sensor in seine Bohrung einsetzen, Schraube reinigen, mit Loctite »mittelfest« bestreichen, eindrehen und mit 8 Nm festziehen.

Bremslicht

Das Bremslicht muss bei ca. 1/2 gezogenem Handbremshebel bzw. gedrücktem Fußbremshebel aufleuchten, wenn die Zündung eingeschaltet ist bzw. der Motor läuft.

Es sind keine Bremslichtschalter angebaut. Die Schaltfunktion wird vom ABS-Steuergerät übernommen und zwar über den Druckaufbau im Hydrauliksystem. Der Funktionsbefehl »Bremslicht an« wird dann über das CAN-Bus an das Steuergerät »Grundmodul« gesendet und das Bremslicht angesteuert.

Bremslicht leuchtet nicht auf: Ein solcher Defekt ist eher unwahrscheinlich, da normalerweise weder die LED's im Rück-/Bremslicht noch die elektronische Ansteuerung ausfallen.

Vordere Bremsklötze wechseln bei Brembo-Bremssätteln

Bremsklötze ausbauen

1. Bremssattel abbauen.

2. Bilder 19 und 20 a: Sicherungssplint aus dem Bremsklotz-Haltestift ausziehen.

3. Bild 20 b: Bremsklotz-Haltestift mit einem Torxschlüssel lösen und ausdrehen.

■ Dabei die Bremsbelagfeder mit einem Finger nach unten drücken.

4. Bild 20 c: Bremsklotz-Haltestift herausziehen, Bremsbelagfeder herausnehmen.

5. Bild 21: Bremsklötze aus Bremssattel ziehen.

Bremssattel reinigen

1. Abgeschraubten Bremssattel so drehen, dass man in den Bremsbelagschacht sehen kann. Bremsschlauch dabei weder stark verdrehen noch abknicken!

2. Bild 23: Bremssattel mit Bremsenreiniger einsprühen, siehe dazu auch »Achtung und Tipps« am Anfang dieses Kapitels.

3. Die eingesprühten Stellen umgehend mit sauberem, nicht fusselnden Lappen durchputzen.

■ Hartnäckigen Schmutz mit einer harten Zahnbürste abrubbeln.

Bremskolben zurückdrücken

Vor dem Einbau der neuen Bremsklötze müssen die Bremskolben in ihren Bohrungen zurückgedrückt werden. BMW schreibt dazu das Spezialwerkzeug »Bremskolben-Rücksetzwerkzeug«

Bilder 21 und 22: Ausbau der vorderen Bremsklötze.

Bild 23: Abgebauten Bremssattel mit Bremsenreiniger und Lappen durchputzen.

Bild 24: Zurückdrücken der Bremskolben mit BMW-Spezialwerkzeug.

Bilder 25 und 26: Haltestift mit Messingbürste reinigen, etwas Kupferpaste an das Gewinde geben.

Bild 21

Bild 22

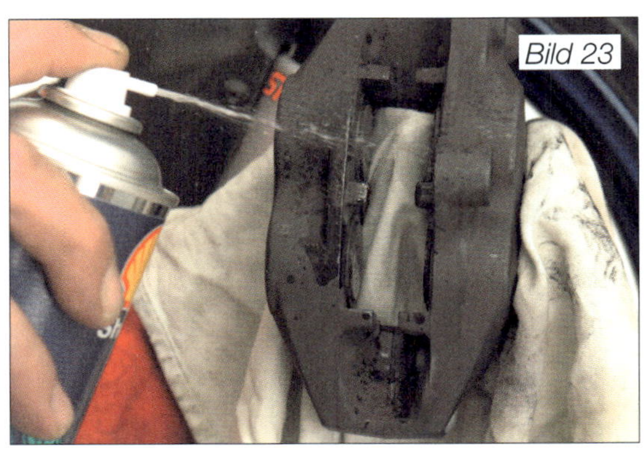
Bild 23

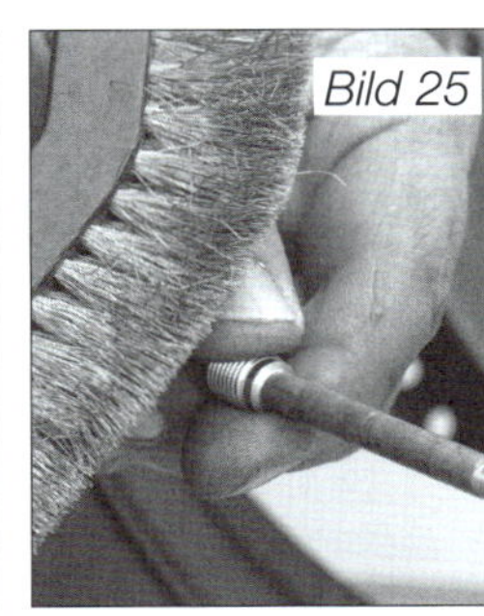
Bild 25

Bild 24

Bild 26

Sichtprüfung Messen

(Bild 24) vor. Wie man die Bremskolben mit einfachen Hausmitteln fachlich korrekt zurückdrücken kann:

1. Die beiden alten Bremsklötze in den (gereinigten) Bremssattel einsetzen. Bremsklotz-Haltestift einschieben.

2. Bremsflüssigkeitsbehälter oben am Lenker öffnen. Lappen um den Behälter wickeln.

3. Bremsflüssigkeitsstand checken: Wenn er knapp über »MIN« steht, ist das in Ordnung. Wenn er oben steht, etwas Bremsflüssigkeit mit kleiner Spritze absaugen, sonst läuft beim Zurückdrücken der Bremskolben der Behälter über!

4. Mit einem dicken Schraubenzieher zwischen die Beläge der alten Bremsklötze fahren und so die Bremskolben auf beiden Seiten gleichmäßig und langsam zurückdrücken.

■ Stand der Bremsflüssigkeit im Auge behalten, damit der Behälter nicht überläuft.

5. Wenn die Bremskolben ganz zurückgedrückt sind, die alten Bremsklötze herausnehmen.

Bilder 27 und 28: Einsetzen und Festziehen des Bremsklotz-Haltestifts.

Bild 27

Bild 28

Bilder 29 bis 31: Montage der vorderen Bremsklötze bei Haynes.

Bauteile im Bild 29
Teil 1 = Sicherungsscheiben
Teil 2 = Bremsklotzhaltestifte
Teil 3 = Halter
Teil 4 = ABS-Sensorkabel
Teil 5 = Bremssattel

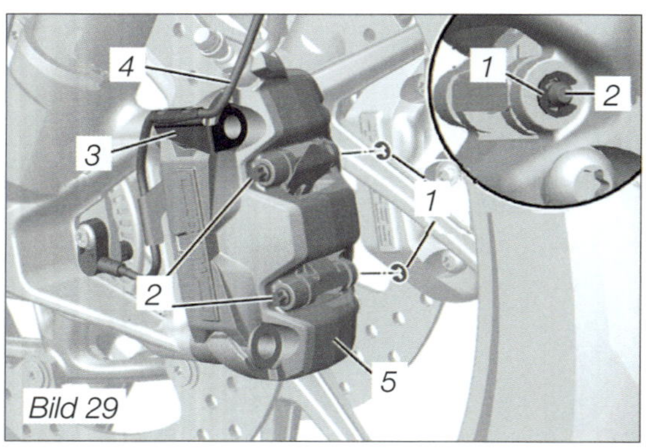

Bild 29

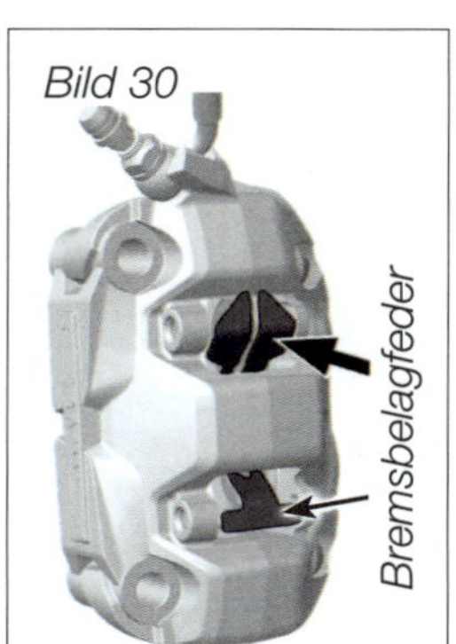

Bild 30

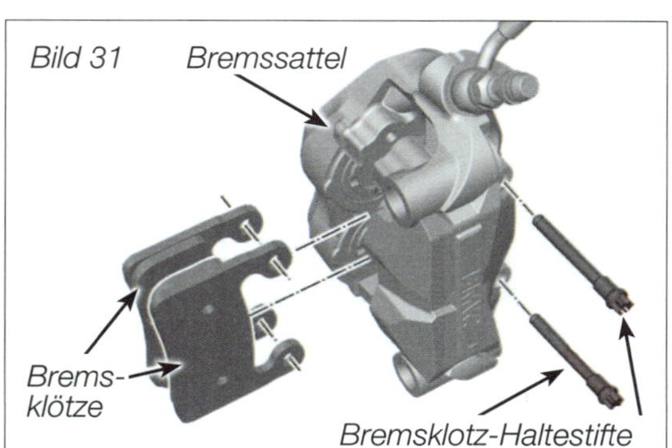

Bild 31

Bremsklötze einbauen

1. Bilder 25 und 26: Bremsklotz-Haltestift mit Messingbürste reinigen, etwas Kupferpaste an das Gewinde geben.

2. Neuen äußeren Bremsklotz in den Schacht im Bremssattel einschieben.

3. Bremsklotz-Haltestift durch Bohrungen im Bremssattel und äußeren Bremsklotz einstecken.

4. Inneren Bremsklotz einschieben, mit den Fingern einer Hand halten.

5. Bilder 19 und 20c: Bremsbelagfeder aufsetzen, der eingravierte Pfeil muss in Drehrichtung der Bremsscheibe zeigen.

6. Bild 27: Feder etwas nach unten drücken, Bremsklotz-Haltestift über die Feder und durch den inneren Bremsklotz durchstecken, ins Gewinde eindrehen, mit 6 Nm festziehen (Bild 28).

7. Bild 20a: Sicherungssplint einschieben.

8. Bremssattel anbauen.

Vordere Bremsklötze wechseln bei Hayes-Bremssätteln

Bremsklötze ausbauen

1. Bremssattel abbauen.

2. Bild 29: Sicherungssscheiben von den Bremsklotz-Haltestiften abziehen.

3. Bremsklotz-Haltestifte mit Torxnuss lösen und ausdrehen.

4. Bild 31: Bremsklotz-Haltestifte herausziehen, Bremsklötze aus Bremssattel ziehen.

5. Bild 30: Bremsbelagfeder herausnehmen.

6. Bremssattel reinigen und Bremskolben zurückdrücken wie beim Brembo-Bremssattel beschrieben.

Bremsklötze einbauen

1. Bilder 25 und 26: Bremsklotz-Haltestifte mit Messingbürste reinigen, etwas Kupferpaste an die Gewinde geben.

2. Bild 30: Bremsbelagfeder einsetzen, die Spitze muss in Drehrichtung der Bremsscheibe zeigen (fetter Pfeil in Bild 30).

3. Bild 31: Neuen äußeren Bremsklotz in den

Schacht im Bremssattel einschieben.
4. Bild 31: Bremsklotz-Haltestifte durch Bohrungen im Bremssattel und äußeren Bremsklotz einstecken.
5. Inneren Bremsklotz einschieben, mit den Fingern einer Hand halten.
6. Bremsklotz-Haltestifte durch die Feder und durch den inneren Bremsklotz durchstecken, ins Gewinde eindrehen, mit 6 Nm festziehen.
7. Bild 29: Sicherungsscheiben aufschieben.
8. Bremssattel anbauen.

Hintere Bremsklötze wechseln

Hinweis: Hinten können die Bremsklötze bei angebautem Rad und angebautem Bremssattel aus- und eingebaut werden. Wie auch beim Wechsel der vorderen Bremsklötze empfehlen wir beim Wechsel der hinteren den Bremssattel abzubauen und gut zu reinigen. Dazu muss der Spritzschutz abgeschraubt werden (siehe Kapitel 5 »Räder« im Kapitelabsatz »Hinterrad einbauen«).

Bremsklötze ausbauen

1. Bilder 32, 34 und 37: Sicherungssplinte aus dem Bremsklotz-Haltestift ausziehen.
2. Bild 33: Bremsklotz-Haltestift zur Radseite hin durchschlagen: Dünnen Durchschlag nehmen, sauber ansetzen, mit kleinem Hammer leichte Schläge darauf geben und den Stift austreiben.
3. Bild 35: Bremsklötze an der Bremsscheibe entlang nach hinten herausziehen.
4. Bremssattel abschrauben: Beide Torxschrauben ausdrehen (Bild 8), Bremssattel von der Bremsscheibe abziehen.
5. Bremssattel mit Bremsenreiniger reinigen (siehe dazu Text weiter vorne bei »Vordere Bremsklötze wechseln bei Brembo-Bremssätteln«).

Neue Bremsklötze einbauen

Zum Zurückdrücken der Bremskolben nach BMW-Vorschrift ist auch am hinteren Bremssattel das BMW-Spezialwerkzeug »Bremskolben-Rücksetzwerkzeug« vorgeschrieben. Es geht bei abgebautem Bremssattel aber auch mit der Hand:

1. Bremsflüssigkeitsbehälter rechts am Rahmen öffnen (siehe Text weiter vorne in diesem Kapitel). Einen Lappen um den Behälter wickeln.

Bilder 32 bis 37: Aus- und Einbau der hinteren Bremsklötze.

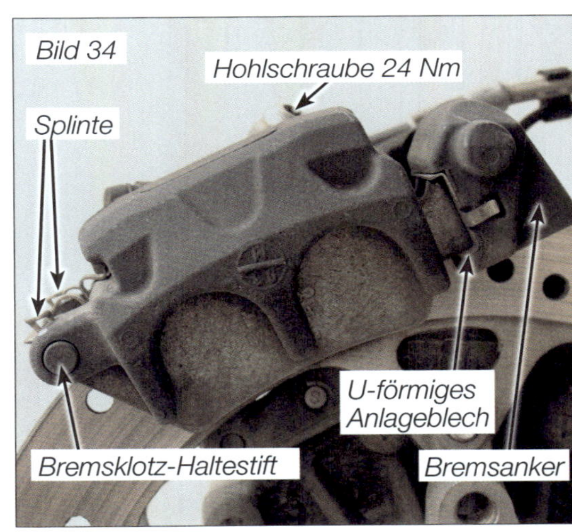

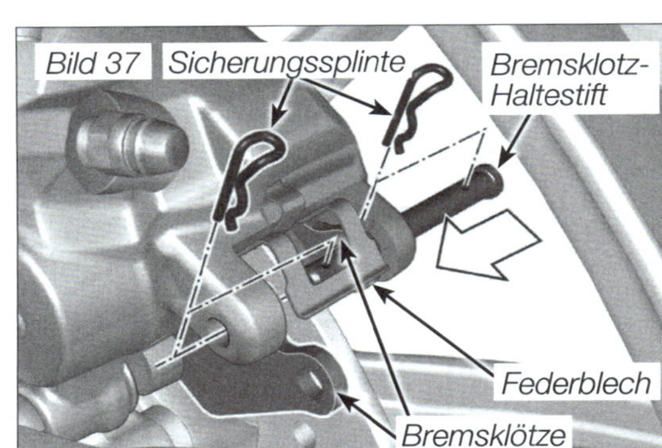

Sichtprüfung Messen

2. Stand der Bremsflüssigkeit checken:
■ Wenn er knapp über MIN steht, ist das in Ordnung.
■ Wenn er bei MAX steht, mit einer kleinen Spritze Bremsflüssigkeit absaugen, bis der Spiegel knapp über MIN steht – sonst läuft beim Zurückdrücken der Bremskolben der Behälter über!
3. Den äußeren alten Bremsklotz in den (gereinigten) Bremssattel einsetzen.
4. Bremssattel in beide Hände nehmen und über den alten Bremsklotz die Bremskolben gleichmäßig vorsichtig und langsam ganz zurückdrücken.
■ Stand der Bremsflüssigkeit im Auge behalten, damit der Behälter nicht überläuft. Steigt die Bremsflüssigkeit bis zur Oberkante, etwas Bremsflüssigkeit absaugen.
5. Neue Bremsklötze: Vorder- und Hinterkante sowie die Fläche der Bremsbelag-Trägerplatte ganz leicht mit Kupferpaste (Bild 26) einschmieren.
■ BMW empfiehlt »Never Seez Compound«.
6. Bremsklötze in den Schacht des Bremssattels einschieben, Vorderseite muss in das U-förmige Anlageblech eingeführt werden (Bilder 34 und 36).
Wichtig: Das oben zwischen den Kanten der Bremsklötze und dem Grund des Schachts eingesetzte Federblech (Bild 37) muss mit dem Pfeil nach vorne eingesetzt sein.
■ Normalerweise fällt das Federblech nicht heraus, aber wenn doch, muss es wieder exakt eingesetzt werden, sonst lassen sich die Bremsklötze nicht montieren!
7. Bremsklötze hinten nach oben gegen Federkraft des innen sitzenden Federblechs drücken.
8. Bremsklotz-Haltestift in Bohrung im Bremssattel und durch die Bohrungen der Bremsklötze einschieben, mit kleinem Hammer nachhelfen – Stift muss satt sitzen!
9. Bild 37: Sicherungssplinte einschieben.
10. Bremssattel auf Bremsscheibe schieben, Schrauben eindrehen und festziehen mit 28 Nm.
11. Bremsanlage auf Funktion überprüfen wie Vorderradbremse, siehe Text oben.

Bilder 38 bis 40: Einfetten der Manschetten mit Silikonfett, dazu Halteplatte vom Bremssattel abziehen.

Bild 38

Bild 39

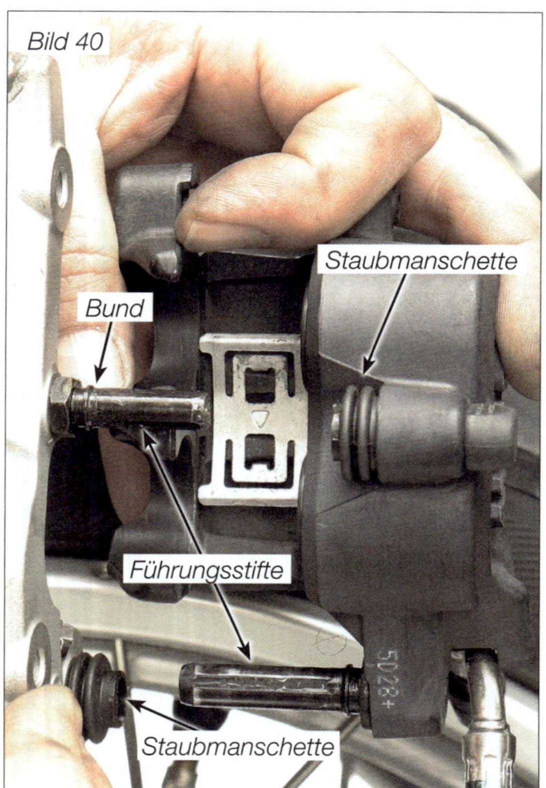

Bild 40

Gleitstifte reinigen, schmieren

Bei einer Schwimmsattelbremse, wie sie hinten verbaut ist, gleitet (»schwimmt«) der Bremssattel auf zwei Gleitstiften (auch »Führungsstifte« genannt, Bilder 39 und 40). Zum Reinigen und Schmieren der Gleitstifte müssen der Bremssattel abgebaut und die Bremsklötze ausgebaut sein. Den Bremsschlauchanschluss NICHT abschrauben!
1. Bild 40: Halteplatte vom Bremssattel abziehen.
2. Führungsstifte, Manschetten, Führungsbohrungen, Federblech und Schacht des Bremssattels mit Bremsenreiniger reinigen, mit nicht fusselnden Lappen durchputzen.
3. Bild 38: Etwas Silikonfett in Führungsbohrungen und Staubmanschetten geben.
3.1. Halteplatte an Bremssattel ansetzen: Führungsstifte gleichzeitig in ihre Bohrungen schieben, dabei NICHT verkanten (!), es muss ohne Druck leicht gehen!
4. Bilder 40 und 39: Rand jeder Staubmanschette über den Bund am Stift ziehen.

Bremsflüssigkeit wechseln

Bremsflüssigkeit muss erstmals nach einem Jahr, dann alle zwei Jahre erneuert werden. Nachstehend erklären wir die mit einfachen Mitteln durchzuführende Handwerkermethode mit Schlauch, durchsichtigem Behälter (Glas) und Ringschlüssel. Besser ist allerdings eine Unterdruck-Saugpumpe (Bild 1).

Anmerkung: Bei diesen ABS-Bremsanlagen wird beim Bremsflüssigkeitswechsel die gesamte Bremsflüssigkeit erneuert, weil es keinen getrennten Regelkreislauf gibt und beim Durchpumpen der neuen Bremsflüssigkeit die alte vollständig ausgedrückt wird.

Bremsflüssigkeit wechseln, Bremshydraulik entlüften

Die Arbeitsschritte zum Entlüften der vorderen und hinteren Bremse sind nahezu gleich. Nachstehend beschreiben wir das Entlüften der Vorderradbremse.

1. Bilder 10 bis 14: Vom Bremsflüssigkeits-Vorratsbehälter Deckel und Membran (vorne) bzw. Deckel, Stützplatte und Membran (hinten) ausbauen.
2. Alte Bremsflüssigkeit aus Behälter absaugen, z. B. mit Einwegspritze. Behälter innen mit sauberem, nicht fusselndem Lappen reinigen.
3. Frische Bremsflüssigkeit einfüllen.
4. Bilder 7 a, 7 b, 8 und 41: Je eine Entlüfterschraube (»Entlüfterventil«) ist an jedem Bremssattel angebracht: Gummikappen abziehen.
5. Bilder 7 a und 7 b: Zuerst wird an der Entlüfterschraube des linken Bremssattels entlüftet:
5.1. Passenden Sechskant-Ringschlüssel auf das Sechskant der Entlüfterschraube aufstecken.
■ Keinen 12-Kant-Ringschlüssel nehmen oder gar einen Gabelschlüssel, damit werden die Ecken des Sechskants der Entlüfterschraube rasch »rund gedreht«.
5.2. Einen passenden, durchsichtigen Schlauch über die Entlüfterschraube stülpen und mit Kabelbinder sichern. Sein anderes Ende in sauberem Gefäß enden lassen.
5.3. Bild 41: Etwas Bremsflüssigkeit in Gefäß geben, Schlauchende darin eintauchen.
5.4. Bild 41: Gefäß so aufhängen, dass das Niveau der Bremsflüssigkeit etwas höher steht als die Entlüfterschraube.
5.5. Vorsichtig frische Bremsflüssigkeit in den Vorratsbehälter geben. Lappen über Behälter legen, damit nachher beim Pumpen nichts herausspritzt.
6. Einsteller im Handbremshebel auf maximalen Abstand einstellen.
6.1. Handbremshebel einige Male langsam (!) anziehen, bis Widerstand spürbar ist. Schön langsam »pumpen« und den Hebel zwischendurch immer einige Sekunden in Ruhestellung lassen, damit Bremsflüssigkeit luftfrei nachläuft.
6.2. Handbremshebel gezogen halten.
6.3. Entlüfterschraube 1/4 bis 1/3 Umdrehung öffnen, Hebel langsam (!) ganz durchziehen, Entlüfterschraube schließen.
6.4. Hebel langsam wieder loslassen. Einige Male pumpen, Hebel in Druckposition halten, Entlüfterschraube aufdrehen und schließen.
6.5. Schritte 6.1. bis 6.4. so lange wiederholen, bis nur noch saubere Bremsflüssigkeit ohne Luftblasen aus dem Schlauch kommt.
6.6. Dazwischen immer nachsehen, ob im Vorratsbehälter genügend Bremsflüssigkeit ist: Der Pegelstand darf nicht unter die Minimum-Marke fallen. Rechtzeitig nachfüllen, damit keine Luft ins System gelangt.
6.7. Tritt am Entlüftungsschlauch nur frische Bremsflüssigkeit ohne Luftbläschen aus, Bremshebel nochmals durchziehen, dabei die Entlüfterschraube mit dem vorgeschriebenen Drehmoment festziehen.
■ Anziehdrehmomente der Entlüfterschrauben: Die im Bremssattel vorne 10 Nm. Die im Bremssattel hinten 14 Nm
7. Dann wird die Bremsleitung zum rechten vorderen Bremssattel entlüftet: Bitte den Arbeitspunkten 5.1 bis 6.7. folgen.
8. Nach dem Entlüften die Umgebungen der Entlüftungsstellen mit reichlich warmem Wasser und einem Schuss Geschirrspülmittel reinigen, trocknen, etwas Silikonfett in die Entlüfterschrauben geben und ihre Gummikappen aufdrücken.
9. Abschließend Bremsflüssigkeitsstand nachprüfen und ggf. bis zur oberen Kante des Schauglases auffüllen (hinten bis zur »MAX«-Markierung).
10. Nach einer gewissen Zeit von etwa 10 Minuten die Hand- und Fußbremshebel gefühlvoll betätigen und damit prüfen, ob der Bremsdruck gleichmäßig und fest vorhanden ist.

Bild 41: Systemanordnung für eine Bremsentlüftung »per Hand« mit transparentem Gefäß, durchsichtigem Schlauch und Ringschlüssel.
■ Es können vorne und hinten verschiedene Entlüfterschrauben mit SW 6, 8 oder 11 angebaut sein – bitte nehmen Sie in jedem Fall einen exakt passenden Schlüssel, siehe Bild 41.

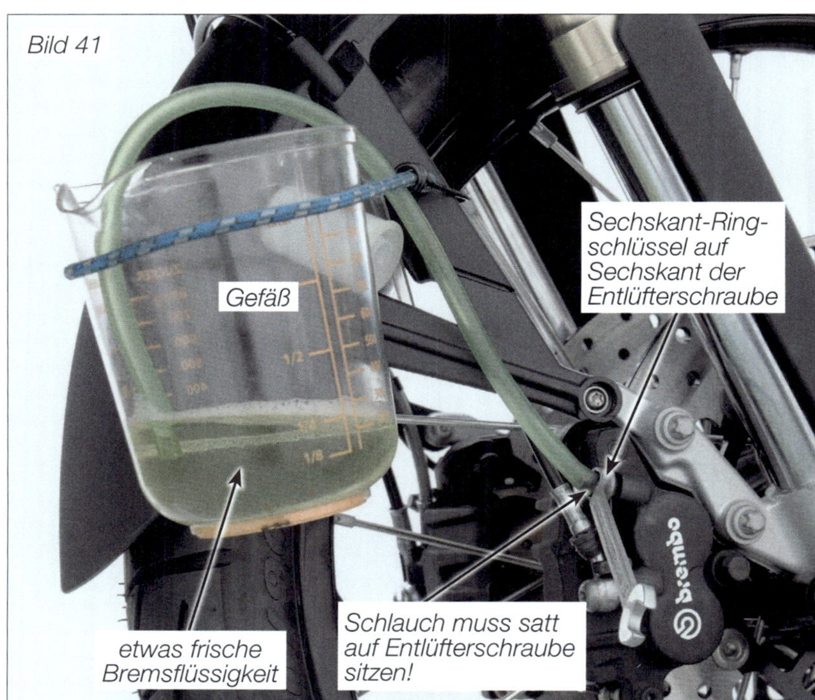

Bild 41

Probleme mit dem ABS?

Wenn das ABS nicht funktioniert, wird dies durch Aufleuchten der ABS-Warnleuchte in der Instrumenteneinheit während der Fahrt angezeigt (Bild 43 a). Wenn die Maschine angehalten wird und still steht, geht die Lampe nicht aus. Um festzustellen, ob vielleicht nur das Aufleuchten der ABS-Warnleuchte (Bild 43 a) fehlerhaft arbeitet oder ein echtes Problem mit dem ABS vorliegt, gehen Sie folgendermaßen vor:

1. Wenn die ABS-Warnleuchte während der Fahrt aufleuchtet: Maschine anhalten, Motor durch Drehen des Zündschlüssels im Zündschloss AUSschalten. Zündschlüssel abziehen.

2. Nach einer Pause von etwas mehr als einer Minute Zündschlüssel einstecken, Zündung EINschalten, Motor starten und losfahren.

■ Vom Moment des »Zündung ein« über das Anlassen des Motors bis zum Losfahren weder Hand- noch Fußbremshebel betätigen – es darf also auch das Bremslicht nicht aufleuchten!

3. Wenn die ABS-Warnleuchte (Bild 43 a) weiter leuchet und nicht ausgeht, funktioniert das ABS nicht. Dann ist ein Besuch in der BMW-Werkstatt nötig zum Auslesen des Fehlerspeichers.

Anmerkung: Bei einem Ausfall des ABS bleibt die Bremswirkung selbst erhalten.

4. Abchecken, ob die ABS-Sensoren (Bilder 43 b und 43 c) exakt in ihren Bohrungen sitzen und festgeschraubt sind.

5. Alle ABS-Sensoren müssen sauber sein.

■ Zur Begutachtung der ABS-Kabelstecker empfehlen wir Ihnen Kapitel 12 »Elektrik · Elektronik«. Darin wird beschrieben, wie

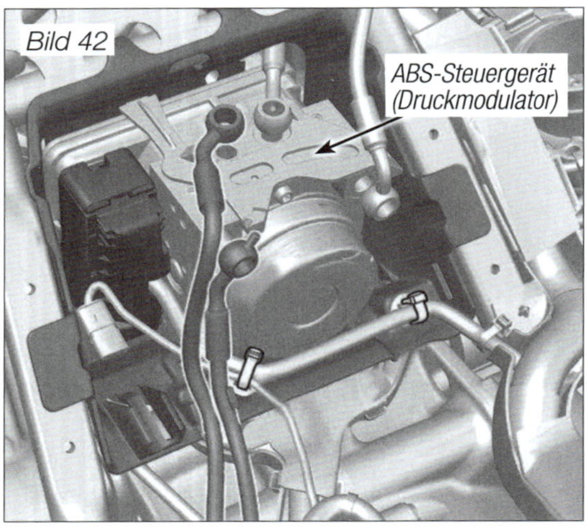

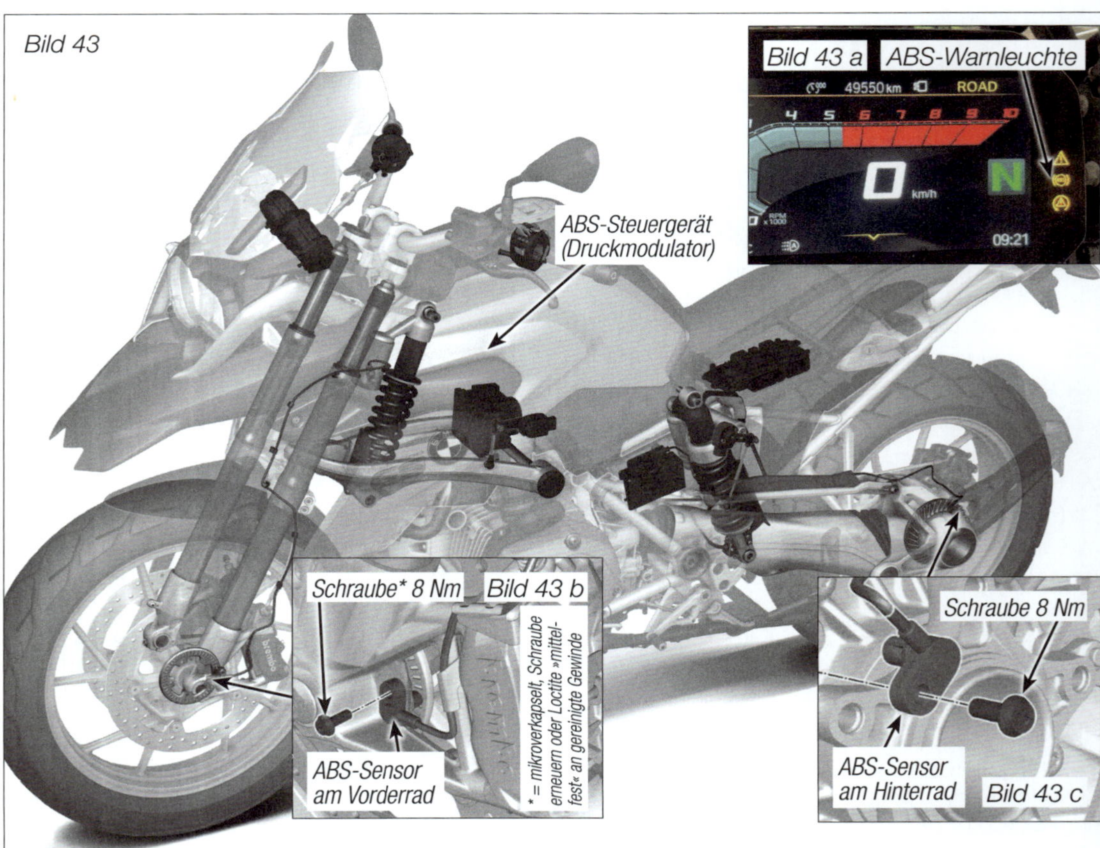

Bilder 42, 43, 43 a, 43 b und 43 c: Übersicht der ABS-Bauteile und Anschlüsse der Bremsleitungen am ABS-Steuergerät.

man Stecker trennt und eventuelle Korrosion an den Verbindern beseitigt.
6. Checken, ob der Stecker sicher und wackelfrei im Steuergerät eingesteckt ist.
7. Ganz wichtig: Die Batterie muss ok sein, ihre Spannung muss mindestens 12,4 Volt (oder mehr) betragen – sie muss also »gut geladen« sein! Mehr dazu in Kapitel 13 »Batterie« und Kapitel 14 »Ladesystem«.

Bilder 12 und 13: Wenn die Bremsflüssigkeit in einem Vorratsbehälter immer wieder absinkt, schauen Sie die Schraubanschlüsse der Bremsleitungen ganz genau an, vielleicht ist einer der Anschlüsse lose und es wird Bremsflüssigkeit herausgedrückt? Mit Bremsenreiniger reinigen, ganz trocken putzen, Bremse betätigen und die Stelle genau ansehen. Wenn dem so ist: Überwurfschraube(n) mit viel (!) Gefühl (!!) nachziehen und die Leckstelle einige Zeit beobachten.

Wenn das Leck weiterhin besteht, bringen Sie Ihr Motorrad umgehend in die BMW-Motorradwerkstatt, weil der Einbau neuer Bremsleitungen, Teilstücke oder Überwurfschrauben Sache der Werkstatt ist.

ABS-Steuergerät, Sensoren, Kabel

In Bild 43 sind die Anbaulage des ABS-Steuergeräts, der beiden Radsensoren und der Verlauf ihrer Kabel gezeigt. Wenn das ABS ausfällt, prüfen Sie zuerst die korrekte Verlegung und den Zustand der elektrischen Kabel und ihrer Stecker. Vielleicht ist durch grobes Herumwerken an den Sensoren, den Kabeln oder Steckern ein Wackelkontakt entstanden; es kann auch ein Kabel in der Isolierung geknickt oder abgedrückt sein (siehe auch Kapitel 12 »Elektrik · Elektronik«). Um Fehler zu finden, ist ein Besuch in der BMW-Motorradwerkstatt und ein Check mit dem BMW Motorrad Diagnosesystem nötig.

Technische Daten

Bremse vorne: Bremsscheiben Ø 305 mm, gelocht, schwimmend gelagert. Zwei Festsättel, radial verschraubt (Bilder 7 a und 7 b). Je Sattel vier Bremskolben mit Ø 32 mm. Handbremspumpe mit Kolben Ø 15 mm.

Bremse hinten: Bremsscheibe Ø 276 mm, gelocht, Schwimmsattel, zwei Kolben Ø 28 mm. Fußbremspumpe mit Kolben Ø 12,7 mm.

Anziehdrehmomente

Vorderradbremse

Bremssattel an Gabeltauchrohr, Schrauben M10 x 65 .... 38 Nm
Entlüfterschraube M8 im Bremssattel....... 10 Nm
Bremsscheibe an Vorderrad, Flachkopfschrauben M8 x 27 für Nietpaket .... 19 Nm
■ *mikroverkapselt, Schrauben erneuern oder Loctite »mittelfest« an gereinigte Gewinde*
■ *Schrauben über Kreuz stufenweise festziehen*
Bremsklotz-Haltestift .... 6 Nm
Hohlschraube M10 x 1 Bremsschlauchanschluss .... 24 Nm
Bremsleitung an Gabelbrücke, Schraube M6 x 16.......... 8 Nm
■ *mikroverkapselt, Schraube erneuern oder Loctite »mittelfest« an gereinigtes Gewinde*
ABS-Sensor an Gabel, Schraube M6 x 16. 8 Nm
■ *mikroverkapselt, Schraube erneuern oder Loctite »mittelfest« an gereinigtes Gewinde*
ABS-Sensorring, Schrauben M5 x 10 .... 5 Nm

Hinterradbremse

Bremssattel an Hinterachsgehäuse (Kardan), Schrauben M8 x 30.......... 28 Nm
Entlüfterschraube M10 x 1 im Bremssattel 14 Nm
Bremsscheibe an Radträger, Schrauben M8 x 15,5.......... 30 Nm
■ *Schrauben über Kreuz stufenweise festziehen*
■ *Voranzug mit 12 Nm, Endanzug mit 30 Nm*
■ *mikroverkapselt, Schrauben erneuern oder Loctite »mittelfest« an gereinigte Gewinde*
Hohlschraube M10 x 1 Bremsschlauchanschluss .... 24 Nm
Verteilerstück M6 x 16 an Hauptrahmen .... 8 Nm
Bremsschlauchabdeckung an Strebe, Schraube M5 x 12.......... 5 Nm
Fußbremshebel an Hauptrahmen, Schraube M8 x 25.......... 19 Nm
ABS-Sensor an Hinterachsgetriebe, Schraube M6 x 16.......... 8 Nm

Hauptbremszylinder

Fußbremszylinder an Hauptrahmen, Schraube M6 x 20.......... 8 Nm
Kontermutter M8 auf Druckstange Fußbremszylinder .... 17 Nm
Bremsflüssigkeitsbehälter an Rahmen, Schraube M6 x 16.......... 6 Nm
ABS-Steuergerät (Druckmodulator) an Halter, Schrauben M6 x 14,5.......... 8 Nm

Redaktioneller Hinweis: Der Ab- und Anbau der Bremsscheiben ist im Kapitel 5 »Räder« im Kapitelabsatz »Radlager erneuern« beschrieben.

Neue Schrauben: *Wenn ein Federbein vorne oder hinten aus- und wieder eingebaut oder ein neues Federbein eingebaut wird, unbedingt neue Originalschrauben verwenden.*

Federung · Dämpfung

In diesem Kapitel: Federungssystem · Federung prüfen, einstellen · ESA · Federbeine aus- und einbauen · Nachrüstfederbeine · Adressen.

Federungssystem

Das vordere und hintere Federungssystem ist großen Belastungen ausgesetzt. Harte Stöße von der Fahrbahn wirken in die Federung ein und von dort über die Gelenkstellen und Schraubverbindungen in den Rahmen und die Lager. Besonders plötzliche Richtungswechsel belasten den Vorderbau mit Vorderradachse, Radlager, Gabelbeinen, Längslenker und Gabelbrücken. Und beim Bremsen wirken hohe Biegemomente auf den Vorderbau ein.

Stabile, gut funktionierende Fahrwerkskomponenten, wie sie in die R 1250 GS eingebaut sind, bedeuten nicht nur gute Spurhaltung, Federungskomfort und Fahrgenuss, sondern gewährleisten auch die Fahrsicherheit, weswegen Telelever und Hinterradaufhängung jederzeit in technisch einwandfreiem Zustand sein müssen.

Lebenslange Ölfüllungen: Die Ölfüllung in den Gabelbeinen dient lediglich der Schmierung der zueinander gleitenden Stand- und Tauchrohre. Federung und Dämpfung werden vom Federbein übernommen. Die in Gabelbeine, vorderes und hinteres Federbein eingefüllten Öle sind Dauerfüllungen, sie brauchen nicht gewechselt zu werden. Laut BMW ist der Telelever »wartungsfrei bis 100 000 km«. Wenn dann Feder- oder Dämpfkraft nachlassen, kann ein neues Originalfederbein oder ein Fremdfabrikat eingebaut werden, was auch für das hintere Federbein gilt.

Einstellmöglichkeiten: Entsprechend der Zuladung und/oder der Fahrbahnbeschaffenheit können am hinteren Federbein die **Federvorspannung** und die **Dämpferzugstufe** (»Ausfedergeschwindigkeit«) eingestellt werden.

Merke 1: Beim Einstellen der Federvorspannung wird die Feder weder »härter« noch »weicher«, sondern es wird nur die Höhe der Maschine entsprechend höher oder niedriger eingestellt.
Merke 2: Wenn die Federung als »zu weich« oder »zu hart« erscheint, muss man sich sicher sein, dass der Reifenluftdruck stimmt. Deswegen vor dem Einstellen der Federung den Reifenluftdruck prüfen, ggf. korrigieren (Kapitel 4 »Reifen«).

Bild 1: Bauteile von Vorderrad- und Hinterradfederung.

Federung prüfen

Vorderradfederung prüfen

1. Sichtprüfung: Dichtringe oben in den Tauchrohren und im Federbein dürfen keine Undichtheiten haben, es darf kein Öl auslaufen. Standrohre und Dämpferstange müssen überall glatt sein, sie dürfen keine Riefen haben.
2. Dynamische Prüfung: Maschine steht frei auf den Rädern (also weder auf Seiten- noch Mittelständer), Mechaniker steht über dem Fahrersitz mit beiden Füßen platt auf der Erde, drückt seinen Unterleib gegen den Tank, umfasst die Lenkerenden und betätigt die Vorderradbremse. Mit stoßenden Bewegungen wird der Vorderbau nach unten gedrückt.
3. Dabei zeigt sich, ob der Telelever leicht und frei einfedert und die Dämpfung einwandfrei funktioniert: Der Vorderbau muss langsamer zurückfedern, als er einfedert. Man kann damit auch feststellen, ob die Tauchrohre zueinander verspannt und in ihrer Beweglichkeit behindert sind.
4. Einfedern muss schneller gehen als Ausfedern (ca. 1:3). Der Vorderbau darf nicht nachschwingen, er muss über den Einfederweg »saugend« ausfedern. Ganz zum Schluss muss der Telelever wieder auf den Tragenullpunkt zurückfedern.

Hinterradfederung prüfen

Federung und Dämpfung durch mehrmaliges Einfedern prüfen. Auch dazu muss das Motorrad senkrecht frei stehen. Der Fahrer steht dabei mit gespreizten Beinen über der Maschine und lässt sein Körpergewicht mehrmals in den Sitz fallen. Wer fit ist im Umgang mit seinem Motorrad, stellt sich dahinter und drückt mit beiden Händen wippend auf den Gepäckträger: Dabei zeigt sich auch, ob sich die Schwinge frei bewegen kann oder in ihrer Beweglichkeit behindert ist, etwa durch ein falsch angezogenes Schwingenlager, eine beschädigte oder falsch montierte Momentstrebe, defekte Lagerstellen der Federbeinanlenkung oder gar ein defektes Federbein.

1. Das Federbein darf keine Ölundichtigkeit aufweisen und die Schwinge an beiden Lagerstellen kein Spiel haben.
2. Fahrzeugheck eindrücken und ausfedern lassen: Einfedern geht bei korrekter Dämpferwirkung schneller als Ausfedern, das Heck darf nicht nachschwingen.
3. Alle Befestigungen auf festen Sitz prüfen. Sie dürfen weder lose noch verzogen sein.

Federung einstellen

Federvorspannung und **Dämpfung** (Zugstufe) der Hinterradfederung können der Belastung (Zuladung) und dem Fahrstil angepasst werden. Bild 2: Die **Federvorspannung** kann stufenlos eingestellt werden. Das Einstell-Handrad sitzt rechts oben am Federbein: Durch Drehen am Handrad nach rechts wird die Feder mehr vorgespannt, durch Drehen nach links entspannt. Dabei verändert sich die Lage des Hecks, es wird höher bzw. niedriger gestellt.
■ **Solobetrieb ohne Beladung:** Handrad bis zum Anschlag »LOW« links herum drehen.
■ **Solobetrieb mit Beladung:** Handrad bis zum Anschlag »LOW« links herum drehen, dann 15 Umdrehungen nach rechts drehen.
■ **Zwei Personen plus Beladung:** Handrad bis zum Anschlag »LOW« links herum drehen, dann 30 Umdrehungen nach rechts drehen.

Praxistipp: Es empfiehlt sich, eine entsprechende Standardeinstellung für die hintere Feder zu finden, die dem Gewicht des Solofahrers angepasst ist. Wenn für kürzere Strecken leichtes Gepäck oder ein Sozius zugeladen wird, kann man mit dieser Einstellung sicher fahren und braucht die Federbasis nicht zu verstellen.

Dämpfung

Der Einsteller für die **Zugstufendämpfung** sitzt unten vorne am Federbein (Bild 3). Für die Einstellung der Dämpferzugstufe gilt:
■ Eindrehen des Einstellers im Uhrzeigersinn (rechts herum): Die Zugstufen-Dämpfkraft wird stärker, das Heck federt langsamer aus. Wird gebraucht bei leichtem Fahrer, solo unterwegs.
■ Ausdrehen des Einstellers entgegen dem Uhrzeigersinn: Die Zugstufen-Dämpfkraft wird schwächer, das Heck federt schneller aus. Wird gebraucht bei schwerem Fahrer oder zwei Personen mit Gepäck.

Die passende Dämpfereinstellung finden

Um seine eigene Einstellung zu finden, geht man in kleinen Schritten von je einem Klick vor.
■ Beim Einstellen immer bei der härtesten Position beginnen (= »ganz eingedreht«), dann Schritt für Schritt in den gleichen kleinen Abstufungen vorgehen. Veränderungen notieren!

Für die Einstellung der Dämpferzugstufe in Abhängigkeit von der Federvorspannung gilt:
■ Im **Solobetrieb ohne Beladung** und Feder auf entsprechender Einstellung: Einsteller rechts

Telelever und Federbeine
Zerlegung sowie Zusammenbau des BMW-Telelever-Systems und der Lenkung erfordern BMW-Spezialwerkzeuge. Diese Arbeiten werden nur nötig nach einem Unfall, um Schäden festzustellen, die Maßhaltigkeit bestimmter Bauteile zu überprüfen oder Neuteile einzubauen. Tiefgreifende Arbeiten am Telelever sollten der BMW-Fachwerkstatt vorbehalten bleiben.

Aus- und Einbau der Federbeine dagegen kann man selbst erledigen, wenn man gutes Werkzeug hat und schrauberisches Geschick.

Bild 2

Bild 2: Handrad zur Einstellung der Federvorspannung.

Bild 3

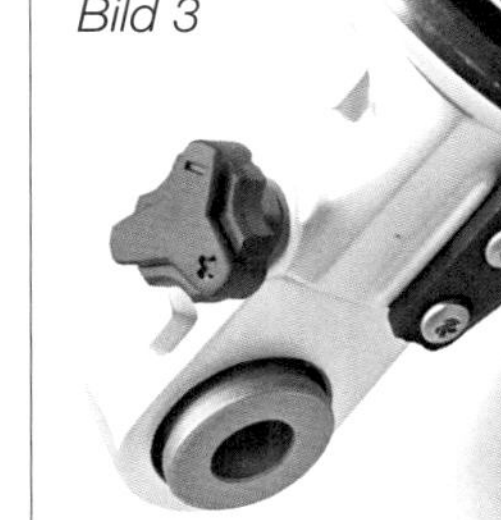

Bild 3: Einsteller unten am Federbein zur Einstellung der Dämpferzugstufe.

Sichtprüfung Messen

herum bis zum Anschlag drehen, dann 8 Klicks nach links drehen.

■ Im **Solobetrieb mit Beladung**, im **Zweipersonenbetrieb** oder **zwei Personen plus Gepäck** und Feder auf entsprechender Einstellung: Einsteller rechts herum bis zum Anschlag drehen, dann 2 Klicks nach links drehen.

■ Bei der Adventure 4 Klicks nach links drehen.

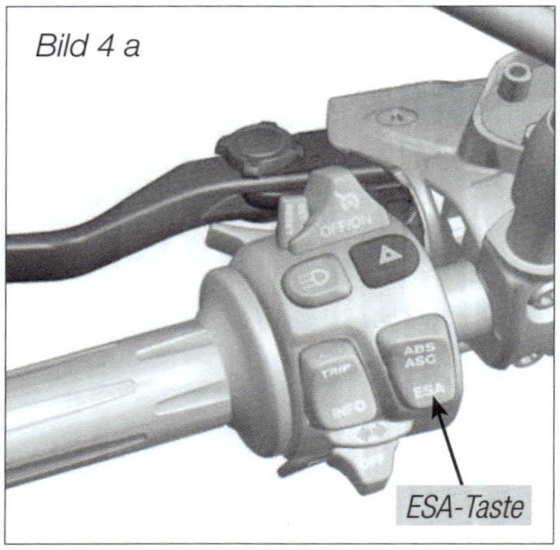

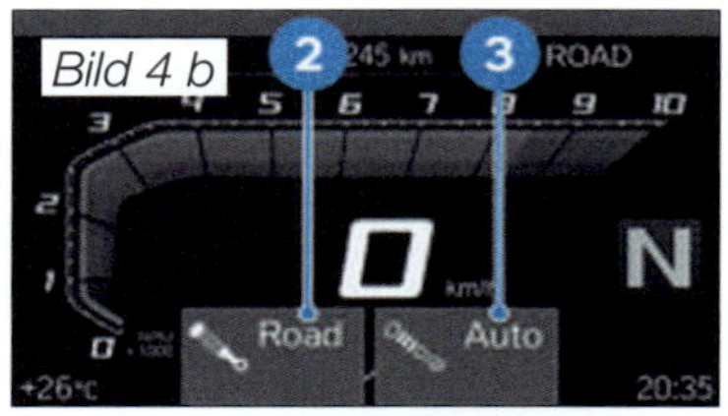

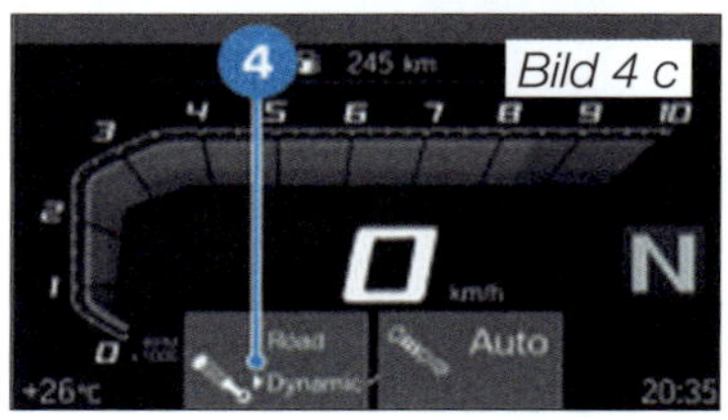

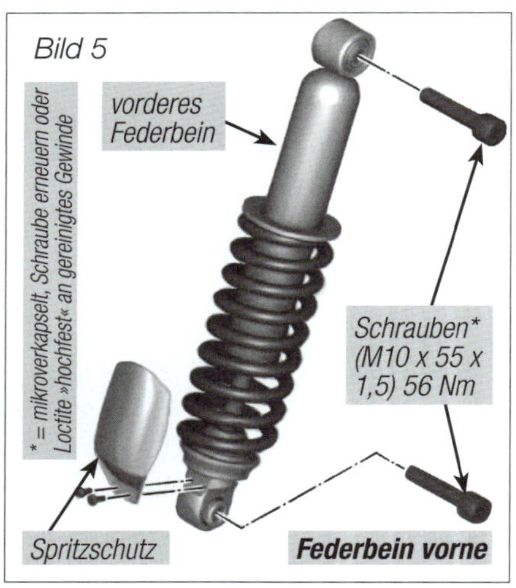

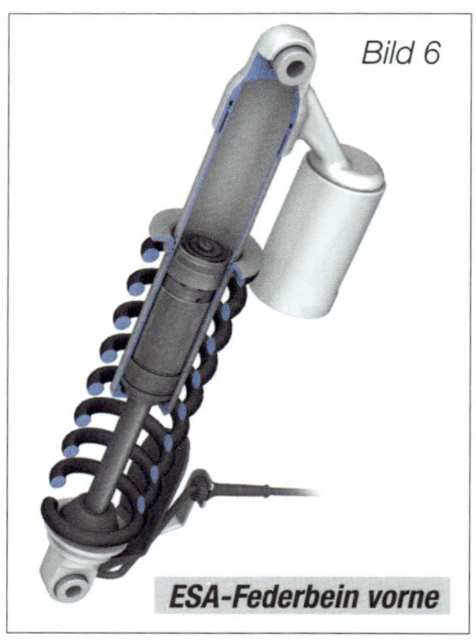

Dynamic ESA

Elektronische Fahrwerkseinstellung ESA
Viele BMW R 1250 GS und Adventure sind mit dem als Sonderzubehör ab Werk lieferbaren, elektronisch geregelten Federsystem »Dynamic ESA« ausgestattet. Damit lässt sich die Maschine komfortabel an die Beladung anpassen.

ESA einstellen
Dynamic ESA erkennt über die beiden Höhenstand-Sensoren (Bild 10 a) vorne und hinten die Bewegungen im Fahrwerk und reagiert darauf durch Anpassung der Dämpfung durch Verstellen der Dämpferventile, wodurch das Fahrverhalten an die Beschaffenheit des Untergrunds angepasst wird.

■ Grundeinstellung und Einstellmöglichkeiten der Dämpfung sind abhängig vom gewählten Fahrmodus. Es kann zwischen den Fahrmodi »Eco« (= reichweitenoptimiertes Fahren), »Rain« (= fahren bei nasser Fahrbahn) und »Road« (= fahren bei trockener Fahrbahn) gewählt werden.

■ Bei Sonderausstattung »Fahrmodi Pro« stehen zusätzlich die Fahrmodi »Enduro«, »Dynamic«,

Bild 4 a: Taste zur Einstellung der ESA-Funktionen
Bilder 4 b und 4 c: Die Einstellungen werden im Bildschirm der Instrumenteneinheit dargestellt.

Bilder 7, 8, 9: Einbaulagen und Ansichten der normalen und der ESA-Federbeine.

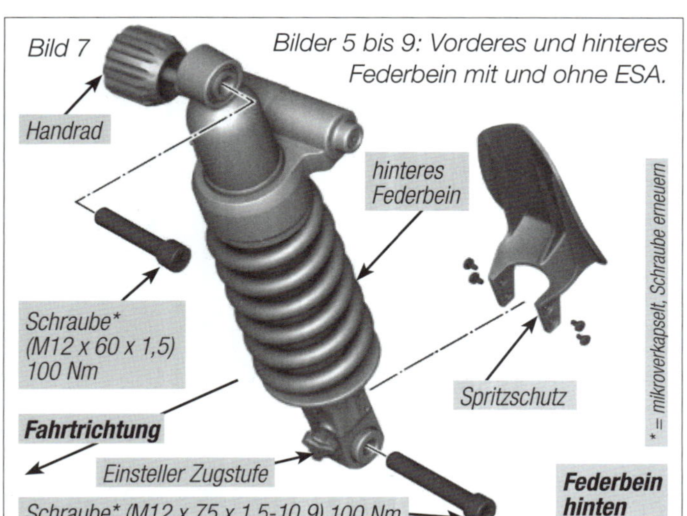

Bilder 5 bis 9: Vorderes und hinteres Federbein mit und ohne ESA.

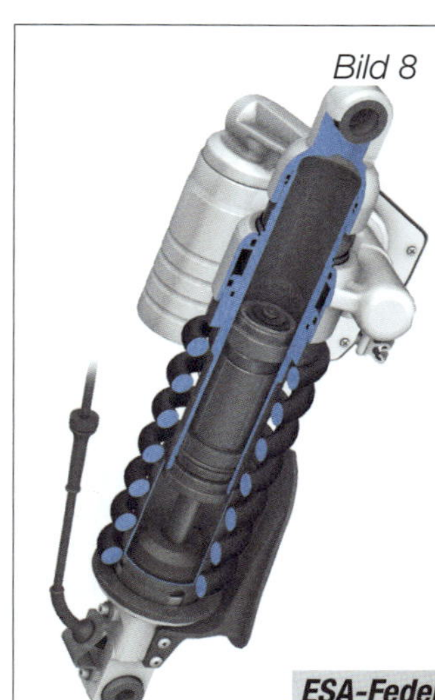

»Enduro Pro« und »Dynamic Pro« zur Verfügung. In den Modi »Rain«, »Road« und »Dynamic« kann aus den Dämpfungsvarianten »Normal«, »Hard« und »Soft« gewählt werden.

- Grundeinstellung bei »Rain« ist »Soft«
- Grundeinstellung bei »Road« ist »Normal«
- Grundeinstellung bei »Dynamic« ist »Hard«

In den Modi »Enduro« und »Enduro Pro« kann aus den Dämpfungsvarianten »Hard« und »Soft« gewählt werden.

- Grundeinstellung bei »Enduro« ist »Soft«
- Grundeinstellung bei »Enduro Pro« ist »Hard«

Die Dämpfereinstellung kann während der Fahrt verändert werden, die Federvorspannung nur im Stand, der Motor muss dabei laufen. Zu den gewählten Dämpfungsvarianten gibt es drei Möglichkeiten der Federvorspannung:

- Auto = Automatische Einstellung der Federvorspannung.
- Min = Minimale Federvorspannung.
- Max = Maximale Federvorspannung.

Bild 4 a: Zum Einstellen die ESA-Taste betätigen:

- Taste einmal betätigen, um die aktuelle Einstellung anzeigen zu lassen.
- Taste mit langen Tastendrücken so oft betätigen, bis die gewünschte Federvorspannung angezeigt wird.
- Taste mit kurzen Tastendrücken so oft betätigen, bis die gewünschte Dämpfereinstellung angezeigt wird.

ESA-Dämpfung prüfen

1. Auf das Motorrad sitzen, Ständer einklappen, Zündung EINschalten: Fahrmodus auf »Road«, Federung auf »Solofahrer/-betrieb«, Dämpfung auf »Soft« stellen, Zündung AUS.

2. Gewicht nach vorne verlagern und wippen.

3. Zündung EINschalten: Dämpfung auf »Hard« stellen. Dämpferwirkung muss sich spürbar verstärken. **Fazit:** Wenn sich die Dämpferwirkung nicht verstärkt, muss das Federbein mit dem BMW-Motorrad-Diagnosesystem geprüft werden.

Dämpfung hinten: Dämpfung des hinteren Federbeins wird nach gleicher Methode geprüft.

ESA-Federbasisverstellung prüfen

1. Auf das Motorrad sitzen, Füsse auf den Boden, Ständer einklappen, Motor starten.

1.1. Federung auf »Solofahrer« stellen.

2. Wenn der Einstellvorgang abgeschlossen ist, Federung auf »Zweipersonenbetrieb« stellen.

- Motorrad muss sich deutlich anheben.

Fazit: Wenn sich das Motorrad vorne und/oder hinten nicht anhebt, muss das Federbein mit dem BMW-Motorrad-Diagnosesystem geprüft werden.

Federbeine aus- und einbauen

Wichtige Schrauberpunkte

Für vorderes und hinteres Federbein gilt:

- Nur originale Schrauben von BMW verwenden.
- NIEmals Schrauben undefinierbarer Herkunft aus einer Werkstatt-Schraubenkiste einbauen!

Vorderes Federbein ausbauen

Zum Ausbau des Federbeins Motorrad auf Mittelständer aufbocken und den Motor mit einem Wagenheber so unterbauen, dass das Vorderrad gerade eben frei ist (siehe Kapitel 5 »Räder«).

1. Abbauen: Tank (Kapitel 3 »Verkleidung · Rahmen · Tank«), Luftfilterkasten mit Ansaugschnorchel (Kapitel 18 »Luftfilter«), Kühlflüssigkeits-Ausgleichsbehälter (Kapitel 22 »Kühlsystem«).

2. Bild 11: Torxschraube der oberen Federbeinbefestigung ausschrauben.

3. Bild 11: Torxschraube der Federbeinbefestigung unten am Längslenker lösen und einige Umdrehungen aufschrauben, aber **NOCH NICHT ganz ausschrauben**.

4. Federbein mit einer Hand halten, Torxschraube ausdrehen, Federbein herausnehmen.

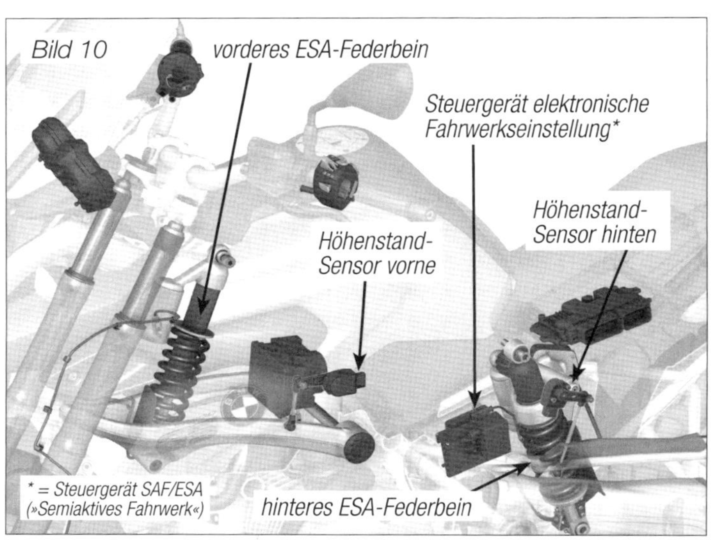

Bild 10: Einbaulage der Federbeine, des Steuergeräts der elektronischen Fahrwerkseinstellung ESA und der beiden Höhenstand-Sensoren für vorne und hinten.

Nachrüstfederbeine

Auf Federung und Dämpfung für die BMW R 1250 GS haben sich einige Firmen spezialisiert. Wenn Sie entweder mit den Serienfederbeinen nicht zufrieden oder diese verschlissen sind, ist der Kauf eines Nachrüstfederbeines oft billiger als die Reparatur des Serienteils.

Federbeinspezialisten

- **FRS** (Reparatur der Original-Federbeine)
Franz Racing Suspension
Venloer Straße 74
D-41844 Wegberg
www. franzracing.de
- **TFX Suspension** (Federelemente)
TFX Suspension Technology
Uilenweg 28
NL-6006 SK Weert
www.tfxsuspension.com
www.zupin.de
www.jay-parts.com
- **Öhlins Racing** (Federelemente, Lenkungsdämpfer)
Öhlins Europe
Gottlieb-Daimler-Straße 25
D-53520 Meuspath
www.ohlins.eu
www.oehlins.ch
- **Wilbers Products** (Federelemente, Lenkungsdämpfer)
Wilbers Products GmbH
Frieslandstraße 10
D-48572 Nordhorn
www.wilbers.de
www.wilbers.at
www.wilbers-swiss.ch
- **WP Performance Systems** (Federelemente, Lenkungsdämpfer)
WP Suspension GmbH
Stallhofnerstrasse 3
A-5230 Mattighofen
www.wp-suspension.com
www.zweirad-dietrich.de

Sichtprüfung Messen

Bild 11: Einbaulage und Befestigung des vorderen Federbeines.

Bilder 12, 13, 14: Zu beachten beim Aus- und Einbau des vorderen ESA-Federbeines, Arbeitsschritte siehe Lauftext. Kabelverlegung beachten!

Bilder 15 und 16: Aus- und Einbau des hinteren Federbeines.

Vorderes Federbein einbauen

Anmerkung: Es wird dringend empfohlen, neue originale BMW-Schrauben einzubauen, denn diese sind im Betrieb sehr hoch belastet. Sollte dies jedoch nicht möglich sein, muss man die ausgebauten Schrauben peinlich genau prüfen, ob sie noch einwandfrei in Ordnung sind an Gewinde, Schaft und Kopf. Wenn sie wirklich OK sind, das Gewinde reinigen und etwas Loctite »hochfest« dran geben.

Tipp: Beim Einbau der Schrauben darauf achten, dass kein Loctite an die Federbeinbuchsen gelangt. Deswegen ist es besser, den nötigen Tropfen Loctite »hochfest« kurz vor dem Einbau des Federbeins (bzw. vor dem Eindrehen der Schrauben) in das Innengewinde im Rahmen und Längslenker zu geben und dann die gereinigte Schraube »trocken« einzudrehen.

1. Federbein in obere Einbauposition bringen, obere Federbeinschraube locker eindrehen.
2. Motorrad ganz langsam so weit ablassen, bis sich die untere Federbeinschraube einbauen lässt – und diese locker eindrehen.
3. Zuerst obere, dann untere Federbeinschraube mit 56 Nm festziehen.
4. Abgebaute Teile anbauen.

Hinteres Federbein ausbauen

1. Motorrad auf Mittelständer stellen und sichern.
2. Ab- und ausbauen:
■ Sozius- und Fahrersitz (Kapitel 3 »Verkleidung · Rahmen · Tank«).
■ Motorsteuergerät ausbauen (Kapitel 12 »Elektrik · Elektronik«): Schraube des Sicherungskastens ausschrauben, Sicherungskasten zur Seite hängen. Verriegelungen vom Motorsteuergerät vorsichtig wegbiegen, Motorsteuergerät herausnehmen und vorsichtig zur Seite hängen.
■ Höhenstands-Sensor hinten ausbauen.
■ Bild 1: Fersenschutz an den Fahrerfußrasten links und rechts abbauen.
■ Auspufftopf im vorderen Bereich abkleben, damit er nicht verkratzt. Befestigungsschraube ausschrauben oder Auspufftopf abbauen.
■ Bild 15: Heckrahmen anheben: Heckrahmen mit Spanngurt sichern. Schrauben mit Heißluftföhn auf 80° C erwärmen. Obere Schrauben lösen, aber nicht ausschrauben. Untere Schrauben ausschrauben, mit Scheiben abnehmen. Heckrahmen anheben und mit Spanngurt sichern.
3. Holzklotz unter das Hinterrad stellen.
4. Untere Federbein-Befestigungsschraube lösen und ausdrehen.
5. Obere Federbein-Befestigungsschraube lösen und ausdrehen. Federbein dabei gut festhalten,

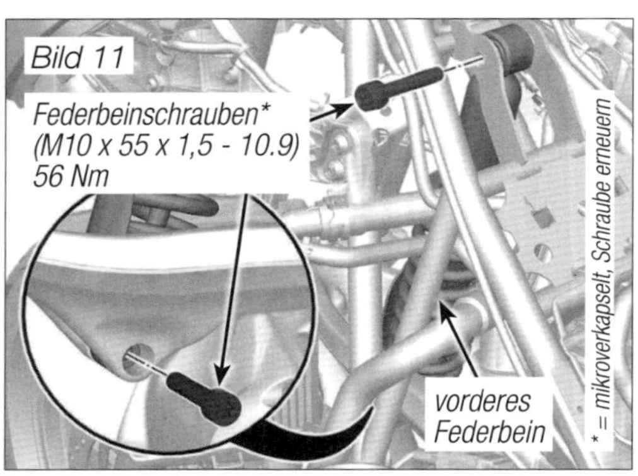

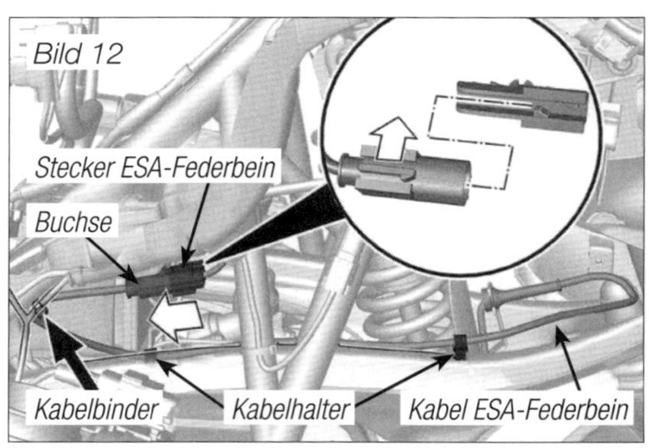

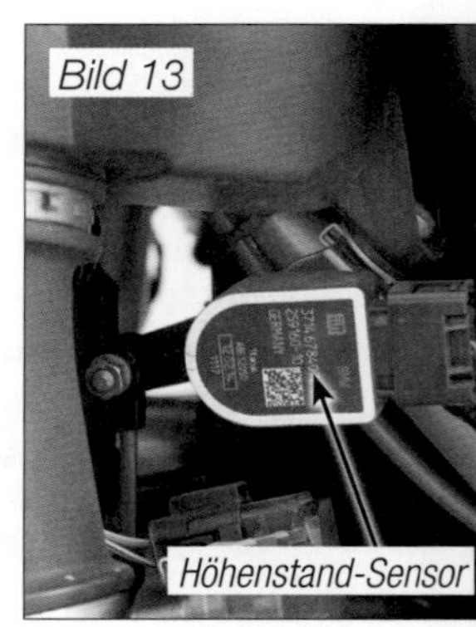

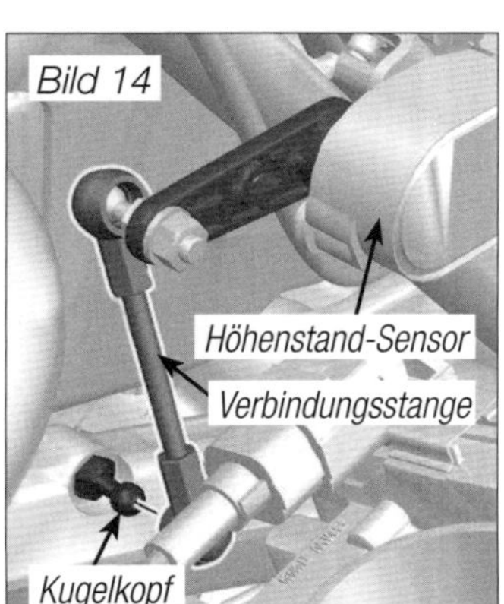

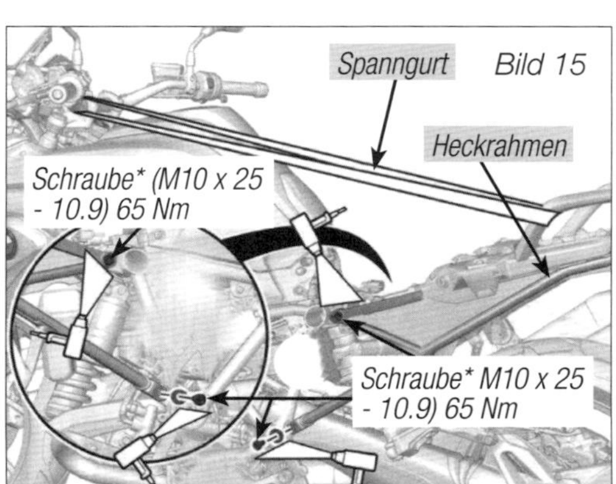

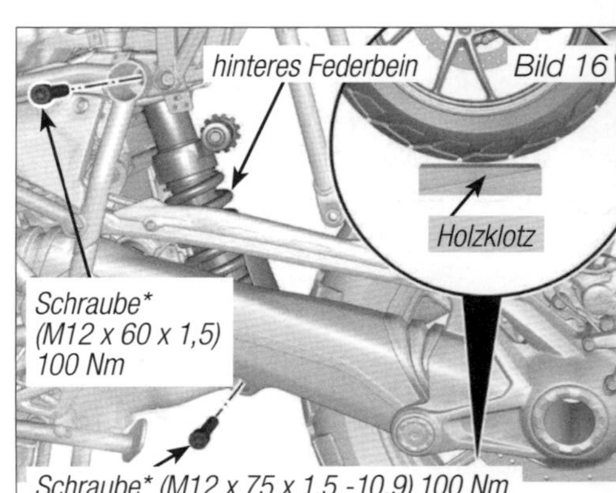

* = mikroverkapselt, Schrauben erneuern

damit es nicht herunterfällt.
6. Den Holzklotz unterm Hinterrad wegnehmen, Hinterrad und Schwinge absenken.
7. Federbein nach hinten-oben herausnehmen.

Hinteres Federbein einbauen

Noch einmal: Neue Federbein-Befestigungsschrauben verwenden!
1. Innengewinde an Rahmen und die Schwinge für die Aufnahme der Federbein-Befestigungsschrauben gut reinigen und auf einwandfreie Gewinde prüfen.
2. Federbein von hinten einfädeln und in Einbauposition halten.
3. Holzklotz unter das Hinterrad stellen.
■ Zuerst obere, dann untere Schraube eindrehen, mit 100 Nm festziehen.
4. Holzklotz unter dem Hinterrad wegnehmen, Hinterrad und Schwinge absenken.
5. Heckrahmen so weit absenken, dass sich die unteren Schraublöcher im Heckrahmen mit den Gewinden im Hauptrahmen decken.
■ Neue Schrauben verwenden!
■ Untere Schrauben eindrehen, aber noch nicht festziehen.
■ Obere Schrauben ausdrehen, Gewinde reinigen, einen Tropfen Loctite »hochfest« aufbringen.
■ Schrauben wieder eindrehen, aber noch nicht festziehen.
■ Erst untere Schrauben, dann obere mit 65 Nm festziehen.
6. Übrige abgebauten Teile anbauen.

Vorderes ESA-Federbein aus- und einbauen

Vorarbeiten wie bei der Montage des »normalen« Federbeins.
1. Bild 12: Kabelbinder entfernen, Stecker trennen: Dazu Buchse entriegeln und nach hinten ausclipsen, Kabel aus den Haltern nehmen.
2. Bild 14: Verbindungsstange des Höhenstand-Sensors vom unteren Kugelkopf ausclipsen.
■ Der übrige Aus- und Einbau ist gleich wie beim »normalen« Federbein.
■ Nach dem Einbau muss der Höhenstand-Sensor (Bild 13) mit dem BMW-Diagnosesystem neu kalibriert werden.

Hinteres ESA-Federbein aus- und einbauen

Vorarbeiten wie beim »normalen« Federbein. Zusätzlich zu tun:
1. Vordere Grundplatte der Sitzverstellung ausbauen.
2. Höhenstand-Sensor ausbauen:
■ Bild 18: Spritzschutz (»Abdeckung«) abbauen, dazu den Rastbolzen aus der Gummibuchse ziehen und auf Nuten achten.
■ Verbindungsstange des Höhenstand-Sensors vom unteren Kugelkopf abziehen.
■ Bild 19: Stecker am Höhenstand-Sensor trennen, Schrauben ausschrauben, Höhenstand-Sensor mit Halter abnehmen,
3. Bilder 20 a und 20 b: Stecker für ESA-Federbein trennen.
4. Kabel von den Steckern zum Federbein aus ihren Halterungen nehmen und aus dem Rahmen fädeln. Die Verlegung genau merken, mit Schnur markieren oder fotografieren.

Der übrige Aus- und Einbau ist gleich wie beim »normalen« Federbein. Zusätzlich beim Einbau:
■ Bilder 17 und 19: Höhenstand-Sensor anbauen, Schrauben mit 8 Nm festziehen. Stecker verbinden, Kugelpfanne der Verbindungsstange an Kugelkopf einclipsen.
■ Bild 18: Spritzschutz montieren. Gewinde der Befestigungsschraube (M4 x 5) reinigen und Loctite »mittelfest« an Gewinde geben. Schraube eindrehen und mit 3 Nm festziehen.
■ Bilder 20 a und 20 b: Kabel vom Federbein zu den Steckern verlegen und verbinden.
■ Nach dem Einbau muss der Höhenstand-Sensor mit dem BMW-Diagnosesystem neu kalibriert werden.

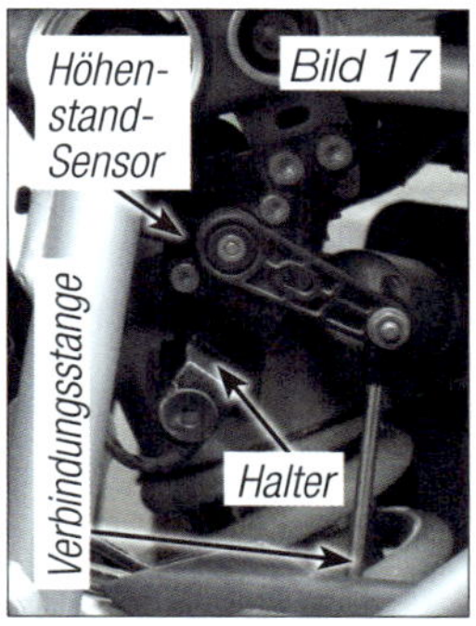

Bilder 17 bis 20 b: Hinteres ESA-Federbein aus- und einbauen. Arbeitsschritte siehe Lauftext.

Bild 21: Einbaulage SAF/ESA-Steuergerät.

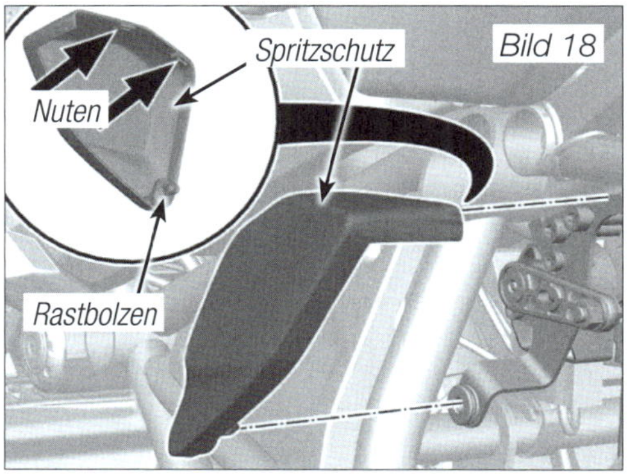

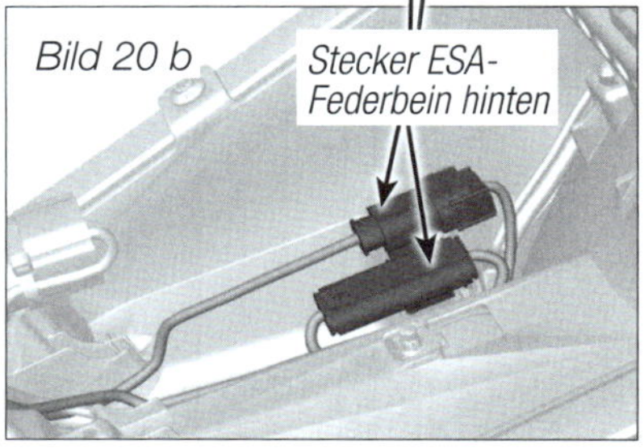

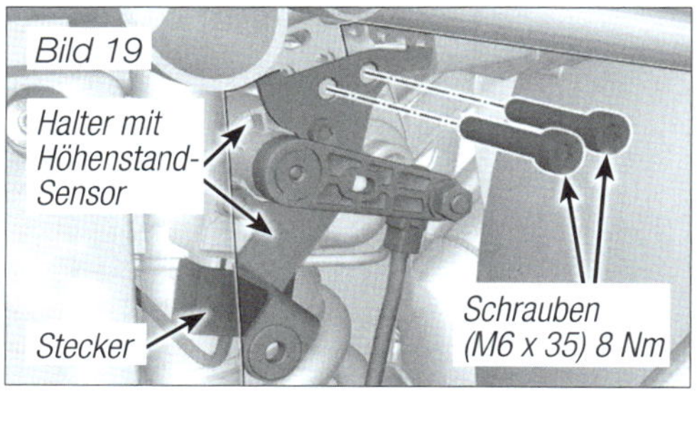

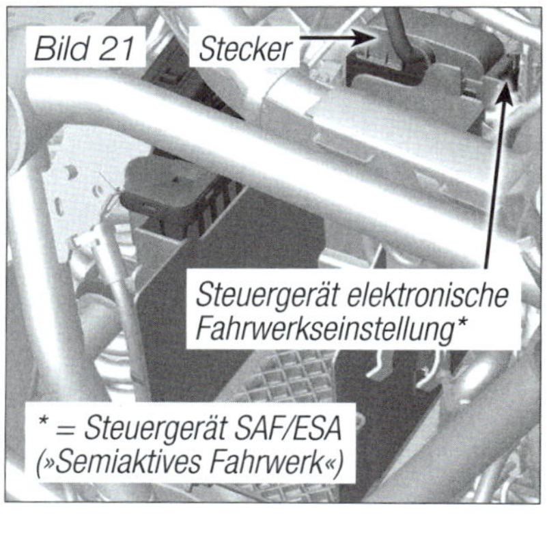

Lenkung

In diesem Kapitel: Lenksystem · Telelever prüfen · Lenkerposition umbauen.

Bilder 1 und 2: Bauteile des Televers und Explosionszeichnung des Längslenkers. ■ Übrigens sind die Lagerbauteile in Bild 2 auf Lebenszeit der Maschine ausgelegt.

Lenksystem

BMW nennt das Lenksystem »Telelever«. Er ist aus folgenden Bauteilen zusammengesetzt:
Gabelbeine: Beide Gabelbeine bestehen aus Stand- und Tauchrohr (Bild 1). Die Standrohre sind baugleich, während die Tauchrohre unterschiedlich sind: Im linken ist an der Bremssattelaufnahme eine Aufnahmebohrung für den ABS-Sensor; in beiden sind unten die Durchgangsbohrungen für die Achse und Gewinde für die Achsklemmschrauben.
Obere Gabelbrücke: In der oberen Gabelbrücke ist ein Schrägkugellager eingepresst, das über einen Bolzen mit dem Hauptrahmen verschraubt ist (Bilder 1 und 3a).
■ Rechts und links sind Topfgelenke, in denen die oberen Gewindeenden der Gabelstandrohre eingesteckt und mit Bundmuttern verschraubt sind (Bilder 1 und 3a).
■ Auf der oberen Gabelbrücke ist der Lenker befestigt: Er sitzt in zwei Klemmböcken und wird mit vier Schrauben geklemmt.
Untere Gabelbrücke: Diese ist über ein Kugelgelenk mit dem Längslenker verbunden (Bilder 1 und 3b). Rechts und links in der unteren Gabelbrücke werden die Gabeltauchrohre durch je zwei Torxschrauben geklemmt (Bild 3b).
Längslenker: Der Längslenker ist über vier Rillenkugellager auf einer langen Achse gelagert, die am Motor befestigt ist (Bilder 1 und 2).
Federbein: Das vordere Federbein ist oben am Hauptrahmen und unten am Längslenker befestigt (Bild 1). Es übernimmt Federung und Dämpfung des Vorderbaus.

Bild 1

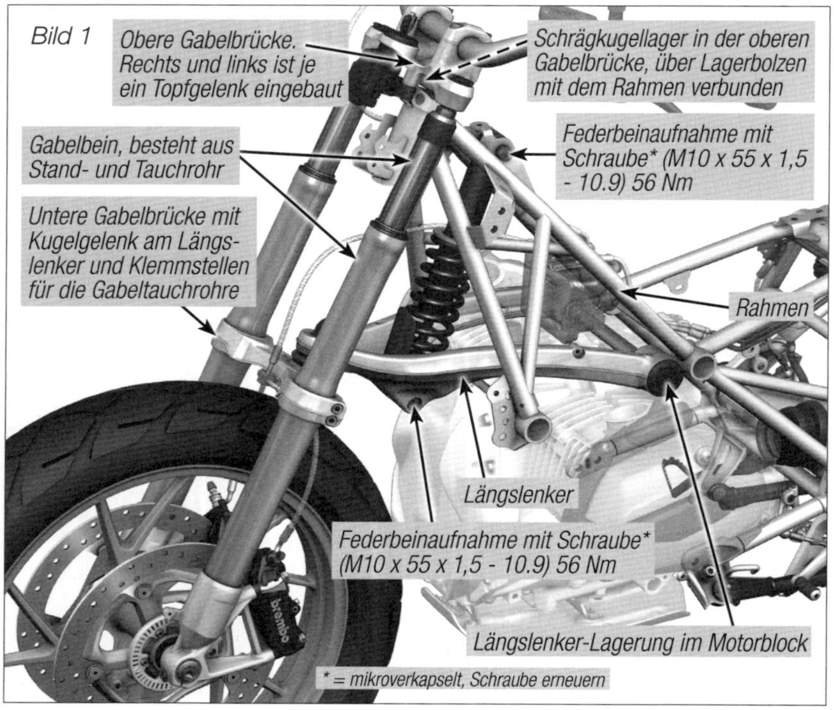

Bild 2

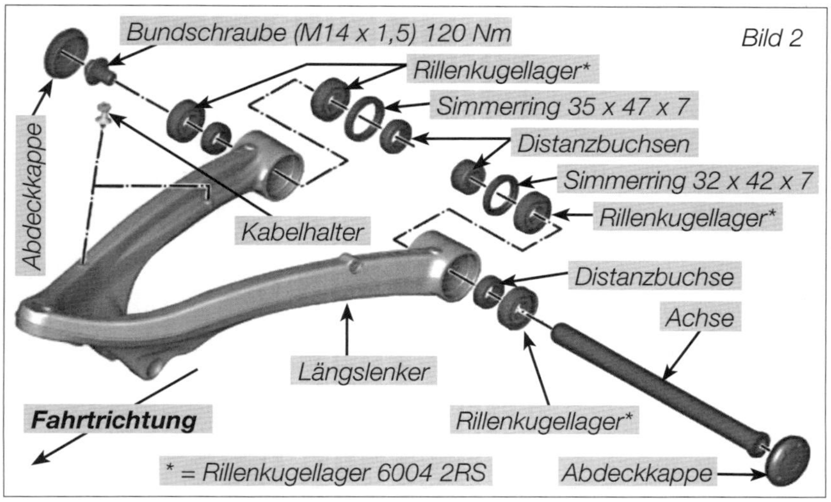

Lebenslang wartungsfrei

Alle Bauteile des Telelever sind lebenslang wartungsfrei.
■ Das Schrägkugellager in der oberen Gabelbrücke, das Kugelgelenk an der unteren Gabelbrücke und die Rillenkugellager im Längslenker sind verschleißfest und sehr gut gegen Staub, Schmutz und Nässe abgedichtet.
■ Das Öl in den beiden Gabelholmen muss nie gewechselt werden, weil es nur der Schmierung der aufeinander gleitenden Teile dient, also der in die Tauchrohre eingepressten Gleitbuchsen, die auf den Standrohren gleiten. Weil die Dämpfung vom Federbein übernommen wird, ist das Öl in den Gabelbeinen keinen Scherkräften ausgesetzt und verschleißt deswegen nicht.

Simmerringe und Gleitbuchsen

Die oben in die Gabeltauchrohre eingepressten **Simmerringe** sind unter normalen Umständen unkaputtbar. Anormale Umstände sind z. B. Betrieb mit krummen oder riefigen Standrohren. Undichte Simmerringe erkennt man daran, dass während der Fahrt Öl austritt und außen an den Tauchrohren runterläuft.

Auch die **Gleitbuchsen** sind Bauteile, die nicht kaputt gehen. Voraussetzung dafür ist, dass die

Gabelbeine technisch in Ordnung sind (also nicht durch einen Unfall beschädigt und »krumm« sind) und mit Schmieröl befüllt gefahren werden (nicht »trocken«).

Fazit: Defekte am Telelever-Lenksystem der R 1250 GS treten nur durch Unfälle oder falsche Montage auf. Wenn sich an Ihrer Maschine ein Defekt am Telelever zeigen sollte, z. B. die Gabelstandrohre verbogen oder die Gabelbrücken verzogen sind, und am Telelever intensiv geschraubt werden muss, sind BMW-Spezialwerkzeuge nötig. Meisterliches Können ist eine weitere wichtige Voraussetzung zur fachgerechten Instandsetzung des Telelever.

Achtung: Verbogene Gabelbauteile dürfen niemals gerichtet werden, es müssen Neuteile eingebaut werden. Dies gilt ganz besonders für die Gabelstand- und Gabeltauchrohre!

Deswegen unser Ratschlag: Lassen Sie nach einem (!) Sturz die Maschine in einer BMW-Motorradwerkstatt überprüfen (»vermessen«) und ggf. reparieren. Das geht schneller, ist billiger und, was die Fahrzeug- und Fahrsicherheit angeht, der bessere Weg als selbst Hand anzulegen.

Notfall: Sollte es in entlegenen Gebieten dieser Welt nötig werden, die Lenkung zu reparieren, dann helfen die Explosionszeichnungen in den Bildern 2 bis 3 b.

Wichtiger Hinweis: Falls keine neuen Muttern für den Schraubzapfen vom unteren Kugelgelenk und Befestigung der Standrohre in den Topfgelenken besorgt werden können, müssen die Gewinde gereinigt und mit Loctite »hochfest« bestrichen werden.

Anmerkung: Wenn man unterwegs einen so heftigen Sturz produziert, dass sich Bauteile des Telelevers mechanisch stark verformen (»die Lenkung verbiegt«), ist der Fahrer wahrscheinlich noch schlimmer daran, weil er einige Knochen gebrochen hat – und dann hilft eh nur noch der Auslands-Rückholdienst!

Telelever prüfen

Schrägkugellager und Kugelgelenk prüfen

Ob sich das obere Schrägkugellager und das untere Kugelgelenk leicht bewegen und keine »Luft« haben, wird in zusammengebautem Zustand geprüft.

1. Motorrad auf Mittelständer aufbocken, Motor so unterbauen, dass der Vorderbau frei ist. Lenker steht absolut waagerecht, Vorderrad in Geradeausstellung.
2. Lenker ganz leicht antippen, der Vorderbau muss sich dann von selbst in die gewünschte Richtung bewegen und ohne zu hakeln bis zum Lenkanschlag schwenken.
3. Durch schnelles Hin- und Herbewegen der Lenkung bis zum Anschlag prüfen, ob sich die

Bilder 3 a und 3 b: Explosionszeichnung von oberer und unterer Gabelbrücke.

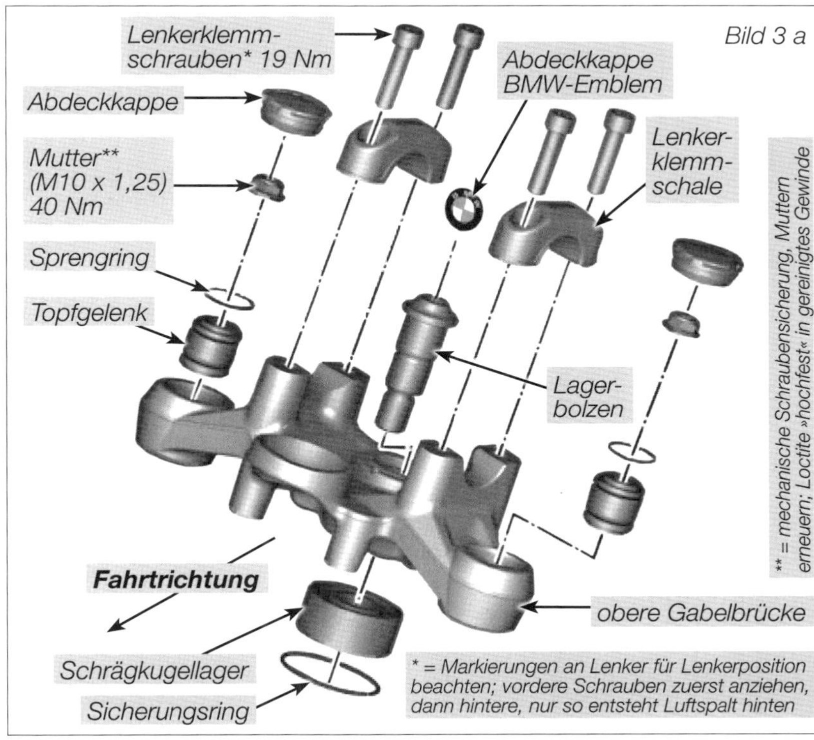

Bild 3 a

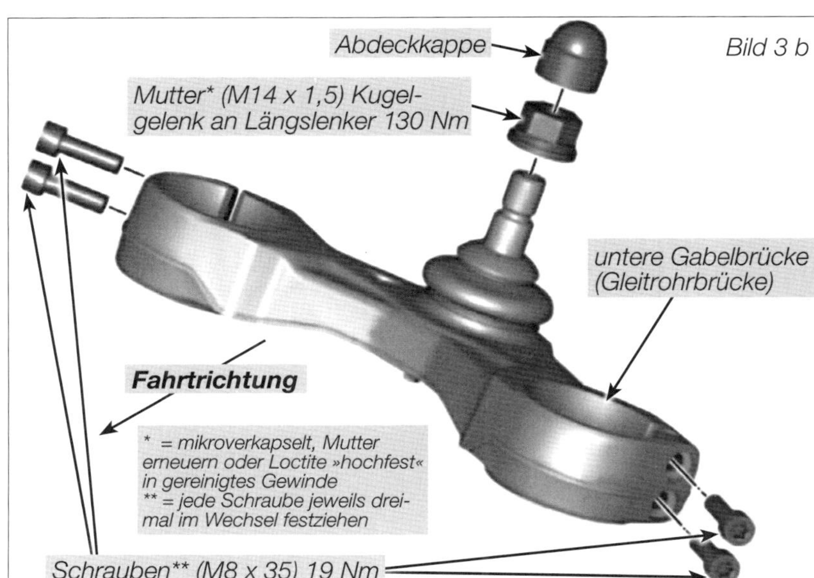

Bild 3 b

Sichtprüfung · Messen

Lager ohne Knacken und Haken frei bewegen. ■ Falls »nein«, steht jetzt schon fest, dass sie erneuert werden müssen.

4. Als letzte Prüfung die Gabelbeine unten an den Achsfäusten packen und sie ruckartig nach vorne und hinten bewegen. Es darf weder im Lager in der oberen Gabelbrücke noch im unteren Kugelgelenk knacken oder Luft spürbar sein.

Längslenker

Wie weiter vorne schon beschrieben, brauchen der Längslenker des Telelever-Systems und seine Lager weder Wartung noch Pflege.

Wenn man bei einer Unfallmaschine sieht, dass der Längslenker krumm, gerissen oder anderweitig defekt sein könnte, dann war der Crash überaus heftig. Dann muss man die komplette Maschine in der BMW-Werkstatt begutachten und vermessen lassen.

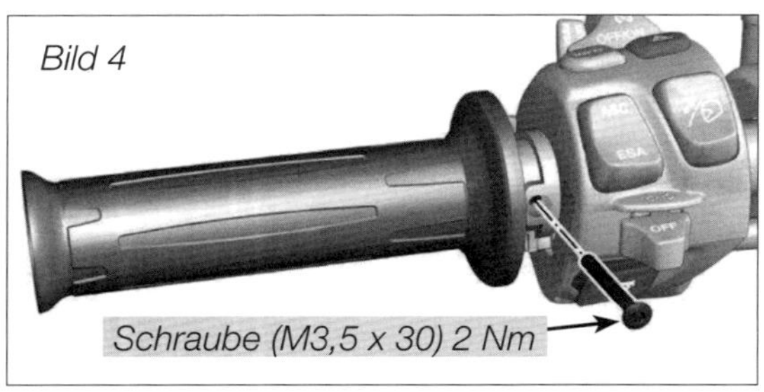

Bild 4: Der linke Lenkergriff ist von hinten mit einer Senkschraube am Lenker verschraubt.

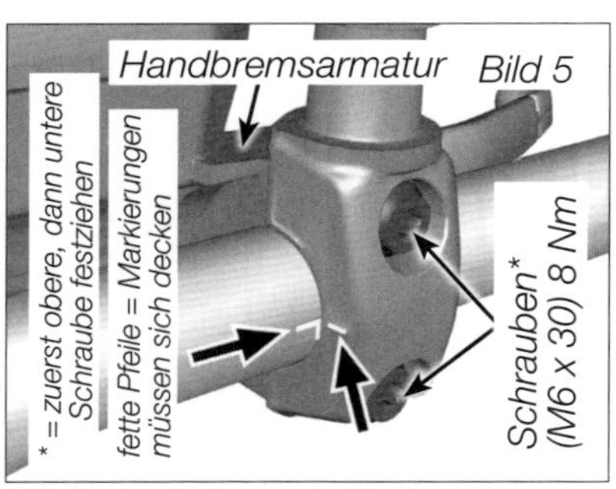

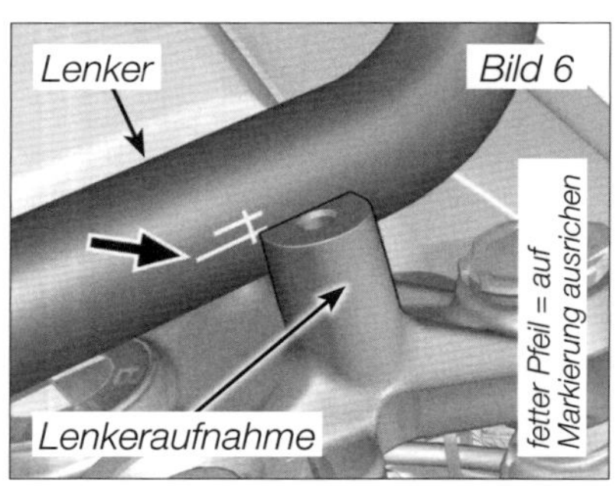

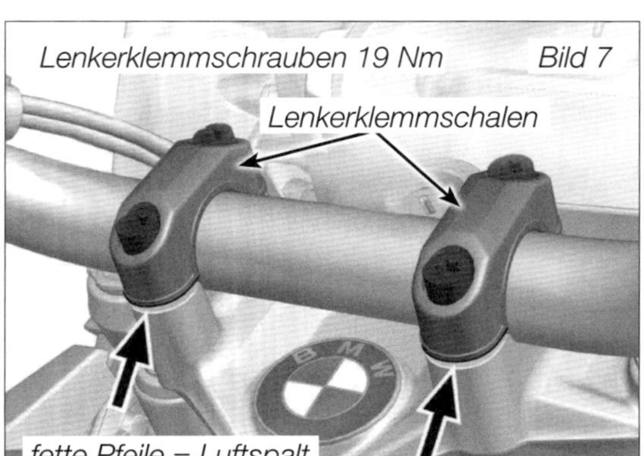

Bilder 5 bis 7: Bei Montage der Lenkerarmaturen und des Lenkers Markierungen und Spalt beachten.

** = Anziehvorschrift: ■ Markierungen an Lenker für Lenkerposition beachten. ■ Vordere Schrauben zuerst anziehen, dann hintere: Luftspalt ist hinten (fette Pfeile)*

Lenker, Lenkerposition

Gasgriff, Schalter und Armaturen

Ab- und Anschrauben des Gasgriffs siehe Kapitel 19 »Gasgriff · E-Gas«. Darin ist auch die Montage des rechten Lenkerschalters beschrieben. Der linke kann nach Trennen des Kupplungsschalter-Steckers mit dem Lenkergriff abgeschoben werden, wenn der Lenker ganz nach links eingeschlagen ist. Bitte beachten Sie, dass der linke Lenkergriff mit einer Senkschraube von hinten am Lenker festgeschraubt ist (Bild 4). Um an sie ranzukommen muss man das Ende des Griffgummis etwas umwalzen.

Achtung: Beim Abbau des Lenkers immer darauf achten, dass die Brems- und Kupplungsarmaturen so abgelegt werden, dass sie nicht »auf dem Kopf« stehen und dadurch Luft in das Hydrauliksystem gelangt.

■ Vorher den Stand der Hydraulikflüssigkeit prüfen und evtl. auffüllen, damit die Behälter voll sind und auch bei einem unbeabsichtigten Kopfstand keine Luft in die Leitungen gelangt (siehe dazu Kapitel 6 »Bremsen« und 23 »Kupplung«). Kupplungshydraulik befüllen und entlüften siehe Kapitel 23 »Kupplung«. **Wichtig:** Weder die Bremsflüssigkeit ablassen noch die Bremsleitung von der Handarmatur trennen!

Lenkereinstellung

Bild 6: Lenker in der Gundstellung so anbauen, dass sich untere Markierung am Lenker (fetter Pfeil) mit Kante der Lenkeraufnahme deckt.

Leker verstellen

1. Zum Verstellen des Lenkers die vier Torxschrauben (Bild 7) lösen und aufdrehen.

2. Bild 6: Das Einstellen des Lenkers auf die untere Markierung ist die Grundeinstellung. **Hinweis:** Das Einstellen auf die obere Markierung bringt eine Lenkerstellung, die zum Fahren im Stehen im Gelände gedacht ist.

3. Der Lenker muss mittig zwischen den Klemmböcken sitzen.

4. Jetzt die Torxschrauben festziehen:

4.1. Zuerst die vorderen Schrauben handfest so anziehen, dass die vorderen Unterseiten der Klemmschalen auf der Unterseite aufliegen.

4.2. Dann die hinteren Schrauben handfest anziehen, hinten entsteht ein Spalt.

4.3. Die vorderen Schrauben mit 19 Nm und dann hintere Schrauben mit 19 Nm festziehen.

Gabelbeine

In diesem Kapitel: Spezialwerkzeuge, Gabelöl · Gabelbeine aus- und einbauen, zerlegen, zusammen-, einbauen, neue Buchsen einbauen.

Spezialwerkzeuge, Gabelöl

Zum Zerlegen der Gabelbeine und zum Aus- und Einbau neuer Gabelsimmerringe und Gabelgleitbuchsen werden folgende BMW-Spezialwerkzeuge benötigt (Bilder 6 und 7):

- Innenauszieher .... Nr. 00 8 561
- Gewindeadapter.......................... Nr. 00 8 564
- Zugstange.................................. Nr. 13 5 251
- Schlaggewicht............................ Nr. 13 5 253
- Schlagdorn .... Nr. 23 4 660
- Griff... Nr. 00 5 500
- Schlagbuchse .... Nr. 31 3 691

Wenn diese BMW-Spezialwerkzeuge nicht zur Verfügung stehen, kann man sich mit einfacheren Werkzeugen helfen. Wir gehen im nachstehenden Text darauf ein.

Gabelöl

Wie schon in Kapitel 8 »Lenkung« beschrieben, muss das Gabelöl nicht gewechselt werden. Wenn jedoch die Gabelbeine repariert werden, ist es ratsam neues Öl einzufüllen. Als Gabelöl ist BMW-Teleskopgabelöl SAE 10 vorgeschrieben, die Füllmenge je Gabelholm beträgt 0,485 Liter. Wenn dieses nicht zur Verfügung steht, kann man auch anderes Gabelöl mit der Viskosität SAE 10 verwenden. In der allergrößten Not kann man auch dünnes Motoröl verwenden.

Gabelbeine aus- und einbauen, mit neuen Buchsen bestücken

Motorrad so aufbocken wie beim Ausbau des Vorderrads und mit Spannriemen sichern (siehe Kapitel 5 »Räder«).

- In Kapitel 8 »Lenkung« sind alle Teile des Televers abgebildet.

Gabelbeine ausbauen

1. ABS-Sensor ausbauen. Nach Ausbau des Vorderrads untere Halteklammer von der Innenseite des Tauchrohrs abschrauben. Übrige Halteklammern vorsichtig vom Bremsschlauch abziehen.
2. Vorderrad und Bremssättel aus- und abbauen (Kapitel 5 »Räder« und 6 »Bremsen«). ABS-Sensor ausbauen und das Kabel vorsichtig aus den Halteklammern ziehen.
3. Untere Vorderradabdeckung ausbauen (Kapitel 3 »Verkleidung · Rahmen · Tank«).
4. Verschraubungen der Standrohre in der oberen Gabelbrücke lösen:
4.1. Abdeckkappen oben aus der Gabelbrücke mit einem kleinen Schraubenzieher aushebeln.
4.2. Bild 1: Gabelschlüssel am Sechskant des Standrohres unter der Gabelbrücke ansetzen, gegenhalten und die Bundmutter von oben mit einer Nuss lösen und abschrauben.
5. Bild 2: Klemmschrauben der Gabeltauchrohre in der unteren Gabelbrücke lösen und mindestens drei Umdrehungen aufdrehen.
- Gabelbein dabei mit einer Hand festhalten, damit es nicht plötzlich nach unten herausrutscht.

6. Gabelbein nach unten herausziehen.

Gabelbein zerlegen

1. Schutzkappe ausbauen (***A*** in Bild 4 a).
1.1. Belüftungsschraube ausdrehen (***B*** in Bild 4 b). O-Ring (***C*** in Bild 4 b) abnehmen und entsorgen.
2. Gabelbein über ein Ölablassgefäß halten. Standrohr vorsichtig aus dem Tauchrohr ziehen. Tauchrohr umdrehen, Öl aus Tauchrohr auslaufen lassen.

⚠ **Achtung:** Die Schraube unten im Tauchrohr ist KEINE Ölablassschraube wie in »normalen« Telegabeln. Wenn diese Schraube geöffnet wird, ist die Gabel dauerhaft undicht!

3. Tauch- und Standrohr reinigen.
4. Staubmanschette (***D*** in Bild 4 c) ausziehen: Mit einem kleinen Schraubenzieher ringsum von außen zwischen Staubmanschette und den oberen Rand des Tauchrohrs fahren und so die Manschette Stück für Stück aushebeln (Bild 5).
5. Sicherungsring (***E*** in Bild 4 c) ausbauen: Mit einem schmalen Schraubenzieher von oben einfahren, Sicherungsring aus Nut hebeln.
6. Gabelsimmerring (***F*** in Bild 4 c) mit Innenaus-

Korrespondenzkapitel:
- 3 »Verkleidung · Rahmen · Tank«
- 5 »Räder«
- 6 »Bremsen«
- 8 »Lenkung«

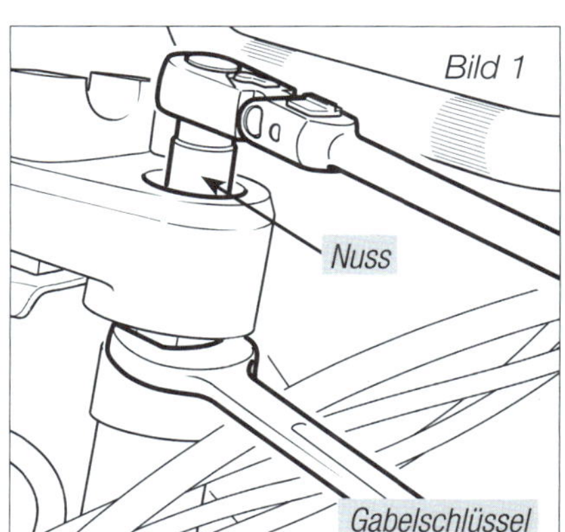

Bild 1: Zum Ausbau der oberen Standrohrverschraubung mit Gabelschlüssel unter der Gabelbrücke einfahren, Sechskant gegenhalten, obere Mutter mit Nuss lösen und abdrehen.

Klemmstelle am Tauchrohr muss mittig in der unteren Gabelbrücke sitzen

Bild 2: Beim Einbau der Gabelbeine in die untere Gabelbrücke darauf achten, dass die Klemmstellen der Tauchrohre mittig in den Klemmbohrungen der Gabelbrücke sitzen.

Bild 3 a

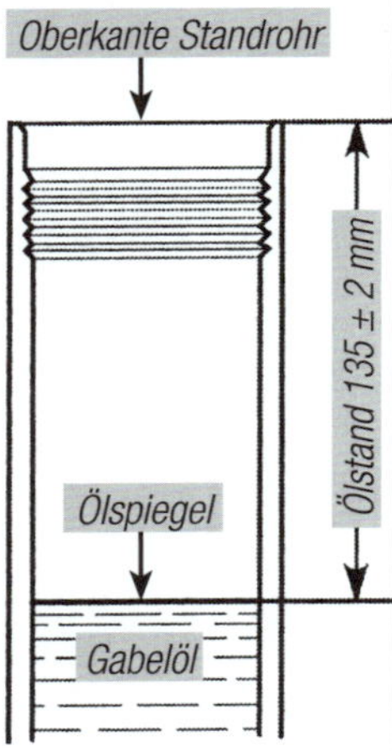

zieher, Adapter, Schlaggewicht und Zugstange ausbauen (Bild 6), Scheibe (***G*** in Bild 4c) herausnehmen.

6.1. Man kann den Simmerring aber auch mit einem großem Schraubenzieher oder einem Reifenmontiereisen vorsichtig ringsum Stück für Stück aushebeln.

7. Tauchrohr umdrehen, mit dem oberen Bund leicht auf ein mit einem dicken Lappen abgepolstertes Hartholz aufstoßen: Gleitbuchsen und Distanzrohre rutschen heraus.

■ Wenn sie nicht herauskommen wollen: Tauchrohr mit einem Heißluftföhn ringsum leicht und gleichmäßig anwärmen auf maximal 80 °C, mit einem Gummihammer ringsum leicht beklopfen und immer wieder kopfüber auf das Hartholz aufstoßen.

8. Alle Teile gut reinigen.

Bild 3 b

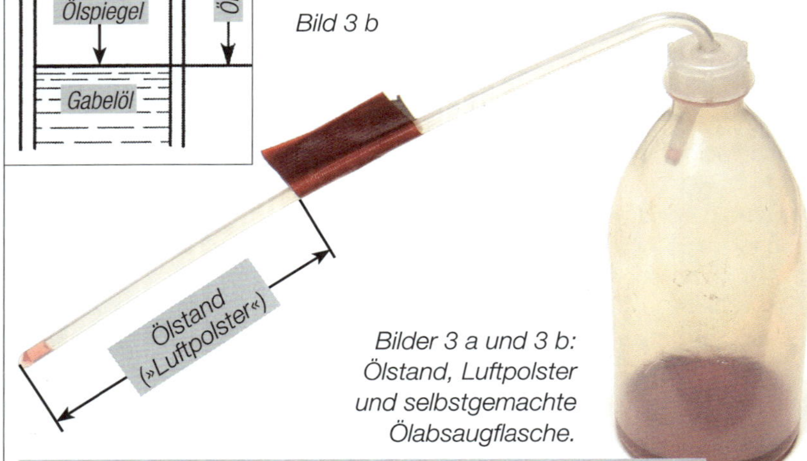

Bilder 3 a und 3 b: Ölstand, Luftpolster und selbstgemachte Ölabsaugflasche.

Maße und Füllmengen für Ölstand und Gabelöl siehe Lauftext

Gabelbein zusammenbauen

1. Gleitbuchsen und Distanzrohre leicht einölen und wie in Bild 4 c gezeigt nacheinander einführen. Mit einem Hartholzstab ganz nach unten drücken.

■ Darauf achten, dass sich die Buchsen nicht verkanten und sich kein Span vom Holz ablöst!

2. Scheibe (***G*** in Bild 4 c) einsetzen.

3. Tauchrohr senkrecht in Schraubstock einspannen, Öl einfüllen: Telegabelöl SAE 10, Füllmenge je Gabelholm 0,485 Liter.

4. Bilder 3 a und 3 b: Gabelölstand messen. Mit Maßstab nach unten auf den Ölstand fahren.

5. Bild 3 a: Maß zur Tauchrohroberkante nehmen, es muss 135 ± 2 mm betragen.

■ Wenn sich zu viel Öl im Tauchrohr befindet, mit Absaugflasche absaugen (Bild 3 b).

■ Zu niedrigen Ölstand auffüllen.

6 Gabelstandrohr einölen, in das Tauchrohr einführen und ganz nach unten schieben.

6.1. Bild 9: Belüftungsschraube (***B*** in Bild 4 b) mit neuem O-Ring (***C*** in Bild 4 b) eindrehen, aber noch nicht festziehen.

7. Neuen Gabelsimmerring leicht einölen, in der richtigen Einbaurichtung (siehe Bild 8) von oben vorsichtig über das Standrohr und langsam bis ganz nach unten schieben.

7.1. Gabelsimmerring am Bund ringsum exakt ansetzen. Entweder mit dem BMW-Eintreibwerkzeug »Griff« und »Schlagdorn« (Bild 7) eintreiben oder ringsum Stück für Stück sehr vorsichtig zuerst mit starkem Daumendruck in seinen Sitz einpressen und zum

Bilder 4 a und 4 b: Gabelbein mit Belüftungsschraube im Detail.

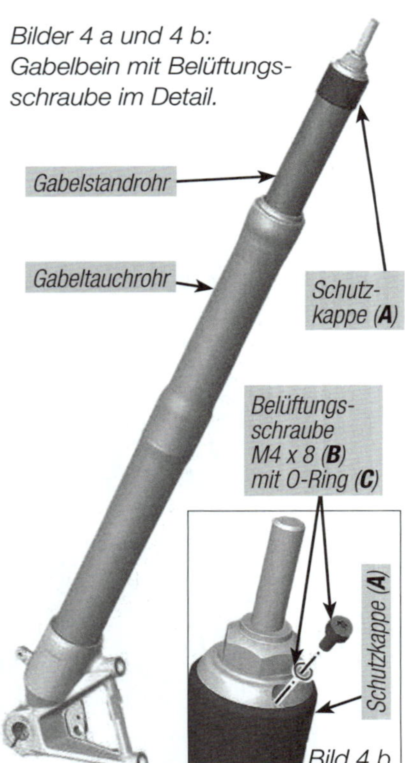

Bild 4 c

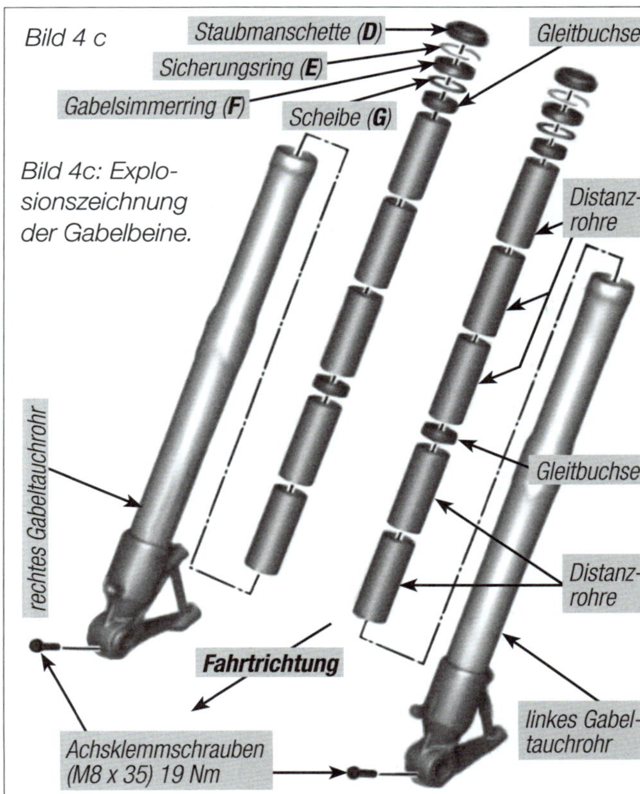

Bild 4c: Explosionszeichnung der Gabelbeine.

Schluss mit einem Durchschlag vorsichtig (!) nachhelfen.

8. Sicherungsring (***E*** in Bild 4 c und Bild 7) über das Standrohr nach unten schieben und in seine Nut oben im Tauchrohr einsetzen.

9. Neue Staubmanschette (***D*** in Bild 4 c) leicht einölen, über das Standrohr nach unten schieben und mit starkem Daumendruck oder der BMW-Schlagbuchse in ihren Sitz einpressen.

10. Das Standrohr ist jetzt immer noch ganz in das Tauchrohr eingeschoben!

Gabelbeine einbauen und belüften

1. Rechtes Gabelbein in die untere Gabelbrücke einführen, bis der Bund am Tauchrohr mittig in der Klemmung der Gabelbrücke sitzt (Bild 2).

■ Das Standrohr ist immer noch in das Tauchrohr eingeschoben.

■ Darauf achten, dass die Achsfaust unten am Tauchrohr nach vorne zeigt bzw. die Halterung des Bremssattels nach hinten.

2. Beide Klemmschrauben in der unteren Gabelbrücke in etwa »handfest« anziehen.

3. Bild 9: Belüftungsschraube ausdrehen. Standrohr mit der Hand nach oben ziehen und so hindrehen, dass die Belüftungsschraube nach außen zeigt.

3.1. Gewindebolzen auf dem Standrohr in das Topflager einführen, Standrohr bis zum Anschlag an das Topfgelenk hochziehen. Neue Bundmutter aufdrehen, aber noch nicht festziehen.

4. Belüftungsschraube mit neuem O-Ring eindrehen und mit 2,5 Nm festziehen (entspricht »in etwa handfest«).

5. Das linke Gabelbein ebenfalls so einschieben und befestigen wie von 1. bis 4. beschrieben.

6. Radachse von rechts einstecken und Achsschraube einschrauben.

■ Darauf achten, dass sich die Achse leicht einschieben lässt. Ggf. die Klemmschrauben in der unteren Gabelbrücke nochmals lösen und die Gabelbeine zueinander exakt ausrichten! Etwas Fett an die Radachse geben.

7. Mit den Bundmuttern oben in den Standrohren diese an der oberen Gabelbrücke festziehen. Dabei am Sechskant unten mit Gabelschlüssel gegenhalten (Bild 1). Mutter mit einer Nuss mit 40 Nm festziehen.

■ Neue Muttern verwenden oder Loctite »hochfest« an gereinigtes Gewinde geben.

8. Alle Klemmschrauben in der unteren Gabelbrücke endgültig jeweils dreimal jede Schraube im Wechsel mit 19 Nm festziehen.

9. Steckachse ausdrehen: Dabei prüfen, ob sie sich gleichmäßig leicht ausdreht.

■ Wenn »ja«, fluchten die Bohrungen in der rechten und linken Achsfaust, und das Vorderrad sowie die Bremssättel können ein- bzw. angebaut werden.

■ Wenn »nein«, fluchten die Bohrungen nicht richtig zueinander: Klemmung der Gleitrohre in der unteren Gabelbrücke wieder lösen und die Gabelbeine exakt und sauber zueinander ausrichten.

10. Restliche Teile anbauen: Untere Vorderradabdeckung einbauen siehe Kapitel 3 »Verkleidung · Rahmen · Tank«, Rad einbauen siehe Kapitel 5 »Räder«, Bremssättel und ABS-Sensor anbauen siehe Kapitel 6 »Bremsen«.

Endkontrolle: Nach der Rad- und Bremsenmontage die Maschine vom Mittelständer nehmen und mehrmals kräftig einfedern. Kontrollieren, ob der Telelever ohne zu haken einfedert und leicht ausfedert!

Bild 5: Die Staubmanschette mit einem kleinen Schraubenzieher ringsum aushebeln.

Bilder 6 und 7: BMW-Spezialwerkzeuge zum fachgerechten Aus- und Einbau der Gabelsimmerringe.

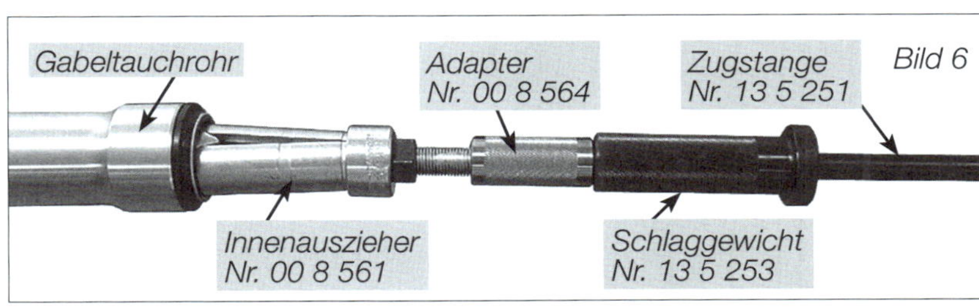

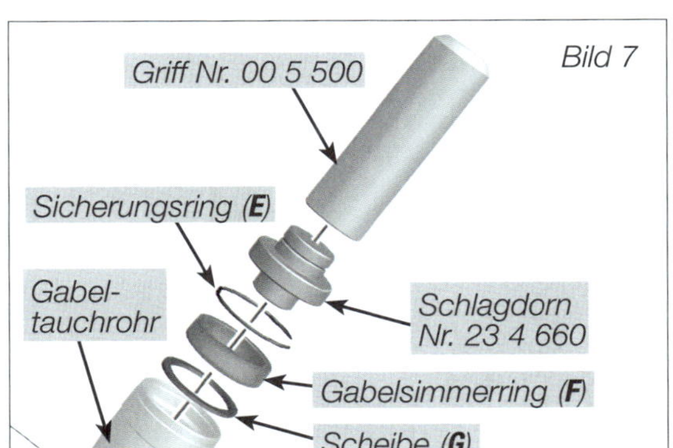

Bild 8: Einbaurichtung des Gabelsimmerrings.

Bild 9: Belüftungsschraube oben im Gabelbein.

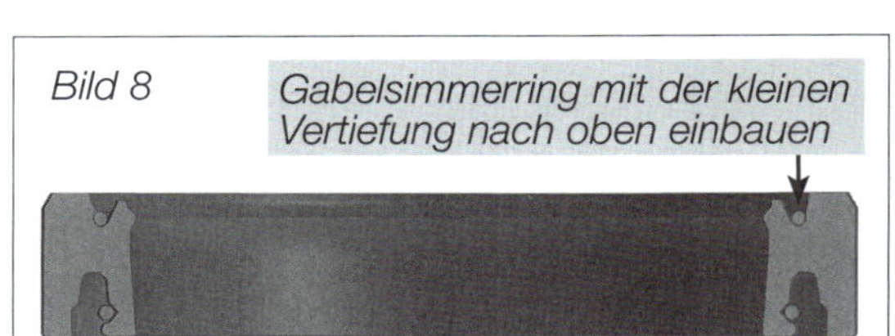

Schwinge · Kardan

In diesem Kapitel: Hinterradschwinge · Hinterradantrieb ab- und anbauen · Kardanwelle ausbauen, prüfen, einbauen · Schwinge aus- und einbauen.

Hinterradschwinge

Das Hinterrad der R 1250 GS wird von einer gegossenen Einarmschwinge mit zwei Gelenken geführt. Im hinteren Schwingenteil, der hier Hinterradantrieb genannt wird (man kann auch Hinterachsgetriebe dazu sagen), sind Teller- und Kegelrad eingebaut. Das von außen gut zu sehende, rohrförmige Bauteil ist die Hinterradachse, welche mit dem Tellerrad ein Bauteil bildet, und an dem außen der Flansch zur Hinterradbefestigung angebracht ist.

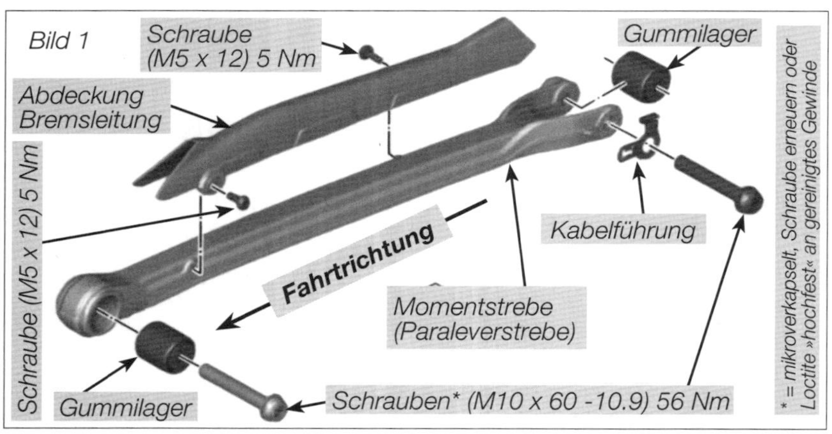

Bild 1: Momentstrebe mit Anbauteilen und Anziehdrehmomentwerten.

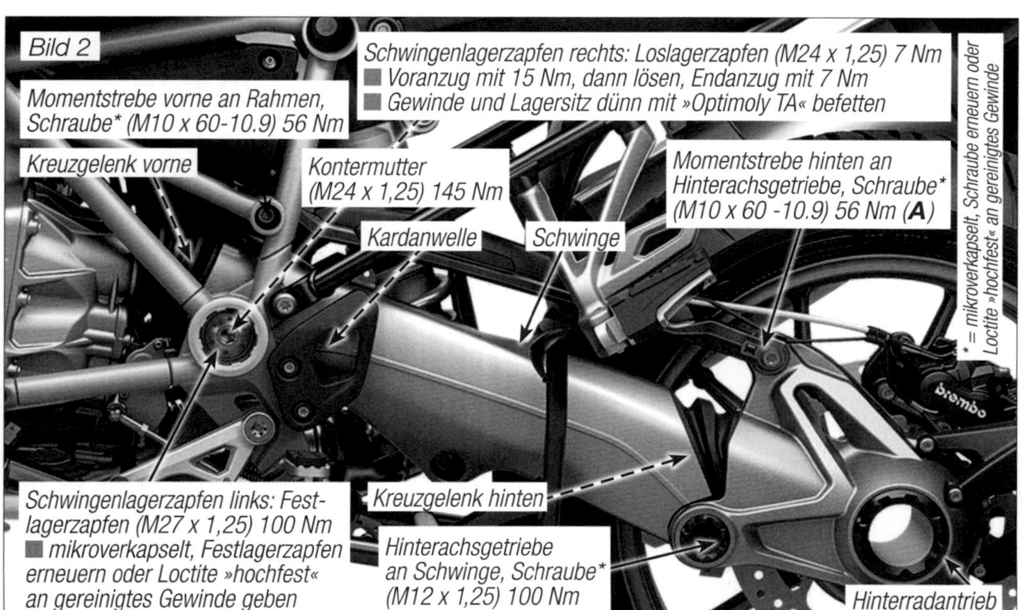

Bild 2: Hinterradschwinge.

Das von BMW »Paralever« genannte System bietet neben einer steifen Radführung und Reduzierung der Lastwechselreaktionen des Kardanantriebs vor allem einen enormen Servicevorteil durch einfachen Aus- und Einbau des Hinterrads.

Lager wartungsfrei: Alle Lager in der Hinterradschwinge sind wartungsfrei, sie müssen nicht geschmiert werden.

Ölwechsel Hinterradantrieb: Das Öl im Hinterradantrieb muss bei 1000 km und danach alle 20 000 km oder alle zwei Jahre erneuert werden. Zum Wechsel des Öls im Hinterradantrieb werden 0,18 Liter »Hypoid Axle Oil G3« 70W-80 benötigt (siehe Kapitel 21 »Ölwechsel«).

Defekter Antrieb? Falls sich am Hinterradantrieb Ihrer Maschine ein Defekt ankündigt, etwa durch Ölaustritt, übermäßige Laufgeräusche oder Spiel des Hinterrads, überlassen Sie Diagnose, Zerlegung und Reparatur einer BMW-Motorradwerkstatt. Denn es sind einige BMW-Spezialwerkzeuge sowie reichlich Erfahrung nötig, um den Hinterradantrieb zu zerlegen, die Lager zu wechseln, Kegel- und Tellerrad auszudistanzieren und wieder zusammenzubauen.

Hinterradantrieb ab- und anbauen

Zur Montage von Hinterradantrieb und Kardanwelle benötigt man folgende Werkstatthilfsmittel:

■ »Staburags NBU 30 PTM« ist ein Hochleistungsschmierfett zur Schmierung der Nadellager in der hinteren Schwingenlagerung, der Bünde am hinteren Faltenbalg, der Sitzflächen der Faltenbälge zwischen Getriebe und Schwinge und zwischen Schwinge und Hinterradantrieb.

■ »Optimoly TA« ist ein Hochtemperatur-Montagefett, welches bei Montage der Kardanwelle auf die Verzahnungen der Getriebeabtriebswelle und dem Wellenzapfen am Hinterradantrieb aufgetragen wird (Bilder 8 und 9). Weiterhin wird es zur Schmierung beider Schwingenlagerzapfen verwendet.

Hinweis: Wenn diese speziellen Fette nicht zur Verfügung stehen, kann auch ein anderes, hochwertiges Kfz-Wälzlagerfett verwendet werden.

Vorbereitende Arbeiten

Maschine auf dem Mittelständer abstellen, Vorderrad mit einem Spanngurt gegen den Mittelständer verspannen, damit beim Arbeiten an der Schwinge das Motorrad nicht vom Mittelständer abrollen kann (siehe auch Kapitel 5 »Räder«).
Hinweis: Wenn der Hinterradantrieb nicht zerlegt werden muss, braucht man vor dem Abbau des Hinterradantriebs das Öl nicht abzulassen.

Hinterradantrieb abbauen

1. Spritzschutz und Hinterrad abbauen.
2. Bild 3: ABS-Sensor ausbauen.
2.1. Einen passenden (!) Gummistöpsel in die Bohrung stecken, damit kein Schmutz in den Hinterachsantrieb gerät und bei Abbau bzw. Lagerung des Hinterachsantriebs kein Öl ausläuft.
3. Bild 4: Bremssattel abschrauben und mit Gummiband am Heckrahmen aufhängen.
4. Bild 5: Hinterradantrieb mit einem Spanngurt nach oben am Rahmenhinterteil anhängen. Dabei darauf achten, dass die Entlüftung nicht beschädigt wird.
5. Schraube der Momentstrebe (***A*** in Bild 2) am Hinterradantrieb ausschrauben und ausziehen.
5.1. Bild 1: Kabelführung abnehmen.
6. Spanngurt etwas lösen: Mit kleinem Schraubenzieher zwischen Faltenbalg und Ende des Hinterradantriebs einfahren, vorsichtig abdrücken.
6.1. Spanngurt langsam lösen und so den Hinterradantrieb nach unten absenken.
Hinweis: Wenn nur die Kardanwelle gewechselt werden soll, braucht der Hinterradantrieb nicht weiter abgebaut zu werden.
7. Bild 6: Abdeckung ***D*** ausbauen.
8. Bild 7: Schraube ***B*** der Schwingenlagerung hinten lösen: Am Sechskant von Lagerzapfen außen ***E*** gegenhalten. Schraube ***B*** ausdrehen.
9. Bild 7: Lagerzapfen innen ***C*** mit Dichtring ***G*** herausnehmen.
10. Bild 7: Lagerzapfen außen ***E*** mit einem Aludorn (Ø maximal 15 mm) ausschlagen.
11. Bild 8: Hinterradantrieb abnehmen. Distanzscheibe ***F*** aushebeln und zusammen mit dem O-Ring herausnehmen.
Wichtig: Hinterradantrieb in Einbaulage abstellen – nicht auf die Seite legen, sonst läuft Öl aus der Sensorbohrung.

Hinterradantrieb anbauen

Achtung: Bei Nichteinbau der Distanzscheibe ***F*** in Bild 8 wird der Hinterradantrieb an der Schwinge geklemmt! Deswegen auf korrekten Einbau der Distanzscheibe und Leichtgängigkeit der Lagerung achten!

1. Bild 8: Distanzscheibe ***F*** mit O-Ring vor das Lager im Hinterradantrieb links einsetzen.
■ Angeflachte Seite der Dichtscheibe muss nach innen zeigen.
2. Hinterradantrieb an der Schwinge ansetzen, Lagerbohrungen in Flucht zueinander bringen.
3. Bild 7: Dichtring ***G*** auf Lagerzapfen schieben.
4. Lagerzapfen innen (***C*** in Bild 7) und außen

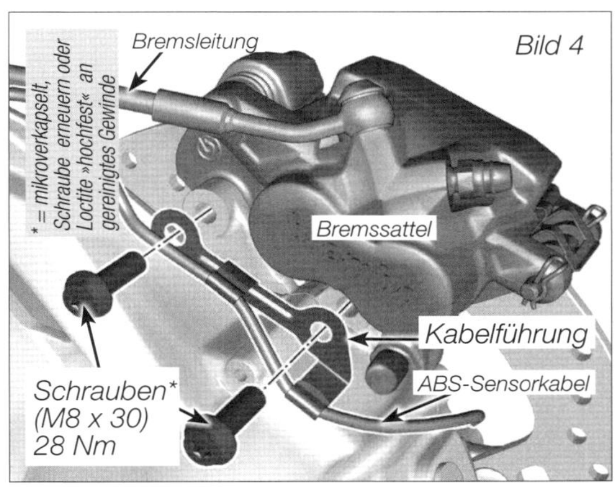

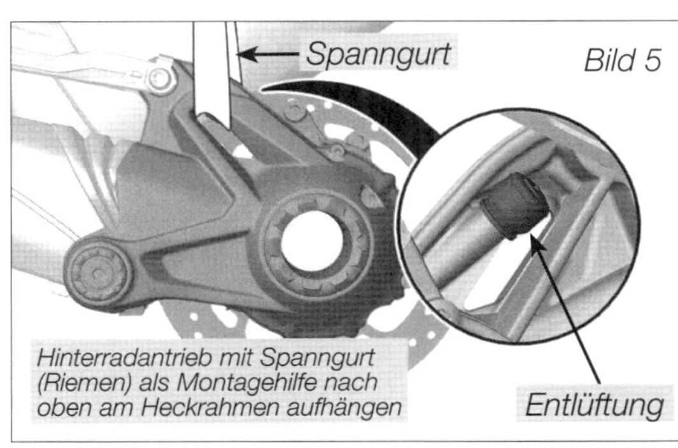

Bilder 3 und 4: Befestigung des ABS-Sensors und der Kabelführung von Bremsleitung und Sensorkabel.

Bild 5: Entlüftung des Hinterradantriebs.

*Bild 6: Zum Ausbau der Abdeckung **D** ein*

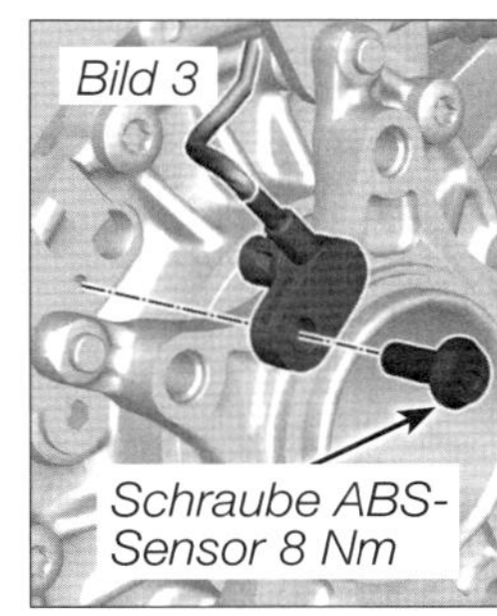

Loch in Mitte der Abdeckung bohren und mit Spezialwerkzeugen »Zugstange« und »Adapter« ausziehen.
■ Man kann auch mit einem kleinen Schraubenzieher am Rand der Abdeckung vorsichtig einfahren und sie so aushebeln.

Bild 7: Hinterradantrieb mit Befestigungsteilen.

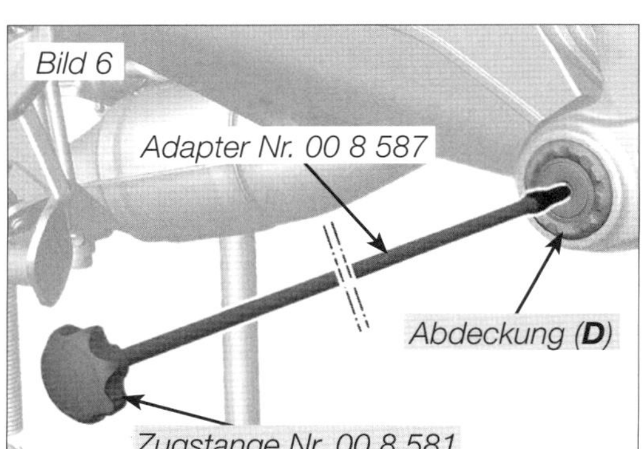

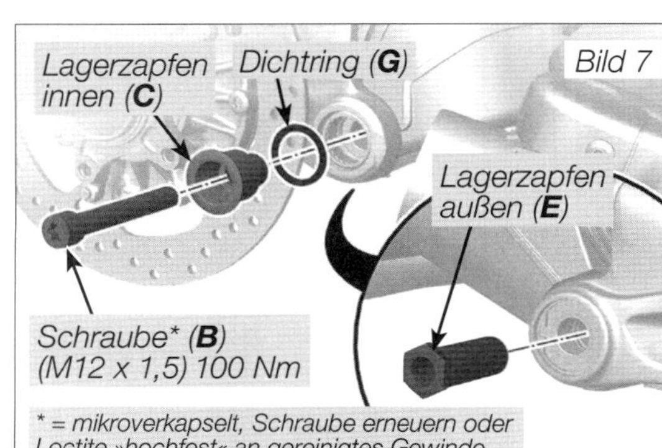

*Bild 8: Montagedetails des Hinterradantriebs und Montageposition der Distanzscheibe **F**.*

Bilder 9 und 10: Hinterer Faltenbalg mit Anbauteilen. Kunststoffeinsatz und Sitzfläche.

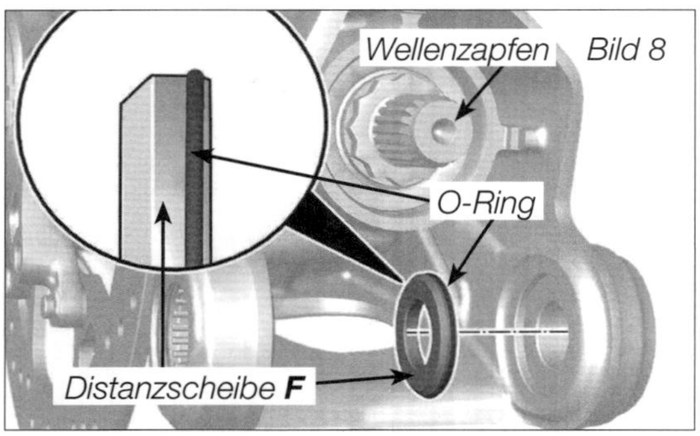

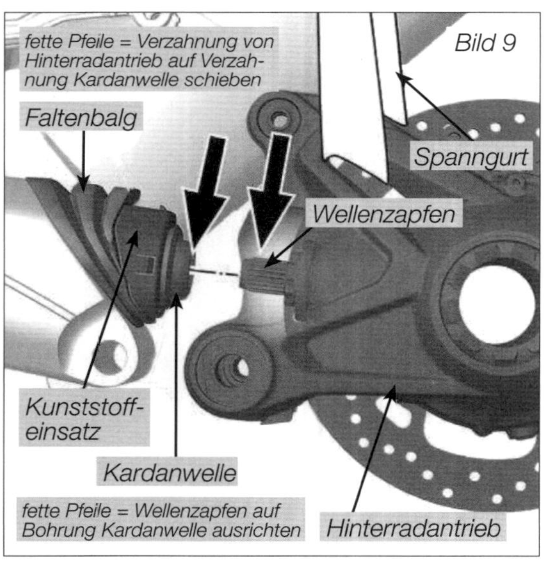

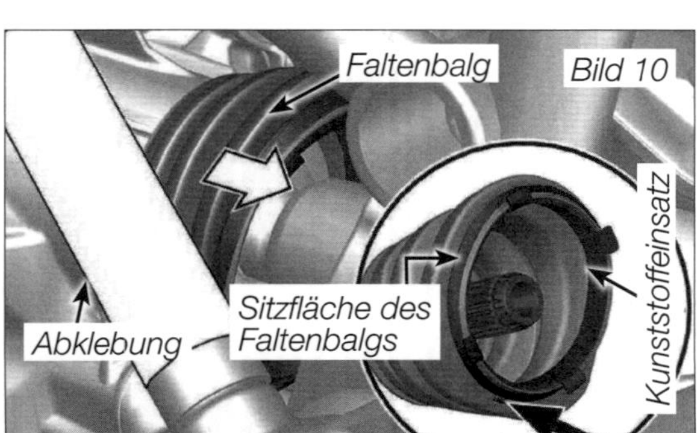

(***E*** in Bild 7) einstecken.
5. Bild 7: Neue Schraube ***B*** einbauen, handfest eindrehen. Oder Gewinde der alten Schraube ***B*** reinigen und einen kleinen Tropfen Loctite »hochfest« an das Gewinde geben, dann einbauen.
6. Jetzt den Hinterradantrieb mit einem Spanngurt nach oben hin zum Rahmen aufhängen.
7. Schraube ***B*** in Bild 7 anziehen, am Sechskant des Lagerzapfens ***E*** in Bild 7 gegenhalten. Anziehdrehmoment 100 Nm.
8. Verzahnung am Wellenzapfen reinigen, etwas Optimoly TA an die Verzahnung geben. Hinterradantrieb hochklappen, dabei Kreuzgelenk auf Wellenzapfen ansetzen und ganz aufschieben, Spanngurt nachziehen.
9. Faltenbalg anbringen:
■ Bild 9: Sitzt der Kunststoffeinsatz korrekt im Faltenbalg? Wenn »nein«, Zapfen des Kunststoffeinsatzes auf Nuten im Faltenbalg ausrichten und eindrücken.
■ Sitzflächen des Faltenbalgs innen mit Staburags NBU 30 PTM einschmieren, am Hinterradantrieb ansetzen (Bild 9) und einrasten lassen.
10. Momentstrebe hinten einbauen:
10.1. Neue Schraube mit Kabelführung einschrauben, mit 56 Nm festziehen. Oder Gewinde der alten Schraube reinigen und einen kleinen Tropfen Loctite »hochfest« an das Gewinde geben.

Restteile anbauen:
Bremssattel anbauen: Kapitel 6 »Bremsen«.
■ ABS-Sensor in Hinterradachsgetriebe einstecken, Schraube mit 8 Nm festziehen, Sensorkabel einclipsen.
■ Hinterrad einbauen: Kapitel 5 »Räder«.

Kardanwelle ausbauen, prüfen, einbauen

Die Kardanwelle kann bei eingebauter Schwinge aus- und eingebaut werden. Sollte es bei Ihrer Maschine wider Erwarten nicht möglich sein, die Kardanwelle mit dem breiten Schraubenzieher von der Getriebeabtriebswelle abzudrücken, wie in Punkt 3. beschrieben (Bild 11), dann bauen Sie lieber die Schwinge aus, als mit dem Schraubenzieher weiter herumzuwürgen.

Kardanwelle ausbauen, kontrollieren
1. Arbeitsschritte 1. bis 6. des Textabschnitts »Hinterradantrieb abbauen« durchführen.
2. Bild 10: Je nachdem, von welcher Position aus die Kardanwelle abgedrückt werden soll, die gefährdeten Rahmenteile abkleben.
3. Bild 11: Mit breitem Schraubenzieher den vorderen Faltenbalg von der Schwinge abschieben, in das Kreuzgelenk einfahren und dieses von der Getriebeausgangswelle abdrücken.
4. Kardanwelle nach hinten aus Schwinge ziehen.
5. Bild 12: Kreuzgelenke der Kardanwelle kontrollieren: Vorder- und Hinterteil des Kreuzgelenks gegeneinander (»radial«) verdrehen sowie axial auseinanderziehen und zusammendrücken.
■ Jedes Kreuzgelenk hat leicht »Luft« in alle Richtungen, weil auch neue Lager einen Hauch Spiel haben – deswegen ist die Bewertung des Spiels Erfahrungssache (BMW-Meister fragen!).

Hinweis: Defekte Nadellager in den Kreuzgelenken können zwar repariert werden, wir empfehlen jedoch, bei defekten Lagern ein komplett neues Kreuzgelenk einzubauen.

Kardanwelle einbauen
1. Innenverzahnung der Kardanwelle schmieren mit Optimoly TA.
2. Kardanwelle von hinten in Schwinge schieben.
3. Kreuzgelenk auf Getriebeausgangswelle ansetzen, bis zum Anschlag aufschieben.
4. Bild 10: Sitzfläche des vorderen Faltenbalgs mit Staburags NBU 30 PTM einfetten, Faltenbalg in seinen Sitz in der Schwinge schieben. Dabei auf seine Positionierung achten, Kunststoffeinsatz muss einrasten.
5. Weiter mit den Arbeitsschritten ab 8. aus dem Textabschnitt »Hinterradantrieb anbauen«.

Schwinge aus- und einbauen

Wichtig: Zum Festziehen des Schwingenzapfens und seiner Kontermutter werden die BMW-Spezialwerkzeuge »Inbusschlüssel« (Nr. 33 6 642) und »Spezialnuss« (Nr. 33 6 641) benötigt (Bild 14). Werden diese Werkzeuge nicht benutzt, besteht die Gefahr, dass sich der Lagerzapfen beim Festziehen (»Kontern«) der Bund-Kontermutter (145 Nm) verdreht und sein vorgeschriebenes Anziehdrehmoment von 7 Nm überschritten wird, was auf Dauer gesehen zur Beschädigung der Kegelrollenlager führen wird.

Hinterradschwinge ausbauen
Hinterradantrieb ausbauen wie im Text weiter vorne beschrieben. Kardanwelle kann eingebaut bleiben.

1. Vorderen Faltenbalg von der Schwinge abschieben.
2. Untere Federbeinschraube ausbauen (siehe dazu auch Kapitel 7 »Federung · Dämpfung«).
3. Bild 14, linke Seite: Kontermutter lösen und abschrauben, Scheuerschutz abnehmen, Loslagerzapfen lösen und ausdrehen.
4. Bild 13, rechte Seite: Festlagerzapfen auf 80 °C erwärmen, Festlagerzapfen lösen und ausdrehen, Scheuerschutz abnehmen.
5. Schwinge nach hinten herausnehmen.

Hinterradschwinge einbauen
1. Sitzflächen des vorderen Faltenbalgs mit Staburags NBU 30 PTM einfetten.
2. Schwinge über Kardanwelle schieben.
3. Kunststoffring auf korrekten Sitz im Faltenbalg überprüfen, ggf. korrigieren.
3.1. Sitzfläche des Faltenbalgs innen mit Staburags NBU 30 PTM einschmieren, an der Schwinge ansetzen und einrasten lassen.
4. Bild 15: Loslagerzapfen und neuen Festlagerzapfen in den dargestellten Bereichen mit Optimoly TA leicht schmieren.
5. Schwinge ausrichten, Loslagerzapfen eindrehen.
6. Der neue Festlagerzapfen ist mikroverkapselt (Schraubensicherung). Bild 16: Wenn Sie keinen neuen Festlagerzapfen erwerben können oder der neue Festlagerzapfen nicht mikroverkapselt ist, bringen Sie im dargestellten Bereich Loctite »hochfest« auf.
7. Bild 13: Scheuerschutz einsetzen. Festlagerzapfen eindrehen, mit 100 Nm festziehen.
8. Bild 14: Lagerzapfen festziehen und kontern:
8.1. Voranzug des Lagerzapfens mit 15 Nm, Lagerzapfen lösen, wieder festziehen mit 7 Nm.
8.2. Scheuerschutz einsetzen. Kontermutter aufdrehen.
8.3. Kontermutter mit 145 Nm festziehen.
■ Jetzt die Beweglichkeit der Schwingenlager prüfen, Schwinge muss sich leicht und ohne zu hakeln nach oben und unten bewegen lassen. Lager müssen leichtgängig und spielfrei sein.
9. Restliche Teile anbauen. Einbau des Federbeins siehe Kapitel 7 »Federung · Dämpfung«.

Bilder 11 und 12: Kreuzgelenk mit Schraubenzieher abdrücken. Durch Hin- und Herbewegen auf Lagerluft kontrollieren.

Bild 14: Spezialwerkzeug zum Festziehen des Loslagerzapfens.

Bilder 13, 15 und 16: Montagedetails der Schwingenlagerung.

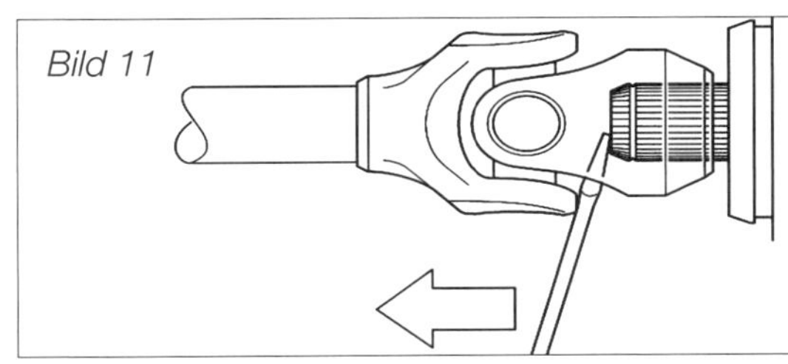

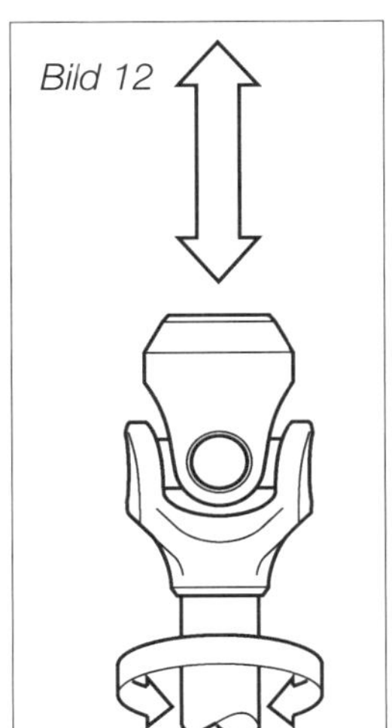

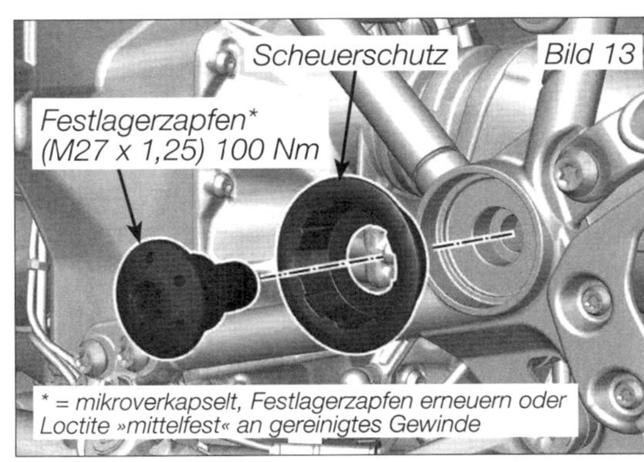

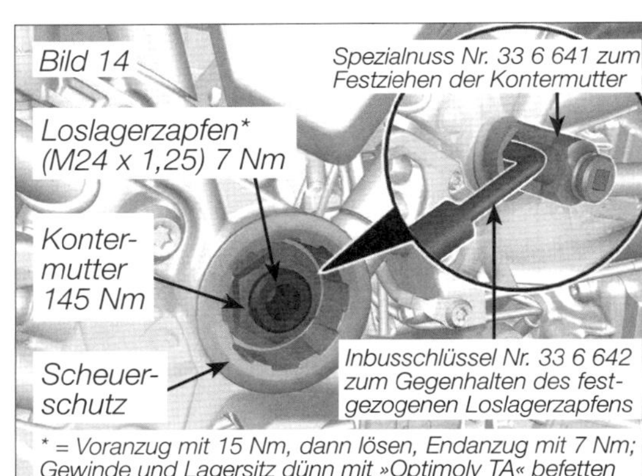

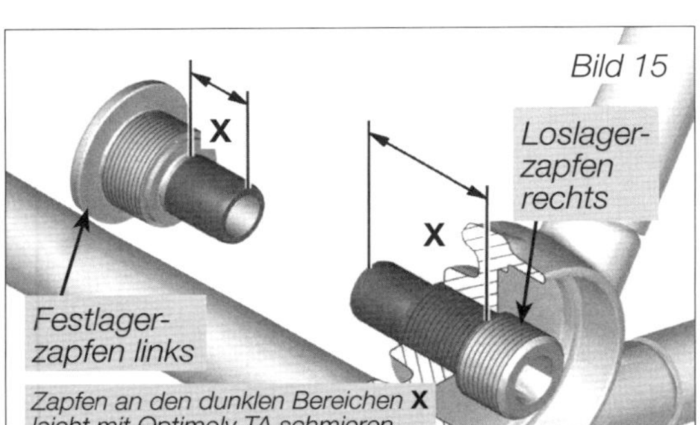

Sichtprüfung Messen

Licht · Blinker · Hupe

In diesem Kapitel: Lichtanlage kontrollieren · Scheinwerfereinstellung prüfen, einstellen · Lampen wechseln in den Blinkern · Leuchteinheit innen feucht? · Scheinwerfer ab- und anbauen · Blinker ab- und anbauen · Rück-/Bremslicht ab- und anbauen · Lichthupe · Hupe · Instrumenteneinheit.

Lichtanlage

Die Kontrolle der Lichtanlage und der Hupe ist keine periodische Wartungsarbeit starr nach Wartungsplan, sondern gehört zu den sicherheitsrelevanten Tätigkeiten, die vom Fahrer regelmäßig selbst durchgeführt werden sollten. Ein Check der Beleuchtung, Blinker und Hupe ist schnell gemacht. Aufwand und Nutzen stehen in günstiger Relation und bringen ein unverzichtbares Maß an Sicherheit.

Bild 1 a

Bild 1 a: Scheinwerfer in den Modelljahren 2019 und 2020.

Bild 1 b

Bild 1 b: Scheinwerfer ab Modelljahr 2021.

Bild 2 a

Bild 2 a: Serienmäßige Blinker in den Modelljahren 2019 und 2020.

Bild 2 b

Bild 2 b: LED-Blinker als Sonderausstattung in den Modelljahren 2019 und 2020.

Bild 2 c

Bild 2 c: Serienmäßige LED-Blinker ab Modelljahr 2021.

Doppelscheinwerfer (Bilder 1 a und 1 b)

- Der Scheinwerfer ist bei allen Modellen unseres Buchs eine LED-Einheit.
- Bilder 1 a und 1 b: Das Tagfahrlicht brennt bei laufendem Motor bei Tage als Fahrlicht, es kann nicht abgeschaltet werden. Tagfahrlicht ist bis Modelljahr 2020 Sonderausstattung, ab Modelljahr 2021 ist es Serienausstattung.
- Wenn von Tagfahrlicht auf Abblendlicht umgeschaltet wird, dunkelt das Tagfahrlicht ab und dient als Standlicht.
- Rechts im Scheinwerfer ist das Abblendlicht. Wenn es dunkel wird, erfolgt eine automatische Umschaltung vom Tagfahrlicht auf Abblendlicht und Standlicht. Die Umschaltung von Tagfahrlicht auf Abblendlicht kann auch manuell erfolgen.
- Links im Scheinwerfer ist das Fernlicht. Bei manuellem Betätigen der entsprechenden Taste im linken Lenkerschalter schaltet sich das Fernlicht dem Abblendlicht zu.

Rück-/Bremslicht: Es besteht aus 12 LED-Leuchtdioden, die zu einer Einheit zusammengefasst sind. Über das farblose untere Feld wird das Nummernschild beleuchtet. Wenn auch nur eine LED-Leuchtdiode kaputt geht, muss die ganze LED-Einheit gewechselt werden.

Blinker: In den Modelljahren 2019 und 2020 sind Blinker mit 12 Volt/10 Watt-Lampen verbaut (Bild 2 a). Als Sonderausstattung waren LED-Blinker (Bild 2 b) erhältlich. Ab Modelljahr 2021 sind LED-Blinker Serie (Bild 2 c).

Sicherheitshinweise ⚠ Achtung und ☞ Tipps

☞ Wenn Sie an einer roten Ampel zufällig neben einem Schaufenster stehen und Ihr Spiegelbild darin betrachten, betätigen Sie abwechselnd Hand- und Fußbremse und checken das Bremslicht.

⚠ Wenn Lampen ersetzt werden, müssen grundsätzlich Motor und Zündung AUSgeschaltet sein! Dies gilt auch für alle anderen Arbeiten an der Lichtanlage.

☞ Beim Einbau einer Lampe unbedingt Folgendes beachten:

- Steckkontakte und Glaskörper einer Lampe nicht mit bloßen Fingern anfassen! Sonst setzen sich Hautfette ab und brennen sich ins Glas ein, was Leuchtkraft und Lebensdauer mindert.
- Bild 6: Lampe immer nur mit einem sauberen Lappen mit der Hand anfassen.
- Schmutz oder Fingerabdrücke mit Spiritus und fusselfreiem Tuch abwischen!

☞ Halten Sie die Gläser der Lichter sauber und fettfrei. Eine Reinigung unterwegs an der Tankstelle mit Scheibenwaschwasser und Schwamm wirkt Wunder und sichert die volle Leuchtkraft des Scheinwerfers.

Scheinwerfereinstellung

Leuchtweiten-Schnelleinstellung
Der Scheinwerfer ist mit einer Leuchtweiten-Schnelleinstellung ausgestattet. Bild 3: Diese sitzt links hinten am Scheinwerfergehäuse unterhalb der Instrumenteneinheit und ist gut erreichbar.
■ **Normalstellung** (Bild 3)**:** Der kleine Hebel ist nach unten geklappt. Wenn die Grundeinstellung der Scheinwerfereinstellung stimmt (Bild 4), dann ist die Fahrbahn gut ausgeleuchtet und der Gegenverkehr wird nicht geblendet.
■ **Beladestellung:** Wird die Maschine mit zwei Personen und Gepäck beladen, dann sinkt das Heck stark in die hintere Federung ein und der Scheinwerferstrahl leuchtet nach oben. Dadurch wird die Fahrbahn nicht mehr gut ausgeleuchtet und eine Blendung des Gegenverkehrs ist möglich. **Abhilfe:** Hebel der Leuchtweiten-Schnelleinstellung (Bild 3) um 90 Grad nach oben umklappen, wodurch die Reflektoren im Scheinwerfergehäuse um einen kleinen Betrag um ihre Achse nach unten gekippt werden: Abblendlicht und Fernlicht senken sich etwas nach unten.

Scheinwerfereinstellung prüfen, einstellen
Prüfung und ggf. Einstellung des Scheinwerfers müssen bei korrektem Reifenluftdruck vorgenommen werden. Besonders eine Zuladung mit zwei Personen und großem Gepäck hat wesentlichen Einfluss auf die Leuchtweite, weil die Maschine hinten tiefer in die Federung sinkt als vorne.

Vor einer Urlaubsfahrt sollte die Leuchtweite mit der Urlaubs-Beladung kontrolliert und ggf. angepasst werden, um eine Blendung des Gegenverkehrs zu vermeiden. Auch die Federbeineinstellung beeinflusst die Höhe des Hecks und damit die Leuchtweite, was aber meist innerhalb der Einstelltoleranz ist. Doch spätestens beim Einbau eines anderen Federbeins sollte die Scheinwerfereinstellung kontrolliert und ggf. neu justiert werden.

Fachbegriff »Vertikale Einstellung«: Lichtstrahl mehr oder weniger nach oben oder unten (»Leuchtweite«), Straße wird weiter oder weniger weit ausgeleuchtet. Grundeinstellung siehe Bild 4.

Auswirkungen falscher Einstellung:
■ **Zu *niedrig* eingestellter Lichtstrahl:** Fahrer verliert entscheidende Meter an Sichtweite.

■ **Zu *hoch* eingestellter Lichtstrahl:** Motorrad wird zum gefährlichen Blender – und zwar sowohl für den Gegenverkehr als auch für den Vorausfahrenden: Blendung erfolgt über Spiegel und ganz besonders über den Innenspiegel.

Fachbegriff »Horizontale Einstellung«: Der Lichtstrahl leuchtet mehr oder weniger nach rechts oder links. Straßenoberfläche und Straßenrand werden mehr oder weniger hell ausgeleuchtet.

Auswirkungen falscher Einstellung:
■ **Zu *weit nach links* eingestellter Lichtstrahl:** Gegenverkehr kann geblendet werden, auch wenn die vertikale Einstellung stimmt.
■ **Zu *weit nach rechts* eingestellter Lichtstrahl:** Straße vor der Maschine wird zu wenig ausgeleuchtet, Straßengraben dafür umso mehr (»Licht schielt«).

Scheinwerfereinstellung prüfen (Bild 4)
1. Bild 3: Die Schnelleinstellung ist auf Normalstellung, der kleine Hebel ist also nach unten geklappt.
2. Motorrad mit sitzendem Fahrer (ca. 85 kg) in 5 Meter Abstand vor einer Wand aufstellen. Der Boden sollte eben sein, Maschine steht auf den Rädern, Fahrer stützt sich mit den Füßen nur leicht auf dem Boden ab.
3. Abstand vom Boden bis zur Mitte des Scheinwerfers messen. Dieses Maß mit einem Kreidekreuz auf die Wand übertragen.

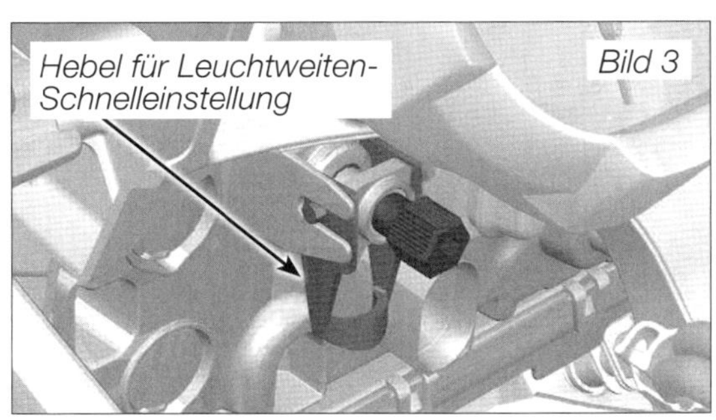

Bild 3: Praktische Leuchtweiten-Schnelleinstellung.

*Bild 4: Schemazeichnung des Aufbaus zur Scheinwerfereinstellung. H = Mitte des Scheinwerfers, **X** = 5 cm.*

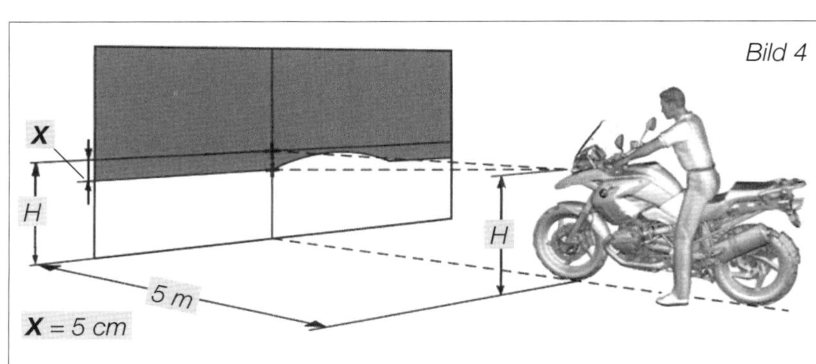

Sichtprüfung Messen

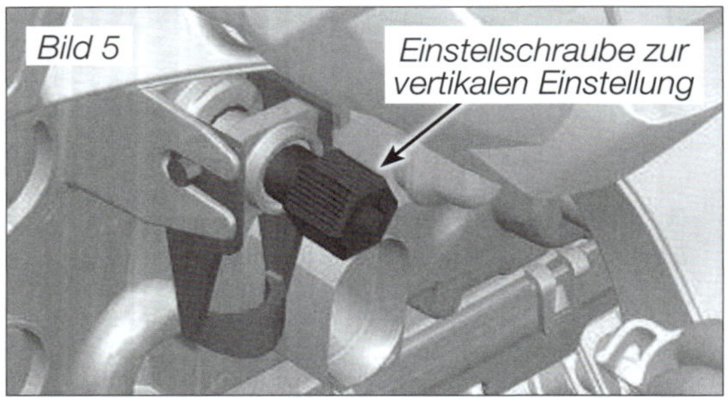

Bild 5: Einstellschraube zum Einstellen des Lichtkegels nach oben oder unten.

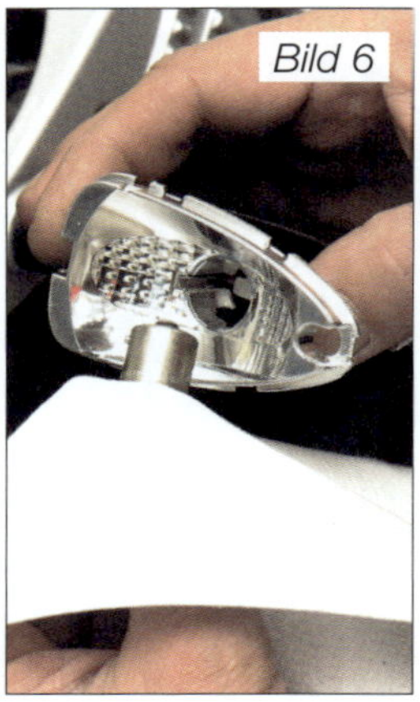

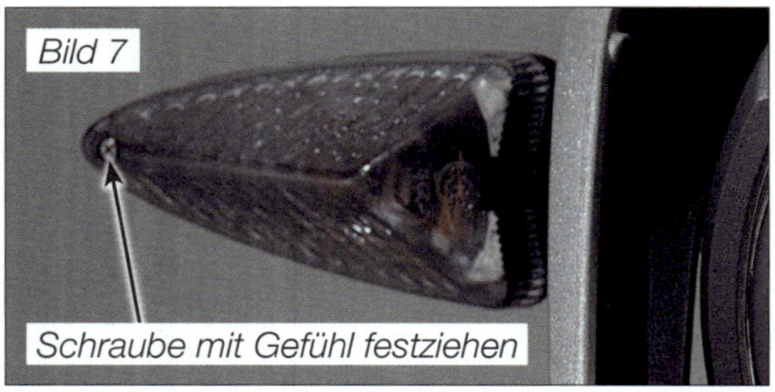

Bilder 6 und 7: Blinklampe wechseln. Neue Lampe am Glas mit einem sauberen Tuch anfassen.

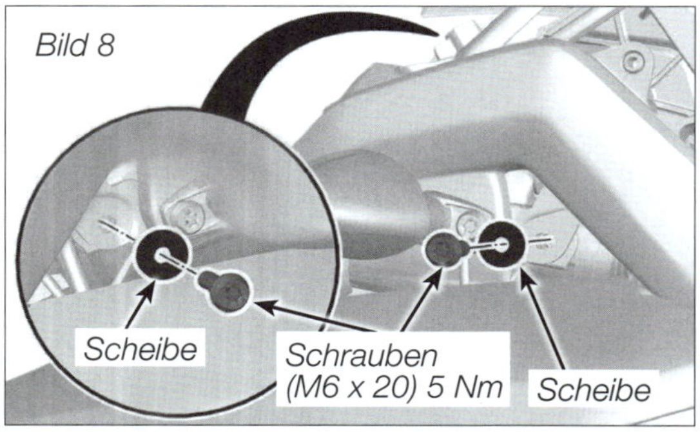

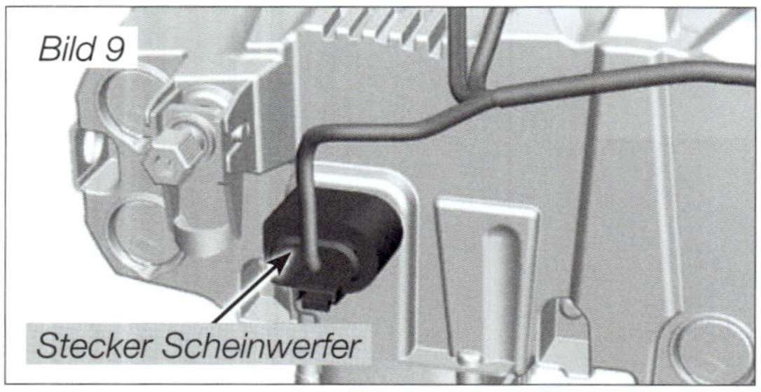

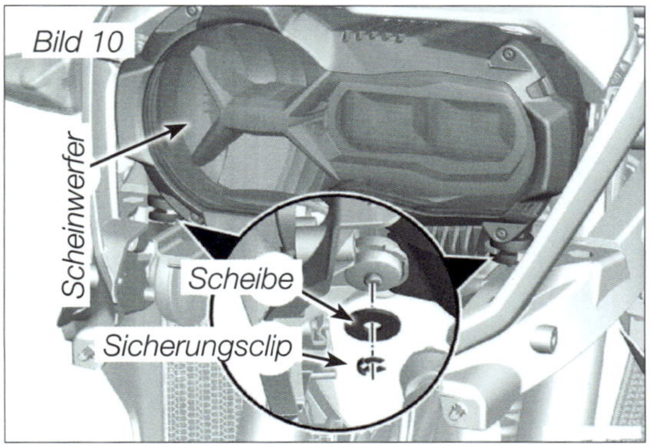

Bilder 8, 9 und 10: Im Lauftext sind die zu den Bildern gehörenden Arbeitsschritte nummeriert beschrieben.

4. Unter dieses Kreuz im Abstand von 5 cm ein weiteres Kreuz anzeichnen.
5. Abblendlicht einschalten: Die Hell-/Dunkelgrenze soll in der Mitte des unteren Kreuzes beginnen, bis zur Höhe des oberen Kreuzes nach rechts ansteigen und dann wieder abfallen.

Scheinwerfereinstellung korrigieren
1. »Vertikale Einstellung«: Wenn sich bei der Prüfung der Scheinwerfereinstellung herausstellt, dass der Lichtkegel zu weit nach unten oder oben strahlt, muss die Einstellung korrigiert werden.
2. Der Scheinwerfer lässt sich entsprechend einstellen. Die Einstellschraube befindet innerhalb der Schnelleinstellung (Bilder 3 und 5).
■ Man kann sie zwar mit den Fingern verdrehen, besser ist es jedoch, eine 6-Kant-Nuss aufzusetzen als Drehhilfe.
2.1. Einstellschraube nach links drehen, stellt den Scheinwerfer höher ein, das Licht leuchtet weiter.
2.2. Einstellschraube nach rechts drehen, stellt den Scheinwerfer niedriger ein, das Licht leuchtet weniger weit.
3. »Horizontale Einstellung«: In horizontaler Richtung kann der Scheinwerfer nicht eingestellt werden.

Lampen wechseln

Serien-Blinklampen in den Modelljahren 2019 und 2020
Alle vier Blinklampen 12 Volt/10 Watt werden auf die gleiche Art und Weise gewechselt.
1. Bilder 6 und 7: Schraube im Blinkerglas ausdrehen und Blinkerglas abnehmen.
2. Blinklampe hat einen Bajonettverschluss, sie wird unter leichtem Druck mit einer Vierteldrehung nach links aus ihrer Fassung genommen.
■ Beim Zusammenbau bitte beachten: Schraube des Blinkerglases nicht stark anziehen, sonst reißt das Glas.

Alle anderen Leuchtmittel sind LEDs. Sie sind sehr langlebig. BMW geht sogar davon aus, dass ihre Lebensdauer länger ist als die der Motorräder. Bei den LED-Leuchten muss beim Ausfall einer Leuchtdiode die komplette Leuchte ausgetauscht werden.

Leuchteinheit innen feucht?

Feuchtigkeit in den Blinkern gibt es normalerweise nicht, weil die Gehäuse belüftet sind. Wenn jedoch die Belüftungsschlitze verdreckt oder anderweitig verstopft sind, beschlagen die Gläser von innen durch Schwitzwasser: Dieses bildet sich, wenn die Lampe brennt (also während des Blinkens), deswegen heiß ist und am Ende der Fahrt beim Ausschalten des Lichts (bzw. wenn das Blinken zu Ende ist) wieder abkühlt. Schwitzwasser ist gefährlich, denn es kriecht in jede Ritze und sorgt für Korrosion der Kontakte: Im Laufe der Zeit wird das Licht immer dunkler und erlischt schließlich ganz, obwohl die in die Fassung eingesteckte Lampe nicht defekt ist.

Bei Schwitzwasserbefall die Blinkergläser abbauen und trocken putzen. Kontrollieren Sie auch, ob die Entlüftung frei ist:
■ Im unteren Rand des Blinkergehäuses sind kleine Entlüftungsbohrungen. Wenn diese zugesetzt sind: Sorgfältig reinigen und die Öffnungen »freilegen«.

Scheinwerfer ab- und anbauen

Zum Abbau des Scheinwerfers müssen abgebaut werden: Seitenabdeckungen links und rechts (siehe Kapitel 3 »Verkleidung · Rahmen · Tank«), Vorderradabdeckung oben und Mitte.

Bei der Adventure: Fahrersitz, mittlere Tankverkleidung, Seitenabdeckung links und rechts, Windabweiser links und rechts, Vorderradabdeckung oben, Cockpitverkleidung, Blende Frontträger.

1. Bild 8: Befestigungsschrauben der Scheinwerfereinheit links und rechts ausbauen, Scheiben abnehmen.
2. Bild 9: Scheinwerferstecker trennen.
3. Bild 10: Sicherungsclips mit Spitzzange links und rechts ausbauen, Scheiben abnehmen.
4. Scheinwerfereinheit nach oben aus den Gummibuchsen ziehen und nach vorne abnehmen.
5. Abblend-, Fern- und Standlichtlampe in neuen Scheinwerfer einbauen.

■ Einbau in umgekehrter Reihenfolge. Dabei die Schrauben (Bild 8) mit 5 Nm festziehen. Nach dem Einbau die Scheinwerfereinstellung prüfen und, wenn notwendig, korrigieren (siehe Text weiter vorne).

Blinker ab- und anbauen

Die Blinker sind mit M6-Torxschrauben vorne am Frontträger und hinten am Kennzeichenträger befestigt. Es wird ein Torxschrauber T30 benötigt.

Blinker vorne abbauen
Zum Abbau der vorderen Blinker müssen abgebaut werden: Seitenabdeckungen links und rechts (siehe Kapitel 3 »Verkleidung · Rahmen · Tank«), Vorderradabdeckung oben.

Bei der Adventure: Fahrersitz, mittlere Tankverkleidung, Seitenabdeckung links und rechts, Windabweiser links und rechts, Vorderradabdeckung oben

1. Bild 11: Kabelbinder links und rechts vorne aufknipsen, Kabel aus Haltelasche lösen. Stecker der Blinkerkabel trennen (Bilder 12 a und 12 b).
2. Befestigungsschraube ausschrauben.
3. Blinker nach oben drehen (gilt für rechten und linken Blinker) und aus der Bohrung ziehen, Kabel und Stecker sorgsam ausziehen.

Blinker vorne anbauen
1. Stecker und Kabel in Bohrung einführen.
2. Blinker nach oben stehend ansetzen und um 90 Grad nach vorne drehen, Schraube eindrehen, mit 4 Nm festziehen (»handfest«).
3. Bild 11: Kabel sauber verlegen, Stecker verbinden, Kabel in Haltelasche legen und mit neuem Kabelbinder befestigen.
4. Abgebaute Teile anbauen.

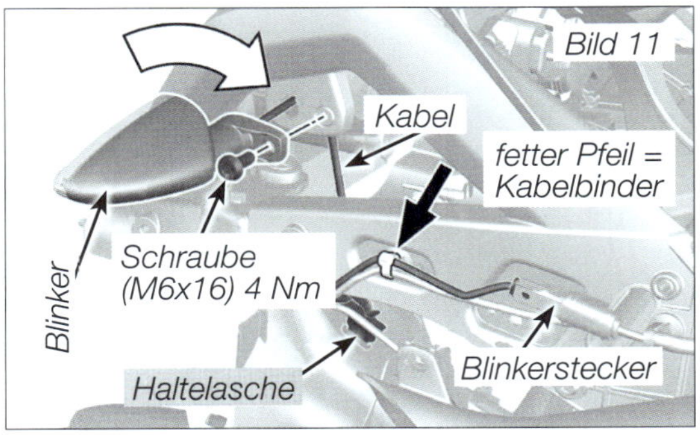

Bild 11: Montage des vorderen Blinkers, Lage der Kabel und Stecker.

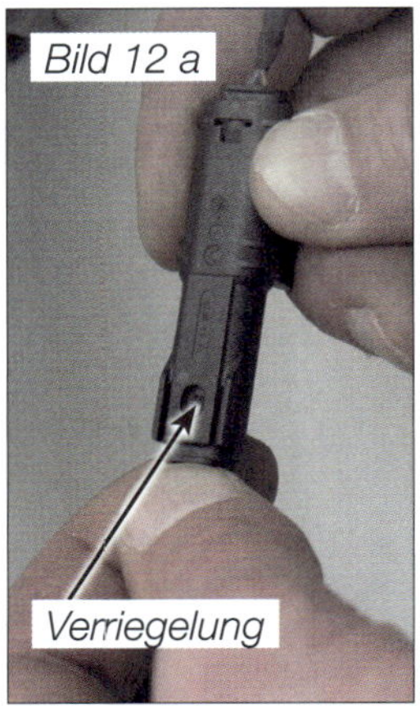

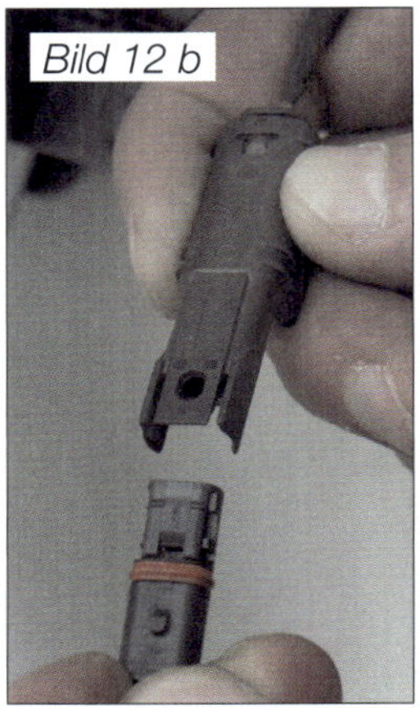

Bilder 12 a und 12 b: Stecker der Blinkerkabel: Beim Trennen der Stecker und Ausziehen des Kabels sorgsam vorgehen.
■ Beim Zusammenstecken muss die Verriegelung hörbar klicken.

Sichtprüfung   Messen

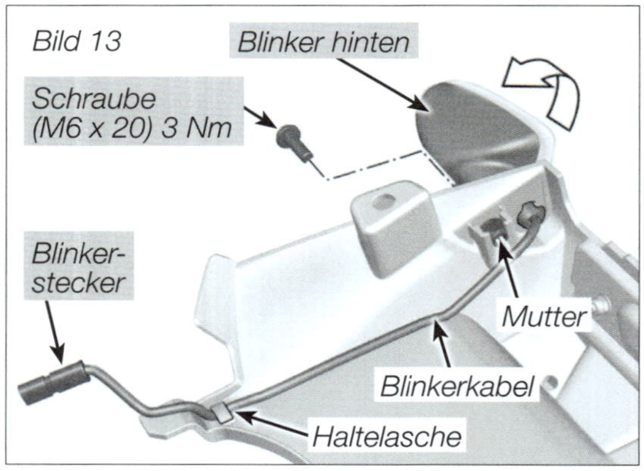

Bild 13: Montage des hinteren Blinkers, Lage der Kabel und Stecker.

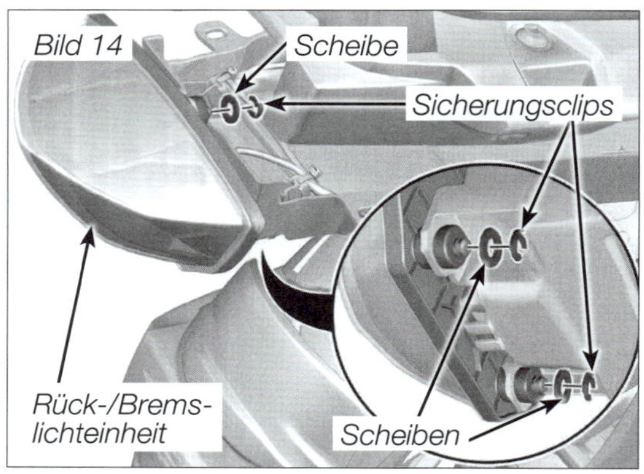

Bild 14: Zum Ausbau der Rück-/Bremslichteinheit die Sicherungsclips ausbauen, Scheiben abnehmen.

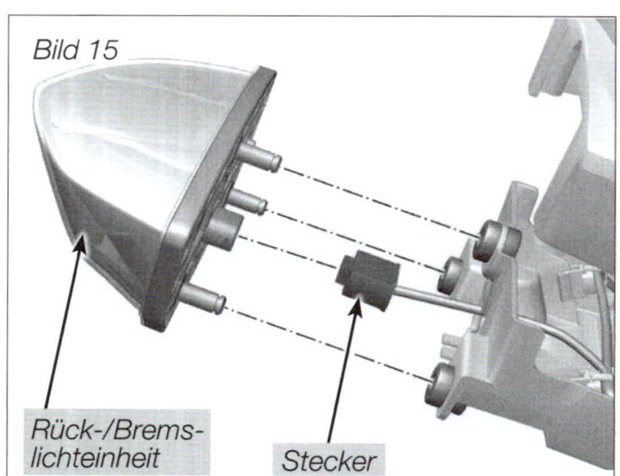

Bild 15: Rück-/Bremslichteinheit abziehen und Stecker trennen.

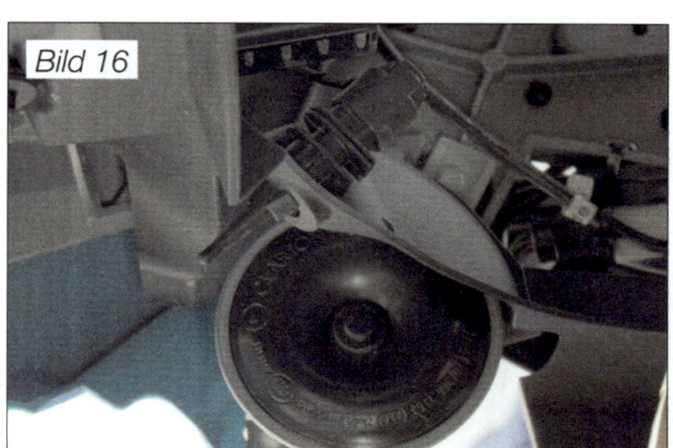

Bilder 16 und 17: Einbaulage der Hupe und Verlegung der Kabel.

Blinker hinten abbauen

Zum Abbau der hinteren Blinker müssen abgebaut werden: Soziussitz, Kennzeichenträger.

1. Bild 13: Kabel aus Haltelasche lösen. Schraube ausschrauben, Mutter abnehmen.

2. Blinker nach oben drehen (gilt für rechten und linken Blinker) und aus der Bohrung ziehen, Kabel und Stecker sorgsam ausziehen.

Blinker hinten anbauen

1. Stecker und Kabel in Bohrung einführen.

2. Blinker nach oben stehend ansetzen und um 90 Grad nach hinten drehen, Mutter einsetzen, Schraube eindrehen, mit 3 Nm festziehen (entspricht in etwa «leicht handfest«).

3. Kabel sauber verlegen, in Haltelasche legen.

4. Kennzeichenträger anbauen, Stecker verbinden.

Rück-/Bremslicht ab-/anbauen

Zum Abbau des Rück-/Bremslichts müssen Soziussitz und Kennzeichenträger abgebaut werden.

1. Schrauben der Hinterradabdeckung ausschrauben. Hinterradabdeckung hinten etwas nach unten ziehen,

3. Bild 14: Sicherungsclips ausbauen, Scheiben abnehmen.

4. Bild 15: Stecker trennen, Rück-/Bremslichteinheit abnehmen.

■ Einbau in umgekehrter Reihenfolge.

Kennzeichenbeleuchtung

Da die Kennzeichenbeleuchtung über das Rück-/Bremslicht erfolgt, wird beim Wechsel der Heckleuchteneinheit auch die Kennzeichenbeleuchtung erneuert.

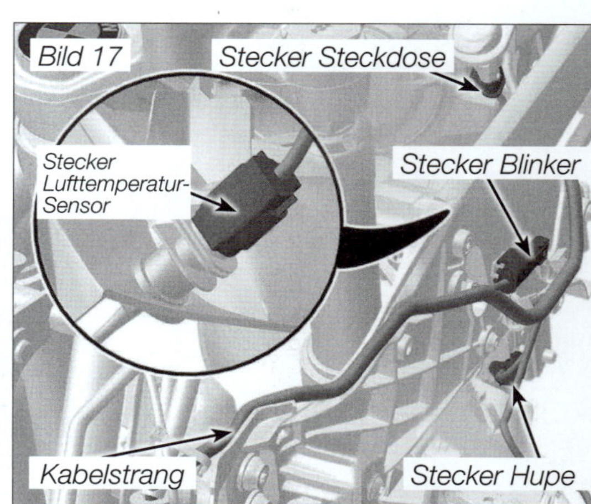

Lichthupe

Die Lichthupe wird betätigt, indem der Abblend-/Fernlichtschalter nach hinten betätigt wird und sich damit das Fernlicht einschaltet. Dieses muss so lange aufleuchten, wie der Schalter betätigt bleibt.

■ Falls nicht, den Schalter zur Kontrolle auf Fernlichtstellung bringen.

■ Leuchtet jetzt das Fernlicht, Kabel und Steckverbindungen kontrollieren.

Hupe

Bilder 16 und 17: Die Hupe sitzt vorne rechts am Hilfsrahmen. Wenn sie nicht richtig funktioniert, liegt es meist an defekten Kabeln oder Steckverbindungen.

■ Kabel auf Bruch und durchgescheuerte Stellen kontrollieren.

■ Steckverbindungen auseinanderziehen und säubern. Kontakte mit feinem Schleifpapier von Korrosionsschicht befreien, ggf. mit Kontaktspray behandeln.

■ Steckverbindung der Hupe prüfen: Spannungsmesser an kabelbaumseitige Kontakte anlegen. Bei Betätigung des Hupenschalters muss Batteriespannung anliegen.

■ Falls die Hupe trotz funktionierender Stromversorgung keinen Laut von sich gibt, Bauteil ersetzen: Stecker abziehen, Befestigungsschraube lösen und neue Hupe anbauen.

Instrumenteneinheit

Tacho und/oder Drehzahlmesser defekt?
Bild 24: Die Instrumenteneinheit kann nicht zerlegt und repariert werden. Bei einem Defekt muss das Instrument komplett ersetzt werden.

Instrumenteneinheit aus- und einbauen
1. Bild 18: Sicherungsclips ausbauen.
2. Bild 19: Instrumenteneinheit aus Gummibuchsen ziehen, Stecker trennen, Instrumenteneinheit abnehmen.

■ Anbau in umgekehrter Reihenfolge. Bild 20: Vor dem Anbau die Gummibuchsen leicht mit Silikonpaste einschmieren.

Achtung: Nach dem Aus- und Einbau der Instrumenteneinheit müssen die Steuergeräte der R 1250 GS und auch der Adventure mit dem BMW-Motorrad-Diagnosegerät neu programmiert werden.

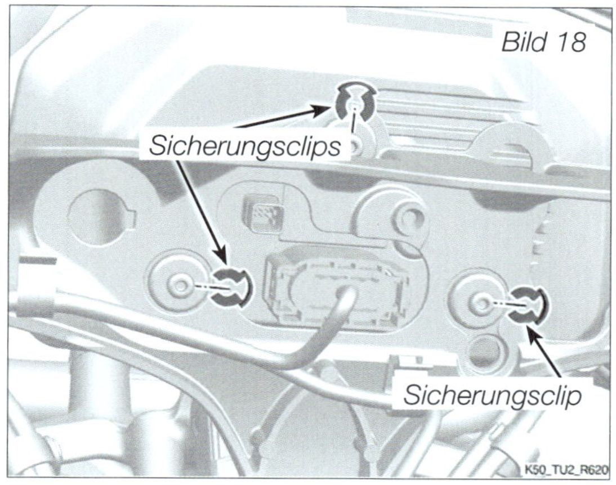

Bild 18

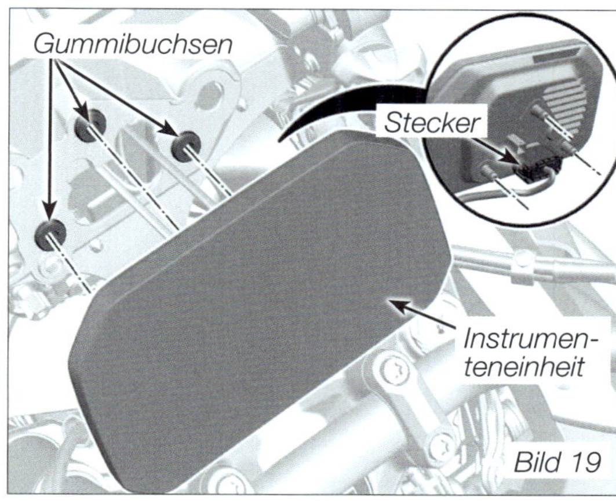

Bild 19

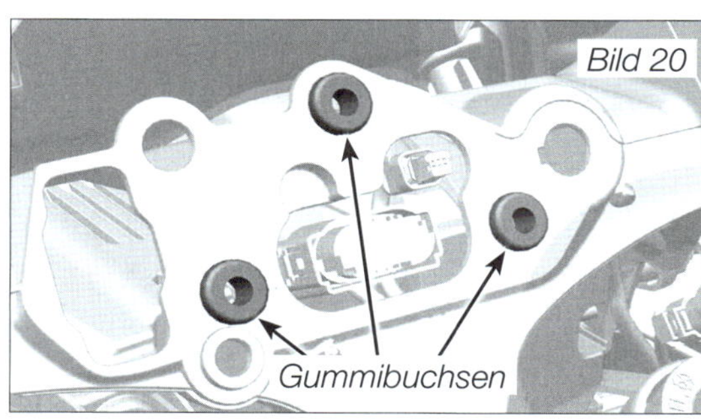

Bild 20

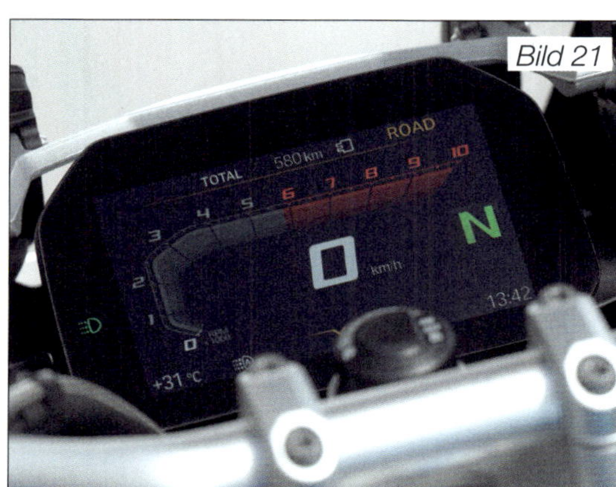

Bild 21

Bilder 18, 19, 20 und 21: Detailansichten der Instrumenteneinheit und ihrer Befestigung in Gummibuchsen plus Sicherungsclips.

Sichtprüfung

Messen

Bild 22: Die Form des Scheinwerfergehäuses und die Befestigung der Scheinwerfer in den Modelljahren 2019/2020 und ab 2021 sind über alle Jahre baugleich.

Bild 23: Rücklicht.
1 = Rücklicht
2 = Gummibuchsen
3 = Scheiben
4 = Sicherungsclips

Bilder 24 und 25: Blinker LED und mit Glühlampen.
1 = Blinkergehäuse
2 = Blinkerglas
3 = Lampe 10 Watt
4 = Schrauben M6
5 = Muttern
6 = Kabel
7 = Sicherungsclip
8 = Glasschrauben

Bild 22

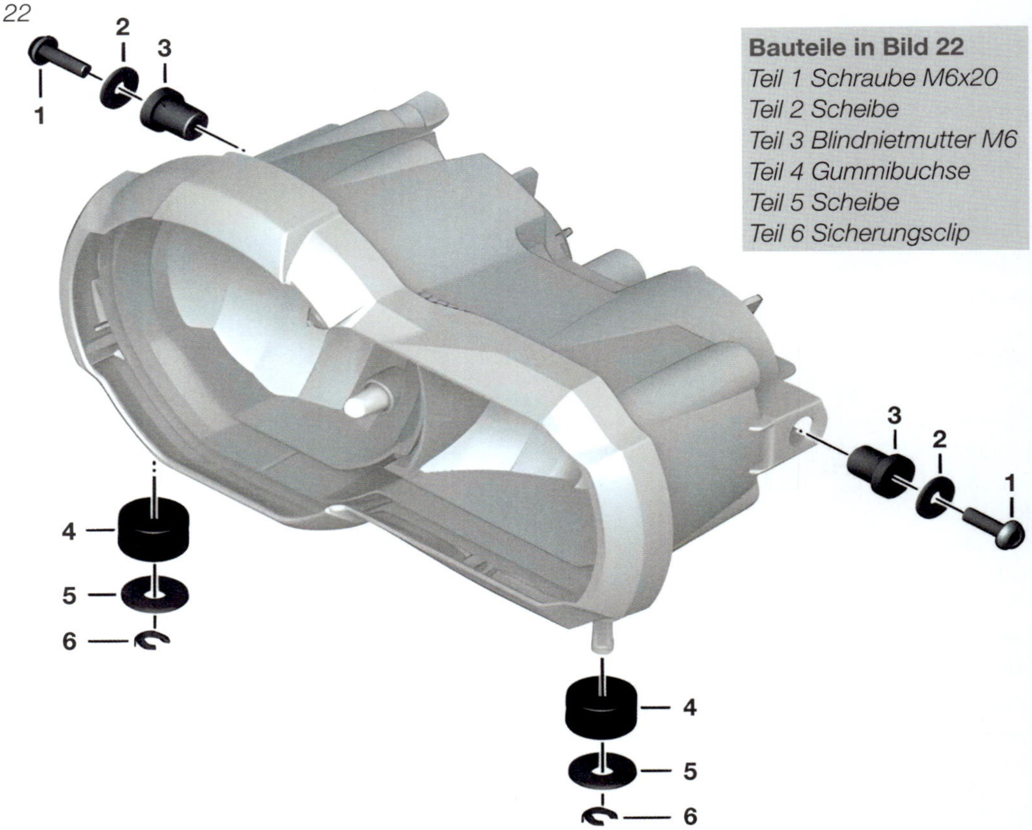

Bild 23

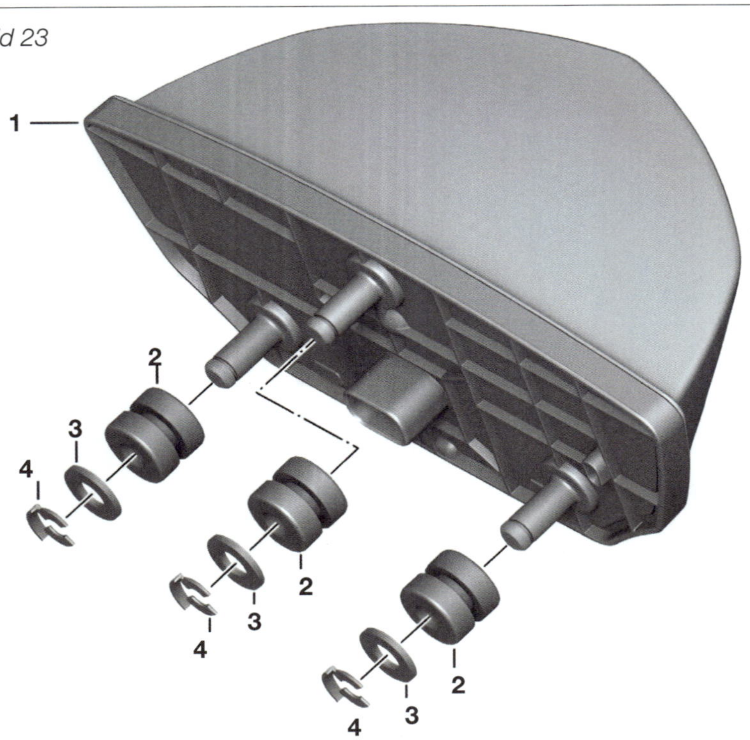

Bild 24

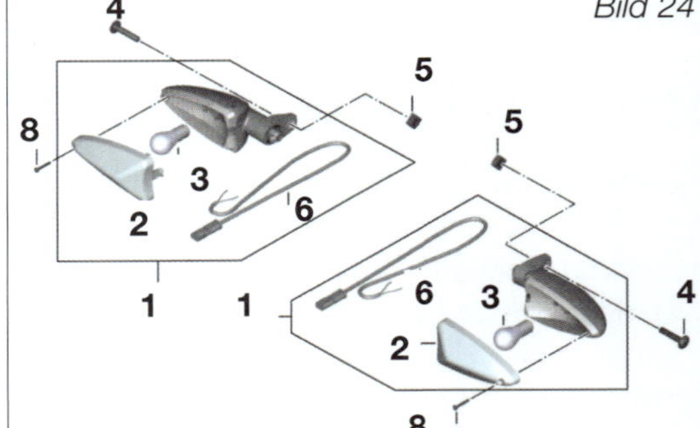

Bild 25

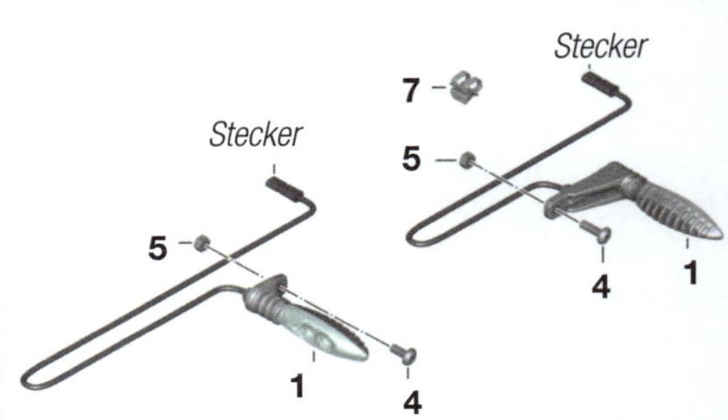

Elektrik · Elektronik

In diesem Kapitel: Ein Wort zuvor · Diagnosegeräte · Übersicht der Bauteile · Elektronikbauteile · Fahrzeugelektronik: SWS, CAN-und LIN-Bus, Identifier · Bus-Technologie, Echtzeit, Leitungspfad · Steuergeräte · Schmelzsicherungen und Relais · Elektronische Wegfahrsperre · Instrumenteneinheit in Digitaltechnik · Motorsteuerung: Einspritzung, Lambdasonden, Schubabschaltung · Wichtige Tipps zur elektrischen und elektronischen Fehlersuche · Kabel, Reparatur · Stecker trennen · Übersicht der elektrischen Bauteile.

Ein Wort zuvor

Elektrik und Elektronik repräsentieren modernsten fahrzeugtechnischen Stand mit deutlichen Anleihen aus dem Automobilbau. Sie weicht sichtbar von anderen Motorradelektriksystemen ab, denn der Kabelbaum ist kein kilometerlanges Gewirr mit vielen verschiedenen Verzweigungen und Anschlüssen, sondern besteht, bildlich gesprochen, aus einigen Strippen, deren Enden zu den Steuergeräten führen, wo die Daten verarbeitet werden.

Schaltpläne im herkömmlichen Sinne gibt es ebenso wenig wie Stromlaufpläne. Kurz nach der Mitte dieses Kapitels gehen wir auf Kabel, Fehlererkennung und Fehlerbehebung ein.

Diagnosegeräte

Die meisten Bauteile in der Bordelektrik und Motorsteuerung lassen sich nicht mit herkömmlichen Messgeräten und Instrumenten überprüfen, diagnostizieren oder gar reparieren. Zu einer zuverlässigen Fehlersuche wird das speziell für BMW-Motorräder entwickelte »BMW Motorrad Diagnosesystem« benötigt. Es besteht aus einem Computer mit entsprechender Software, Kabeln und verschiedenen Steckern. Dieses ist nur in autorisierten BMW-Motorradwerkstätten zu finden, weil BMW es weder an freie Werkstätten noch an Privatleute herausgibt. Deswegen müssen Probleme in der Motorsteuerung und Fahrzeugelektrik zwingend in der BMW-Motorradwerkstatt gesucht und behoben werden. Siehe dazu auch den Textkasten auf Seite 93 dieses Kapitels »Wichtige Tipps zur elektrischen und elektronischen Fehlersuche«.

Allerdings gbt es für freie Werkstätten und Privatleute verschiedene Diagnosegeräte in den Preisklassen von wenigen hundert bis in die tausende reichenden Euros. Beispielhaft erwähnen wir das Diagnosegerät »GS911« der Firma HEX Innovate Ltd., eine preisgünstige Hobby-Ausführung, die rund 400 Euro kostet (*www.hexgs911.com, www.hexinnovate.com*).

Elektro- und Elektronikbauteile

Bauteile der Motor- und Fahrzeugelektronik
In diesem Kapitelabschnitt sind alle elektrischen und elektronischen Bauteile der R 1250 GS in alphabetischer Reihenfolge aufgelistet plus der Bildnummern. Zwei Schautafel-Doppelseiten am Ende dieses Kapitels zeigen die Einbaulagen der Bauteile mit Pfeilen hin zur nackten Maschine.

■ **Anlasser:** Er sitzt rechts hinten unten am Motorgehäuse (Bilder 1 und 58 n).

■ **Anlasserrelais:** Es sitzt unter dem linken Seitendeckel (Bilder 2 und 57 e).

■ **Ansauglufttemperatur-Sensor (»Lufttemperaturfühler«):** Er sitzt rechts unten im Luftfilterkasten (Bilder 3 und 59 c).

■ **Aufprall-Sensor für intelligenten Notruf:** Er sitzt am linken Tankhalter (Bilder 4 und 56 g).

Einbaulage wichtiger elektrischer Bauteile:
Phantombilder mit Übersicht und Einbaulage wichtiger elektrischer Bauteile finden Sie auch im Kapitel 29 »Kabelverlegung und Schnittbilder«.

Bilder 1 bis 5: Im Lauftext sind die Teilebezeichnungen und Anbauorte beschrieben.

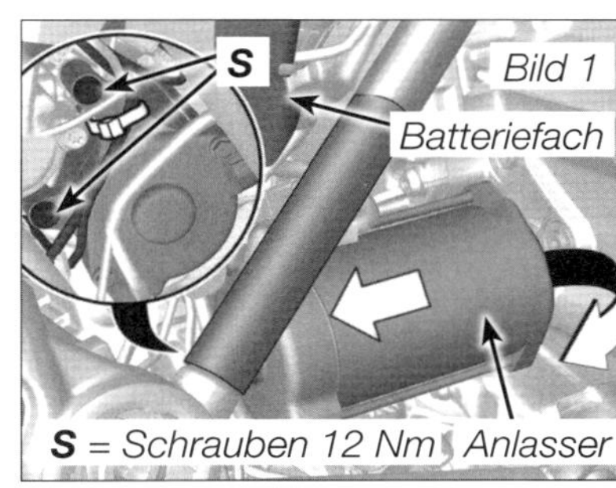

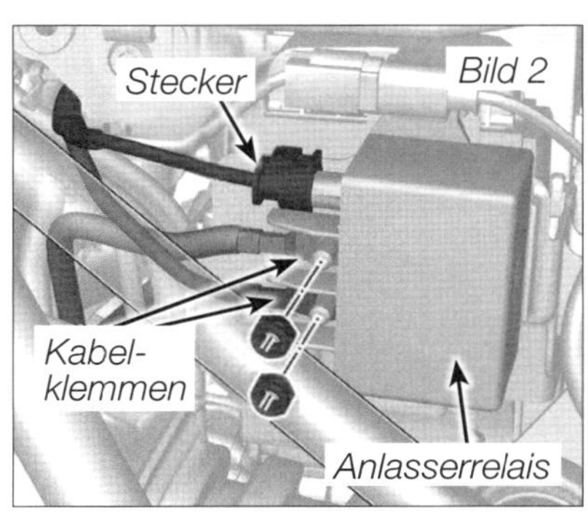

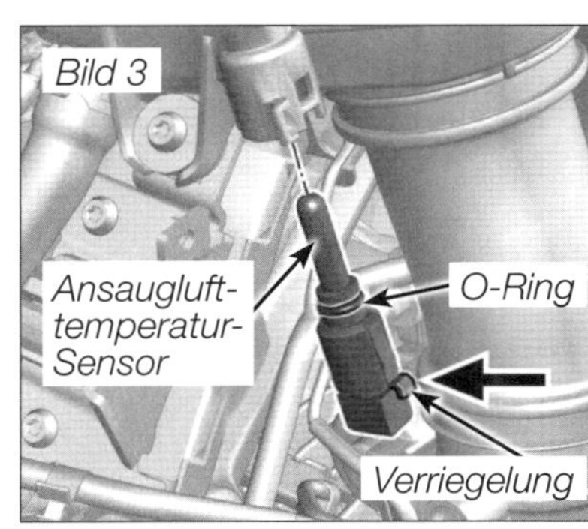

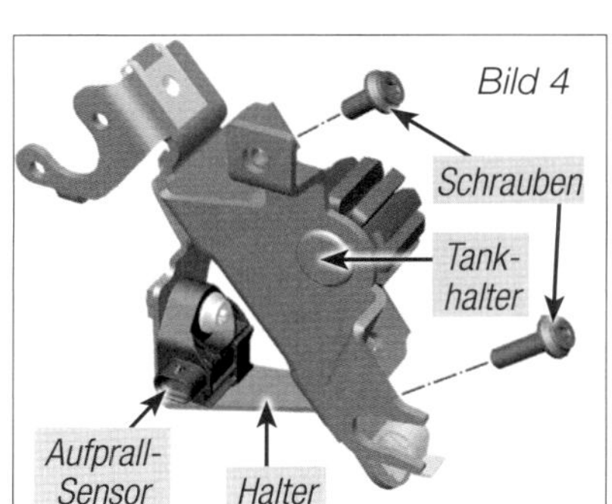

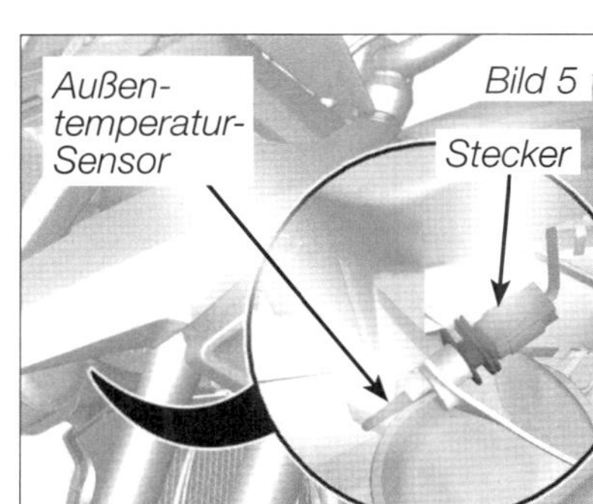

Sichtprüfung

Messen

■ **Außentemperatur-Sensor:** Er ist vorne rechts unter dem Verkleidungshalter angebaut (Bilder 5 und 56 f).
■ **Batterie:** Sie sitzt rechts in Rahmendreieck unter dem Seitendeckel (Bilder 6 und 58 g).
■ **Benzinpumpe:** Diese ist unten im Tank eingebaut (Bilder 7 a und 7 b).
■ **Benzinstand-Sensor:** Dieser ist an der Benzinpumpe eingebaut (Bild 8).
■ **Benzindruck-Sensor:** Dieser sitzt links neben dem ABS-Modulator (Bild 9).
■ **Bremslicht-Sensoren:** Das Aufleuchten des Bremslichts wird über »Drucksensoren« gesteuert, die im Ventilblock des ABS-Steuergeräts eingebaut sind.
■ **Diagnosestecker:** Dieser sitzt rechts neben der Batterie. Daran wird das Diagnosesystem angesteckt (Bilder 10 und 58 m).
■ **Drehraten-Sensor:** Angebaut ist dieser unter

Bilder 6 bis 14: Im Lauftext sind die Teilebezeichnungen und Anbauorte beschrieben.

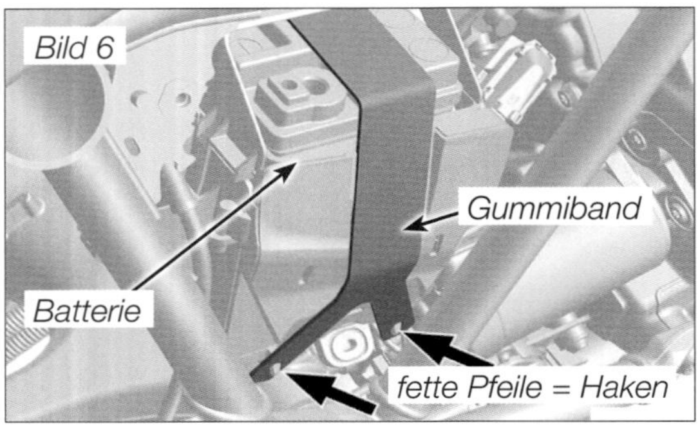

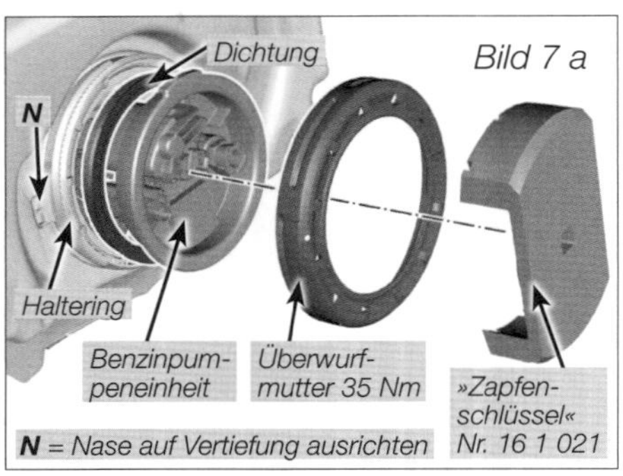

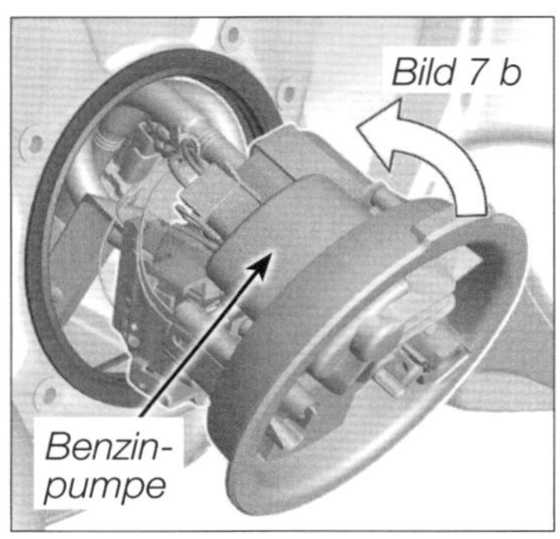

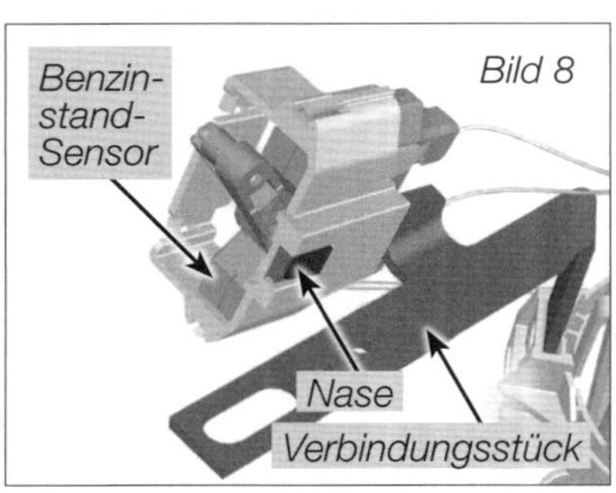

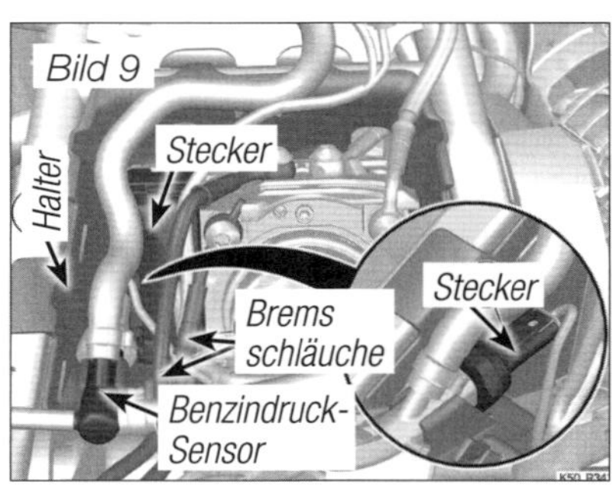

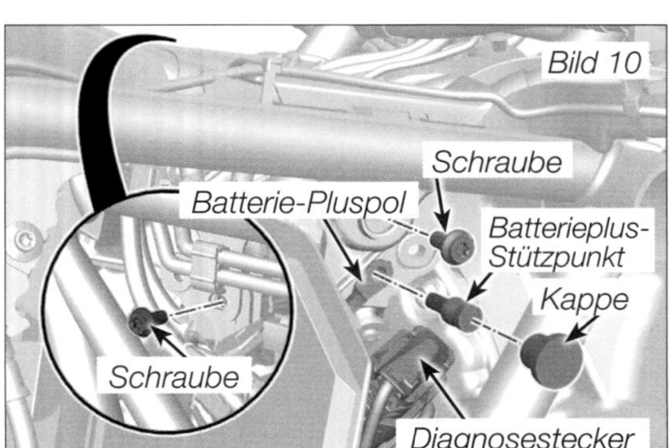

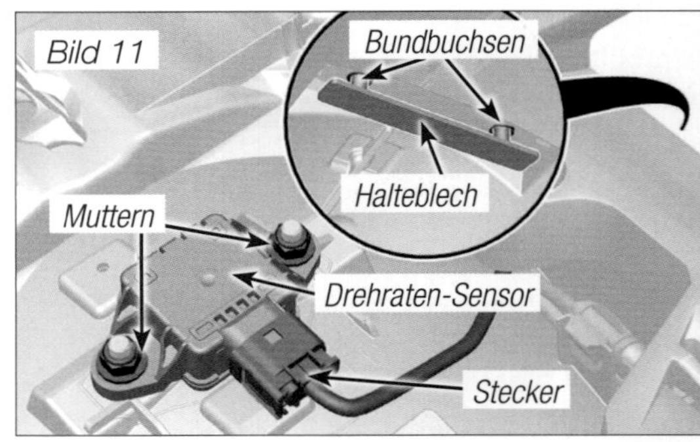

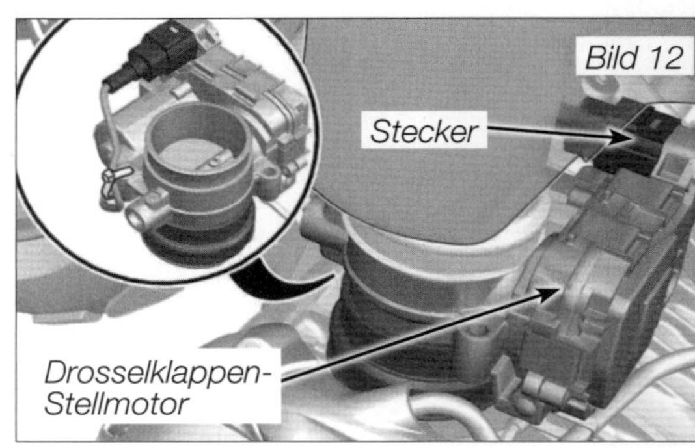

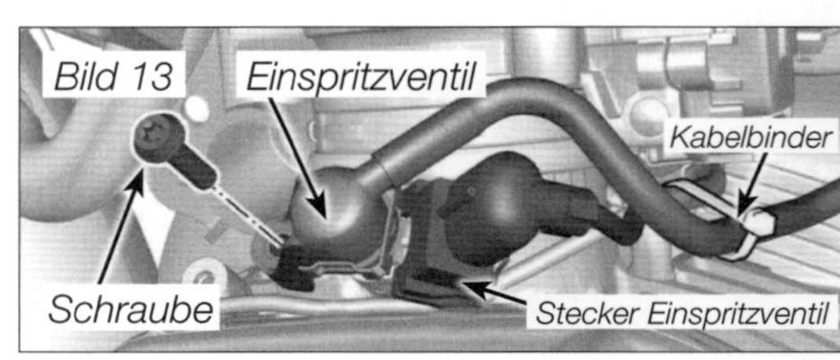

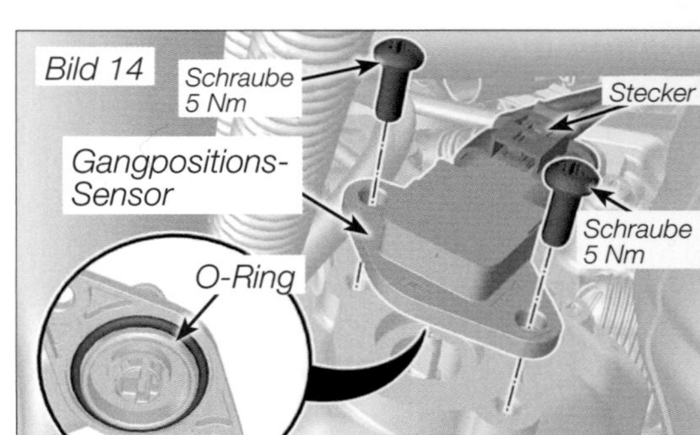

dem Soziussitz auf der Hinterradabdeckung (Bilder 11 und 57 c).

■ **Drosselklappen-Stellmotoren:** Diese sind links und rechts für jeden Zylinder separat an den jeweiligen Drosselklappengehäusen angebaut (Bilder 12 und 56 c).

■ **Einspritzventile:** Je eines pro Zylinder ist

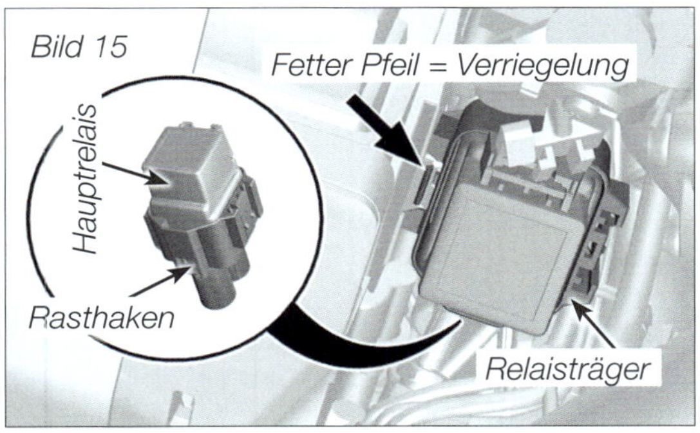

Bild 15

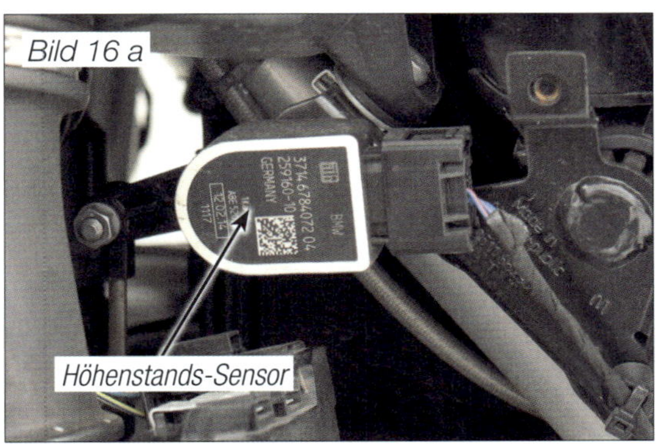

Bild 16 a

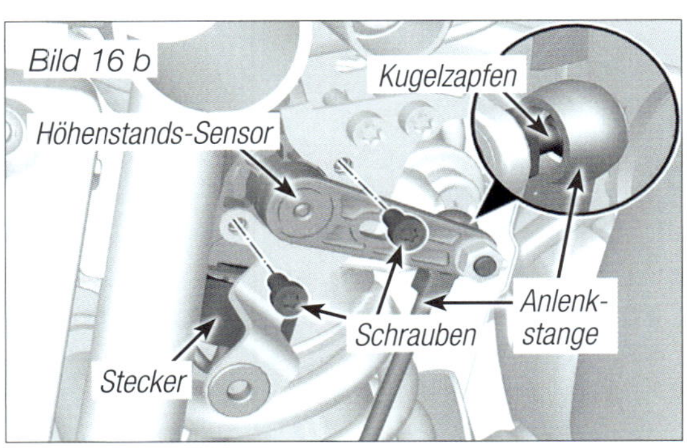

Bild 16 b

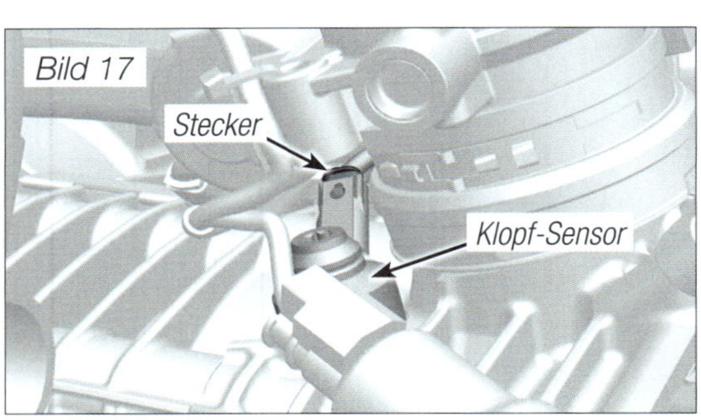

Bild 17

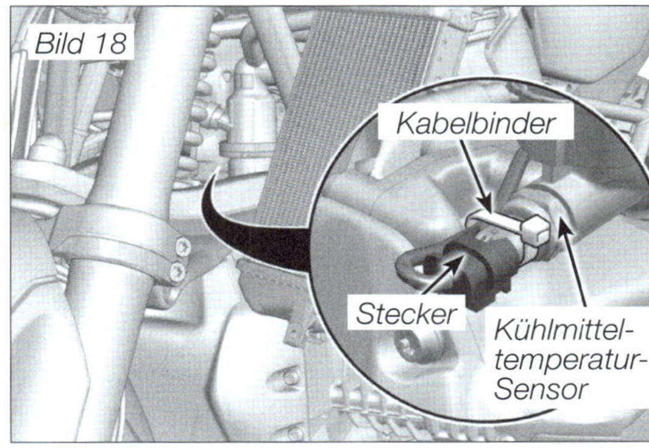

Bild 18

Bilder 15 bis 23b: Im Lauftext sind die Teilebezeichnungen und Anbauorte beschrieben.

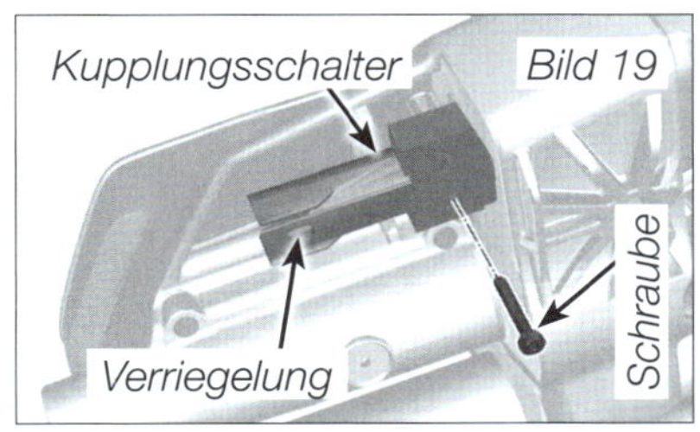

Bild 19

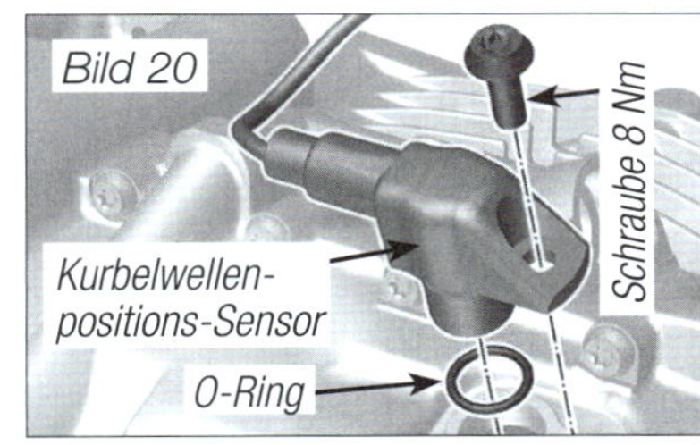

Bild 20

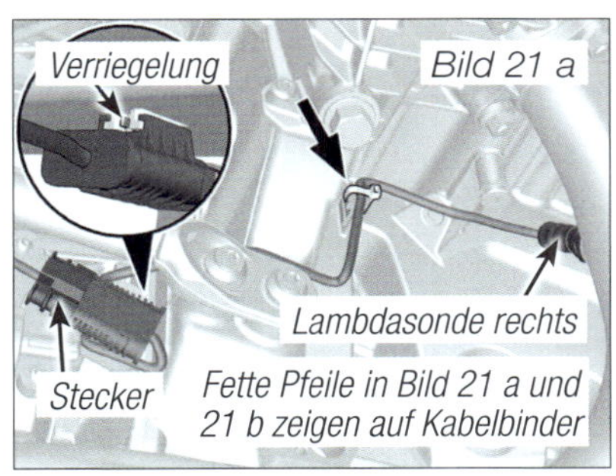

Bild 21 a

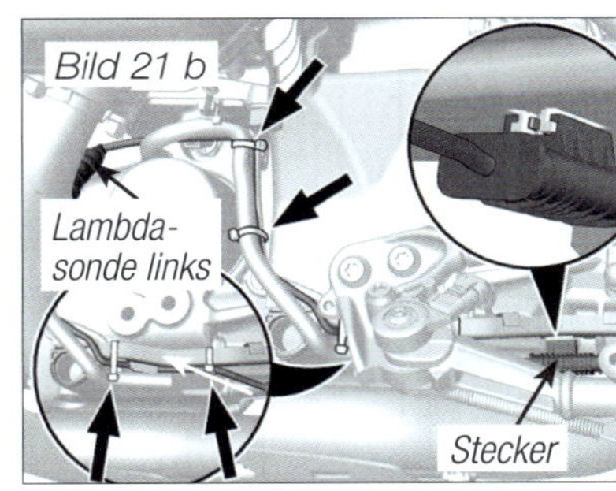

Bild 21 b

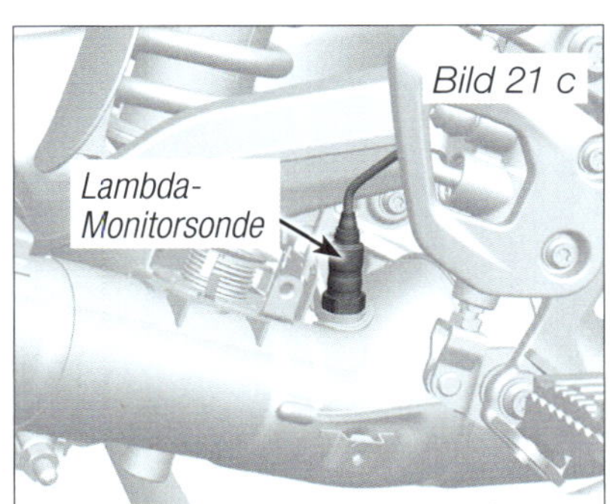

Bild 21 c

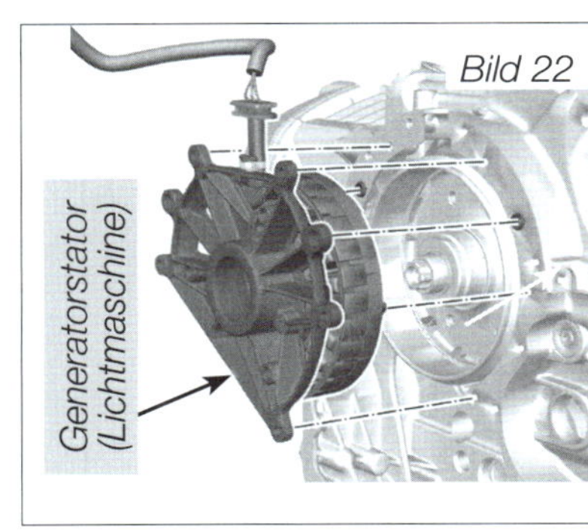

Bild 22

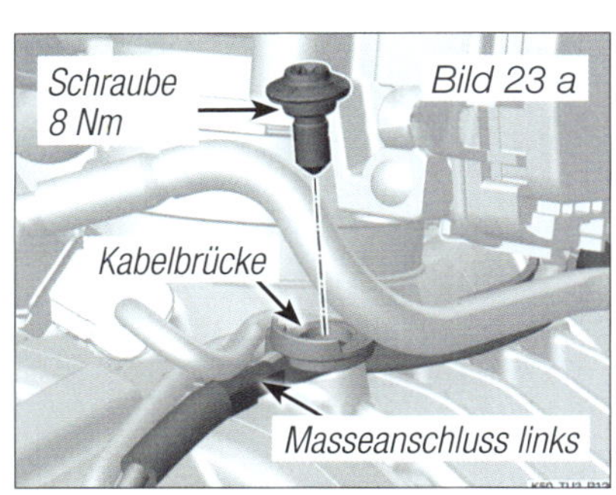

Bild 23 a

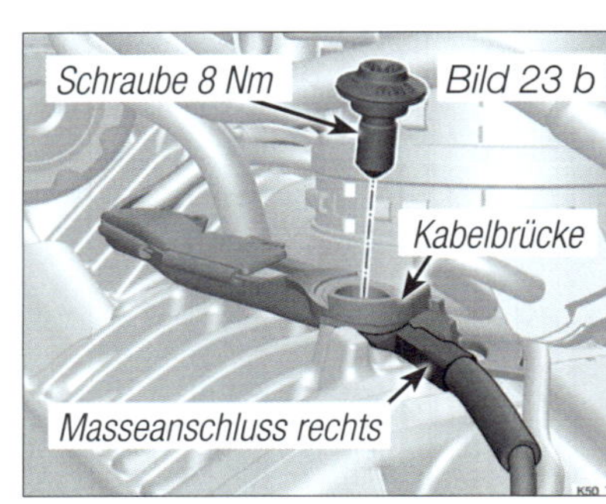

Bild 23 b

Sichtprüfung Messen

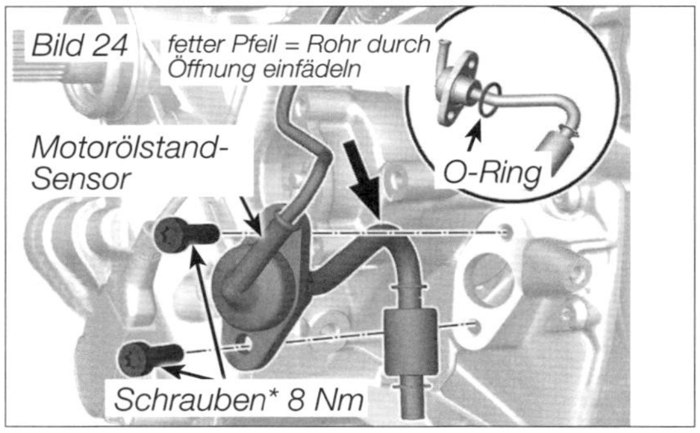

Bild 24

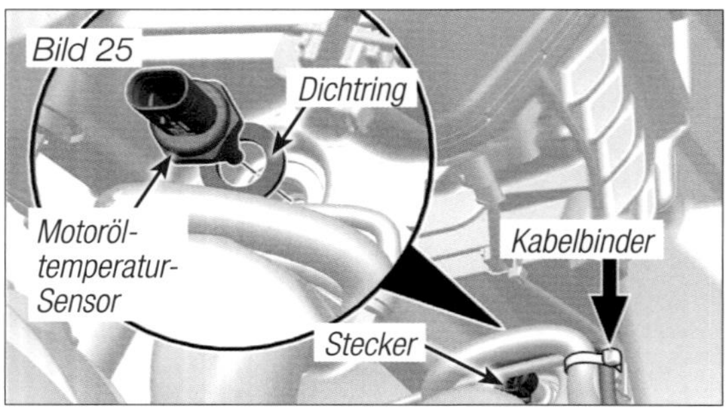

Bild 25

Bilder 24 bis 29: Im Lauftext sind die Teilebezeichnungen und Anbauorte beschrieben.

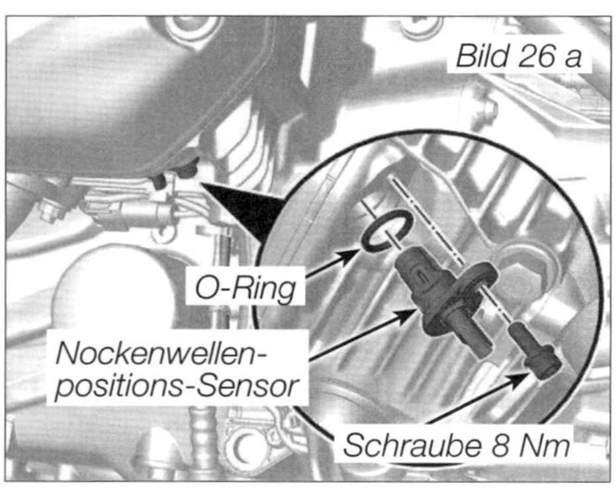

Bild 26 a

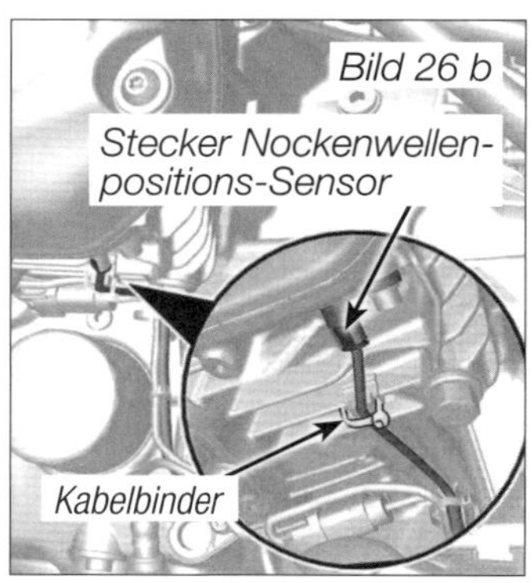

Bild 26 b

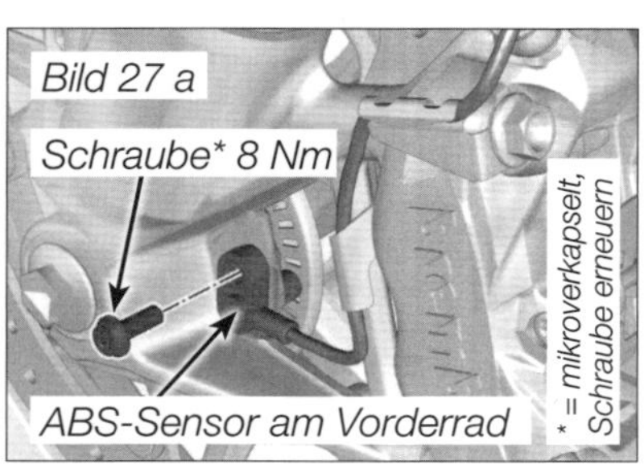

Bild 27 a

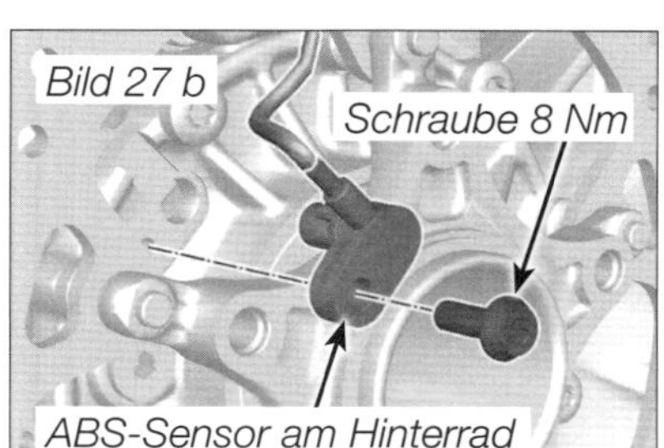

Bild 27 b

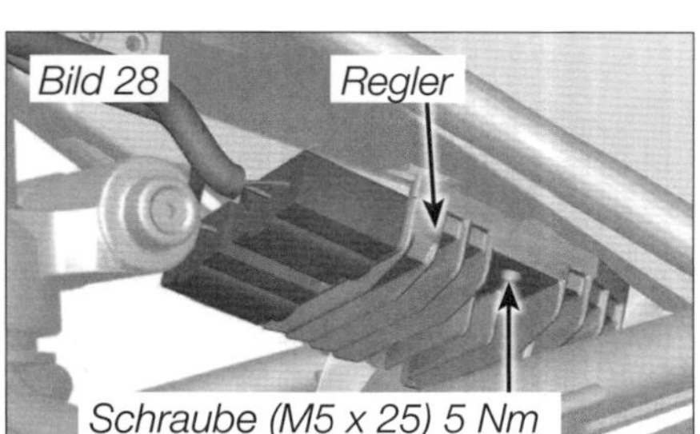

Bild 28

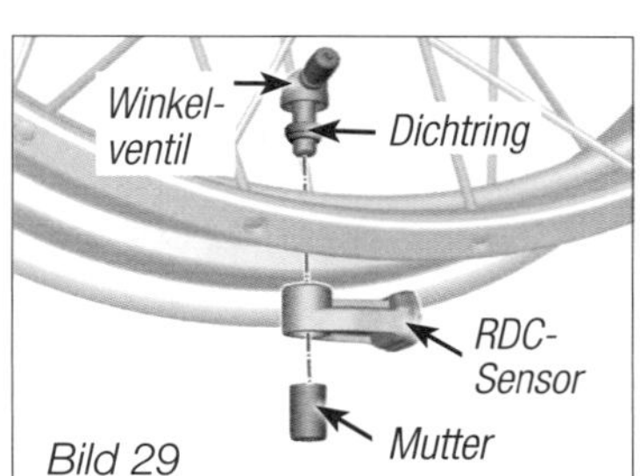

Bild 29

unter dem jeweiligen Stellmotor eingebaut (Bilder 13 und 56 h).

■ **Elektronische Wegfahrsperre (EWS):** Beim Einschalten der Zündung kommuniziert ein Chip im Schlüssel über die im Zündschloss integrierte Ringantenne (Bilder 42 und 56 a) mit der EWS, die im Motorsteuergerät untergebracht ist.

■ **Gangpositions-Sensor für Ganganzeige (»Getriebepotentiometer«):** Hinten am Getriebedeckel (Bilder 14 und 57 d). Er meldet den eingelegten Gang an die Fahrzeugelektronik. Durch ihn werden im Cockpit auch »N« (»Neutral« für Leerlauf) und die Ganganzeige geschaltet.

■ **Hauptrelais:** Sitzt unter dem Halter für den Diagnosestecker rechts neben der Batterie eingebaut (Bilder 15 und 58 l).

■ **Höhenstands-Sensor vorne:** Ist angebaut am linken Tankhalter (Bild 16 a und 56 d).

■ **Höhenstands-Sensor hinten:** Er sitzt links unter dem Fahrersitz (Bild 16 b und 57 b).

■ **Klopf-Sensoren links und rechts:** Je einer sitzt außen im Zylinderkopf neben den Ansaugstutzen (Bilder 17 und 59 f).

■ **Kühlmitteltemperatur-Sensor:** Sitzt rechts am Motor beim Kühler (Bilder 18 und 56 k).

■ **Kupplungsschalter:** Dieser sitzt in der Kupplungshebelarmatur (Bilder 19 und 56 b).

■ **Kurbelwellenpositions-Sensor (»OT-Sensor« oder auch »Zündgeber«):** Er ist oben im Motorgehäuse eingebau (Bilder 20 und 59 h).

■ **Lambdasonden:** In jedem Auspuffkrümmer ist eine rechts (Bilder 21 a und 56 p) und eine links (Bilder 21 b und 59 i) eingebaut. Eine weitere Lambdasonde ist zwischen Katalysator und Auspuffklappe eingebaut. BMW nennt sie »Lambda-Monitorsonde« (Bilder 21 c und 58 k).

■ **Lichtmaschine (»Generatorstator«):** Die Lichtmaschine mit Entlüfterzentrifuge sitzt im Getriebegehäuse (Bilder 22 und 56 i). Die Lichtmaschine wird direkt von der Kurbelwelle angetrieben. Höchstleistung 510 Watt, die maximale Regelspannung beträgt 14,5 Volt.

■ **Masseanschluss, Massekabel:** Sie sind am linken (Bilder 23 a und 56 m) und rechten Zylinderkopf (Bilder 23 b und 59 l) hinter den Ansaugstutzen festgeschraubt.

■ **Motorölstand-Sensor:** Ist hinten am Getriebedeckel eingebaut (Bilder 24 und 57 a).

■ **Motoröltemperatur-Sensor:** Im Motorgehäuse überm Ölfilter eingebaut (Bilder 25 und 56 r).

■ **Motorstoppschalter (»Killschalter«):** Sitzt in der rechten Lenkerarmatur beim Anlasserknopf (Bild 59 b).

■ **Nockenwellenpositions-Sensor (»Drehzahlgeber« an der Nockenwelle):** Sitzt am linken Zylinderkopf unten hinten (Bilder 26 a, 26 b und 56 n).

■ **Raddrehzahl-Sensor (»ABS-Sensor«):** Je einer an Vorderrad (Bilder 27 a und 56 l) und Hinterrad (Bilder 27 b und 58 i). Der hintere ABS-Sensor liefert auch Daten an die ASC-Regeleinheit für die Funktion des ASC = »Automatic Stability Control« (= »Antischlupf-Regelung«)

■ **Regler:** Sitzt im linken hinteren Rahmendreieck unter der Seitenblende (Bilder 28 und 57 f).

■ **Reifendruck-Control-Sensor RDC** als Sonderausstattung: In Vorder- und Hinterradfelge eingebaute Sensoren zur Kontrolle des Reifenluftdrucks (Bilder 29 und 59 m).

■ **Seitenständerschalter:** Ist am Gelenk des Seitenständers angebaut (Bilder 30 und 56 q).

■ **Sicherungen:** Der Sicherungskasten 1 ist an der vorderen Fahrersitzhalterung angebaut (Bilder 31 und 58 f). Er enthält zwei Sicherungen mit 7,5 und 10 Ampere. Die 7,5 A-Sicherung sichert den linken Kombischalter und das Reifendruck-Kontrollsystem (RDC) ab, die 10 A-Sicherung sichert ab: Instrumenteneinheit, Diebstahlwarnanlage (DWA), Zündschloss, Diagnosestecker, Hauptrelais. Der Sicherungskasten 2 sitzt vor dem Motorsteuergerät (Bilder 40 und 58 c). Hier sichert eine 50 A-Sicherung den Regler ab.

■ **Steuergerät ABS (»Druckmodulator«):** Dieses befindet sich unter dem Tank unter dem Luftfliterkasten (Bilder 32 und 59 a).

■ **Steuergerät DWA der Diebstahlwarnanlage:** Diese ist unter dem Soziussitz im Heckrahmen angebaut (Bilder 33 und 58 a).

■ **Steuergerät für elektronische Fahrwerkseinstellung SAF/ESA bei Sonderausstattung »Semiaktives Fahrwerk«:** Sitzt hinter dem Batteriefach unter dem Fahrersitz (Bilder 34 und 58 d). Dieses Steuergerät ist für alle Funktionen des semiaktiven Fahrwerks verantwortlich.

■ **Steuergerät Grundmodul:** Ist neben dem Batteriefach unter dem Fahrersitz. Das Grundmodul steuert sämtliche Grundfunktionen der Bordelektrik, wie Beleuchtung, Hupe, Heizgriffe, Steckdose, Plusversorgung und Navigationssystem

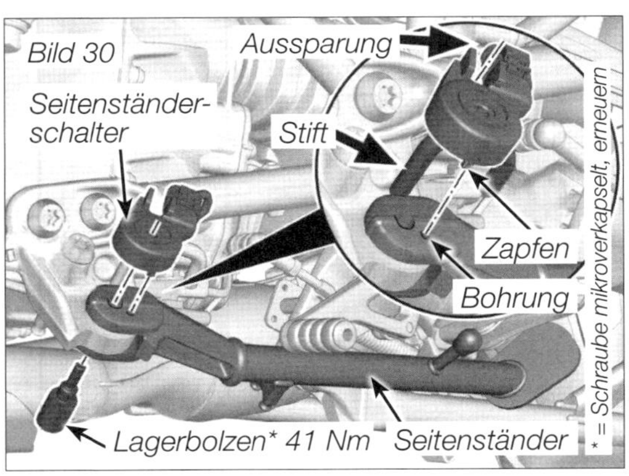

Bild 30

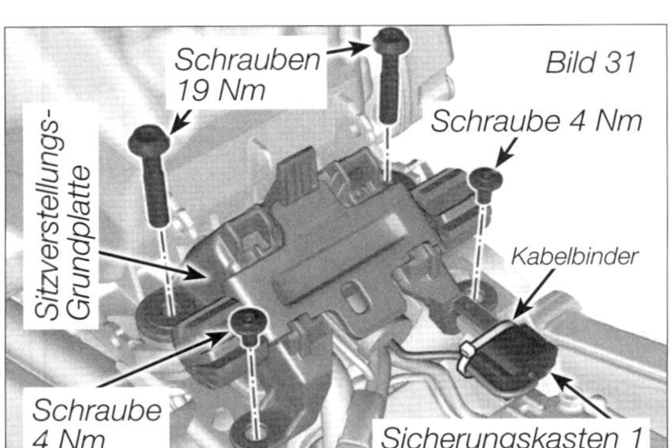

Bild 31

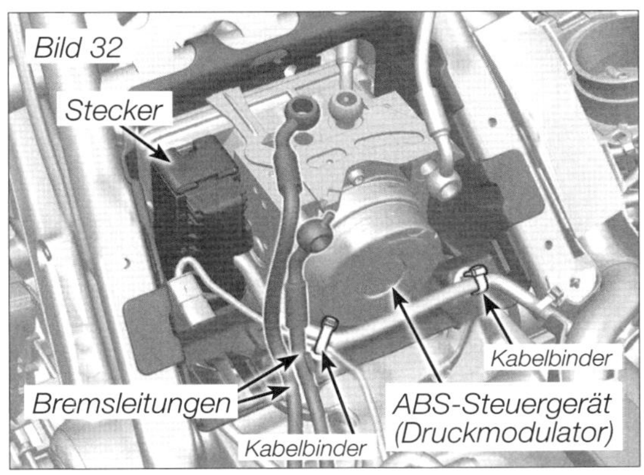

Bild 32

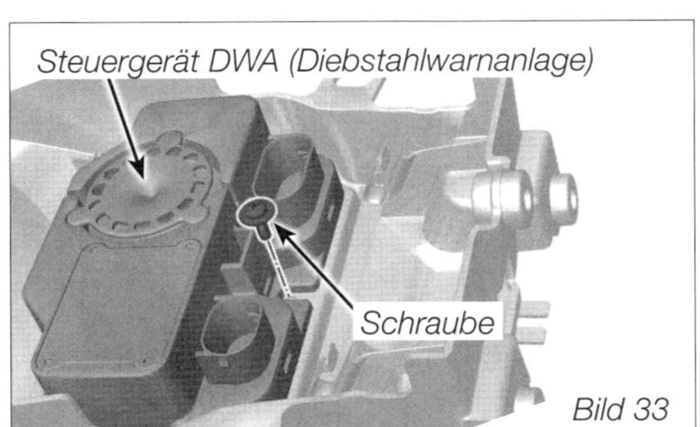

Bild 33

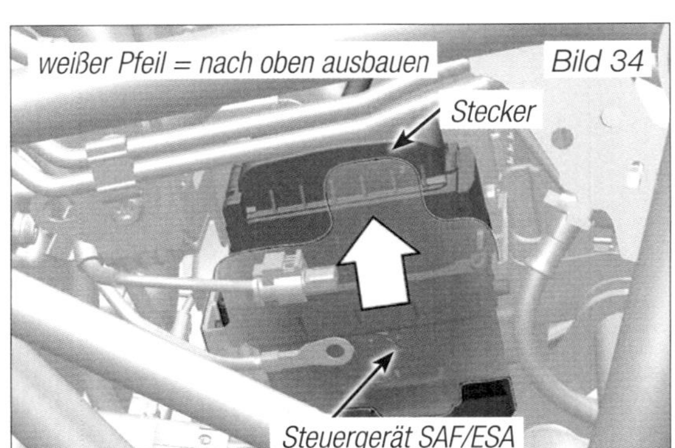

Bild 34

Bilder 30 bis 34: Im Lauftext sind die zu den Bildern gehörenden Teilebezeichnungen und Anbauorte nummeriert beschrieben.

(Bild 35 und 58 e).

■ **Steuergerät Instrumenteneinheit:** Auch die Instrumenteneinheit (Bilder 36 und 56 a) fungiert als Steuergerät. Der Stecker sitzt auf der Rückseite des Gehäuses. Ein »Bordcomputer« ist serienmäßig angebaut. Als Sonderausstattung ist ein »Bordcomputer Pro« mit erweiterten Funktionen erhältlich.

■ **Steuergerät für intelligenten Notruf:** Dieses sitzt vor dem Batteriefach unter dem Fahrersitz (Bilder 37 und 58 h). Wenn durch Sensoren ein schwerer Unfall erkannt wird, löst dieses Steuergerät einen Notruf aus, der wiederum durch eine Notrufzentrale aufgenommen wird, welche die entsprechenden Hilfsmaßnahmen auslöst.

■ **Steuergerät für Keyless Ride** als Sonderausstattung: Es ist unter dem Lenkschloss (Bilder 38 und 56 a) montiert. Es ermöglicht das Starten des Motors, ohne dass man einen herkömmlichen Zündschlüssel benutzen muss. Zum Ausbau müssen die Fächerschrauben ausgebohrt werden. Der Einbau neuer Schrauben ist nur mit dem BMW-Spezialwerkzeug 51 0 531 möglich.

■ **Steuergerät für LED-Leuchtmittel:** Es ist eingebaut in den Modelljahren 2019 und 2020 unten im Scheinwerfergehäuse. Ab Modelljahr 2021 sitzt das Steuergerät oben im Scheinwerfergehäuse (Bilder 39 und 59 n). Es steuert die LED-Module für Abblend-, Fern- und Tagfahrlicht. Weiterhin ermittelt es auch die Kühlleistung des Lüfters im Scheinwerfer.

■ **Steuergerät Motorsteuerung (Motorsteuergerät):** Sitzt unter dem Fahrersitz. Ist zuständig für Motorsteuerung und Schnittstelle für Datenübertragung zum Diagnosesystem (Bilder 40 und 58 c).

■ **Steuergerät RDC (»Reifendruck-Control«):** Ist eine Sonderausstattung und sitzt unter dem Soziussitz im Heckrahmen (Bilder 41 und 58 b).

■ **Umgebungsluftdruck-Sensor:** Er ist im Motorsteuergerät eingebaut (Bilder 40 und 58 c).

■ **Zündauslösung:** Vom Nockenwellen- und Kurbelwellenpositions-Sensor empfängt das Motorsteuergerät entsprechende Signale und bestimmt dann, in welchem Zylinder wann gezündet wird.

Service-Anmerkung: Der Zündzeitpunkt kann

Bilder 35 bis 39: Im Lauftext sind die Teilebezeichnungen und Anbauorte beschrieben.

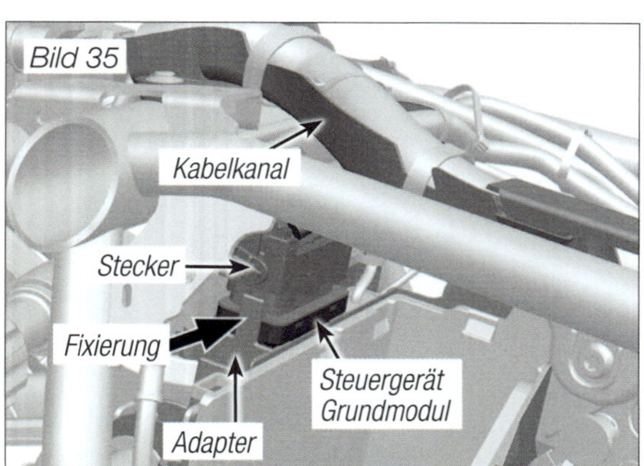

Bild 35

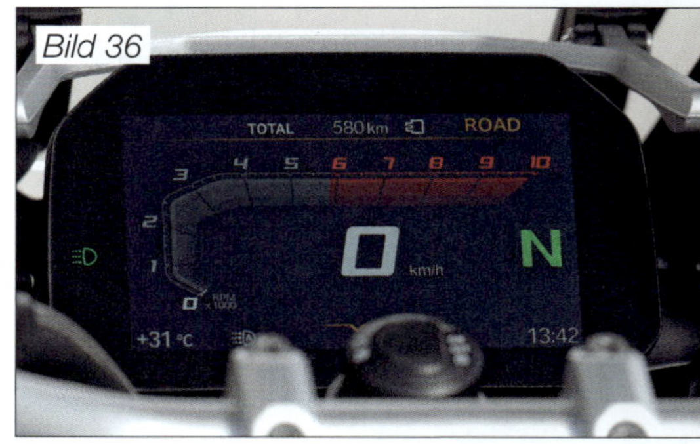

Bild 36

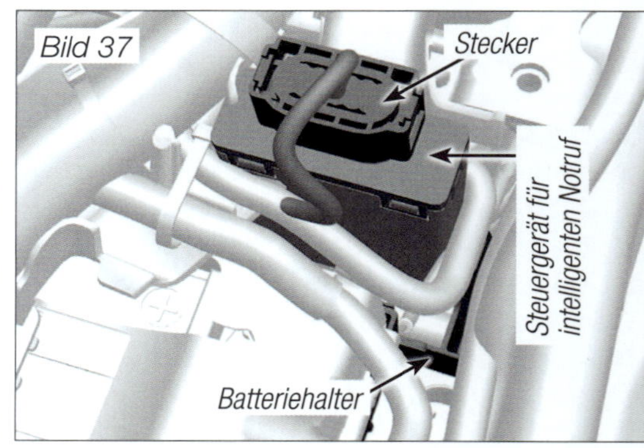

Bild 37

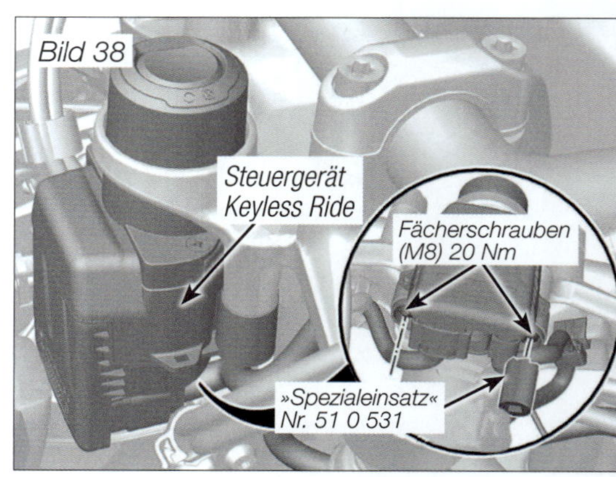

Bild 38

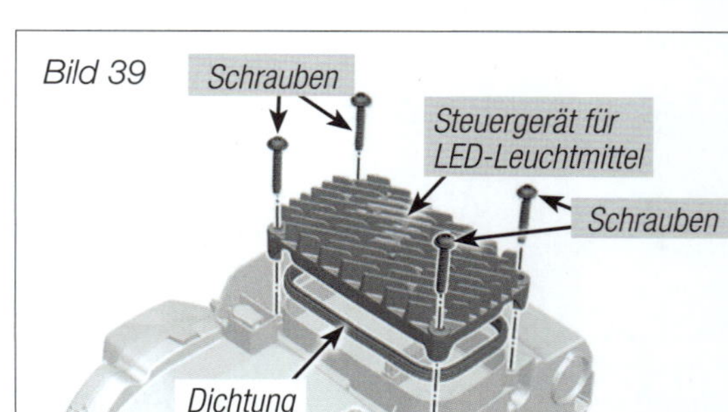

Bild 39

nicht manuell verstellt oder eingestellt werden.

■ **Zündkerzen:** NGK LMAR8AI-10, Gewinde M10 x 1, Elektrodenabstand 0,8 ± 0,1 mm, Verschleißgrenze 1,0 mm (Bild 43).

■ **Zündschloss mit Ringantenne:** Dieses ist in die obere Gabelbrücke eingebaut. Zum Ausbau müssen die Fächerschrauben ausgebohrt werden. Der Einbau neuer Schrauben ist nur mit dem BMW-Spezialwerkzeug 51 0 531 möglich (Bilder 42 und 56 a).

■ **Zündspulen:** Kerzenschachtzündspulen, mit Kerzenstecker ein Bauteil (Bilder 44 und 59 k).

■ **Zündung:** Es ist eine elektronische Kennfeldzündung, in die Motorsteuerung integriert.

Fahrzeugelektronik

SWS, CAN- und LIN-Bus: Das elektrische Bordnetz der R 1250 GS ist ein Single-Wire-System (»SWS«): Ein Daten-Vernetzungskonzept, das unter Einsatz von Elektronik, der CAN-Bus-Technologie (»Controller Area Network«) und der LIN-Bus-Technologie (»Local Interconnect Network«) alle Steuergeräte im Fahrzeug miteinander verbindet. Dieses Netz bietet bei erheblich reduziertem Kabelaufwand einen stark erweiterten Funktionsumfang gegenüber herkömmlichen Bordnetzen. Informationen werden in diesem Netz nur noch über einen Pfad (daher »single-wire«) übertragen. Dieser Pfad ist bei CAN-Bus zur Sicherheit als Zweileitungssystem ausgeführt, deren Litzen miteinander verdrillt sind. Bei LIN-Bus ist es ein Einleitungssystem, in dem weitere Komponenten im Datenverbund der Steuergeräte integriert sind.

Bus-Technologie: Der Name »Bus-Technologie« kommt daher, dass die Steuergeräte, die an die CAN-Bus-Leitung angeschlossen sind, wie Haltestellen an einer Buslinie nacheinander liegen. Im CAN-Bus-System kann stets nur ein Steuergerät senden. Die anderen Steuergeräte sind in diesem Moment auf Empfangsmodus. Denn Daten lassen sich im digitalen Bus bidirektional, also in beide Richtungen, austauschen. Beim LIN-Bus-System fungieren die beiden Steuergeräte »Grundmodul« und »Instrumenteneinheit« als so genannte »Mastersteuergeräte«, die über die zeitliche Reihenfolge aller zu übertragenden Daten entscheiden. So genannte »Slaves« sind dann für diese Übertragung zuständig. Die linke Schaltereinheit ist ein solches »Satellitensteuergerät«: Alle Schalterbetätigungen werden in Datennachrichten umgewandelt und an das Mastersteuergerät Instrumenteneinheit geschickt. Dieses verteilt dann die Informationen an die betroffenen Steuergeräte, die den Wunsch des Fahrers ohne zeitliche Verzögerung umsetzen.

Identifier: Bei der Can-Bus-Datenübertragung

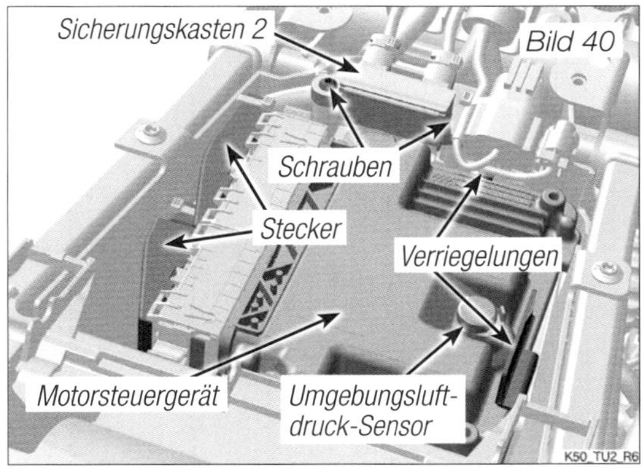

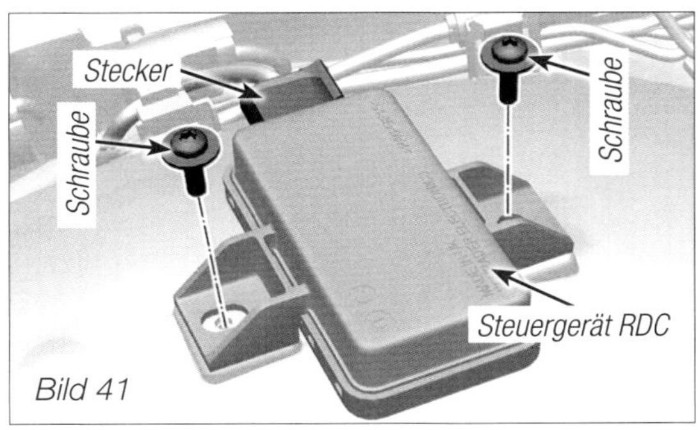

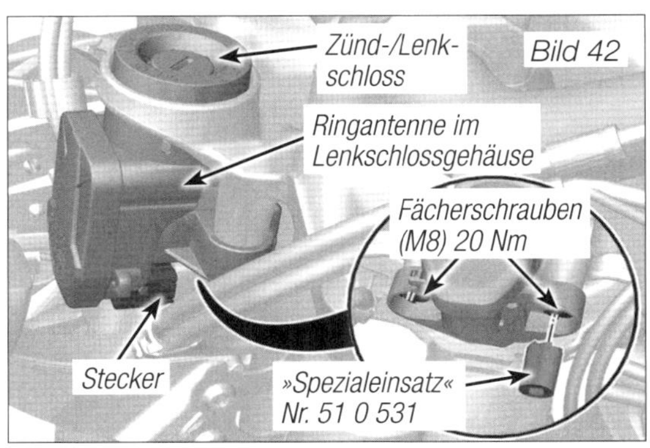

Bilder 40 bis 44: Im Lauftext sind die Teilebezeichnungen und Anbauorte beschrieben.

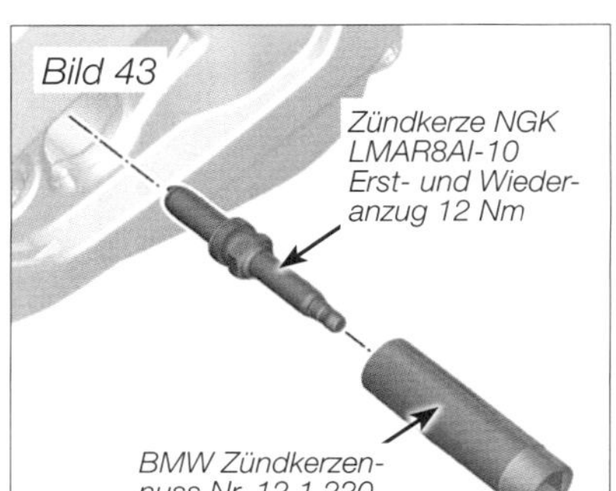

werden keine Empfänger adressiert, sondern der Inhalt einer Nachricht, wie z. B. Motordrehzahl oder Motortemperatur, wird durch einen netzweit eindeutigen Identifier gekennzeichnet. Bei diesen Identifiers handelt es sich um Zahlenschlüssel, die von den empfangenden Steuergeräten erkannt und zugeordnet werden können. Diejenigen Steuergeräte, für die diese Daten relevant sind, verarbeiten die bereitgestellten Nachrichten. Sind dagegen Nachrichten nicht relevant, werden sie vom empfangenden Steuergerät nicht beachtet.

Echtzeit: Um Daten in Echtzeit verarbeiten zu können, müssen sie schnell übertragen werden. Dies setzt einerseits eine physikalische Datenübertragungsrate mit 500 Kilobites pro Sekunde voraus, andererseits aber auch eine rasche Bus-Zuteilung, sofern mehrere Stationen gleichzeitig Daten übertragen wollen. Bei der Echtzeit-Verarbeitung können die Dringlichkeiten von Informationen, die über den Bus ausgetauscht werden, sehr unterschiedlich sein: Eine sich schnell ändernde Größe, wie z. B. die Motordrehzahl, muss häufiger und deshalb mit geringerer Verzögerung übertragen werden, als eine andere, sich weniger rasch ändernde Größe, z. B. die Kühlmitteltemperatur. Die Priorität, mit der eine dringliche Botschaft vor einer anderen, weniger dringlichen übertragen wird, ist ebenfalls durch den Identifier der jeweiligen Botschaft festgelegt. Sicherheitsrelevanten Signalen wird eine höhere Priorität eingeräumt als weniger wichtigen Signalen (»priorisiert«).

Alle aufgelaufenen Übertragungsanforderungen werden in der Reihenfolge der Wichtigkeit, die sie für das Gesamtsystem darstellen, abgearbeitet. Dabei wird die vorhandene Übertragungskapazität für die zu übertragenden Nutzdaten in effizienter Weise genutzt, da zeitliche Lücken bei der Bus-Vergabe sehr klein gehalten werden können. Ein Kollaps aufgrund von Überlastung ist bei CAN ausgeschlossen. CAN erlaubt somit die Realisierung eines schnellen, bedarfsabhängigen Bus-Zugriffs. Bei einer Übertragungsgeschwindigkeit von 500 Kbits/s auf dem CAN-Bus können um die 4500 Nachrichtentelegramme pro Sekunde übertragen werden. Beim LIN-Bus können maximal bis zu 20 000 Bits pro Sekunde übertragen werden.

Neben der Funktionsvielfalt sind Gewichtseinsparungen beim Kabelbaum, Störsicherheit und volle Diagnosefähigkeit die wesentlichen Vorzüge dieser Kombination von Elektrik und Elektronik. Möglichkeiten zu einer flexiblen Systemerweiterung bestehen teilweise schon durch einfache Neuprogrammierung (»update«), die jedoch ausschließlich in der BMW-Motorradwerkstatt durchgeführt werden kann.

Leitungspfad: Im Grundprinzip sind bei der CAN-Bus-Technologie alle Steuergeräte, Sensoren und Verbraucher über einen einzigen, gemeinsamen Leitungspfad zu einem Netz zusammengeschaltet, durch das alle Signale unabhängig von ihrer späteren Funktion laufen. In diesem Netz stehen damit sämtliche Informationen für alle angeschlossenen Komponenten immer zur Verfügung.

Die Signalzuordnung und gezielte Weiterleitung an die Verbraucher erfolgt an Knotenpunkten in der Elektronik eines jeweiligen Steuergerätes. Dort werden die Signale (beziehungsweise die Informationen) verarbeitet und danach die gewünschten Funktionen im Verbraucher angesteuert. Die aufwändige Verkabelung jeder Einzelfunktion mit einer eigenen Leitung entfällt also. Damit reduzieren sich auch potenzielle Fehlerquellen herkömmlicher Bordnetze aufgrund ihrer Leitungsvielfalt; wichtiger Faktor für hohe Zuverlässigkeit.

Steuergeräte

Sieben Steuergeräte sind serienmäßig für den Datenaustausch über CAN- und LIN-Bus zuständig; drei weitere gehören zu den entsprechenden Sonderausstattungen:

- Bild 32: Serienmäßiges Steuergerät »ABS« (= Druckmodulator)
- Bild 33: Serienmäßiges Steuergerät »DWA« (Diebstahlwarnanlage)
- Bild 34: Sonderausstattung Steuergerät für elektronische Fahrwerkseinstellung »SAF/ESA« (= Semiaktives Fahrwerk)
- Bild 35: Serienmäßiges Steuergerät »Grundmodul«
- Bild 36: Serienmäßiges Steuergerät Instrumenteneinheit
- Bild 37: Sonderausstattung Steuergerät für den intelligenten Notruf
- Bild 38: Sonderausstattung Steuergerät für Keyless Ride
- Bild 39: Serienmäßiges Steuergerät für die LED-Leuchtmittel
- Bild 40: Serienmäßiges Steuergerät Motorsteuerung (= Motorsteuergerät)
- Bild 41: Sonderausstattung Steuergerät RDC (= Reifen-Druck-Control)

Für den LIN-Datenaustausch fungieren Grundmodul und Instrumenteneinheit als Mastersteuergeräte. Das Steuergerät LED-Leuchtmittel zum Beispiel bekommt die Information, welche Beleuchtungsart gewünscht ist, vom Grundmodul via LIN-Nachricht. Die Instrumenteneinheit ist über eine LIN-Leitung mit der linken Schaltereinheit und über das Mount Cradle mit dem Navigationsgerät verbunden.

Alle Steuergeräte stehen untereinander in einem Verbund, sie können miteinander kommunizieren und bidirektional Daten austauschen. Eine einfache und umfassende Diagnose des Gesamtsystems wird somit zentral durchgeführt. Die Elektronik filtert durch entsprechende Programmierung unwichtige Daten und Störsignale innerhalb einer definierten Toleranz aus, was die Unempfindlichkeit zum Beispiel gegen elektromagnetische Einstreuungen erhöht.

Batterien im DWA: Im Steuergerät DWA (Bild 33) sind zwei 3-Volt-Batterien (»CR123A Lithium«, Bild 45 a) eingesetzt; sie haben eine Lebensdauer von 2 bis 5 Jahren. Wenn ihre Spannung zur Neige geht, wird dies im Display der Instrumenteneinheit angezeigt. Dann müssen neue Batterien eingebaut werden. **Wichtig:** Wenn neue Batterien nötig werden, nur originale BMW-Ersatzteilbatterien einbauen mit der Bezeichnung »CR123A Lithium«, keine Billig-Batterien aus dem Supermarkt und auch keine Akkus aus dem Fotofachgeschäft.

Batterie im Funkschlüssel des Keyless-Systems: Auch im Funkschlüssel des Keyless-Systems ist eine Batterie eingebaut. Reagiert das Keyless-System nicht mehr, ist vermutlich die Batterie zu schwach. Sie wird folgendermaßen gewechselt (Bild 45 b):

1. Knopf drücken, Schlüsselbart klappt aus.
2. Batteriedeckel nach oben drücken, abnehmen.
3. Alte Batterie ausbauen.
4. Neue Batterie CR 2032 mit Pluspol oben.
5. Batteriedeckel einbauen.

Schmelzsicherungen: Es gibt drei Sicherungen, die in zwei Sicherungskästen sitzen.

- Sicherungskasten 1 sitzt unter dem Fahrersitz (Bilder 31 und 58 f), Sicherungskasten 2 ist neben dem Motorsteuergerät eingebaut (Bilder 40 und 58 c).
- Im Sicherungskasten 1 ist die Sicherung für Instrumenteneinheit, Diebstahlwarnanlage, Zündschloss, Diagnosestecker und Hauptrelais mit 10 Ampere und die Sicherung für die linke Schaltereinheit und das Reifendruck-Kontrollsystem mit 7,5 Ampere.
- Im Sicherungskasten 2 ist eine Sicherung für den Generatorregler mit 50 Ampere eingebaut.

Bei Arbeiten an Sicherungen beachten:

- Zündung sicher ausschalten.
- Zündschlüssel am besten abziehen.
- Nur vorgeschriebene Sicherungen verwenden.
- Bild 46: Zungen einer gebrauchten Sicherung zur Kontaktoptimierung mit feinem Schmirgelpapier abziehen.

Die Steckdose(n) werden bei einer Belastung mit mehr als 5 Ampere durch die Elektronik abgeschaltet.

Relais: Das **Anlasserrelais** (Bild 2) ist unter dem dem linken Seitendeckel angebaut, das **Hauptrelais** unter dem Diagnosesteckerhalter rechts neben der Batterie (Bild 15).

Servicetipp: Falls ein Relais »hängt« und eine elektrische Baugruppe nicht funktioniert, mit einem Finger oder Schraubenzieher leicht gegen das Relais klopfen. Wenn danach nichts geht, testweise ein funktionstüchtiges Relais einsetzen.

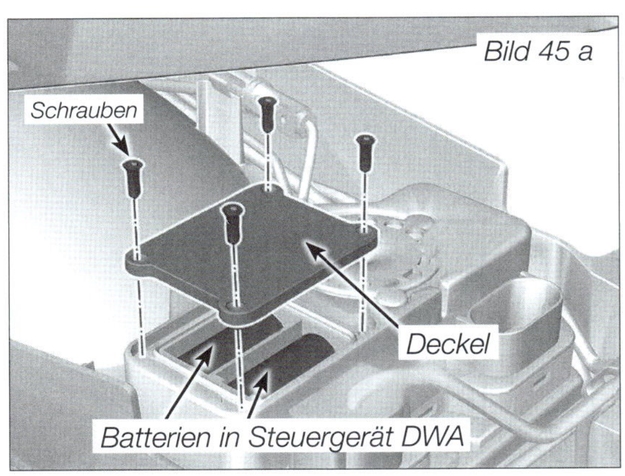

Bild 45 a: Zwei 3-Volt-Batterien sind im Steuergerät DWA.

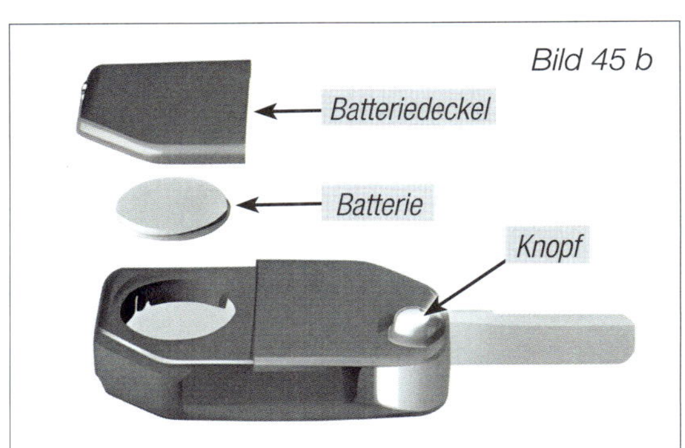

Bild 45 b: Im Schlüssel des Keyless-Systems ist eine CR 2032-Batterie eingebaut.

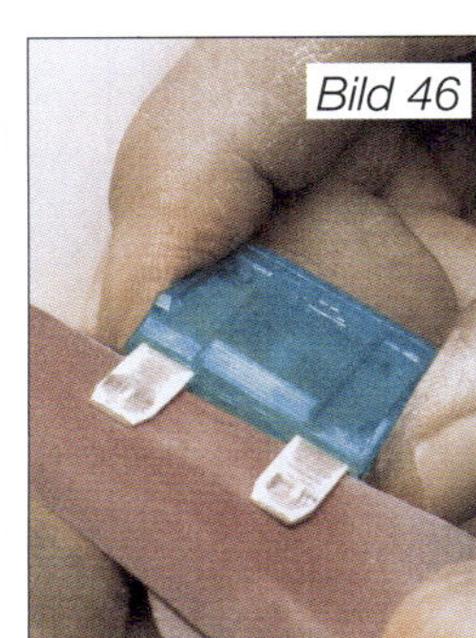

Bild 46: Für sicheren Kontakt einer gebrauchten Sicherung deren Zungen mit feinem Schmirgelpapier abziehen.

Elektronische Wegfahrsperre

Die »Elektronische Wegfahrsperre« (EWS) gehört zum Serienumfang: Beim Einstecken des Zündschlüssels und Einschalten der Zündung kommuniziert ein Chip im Schlüssel über die im Zündschloss integrierte Ringantenne (Bild 42) mit der EWS, die im Motorsteuergerät untergebracht ist. Dabei findet ein Austausch und Vergleich zwischen den codierten Chipdaten und den Daten im Motorsteuergerät statt. Stimmen die Daten überein, gibt es ein »Handshake« zwischen EWS und Motorsteuergerät, worauf das Steuergerät Motor, Anlasser, Zündung und Benzineinspritzung freischaltet und der Motor gestartet werden kann. Dieser Vorgang erfolgt bei jedem Einschalten der Zündung.

■ **Service-Anmerkung:** Das Zündschloss übernimmt über den Zündschlüssel sowohl die Lenkschloss-Funktion als auch das Ein- und Ausschalten der Zündung. Der eigentliche »Zündschalter« ist unterhalb des Zündschlosses getrennt von diesem angebracht. Wenn sich die Zündung beim Drehen des Zündschlüssels auf ON nicht einschaltet, obwohl der Zündschlüssel zweifelsfrei zum Fahrzeug gehört, kann der Zündschalter defekt sein. Zur Kontrolle muss das Lenkschloss ausgebaut werden, wozu die beiden Schrauben in zwei Stufen ausgebohrt werden müssen: Vorbohren mit Bohrungsdurchmesser von 4,5 mm auf Tiefe 6 mm, Ausbohren mit Bohrungsdurchmesser 8,5 mm auf maximale Bohrtiefe von 6 mm. Die beiden M8-Spezialschrauben des Zündschlosses können nur mit dem BMW-Werkzeug »Stecknuss« (Nr. 51 0 531, Bild 42) eingeschraubt werden (20 Nm).

Seitenständerschalter: Er ist am Drehpunkt des Seitenständers (Bild 30) angebracht und verhindert ein Losfahren mit ausgeklapptem Seitenständer, weil der Motor dann beim Einlegen des Gangs ausgeht (siehe Kapitel 1 »Wartung · Pflege«).

■ **Service-Anmerkung:** Wenn der Motor bei eingeklapptem Seitenständer nicht anspringt, kann der Seitenständerschalter defekt sein. Und wenn er beim Fahren Aussetzer hat (»stottert«), kann der Grund ebenfalls ein defekter Schalter sein.

Instrumenteneinheit

Passend zur Bordelektronik der R 1250 GS basiert die Instrumentenkombination als TFT-Farbdisplay auf Digitaltechnik. Das Display informiert den Fahrer permanent über Fahrgeschwindigkeit, Motordrehzahl, Kühlmitteltemperatur, Ölstand, Tankreserve, Service-Intervalle, eingelegten Gang und Uhrzeit. Wählbar sind die Anzeigen für Gesamtkilometerstand, Tageskilometerzähler und Restreichweite (nach Erreichen der Reservemenge). Die Instrumenteneinheit wird bei einsetzender Dunkelheit, von einer Fotozelle gesteuert, automatisch beleuchtet. Störungen an entsprechenden Baugruppen, wie z. B. im ABS oder Ölkreislauf, werden über entsprechende Hinweise im Display angezeigt.

Wenn als Sonderausstattung der »**Bordcomputer Pro**« angebaut ist, wird der Funktionsumfang insbesondere für Endurofahrer erweitert. In der Instrumenteneinheit sind die Fahrzeugdaten genau wie im Motorsteuergerät hinterlegt, dadurch ist eine eindeutige Identifikation zum Fahrzeug gewährleistet.

■ **Service-Anmerkung:** Bei zeitweiligen Aussetzern der Anzeigen, wie z. B. Tachometer, Drehzahlmesser, Beleuchtung oder Funktionsanzeigen überprüfen Sie als Erstes die Steckverbindung der Instrumenteneinheit hinten am Gehäuse auf Wackelkontakt.

Steuergerät »Grundmodul«

Dieses befindet sich neben dem Batteriefach (Bilder 35 und 58 e). Es steuert alle elektrischen Verbraucher wie z. B. Licht, Blinker, Sonderausstattung Heizgriffe, etc.

■ **Service-Anmerkung:** Wenn die Bordelektrik nicht richtig funktioniert, z. B. das Licht nicht brennt, obwohl alle Kabelverbindungen und die LEDs in Ordnung sind, kann der Fehler im Steuergerät liegen. Wie bei anderen Elektronikfehlern auch, kontrollieren Sie als Erstes die Steckverbindung auf korrekten Sitz!

Motorsteuerung

Die digitale Motorelektronik wird »**BMS-X**« (»**B**MW **M**otor **S**teuerung-**X**«) genannt. Diese BMW-Eigenentwicklung wurde speziell auf die Anforderungen für Motorräder ausgelegt. Vollsequenzielle Einspritzung, schnelle Verarbeitung umfangreicher Sensorsignale durch modernste Mikroelektronik, ein kompaktes Layout und geringes Gewicht sind ihre wichtigsten Kennzeichen. Basisgrößen für den jeweiligen Motorbetriebspunkt beider Zylinder sind Motordrehzahl (»1/min«) und Drosselklappenwinkel.

Die Ansteuerung der beiden Drosselklappen erfolgt über jeweils einen Stellmotor. Dieser wird gesteuert über einen Sensor des elektronischen

Gasgriffs, dessen Impuls abhängig vom gewählten Fahrmodus in eine Drosselklappensollstellung umgerechnet wird. Weil der Bedarf an »benötigter Benzinmenge pro Verbrennungsvorgang« und der »Zeitpunkt der Einspritzung« sowie der »Zündzeitpunkt« von Kurbelwellenumdrehung zu Kurbelwellenumdrehung unterschiedlich sein können, werden zudem folgende aktuellen Messwerte von Sensoren ständig erfasst und fortlaufend an das Motorsteuergerät weitergegeben:

- Stellung Kurbelwelle über den »Kurbelwellenpositions-Sensor« (Bilder 20 und 59 h).
- Motordrehzahl: Wird erfasst über den »Nockenwellenpositions-Sensor« (Bilder 26 a und 56 n).
- Kühlmitteltemperatur: Sie wird erfasst vom »Kühlmitteltemperatur-Sensor«, dieser sitzt vorne rechts am Motor (Bilder 18 und 56 k).
- Temperatur der Ansaugluft: Sie wird erfasst vom »Ansauglufttemperatur-Sensor«, der unten am Luftfilterkasten sitzt (Bilder 3 und 59 c).
- Temperatur des Motoröls: Sie wird erfasst vom »Motoröltemperatur-Sensor«, der im Motorgehäuse über dem Ölfilter sitzt (Bilder 25 und 56 r).
- Druck der Umgebungsluft: Sie wird erfasst vom »Umgebungsluftdruck-Sensor«, der im Motorsteuergerät eingebaut ist (Bilder 40 und 58 c).

Alle von diesen Sensoren gemessenen Daten werden an die Motorsteuerung geliefert und dort von Mikroprozessoren innerhalb von Sekundenbruchteilen verarbeitet. Hierzu sind spezifische Kennfelder in der Motorsteuerung hinterlegt, die als Basis zur ständigen Berechnung der optimalen Werte für die Einspritzung und Zündung dienen. Für die Verarbeitung der Daten ist ein »Motorsteuerungs-Programm« verantwortlich, welches fest in das Motorsteuergerät eingegeben ist.

■ **Service-Anmerkung:** Wird ein neues Motorsteuergerät montiert, muss es in der BMW-Motorradwerkstatt codiert und auf das Zündschloss und den Zündschlüssel (und damit auf die elektronische Wegfahrsperre »EWS«) codiert werden. Mit einem nicht zum Fahrzeug gehörenden Steuergerät kann der Motor nicht in Betrieb genommen werden!

Einspritzung, Lambdasonden: Die optimale Einspritzmenge wird individuell und passend zu jedem Ansaugtakt des jeweiligen Zylinders von einer vollsequenziellen Einspritzung geliefert. Die Einspritzmenge wird von der Motorsteuerung jedoch nicht nur über die Einspritzdauer, sondern auch über den Druck bestimmt, den die Benzinpumpe je nach Bedarf bereitstellt. Das Einspritzsystem arbeitet ohne Rücklauf und fördert nur die Menge, die vom Motor tatsächlich benötigt wird. Durch diese Fördermengenregelung wird der Benzindruck in weiten Bereichen so verändert, dass stets eine optimale Gemischbildung erfolgt.

Bilder 21 a und 21 b: In jedem Auspuffkrümmer ist eine Lambdasonde eingebaut. Diese misst den Restsauerstoffgehalt im Abgas und meldet die Messdaten an das Motorsteuergerät, das diese Daten in die Gemischzusammensetzung miteinbezieht.

Eine zusätzliche Lambdasonde ist zwischen Katalysator und Auspuffklappe eingebaut. BMW nennt sie »Lambda-Monitorsonde« (Bild 21 c). Vorbildliche Abgasemissionen, vorbildlich geringer Verbrauch, bestes Fahrverhalten bei feinem Ansprechverhalten sind die Ergebnisse der ausgeklügelten Einspritzung.

Wichtige Tipps zur elektrischen und elektronischen Fehlersuche

1. Jegliche elektrische und elektronische Störung hat ihre Ursache. Nach Praxiserfahrungen von Fachwerkstätten liegt dies meistens nicht an tatsächlich defekten Bauteilen, sondern zu mehr als 90 Prozent an Kontaktschwächen, die ausschließlich auf schlechte Kontakte in den Steckverbindungen zurückzuführen sind.
2. Wenn Sie ein Bauteil in Verdacht haben, ziehen Sie den betreffenden Stecker am Bauteil ab und kontrollieren diesen auf Korrosion, Nässe und Schmutz.
3. Zum Reinigen eines Steckers benutzen Sie eine Messingbürste mit sehr feinen Borsten oder eine harte (trockene!) Zahnbürste sowie Kontaktspray und Druckluft, die sehr »leicht«, zielgerichtet und sorgfältig angewendet werden muss.
3.1. Harte Korrosion mit einer kleinen Feile (»Schlüsselfeile«) entfernen.
4. Sorgen Sie jederzeit dafür, dass kein Kabel gequetscht oder geknickt am Fahrzeug montiert ist. Wenn Sie bei der Suche nach einem Problem auf ein solches Kabel stoßen, liegt der Fehler meist in einer fehlerhaften Montage. Zur Problembehebung müssen Sie in die BMW-Motorradwerkstatt gehen, denn nur unter Zuhilfenahme eines BMW-Werkstatt-Computers ist es möglich, gebrochene Kabel und/oder schadhafte Bauteile wie Stecker und Sensoren zu lokalisieren.
5. Ein defekter Kabelbaum kann mit entsprechenden Stoßverbindern aus dem BMW-Kabelbaum-Reparatursatz wieder in Ordnung gebracht werden (siehe Bilder 47 bis 51).
6. Wenn ein Kabelbaum ausgetauscht wird, muss mit dem BMW-Motorrad-Computersystem ein weiterer Check gemacht werden: Nur wenn der Computer sein OK signalisiert, ist wirklich alles ok.
7. Wichtig: Bei allen Arbeiten am elektronischen System muss die Zündung AUSgeschaltet sein. Zündschlüssel VOR jedem Arbeitsschritt abziehen!

Schubabschaltung
In die Motorsteuerung ist eine Schubabschaltung programmiert. Wenn bei einer Drehzahl von mehr als 2000/min die Drosselklappen geschlossen werden (»Gas zu«), wird die Ansteuerung der Einspritzventile unterbrochen. Wenn die Motordrehzahl unter 1400/min sinkt, wird die Einspritzung wieder aktiviert. Übrigens ist die Schubabschaltung nur in Funktion, wenn die Motoröltemperatur einen Wert von ca. 60 °C erreicht hat.

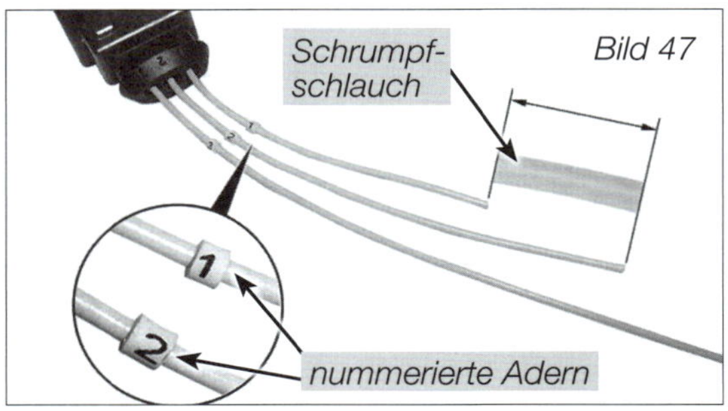

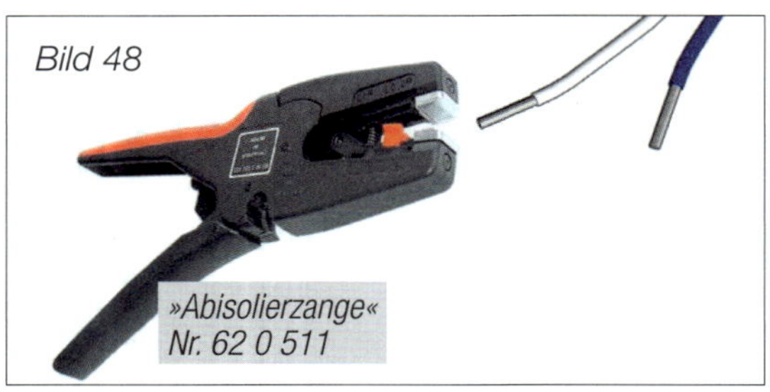

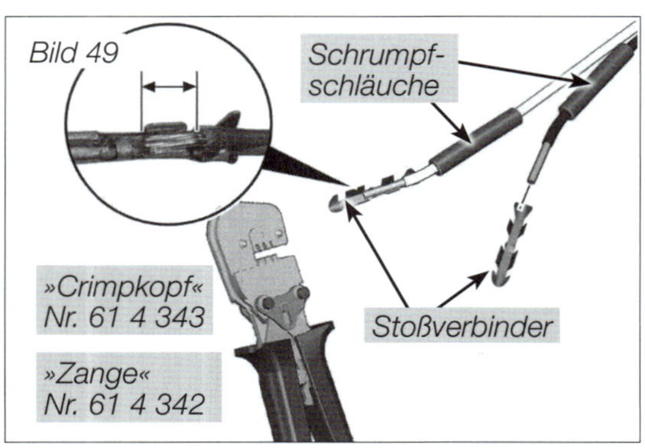

Bilder 47 bis 51: Reparatur eines defekten Kabels. Im Lauftext sind die einzelnen Arbeitsschritte beschrieben.

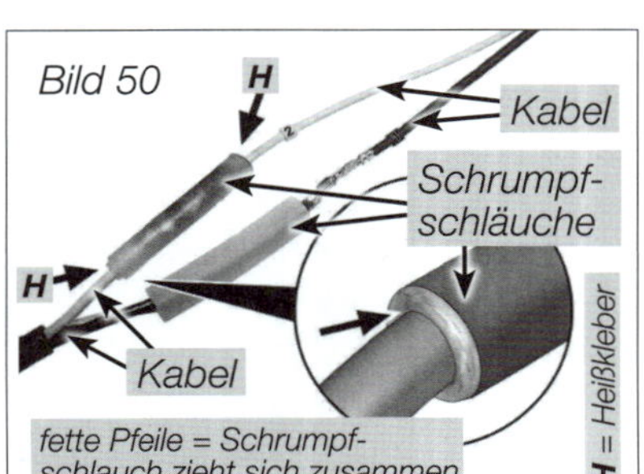

Kabel, Reparatur

Der Kabelbaum der R 1250 GS dient der Datenübertragung zwischen Schaltern, Sensoren und Steuergeräten. Er kann durch mechanische Einwirkung (knicken, ziehen, reißen) kaputt gehen. Durchgangskontrolle mit Prüflampe ist nicht möglich; Funktionsprüfung kann nur mit BMW-Motorrad-Diagnosesystem durchgeführt werden.

Zur Behebung von Defekten im Kabelbaum bietet BMW einen Reparatursatz an, bestehend aus Stoßverbindern zur Reparatur einzelner Kabel sowie Reparaturstecker. Ein defektes Kabel wird folgendermaßen repariert:

1. Defekten Stecker bzw. Kabelstück abschneiden auf einem möglichst geraden Stück des Kabelstrangs, um diesen besser fixieren zu können.
2. Bild 47: Die einzelnen Adern um die ungefähre Länge eines Schrumpfschlauches gestaffelt zurechtschneiden, sodass die reparierten Stellen nicht nebeneinander liegen.
3. Die nummerierten Adern des Reparatursatzes den entsprechenden Kabelfarben des Originalsteckers zuordnen, gestaffelt zurechtschneiden.
■ Bild 47: Um eine mehrfache Verwendbarkeit der Reparatursätze zu gewährleisten, wurden die Kabel nicht farbig ausgeführt, sondern mit Nummern gekennzeichnet.
4. Bild 48: BMW-Werkzeug »Abisolierzange« (Nr. 61 0 511) auf Drahtdurchmesser einstellen und die Kabelenden damit abisolieren.
5. Bild 49: Auf jede Ader des Anschlusses einen Schrumpfschlauch aufschieben.
6. Zu den Kabelenden entsprechende Stoßverbinder einlegen; sie müssen an Isolierung und Litze befestigt sein (mit Lupe prüfen).
7. Bild 49: Stoßverbinder mit den BMW-Werkzeugen »Zange« (Nr. 61 4 342) und »Crimpkopf« (Nr. 61 4 343) einbauen. Dabei müssen die Kabelquerschnitte beachtet werden.
8. Bild 50: Schrumpfschlauch über Stoßverbinder schieben, mit Heißluftföhn erhitzen, der Schrumpfschlauch zieht sich dadurch zusammen, legt sich an die Kabeloberfläche an und wird transparent. Zugleich tritt Heißkleber zur Abdichtung der reparierten Stelle aus.
9. Bild 51: Reparierten Kabelstrang mit BMW-Werkzeug »Gewebeband« (Nr. 61 0 631) umwickeln.
10. Reparierte Stelle am Rahmen mit Kabelbindern so fixieren, dass sie nicht scheuert.

»Normale« elektrische Leitungen (Kabel)
Neben dem Glasfaser-Kabelbaum gibt es an

R 1250 GS und Adventure auch einige »normale« elektrische Leitungen, z. B. für Rück-/Bremslicht, Blinker, Hupe, Heizgriffe und Anlasser. Diese Leitungen oder Kabel bestehen aus einem Verbund mehrerer isolierter Drähte und sind mit einem Gummi-oder PVC-Mantel überzogen, das ist die so genannte »Isolierung«.

Problem: Falls ein Kabel defekt ist, weil es eingeklemmt war oder an einem Bauteil gescheuert hat, ist meistens die Isolierung beschädigt und die blanken Drähte sind zu sehen (Bild 52 a). Wenn die innere Kupferleitung noch in der Gänze vorhanden ist (also nicht durchgescheuert), muss man solche Stellen mit Isolierband sorgfältig abkleben, damit kein Kurzschluss entsteht.

Lösung: Isolierband so weit um die Scheuerstelle herum kleben, bis es ca. zwei Zentimeter davor und dahinter anliegt (Bild 52 b). Das Kabel ist jetzt geschützt, es kann kein Wasser eindringen und bei Kontakt zu einem Metallteil (z. B. Rahmen, Motor) keinen Kurzschluss auslösen.

Wichtig: Ursache der Beschädigung herausfinden und abstellen, denn der Einsatz von Isolierband ist keine Dauerlösung.

Stecker

Stecker trennen (Bilder 54 a bis 55 b)
Bei einigen Montagen müssen Stecker getrennt werden, z. B. beim Abbau von Lampe und Blinker sowie beim Auswechseln elektrischer Bauteile.

Beim Trennen von Steckern beachten:
Wichtig 1: Niemals versuchen, einen Stecker durch Ziehen an den Kabeln zu trennen, sonst reißen die Drähte aus!
Wichtig 2: Generell gilt: Jeden Stecker vor dem Trennen genau ansehen, wie er zusammengesteckt ist, dann sorgsam trennen.

- Bei einem einfachen Stecker ist ein Kabelschuh auf einen Kontakt aufgeschoben: Gummikappe anheben, Kabelschuh mit der Hand anpacken und abziehen.
- Bei den meisten Steckern, egal welche Form sie haben, sind Verriegelungszapfen und Laschen angebracht: Mit spitzem Fingernagel niederdrücken und daduch entriegeln, dann Steckerhälften auseinanderziehen.
- Beim Blinkerstecker muss dessen lange Lasche angehoben und gleichzeitig der Stecker auseinandergezogen werden (Bilder 54 a und 54 b).
- Die Stecker der Motorsteuerung haben Verriegelungsbügel: Diese müssen gelöst werden, erst dann kann der Stecker abgezogen werden. Steckerzungen und Steckerschieber sind von hinten in die Stecker eingeschoben. Ein hochgestellter Zapfen verhindert, dass sie vom Gegenstück herausgeschoben werden. Bei jedem Trennen und Zusammenstecken eines Steckers einen Blick auf die Zapfen werfen: Alles ok?

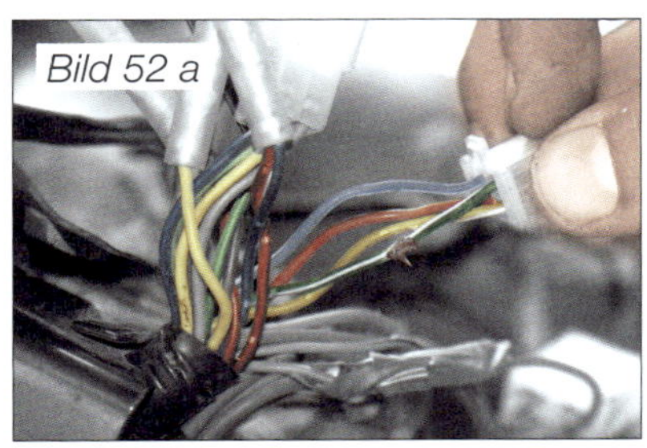

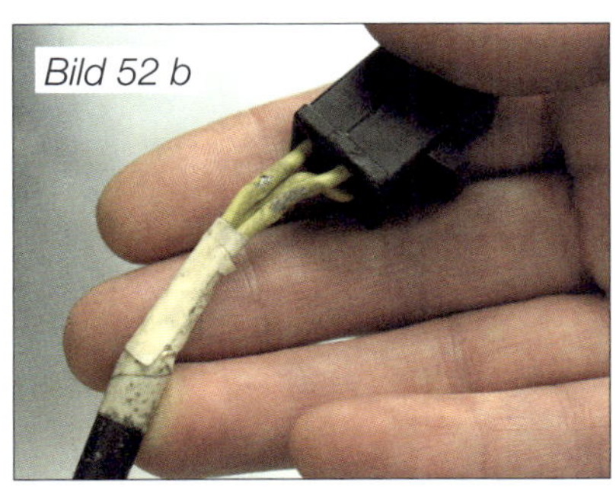

Bilder 52 a und 52 b: Aufgescheuertes Kabel mit Isolierband reparieren.

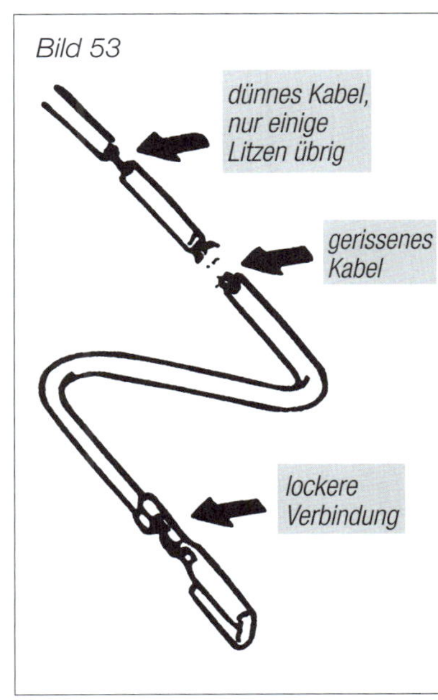

Bild 53: Schadensbeispiel an Kabeln.

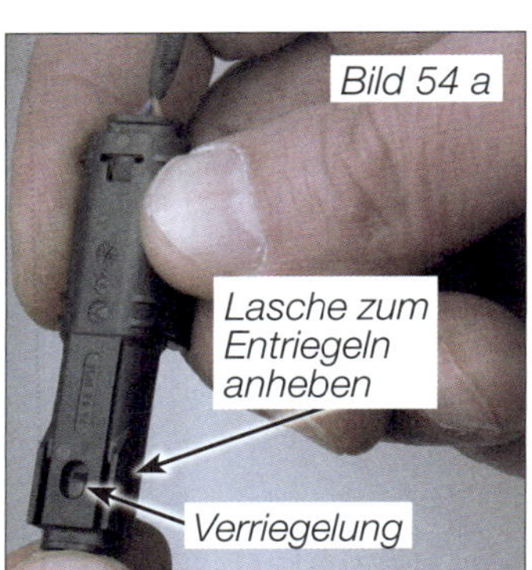

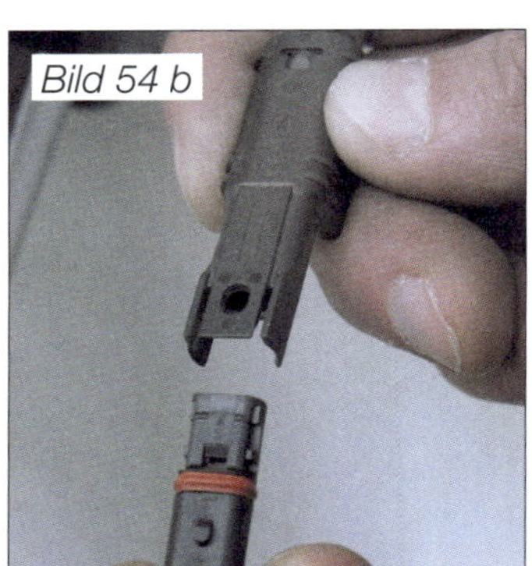

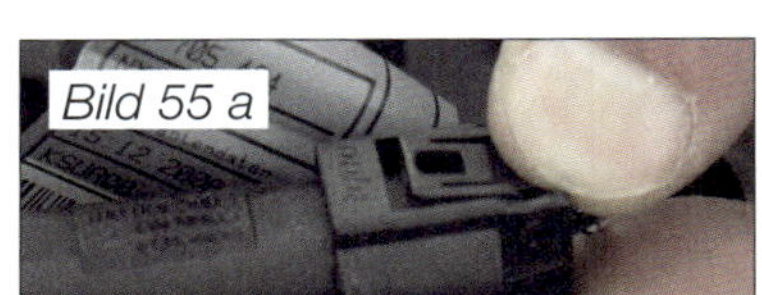

Bilder 54 a bis 55 b: Steckerverriegelung lösen, Stecker auseinanderziehen. Beim Zusammenstecken muss es hörbar klicken.

***Wichtig:** Stecker müssen sauber, fettfrei und ohne Korrosion sein.*

56 a
Instrumenteneinheit und Zündschloss mit Ringantenne für Wegfahrsperre
56 b
Kupplungsschalter
56 c
Drosselklappen-Stellmotor
56 d
Höhenstand-Sensor vorne
56 e
Schalter in der linken Lenkerarmatur
56 f
Außentemperatur-Sensor
56 g
Aufprall-Sensor
56 h
Einspritzventil
Stecker
Einspritzventil
56 i
Lichtmaschine
56 k
Kühlmitteltemperatur-Sensor
X
56 l
ABS-Sensor am Vorderrad
56 m
Masseanschluss links
56 n
Nockenwellen-positions-Sensor
56 p
Je nach Baustand sitzt die Lambdasonde vorne im Auspuffkrümmer nahe am Zylinderkopf bei X
56 q
Seitenständerschalter

Elektrische Bauteile, Sensoren, Relais und Schalter (Bilder 56 a bis 59 n)

Elektrische Bauteile

- Anlasser (Elektrostarter, Bilder 1 und 58 n)
- Batterie (Bilder 6 und 58 g)
- Benzinpumpe (Bilder 7 a und 7 b)
- Bordcomputer (Bild 56 a)
- Bordcomputer PRO**(Bild 56 a)
- Bordsteckdose (Bild 59 d)
- Diagnosestecker (Bilder 10 und 58 m)
- Drosselklappen-Stellmotor (Bilder 12 und 56 c)
- Einspritzventile (Bilder 13 und 56 h)
- Elektronische Wegfahrsperre (EWS) (Bilder 42 und 56 a
- ESA-Federbein vorne* (Anschlüsse in Bild 12 in Kapitel 7)
- ESA-Federbein hinten* (Anschlüsse in Bild 20 b in Kapitel 7)
- Hupe (Signalhorn, Bild 59 g)
- Lichtmaschine (»Generator«, Bilder 22 und 56 i)
- Massekabel links, rechts (Bilder 23 a, 23 b, 56 m und 59 l)
- Regler (Bilder 28 und 57 f)
- Ringantenne im Zündschloss (Steuergerät, Bilder 42 und 56 a)
- Sicherungen (Bilder 31, 40, 58 c und 58 f)
- Steuergerät ABS (Druckmodulator, Bilder 32 und 59 a)
- Steuergerät DWA (Diebstahlwarnanlage, Bilder 33 und 58 a)
- Steuergerät Grundmodul (Bilder 35 und 58 e)
- Steuergerät Instrumenteneinheit (Bilder 36 und 56 a)
- Steuergerät für intelligenten Notruf (Bilder 37 und 58 h)
- Steuergerät für Keyless Ride** (Bilder 38 und 59 e)
- Steuergerät für LED-Leuchtmittel (Bilder 39 und 59 n)
- Steuergerät Motorsteuerung (»Motorsteuergerät«, Bilder 40, 58 c)
- Steuergerät RDC** (Reifendruck-Control, Bilder 41 und 58 b)
- Steuergerät SAF/ESA** (Semiaktives Fahrwerk, Bilder 34 und 58 d)
- Zündkerzen mit Zündspulen-Kerzenstecker (Bilder 43, 44, 59 k)

Sensoren

- ABS-Sensor vorne (Bilder 27a und 56 l)
- ABS-Sensor hinten (Bilder 27b und 58 i)
- Ansauglufttemperatur-Sensor (Bilder 3 und 59 c)
- Aufprall-Sensor für intelligenten Notruf (Bilder 4 und 56 g)
- Außentemperatur-Sensor (Bilder 5 und 56 f)
- Benzinstand-Sensor (Bild 8)
- Benzindruck-Sensor (Bild 9)
- Bremslicht-Sensoren (Drucksensoren im ABS-Steuergerät)
- Drehraten-Sensor (Bilder 11 und 57 c)
- Gangpositions-Sensor (»Getriebepotentiometer«, Bilder 14 und 57 d)
- Höhenstand-Sensor (ESA-Federbein vorne**, Bilder 16a und 56 d)
- Höhenstand-Sensor (ESA-Federbein hinten**, Bilder 16b und 57 b)
- Klopf-Sensoren limks und rechts (Bilder 17 und 59 f)
- Kühlmitteltemperatur-Sensor (Bilder 18 und 56 k)
- Kurbelwellenpositions-Sensor (Zündgeber, Bilder 22 und 59 h)
- Lambdasonden (Bilder 21 a, 21 b, 21 c, 56 p, 58 k und 59 i)
- Nockenwellenpositions-Sensor (Bilder 26 a, 26 b und 56 n)
- Motorölstand-Sensor (Bilder 24 und 57 a)
- Motoröltemperatur-Sensor (Bilder 25 und 56 r)
- RDC-Sensor** vorne und hinten (RDC = Reifendruck-Control, Bilder 29 und 59 m)
- Umgebungsluftdruck-Sensor (Bilder 40 und 58 c)

Relais

- Anlasserrelais (Bilder 2 und 57 e)
- Hauptrelais (Bilder 15 und 58 l)

Schalter

- Kupplungsschalter (Bilder 19 und 56 b)
- Schalter in linker Lenkerarmatur für Lichthupe, Fern-/Abblendlicht, Warnblinker, Abschalten der ABS-Funktion, Blinker, Hupe, ESA-Funktion*, LED-Zusatzscheinwerfer, Multifunktionsdisplay, Navigationssystem, Tagfahrlicht (LIN Steuergerät, Bild 56 e)
- Schalter in rechter Lenkerarmatur mit Motorstoppschalter (»Killschalter«), Starterknopf, Fahrmodus, Heizgriffe (Bild 59 b)
- Seitenständerschalter (Bilder 30 und 56 q)
- Zündschalter (Zündschloss, Bilder 42 und 56 a)

* = nur bei Sonderausstattung elektrisches ESA-Federbein
** = Sonderausstattung

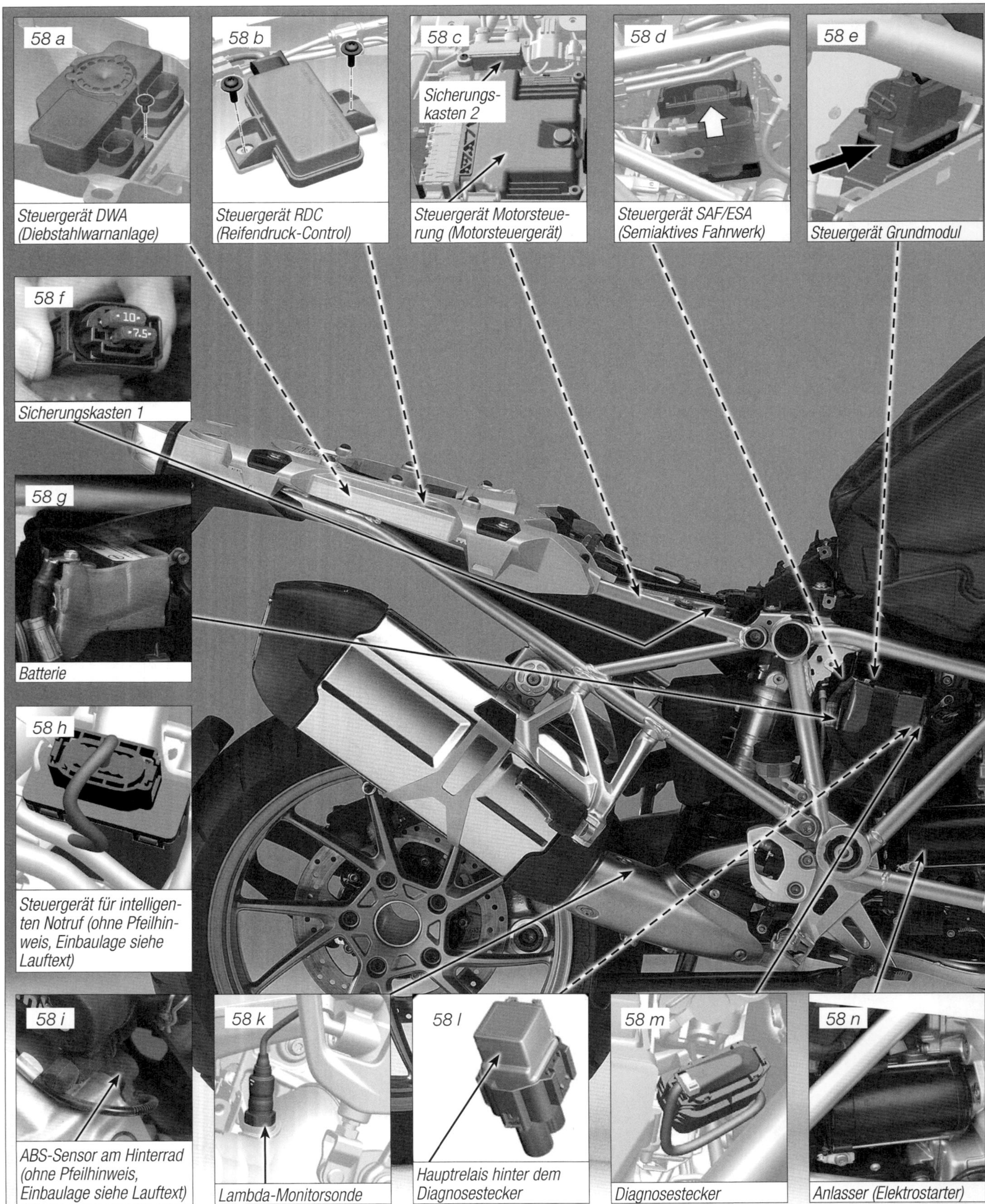
58 a
Steuergerät DWA (Diebstahlwarnanlage)
58 b
Steuergerät RDC (Reifendruck-Control)
58 c
Sicherungskasten 2
Steuergerät Motorsteuerung (Motorsteuergerät)
58 d
Steuergerät SAF/ESA (Semiaktives Fahrwerk)
58 e
Steuergerät Grundmodul
58 f
Sicherungskasten 1
58 g
Batterie
58 h
Steuergerät für intelligenten Notruf (ohne Pfeilhinweis, Einbaulage siehe Lauftext)
58 i
ABS-Sensor am Hinterrad (ohne Pfeilhinweis, Einbaulage siehe Lauftext)
58 k
Lambda-Monitorsonde
58 l
Hauptrelais hinter dem Diagnosestecker
58 m
Diagnosestecker
58 n
Anlasser (Elektrostarter)

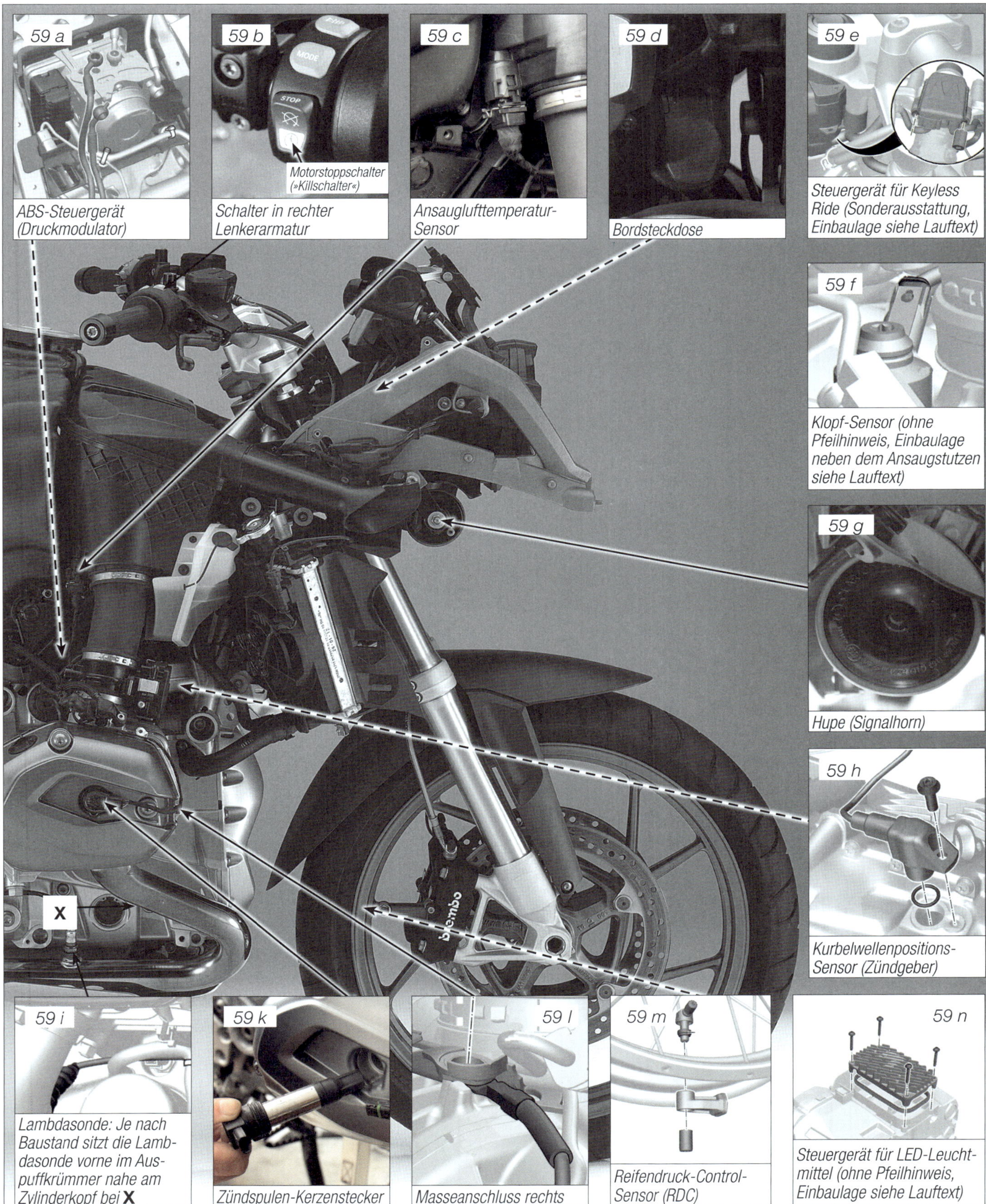

59 a: ABS-Steuergerät (Druckmodulator)

59 b: Schalter in rechter Lenkerarmatur

59 c: Ansauglufttemperatur-Sensor

59 d: Bordsteckdose

59 e: Steuergerät für Keyless Ride (Sonderausstattung, Einbaulage siehe Lauftext)

59 f: Klopf-Sensor (ohne Pfeilhinweis, Einbaulage neben dem Ansaugstutzen siehe Lauftext)

59 g: Hupe (Signalhorn)

59 h: Kurbelwellenpositions-Sensor (Zündgeber)

59 i: Lambdasonde: Je nach Baustand sitzt die Lambdasonde vorne im Auspuffkrümmer nahe am Zylinderkopf bei **X**

59 k: Zündspulen-Kerzenstecker

59 l: Masseanschluss rechts

59 m: Reifendruck-Control-Sensor (RDC)

59 n: Steuergerät für LED-Leuchtmittel (ohne Pfeilhinweis, Einbaulage siehe Lauftext)

Batterie

In diesem Kapitel: Basisinformationen zur Batterie · Batterie prüfen, ausbauen, laden, einbauen.

Batterie

Die Batterie muss immer in bestem Zustand sein, damit sie besonders für den Startvorgang ausreichend Energie liefern kann, wenn der Anlasser betätigt wird. Laut BMW-Ersatzteilliste sind in den Maschinen unseres Buchs serienmäßig folgende Batterien eingebaut:

- Bild 1 a: AGM-Batterie 12 Volt/14 Ah, eingebaut in R 1250 GS und Adventure im Modelljahr 2019. BMW-Ersatzteil-Nr. 61 21 8 389 125.
- Bild 1 b: AGM-Batterie 12 Volt/12 Ah, eingebaut in R 1250 GS und Adventure ab Modelljahr 2020. BMW-Ersatzteil-Nr. 61 21 8 394 179.
- Bild 1 c: Lithium-Ionen-Batterie 12 Volt/10 Ah als Sonderaustattung in allen Modelljahren. BMW-Ersatzteil-Nr. 61 21 8 504 075.

Bilder 1 a, 1 b: Serienmäßige Batterien der R 1250 GS und Adventure.

Bild 1 c: Diese Lithium-Ionen-Batterie ist Sonderausstattung in allen Modelljahren.

Ersatzbatterien: Wenn die Batterie defekt ist und eine neue notwendig wird, muss man unbedingt eine AGM-, eine Gel- oder eine Lithium-Ionen-Batterie einbauen und keine Blei-Säurebatterie, die mit einem Entlüftungsschlauch versehen ist.

Folgende Batteriearten eignen sich:

- **AGM-Batterie** (»Absorbend Glass Mat«): Bei ihr ist der Elektrolyt als flüssige Schwefelsäure in Matten aus Glasfaservlies gebunden, sie ist »wartungsfrei«.
- **Gel-Batterie:** Bei ihr ist der Elektrolyt durch Zusatz von Kieselsäure in einer gelartigen Masse gebunden. Auch sie ist »wartungsfrei«, aber etwas teurer als eine AGM-Batterie; sie bietet dafür höhere Startstrom-Reserven. Auch hält sie länger, wenn sie richtig gepflegt wird.
- **Lithium-Ionen-Batterie:** Sie entlädt sich langsamer und ist viel leichter als eine AGM-Batterie (1,96 kg im Vergleich zu 4,96 kg bei der 12 Volt/12 Ah-AGM-Batterie). Sie ist allerdings

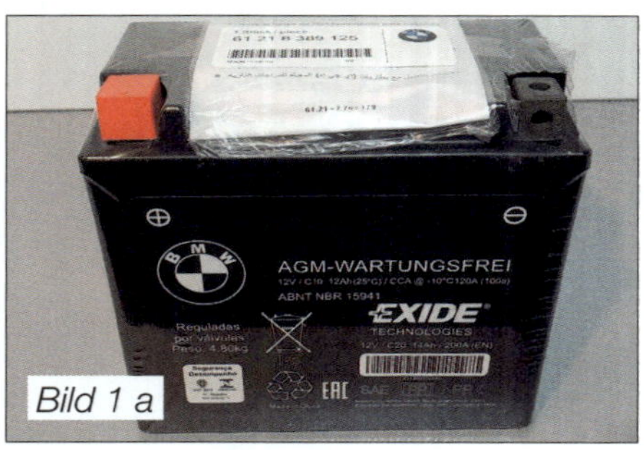

Bild 1 a

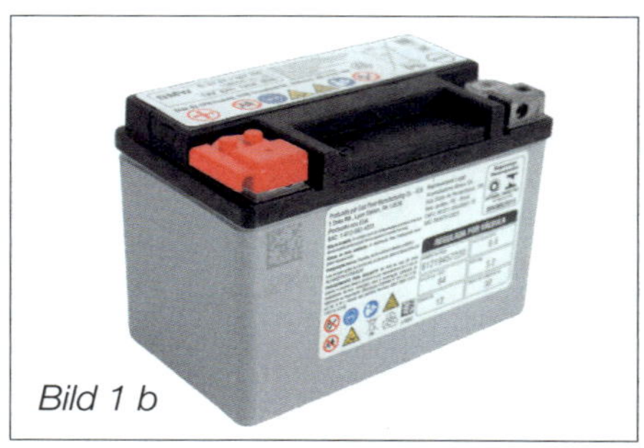
Bild 1 b

Bild 1 c

Sicherheitshinweise ⚠ Achtung und ☞ Tipps für dieses Kapitel

⚠ Zu allen Arbeiten an der Batterie muss die Zündung ausgeschaltet sein! Zündschlüssel am besten abziehen.

⚠ Sollten Sie einmal gezwungen sein, eine nicht wartungsfreie Bleibatterie einzubauen, wird ein Entlüftungsschlauch benötigt.

- Dieser muss knickfrei nach unten verlegt werden, sein Ende muss so ins Freie ragen, dass die aus der Batterie austretenden Dämpfe mit keinem Teil der Maschine in Berührung kommen, sonst gibt es in kürzester Zeit hässliche Säureschäden, was bis zum Bruch tragender Rahmenbauteile führen kann!
- Eine nicht wartungsfreie Batterie sollte nur im echten Notfall eingebaut und umgehend durch eine wartungsfreie Batterie ersetzt werden.
- Wenn Sie eine neue Batterie brauchen, kaufen Sie eine serienmäßige AGM- oder Gelbatterie beim BMW-Händler. Bei billigen Nachrüst-Batterien besteht die Gefahr, dass diese sich nicht mit der Ladeelektronik vertragen und deswegen frühzeitig defekt werden.

⚠ Beim Laden der Batterie können explosive Gase aus der Batterie entweichen. Offenes Feuer, Funkenflug und brennende Zigaretten in weitem Umkreis von der am Ladegerät hängenden Batterie fern halten. Für ausreichende Belüftung des Raumes sorgen, in dem die Batterie geladen wird!

☞ Kaufen Sie ein Ladegerät speziell für wartungsfreie AGM- oder Gel-Motorradbatterien, bei dem sich kleine Ladespannungen und die maximale Ladezeit einstellen lassen. Wenn das zu teuer ist, dann lassen Sie die Batterie beim BMW-Händler laden.

⚠ Hängen Sie eine AGM- oder Gelbatterie über Winter nicht an ein billiges Batterie-Frischhaltegerät, bei dem die Batterie fortwährend im Wechsel geladen und entladen wird. Benutzen Sie ein solches Gerät nur mit BMW-Freigabe.

☞ Beim Überwintern Ihrer Maschine bauen Sie die Batterie aus, laden sie fachgerecht und lagern sie in einem kühlen Raum. Im Frühjahr vor dem ersten Start die Batterie erneut laden und einbauen.

- Dies gilt auch für eine neue Batterie: Vor dem Einbau laden, dann mindestens eine halbe Stunde ruhen lassen, einbauen und losfahren!

auch viel teurer (311,10 Euro zu 135,00 Euro). Wichtig; Das Ladegerät muss für eine Lithium-Ionen-Batterie geeignet sein.

Was bedeutet »wartungsfrei«?
Der Begriff »wartungsfreie Batterie« bezieht sich in erster Linie darauf, dass kein destilliertes Wasser nachgefüllt werden muss. Weil aber BMW empfiehlt, bei den Inspektionen die Batterie über die Bordsteckdose zu laden, passt der Begriff »wartungsarm« besser als »wartungsfrei«.

Tipp 1: BMW-Spezialisten empfehlen, die Batterie bei jeder Inspektion auszubauen, zu reinigen und zu laden. Nach dieser Empfehlung zeigen wir nachstehend in diesem Kapitel das Thema »Batterie ausbauen, laden, einbauen«.

Tipp 2: Weiterhin empfehlen BMW-Spezialisten, dass bei einer Standzeit von länger als einem Monat die Batterie ausgebaut, nachgeladen und außerhalb der Maschine in einem trockenen, kühlen Raum gelagert wird. Denn in eingebautem Zustand wird die Batterie von Verbrauchern, die auch bei abgeschalteter Zündung aktiv sind (z. B. Uhr, Wegfahrsperre) langsam aber sicher entladen.

Das ist natürlich etwas aufwändig, weswegen wir zum Thema »Laden bei eingebauter Batterie« auf den Text rechts im grauen Kasten verweisen. Doch wenn die Maschine über Winter stillgelegt wird, bleibt es bei den Ratschlägen:

- Batterie ausbauen, laden und kühl und trocken lagern.
- Zur Inbetriebnahme der Maschine im Frühjahr die Batterie vor dem Einbau laden.

Hinweis: Wenn eine wartungsfreie Batterie mit einem falschen, weil zu »großen« (Auto-) Ladegerät geladen wird, besteht die Gefahr des »Überladens«. Dabei entsteht auch Wasserstoff und die Batterie kann während des Ladens platzen!

Batterie prüfen, laden

Wenn die Batteriespannung weniger als 12,5 Volt beträgt, ist dies an einem »müden« Anlasser (Elektrostarter) zuerst zu spüren, weil dieser den Motor nicht mehr richtig durchdreht. Wenn die Maschine angeschoben wird, springt der Motor aber trotzdem an (siehe Kapitel 15 »Anlasser«).

Batteriespannung prüfen
Mit dem BMW-Motorrad-Batterieladegerät kann eine Prüfung der Batteriespannung direkt über das Bordnetz erfolgen. Es gibt zwei von BMW freigegebene Batterieladegeräte:

- Das kleine »Kunden-Ladegerät« hat die Ersatzteil-Nr. 77 02 8 525 764.
- Das große »Werkstatt-Ladegerät« hat die Ersatzteil-Nr. 81 74 0 421 092.

Wichtig: Messen des Ladezustands der Batterie mit dem BMW-Werkstatt-Batterieladegerät muss streng nach den Anweisungen in der Ladegerät-Betriebsanleitung gemacht werden!

Prüfung mit Multimeter
Eine Prüfung der Batteriespannung mit einem Multimeter ist einfach. Die Maschine soll vor der Prüfung mindestens 30 Minuten nicht gefahren worden sein. Die Zündung ist AUSgeschaltet.
1. Zugang zur Batterie schaffen. Diese so weit herausziehen, dass man an den Pluspol gelangt.
- Das ist im nächsten Kapitelabschnitt »Batterie ausbauen« beschrieben.

2. Plus- und Minuspol bleiben angeschlossen.
2.1. Multimeter einschalten und auf 12 Volt einstellen.
3. Prüfspitzen fest an die Batteriepole anlegen:
4. Ergebnis ablesen und werten:
- Eine ausreichend geladene Batterie hat 13,0 bis 13,2 Volt.
- Eine nicht ausreichend geladene Batterie hat 12,5 Volt oder weniger.

Batterie ausbauen
Hinweis: Durch Abklemmen der Batterie werden in der BMW-Motorsteuerung alle Einträge im Fehlerspeicher gelöscht und die Adaptionswerte zurückgesetzt. Dadurch kann es bei der Wiederinbetriebnahme zu kurzzeitigen Beeinträchtigungen des Motorlaufes kommen.
1. Seitendeckel rechts abbauen.
2. Bild 2: Kabel vom Minuspol abschrauben.
3. Bild 3: Gummiband aushängen.
4. Minuskabel an Batteriehalteplatte aushängen.
5. Bild 6: Batteriehalteplatte etwas anheben, aus den oberen Aufnahmen am Batterieträger aushängen und aus unterer Aufnahme ziehen.
6. Bild 8: Batterie so weit herausziehen, dass

Batterie laden über die Bordsteckdose
BMW bietet Ladegeräte an, mit denen die Batterie über die Bordsteckdose geladen werden kann. Wegen der empfindlichen Fahrzeugelektronik raten wir zu Folgendem:
1. Wenn die Batterie über die Bordsteckdose geladen werden soll, die Plus- und Minuspole an der Batterie also angeschlossen sind, darf das nur mit einem von BMW dafür freigegebenen Ladegerät gemacht werden.
2. Batterie NIEmals mit einem »großen« Auto-Batterieladegerät laden.

Wichtig: Wenn die Batterie so schwach ist, dass die Bordnetz-Unterspannung auf weniger als 7 Volt abgesunken ist, wird die Bordsteckdose von der Fahrzeugelektronik abgeschaltet. Die Batterie kann dann nur im ausgebauten Zustand direkt über die Pole geladen werden.

Bilder 2 und 3: Zuerst Minuskabel von der Batterie abschrauben, dann Pluskabel. Gummiband aushängen.

Sichtprüfung Messen

man an die Pluspolverschraubung gelangt. Schraube lösen und ausdrehen, Kabel abnehmen, Batterie herausnehmen.

Batterie laden

1. Batterie an das Ladegerät anschließen. Dabei muss das Ladegerät AUSgeschaltet sein:

■ Zuerst Pluspol anklemmen, dann Minuspol.

2. Jetzt das Batterieladegerät EINschalten.

3. Batterie mit maximal 10% der Nennkapazität für längstens 10 Stunden laden.

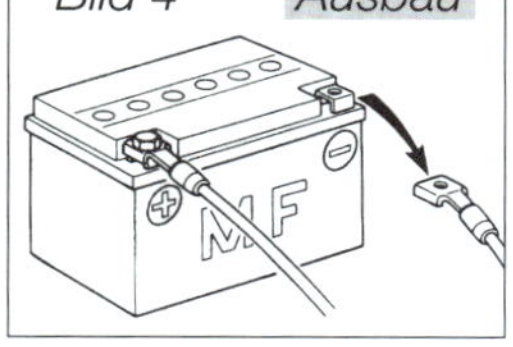

Bild 4 *Ausbau*

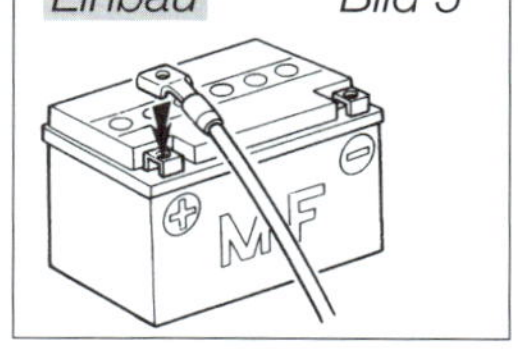

Einbau *Bild 5*

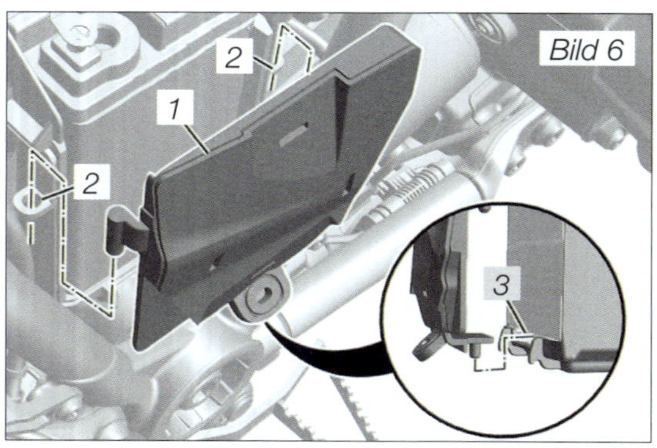

Bild 6

Bilder 4 bis 8: Aus- und Einbau der Batterie, Anschließen des Ladegeräts.

Bauteile im Bild 6

Teil 1 = Batteriehalteplatte
Teil 2 = obere Aufnahmen
Teil 3 = untere Aufnahme

Bild 7 *Stopfenleiste niemals entfernen!* *Ladegerät*

Beim Laden auf richtige Polung achten:
■ rote Zange an Pluspol
■ schwarze Zange an Minuspol

Hersteller des Batterie-Ladegerätes in Bild 7:
fritec Friedrich & Hitschfel GmbH
Schlehenstrasse 26
D-90542 Ecklental
www.fritec.de

Bild 8

Sehr wichtig: Die angegebenen Ladeströme und Ladezeiten nicht überschreiten, sonst wird die Batterie beschädigt, was bis zum Platzen der Batterie führen kann.

Neue Batterie laden

Eine neue Batterie ist vorgeladen und wird von den meisten Batterieherstellern als »sofort einbaufertig« angeboten. Da man jedoch nicht weiß, wie lange die neue Batterie schon auf Lager steht, sollte sie vor dem Einbau geladen werden. Für die Erstladung lautet die allgemeine Regel: Ladestrom A (in Ampere) gleich 10% der Nennkapazität (in Amperestunden, Ah), Ladezeit 5 bis 10 Stunden. Für die 12 Volt/12 Ah-Batterie bedeutet dies einen maximalen Ladestrom von 1,2 Ampere.

Batterie einbauen

1. Batteriepole und Anschlussösen dünn mit Batteriepolfett einstreichen.

2. Bilder 5 und 8: Pluskabel anschließen: Schraube »handfest« anziehen (8 Nm).

3. Batterie mit dem Wärmeschutz in das Fach einsetzen.

■ Dabei darauf achten, dass das Pluskabel nicht eingeklemmt wird.

4. Bild 6: Batteriehalteplatte in die obere Aufnahmen einsetzen und dann in die untere Aufnahme drücken. Darauf achten, dass die Nase einrastet.

5. Bild 2: Das Minuskabel in die Aufnahme an der Batteriehalteplatte setzen.

5.1. Bild 3: Minuskabel anschließen.

6. Seitendeckel rechts anbauen.

Beim ersten Motorstart nach dem Einbau einer frisch geladenen oder neuen Batterie beachten:

■ Nach dem ersten Einschalten der Zündung die Eigendiagnose des ABS-Systems abwarten. Den Bremshebel vorher nicht betätigen!

■ Gasdrehgriff bei stehendem Motor ein- bis zweimal langsam öffnen, damit das Motorsteuergerät die Signale vom E-Gas erfassen kann. Erst dann den Motor starten.

Hinweis: Wenn die Batterie in der BMW-Motorradwerkstatt geladen wurde, wird durch Anstöpseln des BMW-Motorrad-Diagnosesystems die »Systemzeit geprüft« und wieder hergestellt, indem im Menüpunkt »Servicedatum setzen« das Kalenderdatum im Fahrzeug mit dem Kalenderdatum des BMW-Motorrad-Diagnosesystems abgeglichen wird. Im Kapitel 12 »Elektrik · Elektronik« werden zwei Diagnosegeräte beschrieben, mit denen man auch die Systemzeit wiederherstellen kann.

Ladesystem

In diesem Kapitel: Tipps zur Selbsthilfe beim Problemfall »Batterie immer leer?« · Leckstrom messen · Ladespannung prüfen · Generatorstator aus- und einbauen · Polrad ab- und anbauen · Motor-Getriebeeinheit aus- und einbauen I bis III.

Batterie immer wieder leer?

Standzeit länger als vier Wochen
Wenn die Maschine länger als vier Wochen abgestellt war, kann die Batterie »wie von selbst« leer geworden sein, weil die serienmäßig eingebaute »elektronische Wegfahrsperre« (EWS) mit Energie versorgt werden musste. Wenn man weiß, dass die Standzeit länger als vier Wochen dauern wird (Überwinterung!), sollte man die Batterie ausbauen und fachgerecht lagern (siehe dazu Kapitel 13 »Batterie«). Man kann auch die Batterie während der Abstellzeit in eingebautem Zustand mit einem (von BMW freigegebenen) »Batterieladungs-Erhaltungsgerät« auf ordentlichem Ladezustand halten. Beim BMW-Motorradhändler gibt es BMW-freigegebene Ladegeräte.

Polanschlüsse an der Batterie überprüfen
Wenn die Batterie immer wieder leer wird, obwohl sie zweifelsfrei in Ordnung ist, dann wird sie bei laufendem Motor von der Lichtmaschine nicht geladen. Zuerst überprüfen, ob Plus- und Minuskabel an den Batteriepolen fest genug angeschlossen sind (Schraube lose?) und die Kabelösen frei sind von Korrosion.

Kabel und Stecker von Lichtmaschine zum Regler überprüfen
Bilder 2 und 3 zeigen den angebauten Regler, er ist oben hinter dem hinteren Federbein angebaut.
Der Stecker muss fest in der Steckdose am Regler sitzen, seine Kontakte müssen sauber und korrosionsfrei sein.

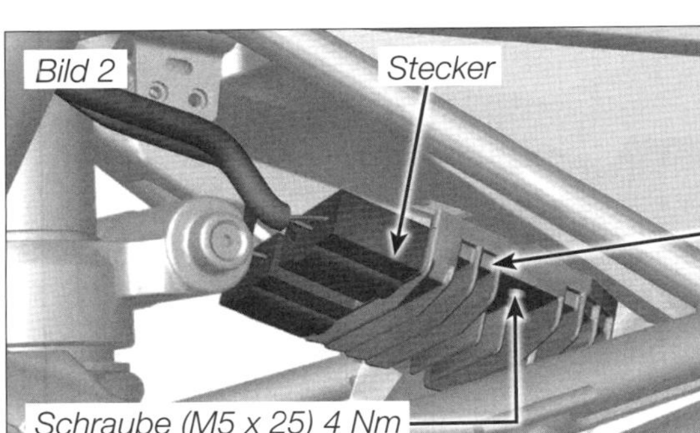

Im Kapitel 29 »Kabelverlegung und Schnittbilder« sind Schaubilder der Kabelverlegung und Stecker. Prüfen Sie per Auge und mit einem Multimeter, ob die drei gelben Kabel (Bilder 7 und 8), welche hinten-oben am Motor aus dem Motorgehäuse (bzw. einer Gummitülle) herausführen, bis hoch zum Stecker, der am Regler eingesteckt ist, in Ordnung sind.

Leckstrom (Kriechstrom) messen (Bild 1)
Wichtig: Wenn die Batterie aufgrund eines Defekts im Ladesystem leer ist, muss man zur Prüfung des Ladesystems eine voll geladene Batterie einbauen. Prüfen Sie bei dieser Gelegenheit ob alle in Frage kommenden Steck- und Masseverbindungen sauber sind, also ohne Korrosion und Wackelkontakte.
1. Zündung AUS. Zündschlüssel abziehen. Zugang zur Batterie schaffen (Kapitel 13 »Batterie«).
2. Massekabel von der Batterie abschrauben.
3. Multimeter auf »Amperemessung« stellen und anschließen wie in Bild 1 gezeigt:
3.1. Krokodilklemme am schwarzen Minuskabel des Multimeters an den Minuspol der Batterie anklemmen.
3.2. Krokodilklemme am roten Pluskabel des Multimeters an die von der Batterie abgeschraubten Öse des Massekabels anklemmen.
3.3. Weil Leckstrom sehr hoch sein kann, Multi-

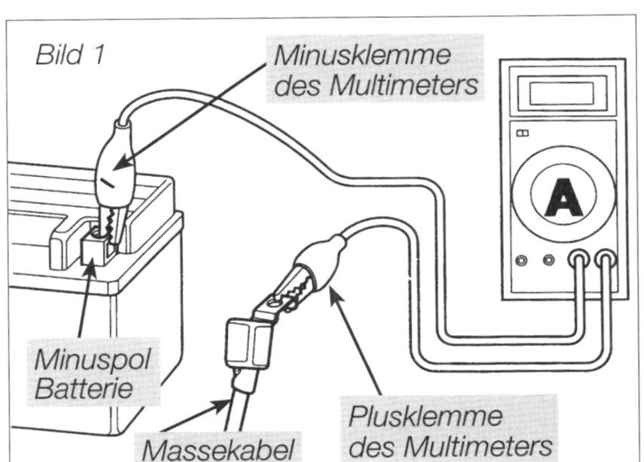

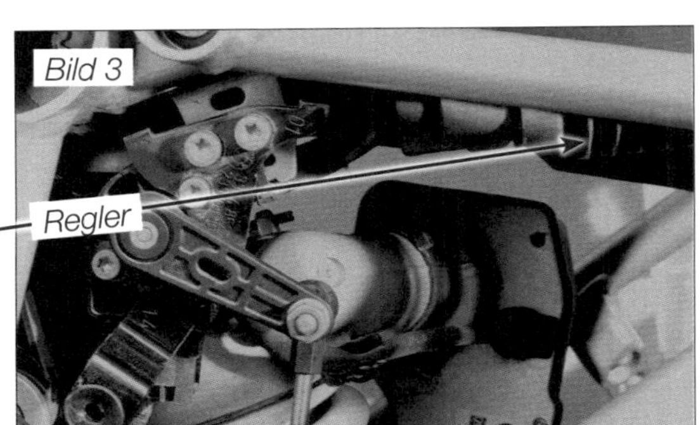

Korrespondenzkapitel:
- 3 »Verkleidung · Rahmen · Tank«
- 12 »Elektrik · Elektronik«
- 13 »Batterie«
- 15 »Anlasser«
- 29 »Kabelverlegung und Schnittbilder«

Redaktioneller Hinweis: *Wenn die Lichtmaschine kaputt ist und erneuert werden muss, muss dazu der Motor ausgebaut und vom Getriebe getrennt werden. Deswegen behandeln wir in diesem Kapitel auch die Arbeitsschritte zum Aus- und Einbau des Motors sowie das Trennen des Getriebes vom Motor.*

Bild 1: Leckstrom der Batterie messen:
- *Multimeter auf Ampere-Messung einstellen.*
- *Massekabel von der Batterie abklemmen und mit der Plusklemme des Multimeters verbinden.*
- *Minusklemme des Multimeters auf den Minuspol der Batterie anklemmen.*

Bilder 2 und 3: Einbaulage des Reglers.

Sichtprüfung Messen

Bilder 5 bis 8 auf der rechten Seite und 9 bis 19 auf den Folgeseiten: Montagedetails zum Aus- und Einbau des Stators und der Motor-Getriebeeinheit. Die Arbeitsschritte sind im Lauftext mit Bildnummern beschrieben.

meter auf hohen Ampere-Bereich einstellen und entsprechend herunterregeln. Multimeter ganz genau beobachten, bis die Anzeige nicht mehr weiter absinkt. **Wichtig:** Zündung während Leckstromprüfung NICHT einschalten.

4. Maximal zulässig ist ein Leckstrom von 0,2 mA im mA-Bereich. Wenn der Leckstrom höher ist, liegt womöglich ein Kurzschluss im Zündschloss oder einem Teil der für die Anlasserelektrik zuständigen Bordelektrik vor.

Ladespannung prüfen

Batterie muss in Ordnung sein. Wenn die Batterie wegen des Problems mit der Ladespannung leer ist, zu dieser Prüfung eine andere, gut geladene Batterie einbauen, die mindestens 12,5 Volt hat.

1. Motor starten und auf Betriebstemperatur bringen (ca. 80 °C Öltemperatur).
2. Motor AUSschalten, Multimeter auf »20 Volt Gleichspannung« einstellen und anschließen:
- Plusklemme auf Pluspol der Batterie
- Minusklemme auf Minuspol

Wichtig: Plus- und Minuskabel bleiben an der Batterie angeschlossen.
3. Batteriespannung ablesen (Beispiel 12,5 Volt).
4. Motor starten, Fernlicht einschalten.
4.1. Motor auf 4000/min hochdrehen und die auf dem Multimeter angezeigte Spannung ablesen: Sie muss 13,5 bis 14,5 Volt betragen, muss also größer sein als die vorhin im Ruhezustand an der Batterie gemessene Spannung.
5. Messergebnisse werten:
5.1. Ist die gemessene Spannung bei laufendem Motor größer als die Batteriespannung bei stehendem Motor, ist die Ladespannung in Ordnung und damit auch Lichtmaschine und Regler. Wahrscheinlich ist dann die vorher eingebaute, immer »leer« werdende Batterie defekt. Neue Batterie einbauen.
5.2. Ist die angezeigte Spannung kleiner oder gleich, können Lichtmaschine, Regler, Leitungen, Stecker defekt sein.
5.3. Ist die angezeigte Spannung viel höher als 15 Volt, kann Folgendes vorliegen: Masseanschluss des Reglers schlecht, Batterie defekt, Regler defekt.

Bild 4: Lichtmaschinenstator im Detail.

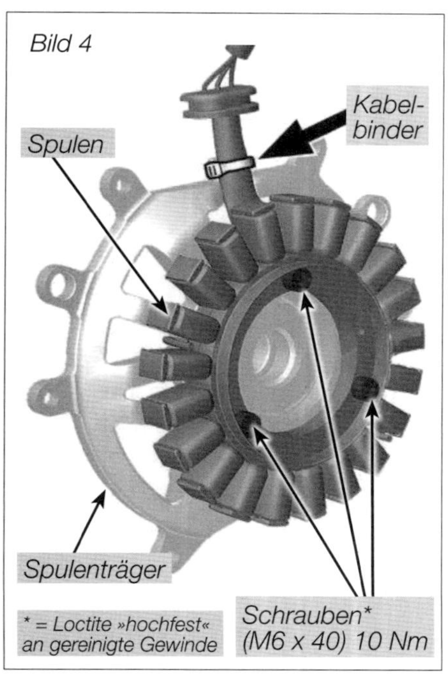

6. Es kann auch ein Defekt in der Fahrzeugelektrik oder Steckern vorliegen: Auf Bruch oder fehlerhafte Kontakte überprüfen!
7. Sind Batterie, Kabel und Stecker in Ordnung, ist wahrscheinlich der Regler defekt.

Praxistipp 1: Bevor ein neuer Regler gekauft wird, zuerst ein erwiesenermaßen funktionierendes Teil einbauen (beim freundlichen BMW-Stammhändler fragen, ob er einen Regler hat so gut wie »neu«), Ladespannung erneut prüfen. Wenn sie auch jetzt kleiner oder gleich der Batteriespannung ist, ist wahrscheinlich der Generatorstator defekt und muss erneuert werden.

Praxistipp 2: Wenn auch mit einem neuen Regler die Batterie immer wieder leer wird, raten wir Ihnen, eine BMW-Motorradwerkstatt aufzusuchen, weil zur zweifelsfreien Lokalisierung eines möglichen Kabelbruchs, Kurzschlusses, defekter Lichtmaschine oder defektem Regler die Fahrzeugelektrik mit dem BMW-Motorrad-Diagnosesystem durchgeprüft werden muss. Dies hat seinen Grund auch darin, dass beim Single-Wire-System einzelne Leitungen nicht mit »normalen« Elektro-Prüfgeräten durchgemessen werden können.

Lichtmaschine defekt?

Die Lichtmaschine besteht, einfach gesagt, aus den beiden Bauteilen »Generatorstator« und »Rotor«:
- Der Stator ist am Motorgehäuse befestigt, er besteht aus einer Grundplatte (Spulenträger in Bild 4), an der 21 Spulen angebracht sind. Jede dieser Spulen hat einen magnetischen Kern, um den Kupferdrähte gewickelt sind.
- Der Rotor ist ein topfähnliches Gebilde (Bild 12), welches auf der Kurbelwelle befestigt ist (Bilder 9, 10 und 11), man kann auch »Polrad« dazu sagen.

Im zylindrischen Teil des Rotors (also dem »Topf«) sind weitere Magnete eingearbeitet. Der Topf umfasst die Spulen des Generatorstators (es ist ein Luftspalt dazwischen von wenigen Zehntel-Millimeter) und wenn sich die Kurbelwelle dreht, streichen die Magnete im Rotor an den Magneten des Stators vorbei, diese werden dadurch erregt und es wird somit Wechselstrom erzeugt.

Dieser wird zum Regler geschickt, wo er in Gleichstrom umgewandelt und an die Batterie weitergeleitet wird, wodurch diese in einem dauerhaft guten Ladezustand bleibt.

Serviceinformation 1: Der Stator kann kaputt gehen, wenn der Motor zu heiß wird und deswegen eine der Spulen (oder mehrere) durchbrennt. Dann muss ein neuer Stator eingebaut werden. **Serviceinformation 2:** Der Rotor geht eigentlich nie kaputt, es sei denn, er wurde bei einer Montage fallen gelassen oder anderswie hart angeschlagen, wodurch sich die Magnete »entmagnetisieren«. In seltenen Fällen lösen sich die Magnetsegmente, auch dann muss ein neuer Rotor eingebaut werden.

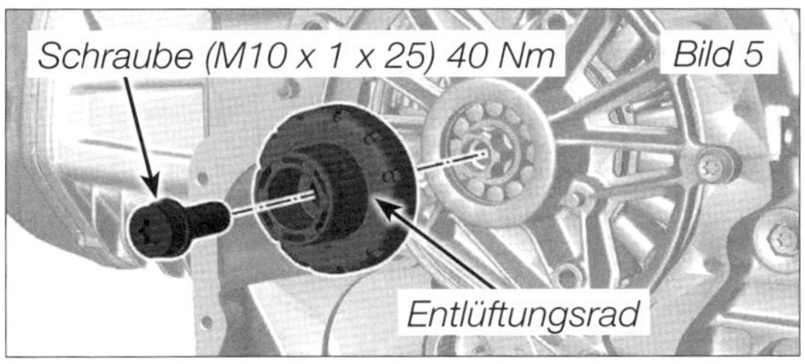

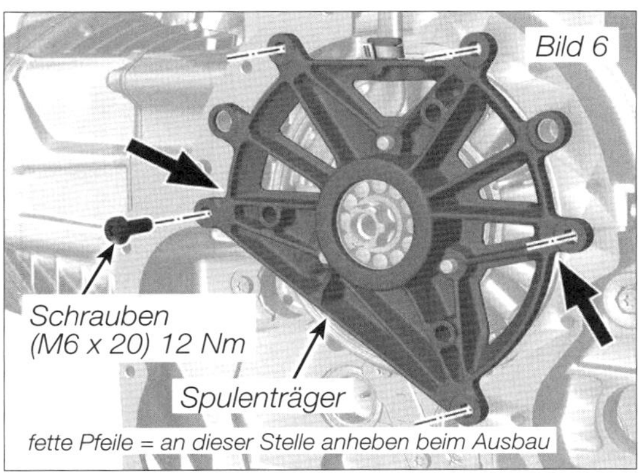

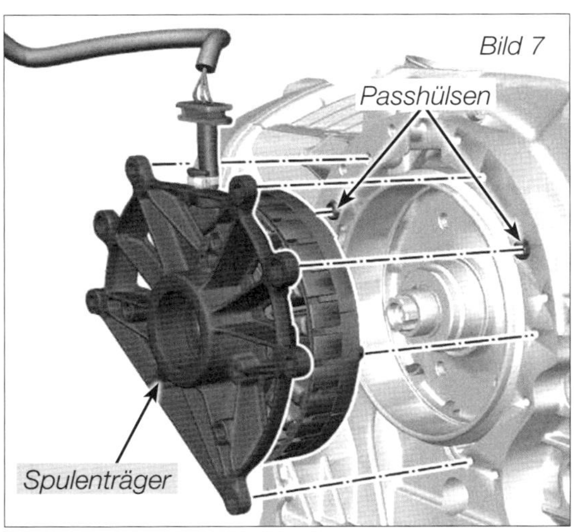

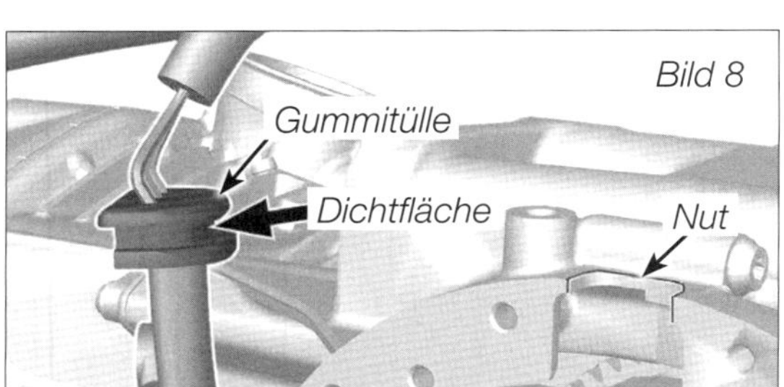

Redaktionelle Information zu Lichtmaschine und Anlasserfreilauf: Obwohl die **Lichtmaschine** ein sehr zuverlässiges Bauteil und ein Schaden an ihr kaum zu erwarten ist, beschreiben wir die nötigen Montageschritte zur Reparatur. Im Kontex zu Kapitel 15 »Anlasser« ist der **Anlasserfreilauf** am Rotor befestigt – und wenn dieser defekt ist und erneuert werden muss, muss der Rotor abgebaut werden, wozu der Motor ausgebaut werden muss. **»Aus- und Einbau des Motors«** ist stichwortartig in den Randspalten dieses Kapitels beschrieben.

Generatorstator aus- und einbauen
Der Generatorstator ist hinten auf der Kurbelwelle aufgebaut. Wie schon erwähnt muss zur Montage der Motor ausgebaut werden; bitte sehen Sie dazu in den Texten der Randspalten nach.

Vorarbeiten zum Abbau des Getriebes vom Motor: Ölstand-Sensor, Schaltassistent, Flansch der Motorentlüftung aus- bzw. abbauen. Zur Vorbereitung auf den Abbau der Kupplung den Motor in UT blockieren mit BMW-Spezialwerkzeug »Absteckdorn« (Nr. 11 0 822). Es passt auch ein 8-mm-Dorn wie in Kapitel 25 »Ventilspiel« beschrieben. Kupplungsnabe ausbauen (siehe Kapitel 23 »Kupplung«).

Getriebe vom Motor abbauen
1. Hinteren Getriebedeckel mit dem Getriebe abbauen, dazu alle in Bild 20 gezeigten Schrauben ringsum ausdrehen.
2. Bild 18: Mit Spezialwerkzeug »Abzieher« (Nr. 11 0 833) den Getriebedeckel an den im Bild gezeigten Stellen abdrücken
3. Bild 19: Wenn der Getriebedeckel lose ist, mit dem Getriebe abziehen.

Stator ausbauen
1. Bild 5: Entlüftungsrad ausbauen, dazu Schraube ausschrauben, Entlüftungsrad abnehmen.
2. Bild 6: Schrauben des Spulenträgers ausschrauben und dann den Spulenträger an den mit Pfeilen markierten Stellen vorsichtig abhebeln und abnehmen.
3. Bild 4: Schrauben des Generatorstators ausschrauben, Stator vom Spulenträger abnehmen.

Motor-Getriebeeinheit aus- und einbauen I.
Voraussetzungen zum Aus- und Einbau der Motor-Getriebeeinheit sind bestes mechanisches Können, bestes Werkzeug, reichlich Montageplatz, stabiler Montagekran, hydraulischer Motorheber. Am Straßenrand geht das nicht.

Ablassen: Motoröl, Kühlflüssigkeit. Ölfilter wegen Sauerei wieder anschrauben und handfest anziehen. Kühlwasserschläuche von motorseitigen Stutzen abziehen, Thermostat. Wenn man keine BMW-Spezialzange zum Öffnen der Schellen hat, kann man diese aufzwicken und später beim Zusammenbau normale Schraubschellen verwenden.

Abbauen: Alle Verkleidungsteile im Bereich des Motors, Tank, Luftfilterkasten, Kabelstecker der Zündspulenkerzenstecker, Seitenständer und Federbolzen, Kugelkopfgelenk Schaltstange vom kleinen Schalthebel abziehen, komplette Auspuffanlage, Anlasser, Stellmotor Auspuffklappe.

Ausbauen: Batterie, Anlasser, Einspritzventile, Drosselklappenkörper, Luftfilter-Ansaugrohre.

Stecker trennen:
Alle Stecker der Kabel, die motorseitig an Sensoren und Schaltern angesteckt oder angeschraubt sind, abziehen. Kabelbinder öffnen bzw. durchzwicken und die Kabel so sicher zur Seite hängen, dass man beim Ausbau nicht daran hängen bleiben kann.

Sichtprüfung   Messen

Motor-Getriebeeinheit aus- und einbauen II.

Muttern und Schrauben: Alle Muttern von Bolzen, mit denen der Motor im Fahrwerk verschraubt ist, zuerst einmal lösen und zwei bis drei Umdrehungen aufschrauben, Bolzen gegenhalten. Mit den Schrauben ebenso verfahren.

Montagekran und Wagenheber (Bild 16)**:** Wenn alle Muttern und Schrauben gelöst sind, die Maschine an den oberen Rahmenrohren an einen Kran hängen; dazu die oberen Rahmenrohre mit Riemen umschlingen. Den Motor unten mit einem hydraulischen Wagenheber unterbauen. Kran und Heber auf Zug und Druck bringen. Kupplungsnehmerzylinder abbauen, Kardanwelle von Getriebeausgangswelle abdrücken.

Schrauben ausziehen, Motor ablassen: Wenn alles locker ist, Muttern ganz abschrauben, Bolzen ganz ausziehen und stattdessen oben zwei lange und stabile Schraubenzieher einstecken. Schrauben ausschrauben. Längslenker rechts und links in Position halten, indem man die Gelenkstellen mit zwei Riemen provisorisch zusammenbindet. Im Wechsel Wagenheber ablassen und Montagekran hochfahren, dabei nachsehen, ob der Motor störungsfrei aus dem Rahmen herausfährt oder irgendwo hängt.

Stator montieren und einbauen

1. Etwas Loctite »hochfest« an die gereinigten Gewinde der Statorschrauben geben.
2. Stator an Spulenträger ansetzen.
3. Schrauben eindrehen, mit 10 Nm festziehen. Bild 4: Kabel mit Kabelbinder befestigen.
4. Pfeil in Bild 8: Gummitülle und Nut im Motorgehäuse reinigen. Etwas Dichtmittel auf die Dichtfläche der Gummitülle auftragen (BMW empfiehlt Dow Corning).
5. Bild 7: Prüfen, ob die Passhülsen im Motorgehäuse bei 10 und 2 Uhr noch eingebaut sind.
6 Spulenträger ansetzen, Gummitülle in Nut einsetzen (Bild 8).
6.1. Schrauben einschrauben und mit 12 Nm festziehen.
7. Bild 5: Entlüfterrad einbauen, Schraube eindrehen, mit 40 Nm festziehen.
8. Dichtmittel auf Dichtflächen von Motorgehäuse und Getriebedeckel auftragen (BMW empfiehlt Dow Corning).
9. Bild 19: Getriebe anheben, Vorgelegewelle in Motor einfädeln, darauf achten, dass alle Getriebebauteile ohne Probleme in die Lagerstellen im Motorgehäuse eingeführt werden.
9.1. Schrauben eindrehen, Anziehdrehmomente und Anziehreihenfolge siehe Bild 20.

Polrad abbauen

Wenn das Polrad abgebaut werden muss, z. B. weil der Anlasserfreilauf defekt ist, muss dazu der Stator abgebaut sein.
1. Kurbelwelle mit Absteckdorn blockieren.
2. Bild 9: Wenn der Anlasserfreilauf vom Polrad abgebaut werden soll, Schrauben lösen, aber noch nicht ausschrauben.
3. Polrad ausbauen:
3.1. Bild 10: Lagerschale und Mutter mit Werkstattföhn auf ca. 120 °C erwärmen.
3.2. Mutter lösen und abschrauben. Dabei wird die Lagerschale mit abgeschoben.
3.3. Absteckdorn herausziehen.
3.4. Bild 11: BMW-Spezialwerkzeug »Abzieher« aufdrehen, Abdrückschraube des

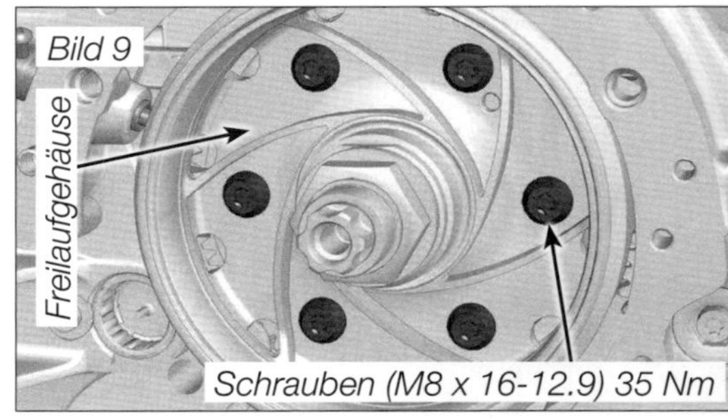

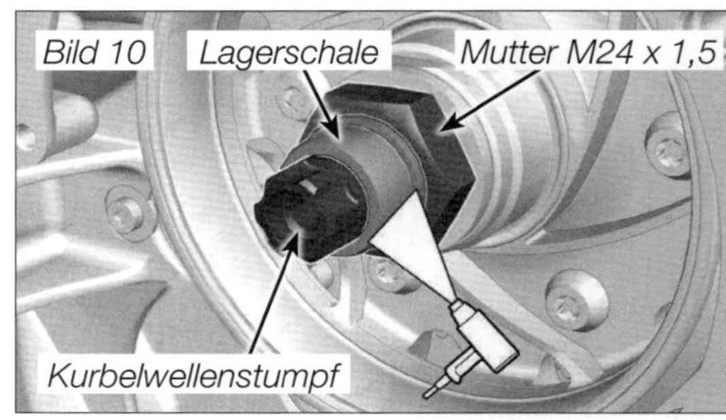

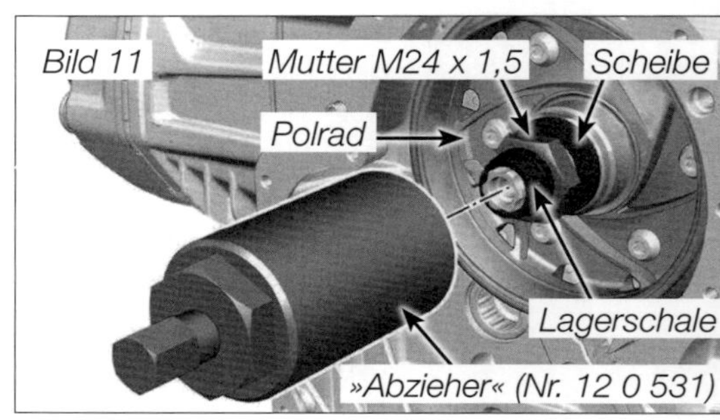

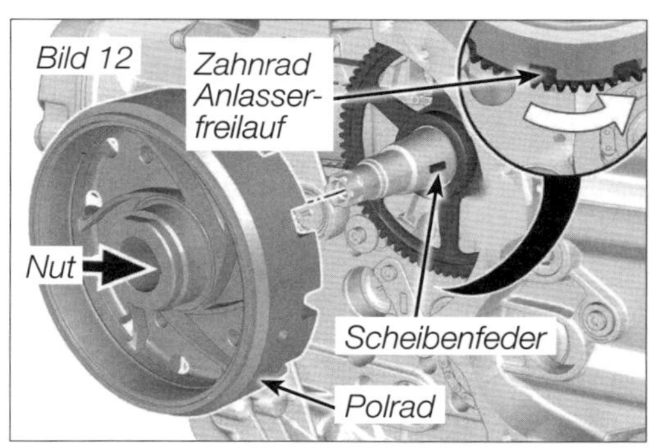

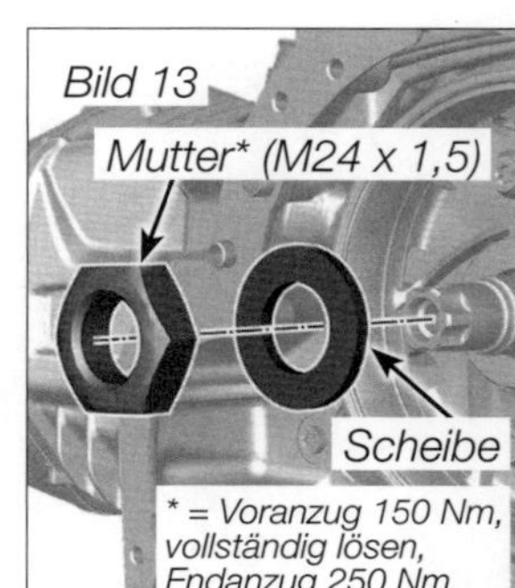

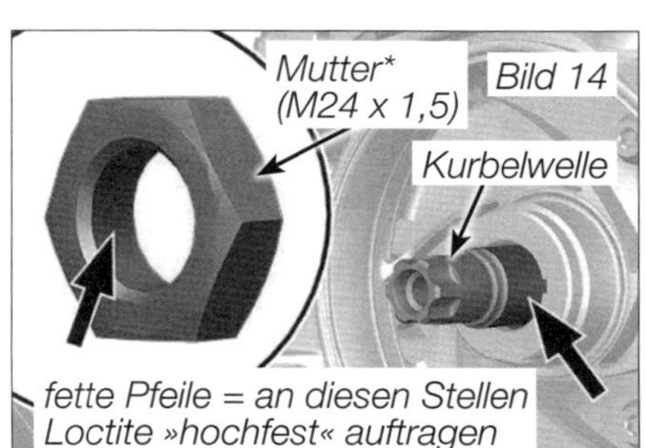

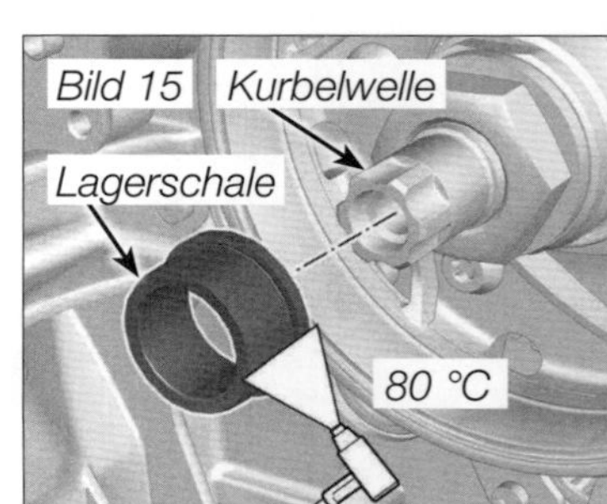

Abziehers festziehen, bis Polrad mit Lagerschale, Mutter und Scheibe vom Sitzkonus springt.
4. Bild 12: Scheibenfeder herausnehmen, sie und ihre Nut auf Unversehrtheit prüfen. Im Zweifelsfall neue Scheibenfeder einbauen.

Polrad anbauen
1. Bild 12: Konus in Polrad und Anlagefläche auf dem Kurbelwellenstumpf reinigen und mit Bremsenreiniger entfetten. Scheibenfeder in ihre Nut in der Kurbelwelle einlegen, satt eindrücken.
2. Polrad auf Kurbelwellenstumpf aufschieben, Scheibenfeder und Nut in Nabe im Polrad müssen in einer Linie stehen.
2.1. Bild 12: Gleichzeitig Zahnrad für Anlasserfreilauf gegen den Uhrzeigersinn drehen.
3. Kurbelwelle mit Dorn blockieren.
4. Bild 14: Gewinde von Kurbelwellenstumpf und Mutter reinigen, Loctite »hochfest« dünn auftragen.
5. Bild 13: Scheibe auflegen, Mutter aufdrehen, festziehen mit 150 Nm, dann wieder vollständig lösen und ein zweites Mal mit 250 Nm festziehen.
6. Bild 15: Lagerschale auf 80 °C erwärmen, mit geeignetem Werkzeug (z. B. Rohr) bis zum Anschlag auf Kurbelwellenstumpf aufschieben.
7. Bild 9: Wenn der Anlasserfreilauf vom Polrad abgebaut war, Schrauben mit 35 Nm festziehen.

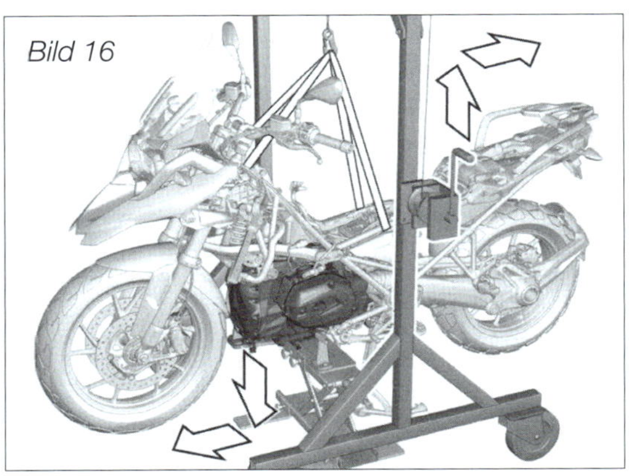
Bild 16

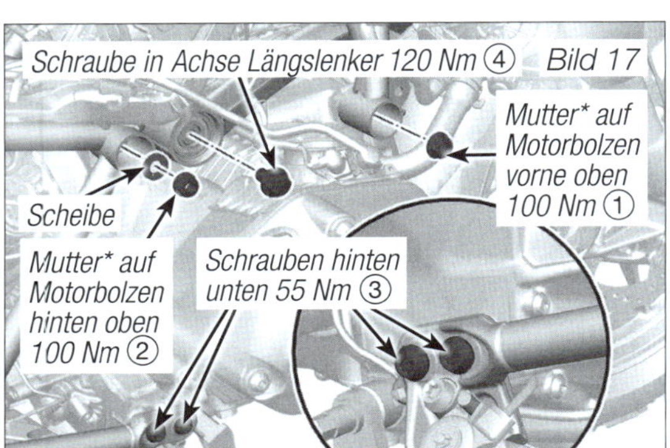

Bild 17

8. Kurbelwelle mit Absteckdorn in UT fixieren (6-mm-Dorn passt), Generatorstator einbauen wie weiter vorne beschrieben.

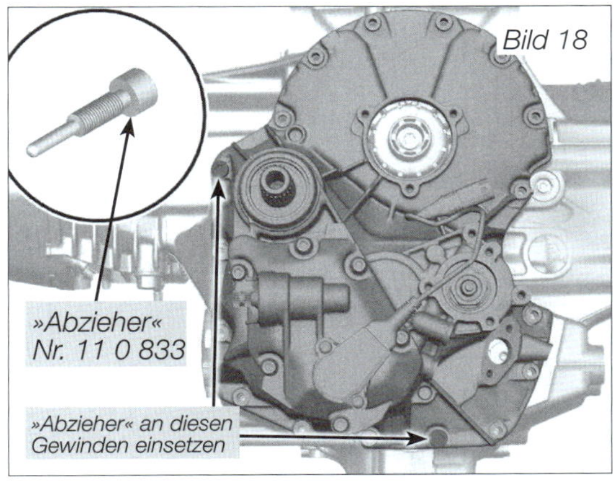

Bild 18

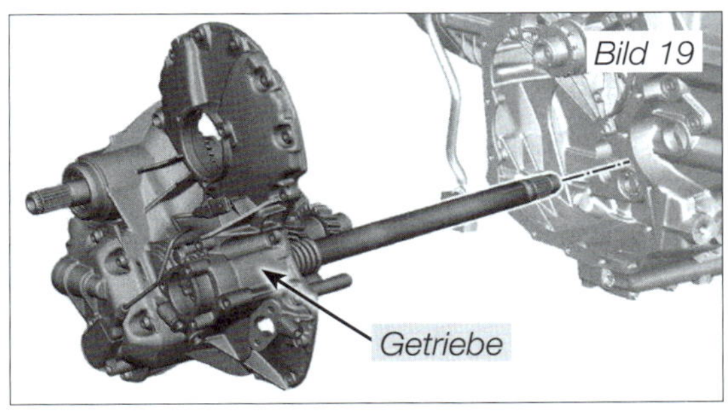

Bild 19

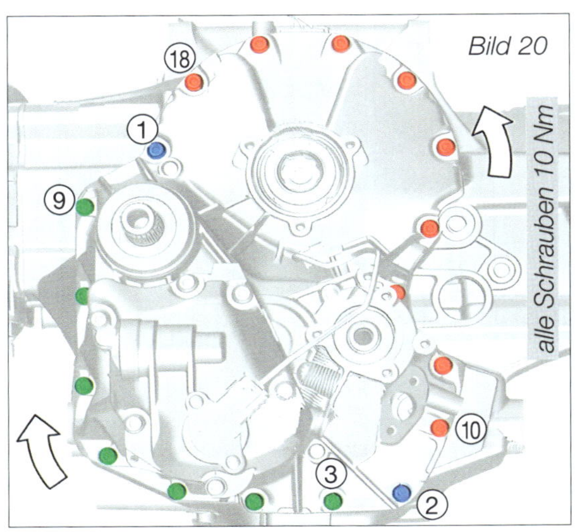

Bild 20

Bild 20: Vorgeschriebene Anziehreihenfolge
1. *Schrauben 1 und 2 »handfest« anziehen,*
2. *Schrauben 3 bis 18 »handfest« anziehen,*
3. *Schrauben 1 und 2 festziehen mit 10 Nm,*
4. *Schrauben 3 bis 9 im Uhrzeigersinn festziehen mit 10 Nm,*
5. *Schrauben 10 bis 18 gegen den Uhrzeigersinn festziehen mit 10 Nm.*

Motor-Getriebeeinheit aus- und einbauen III.

Motor einbauen:
Fahrwerk am Kran so weit hochheben, dass der Motor darunter positioniert werden kann. Elektrische Kabelstränge und die Hydraulikleitung des Kupplungsnehmerzylinders positionieren. Fahrwerk am Kran ablassen und Motor mit Wagenheber hochpumpen.

Dabei immer wieder nachsehen, ob alles in die richtige Einbaulage kommt, nichts klemmt, angedrückt oder gar zerdrückt wird. Lage der elektrischen Kabelstränge korrigieren. Kardanwelle aufdrücken, Faltenbalg befestigen. Zwei lange Schraubenzieher in die beiden oberen Schraubstellen einführen, damit der Motor provisorisch in Einbaulage kommt.

Bild 17: Motorhalteschrauben und Bolzen einstecken und etwas andrehen, Reihenfolge:
- Motorhaltebolzen vorne oben, schmieren mit Optimloy TA
- Achse Längslenker,
- Motorhaltebolzen mit Scheibe hinten oben,
- Schrauben unten links und rechts

Bild 17: Festziehen:
- Mutter* Motorhaltebolzen vorne oben 100 Nm
- Mutter* Motorhaltebolzen hinten oben 100 Nm
- Schrauben hinten unten links und rechts 55 Nm
- Schraube in Achse Längslenker 120 Nm

* = Mutter erneuern oder Loctite »mittelfest« an das gereinigte Gewinde

Anlasser

In diesem Kapitel: Anlasser defekt? · Anlasserrelais · Motorrad durch Anschieben starten · Motor fremdstarten · Anlasser aus- und einbauen · Anlasserfreilauf ausbauen, zerlegen, prüfen und einbauen.

Bilder 4 und 5 auf der rechten Seite sind im Lauftext beschrieben.

Anlasser defekt?

Wenn beim Druck auf den Anlasserknopf nichts passiert, kann dies verschiedene Ursachen haben. Die häufigste ist sicherlich eine leere, defekte oder altersschwache Batterie. Wenn diese jedoch zweifelsfrei in Ordnung ist, können Anlasserrelais oder der Anlasser selbst defekt sein.

Zur Suche weiterer Fehler wird das BMW-Motorrad-Diagnosesystem benötigt. Es können defekt sein: Zündschloss, Wegfahrsperre, Diebstahlwarnanlage, Kabel, Stecker und Schalter. Die nun folgenden Tipps gelten als eine Art »Erste Hilfe« für den Fall, dass der Motor nicht anspringt und keine BMW-Werkstatt in der Nähe ist.

Anlasser reagiert nicht

Wenn man auf den Starterknopf drückt und der Anlasser regt sich nicht, zuerst Folgendes prüfen:

- Steht der Motorstoppschalter (»Killschalter«) rechts am Lenker richtig? Der Schriftzug »STOP« oben auf dem Wippschalter muss zu sehen sein.

Bild 1: Einbaulage des Anlasserrelais.

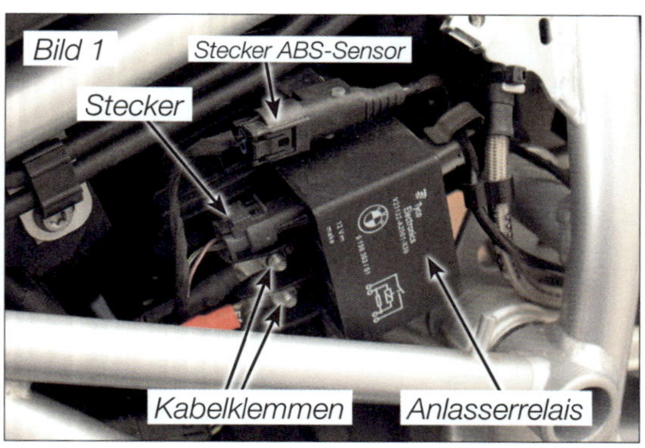

Bilder 2 und 3: Zum Ausbau des Anlassers das Massekabel lösen, die Schutzkappe abbauen, das Pluskabel abschrauben und die Befestigungsschrauben des Anlassers ausschrauben.

■ In der Gummikappe über dem Anschluss des Pluskabels kann sich mit der Zeit Schmutz ansammeln. Wenn der Anlasser nicht funktioniert, zuerst hier nachsehen, reinigen und für einwandfreien Kontakt sorgen.

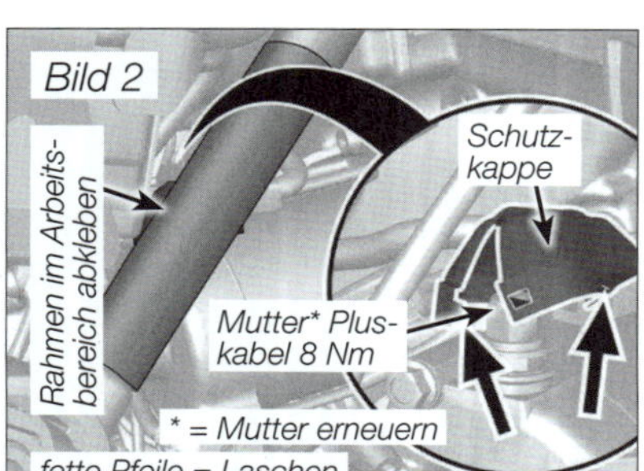

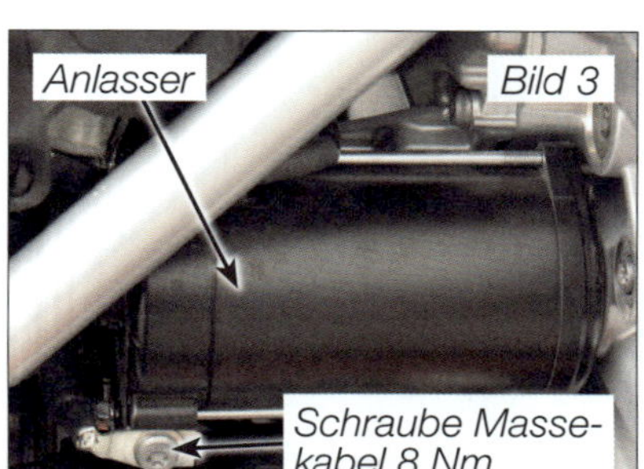

- Ist der Zündschlüssel im Zündschloss zuverlässig auf ON geschaltet?
- Ist der Leerlauf eingelegt?
- Ist der Seitenständer richtig hochgeklappt?

Wenn der Motor gestern noch problemlos angesprungen ist, aber heute nicht mehr will, kann auch die Batterie hinüber sein, dies passiert oft von jetzt auf gleich.

Es kann auch sein, dass der Strom irgendwo auf seinem Weg von der Batterie über das Anlasserrelais (Bild 1) zum Anlasser selbst (Bild 3) schlechten Kontakt hat.

Prüfen: Elektrokabel-Anschlüsse an Batterie, Anlasserrelais und Anlasser auf festen Sitz, Korrosion an den Kontaktstellen überprüfen. **Wichtig:** Masseanschluss unten am Anlasser kontrollieren (Bild 3).

Kabelanschluss am Anlasser

Der Kabelanschluss am Anlasser ist zwar mit einer Gummikappe abgedeckt, er kann aber trotzdem korrodiert sein.

1. Bild 2: Laschen an der Schutzkappe öffnen und diese abnehmen. Gut ausputzen, trocknen.
2. Mutter abschrauben, Kabelklemme abnehmen und auf beiden Seiten mit sehr feinem Schmirgel abziehen.
3. Kabelklemme mit einer neuen Mutter wieder anschrauben, Mutter mit 8 Nm festziehen.
4. In die Schutzkappe einen Finger voll Batteriepolfett schmieren, das hält Wasser ab. Kappe sicher aufsetzen und Laschen einrasten lassen.
5. Ergebnis prüfen: Falls der Anlasser immer noch nicht funktioniert, sitzt der Wurm tiefer.

Anlasserrelais

Bild 1: Das Anlasserrelais sitzt unter dem linken Seitendeckel (siehe dazu auch Kapitel 12 »Elektrik · Elektronik«).

Akustische Funktionskontrolle:

1. Zündung EINschalten.
2. Anlasserknopf betätigen und genau hinhören, ob ein Klicken aus dem Relais zu hören ist.
2.1. Wenn es klickt, der Motor aber dennoch nicht gedreht wird, ist das Relais in Ordnung.
■ Stromführendes Kabel zum Anlasser prüfen.
2.2. Wenn es nicht klickt, ist wahrscheinlich das Anlasserrelais defekt oder es hängt.
Trick: Mit einem Finger oder dem Knauf eines mittelgroßen Schraubenziehers gegen das

Anlasserrelais klopfen, es kann durch den »Klopf« wieder frei werden.

3. Wenn es dann immer noch nicht klickt, das Anlasserrelais (Bild 1) ausbauen: Stecker am Kabel des ABS-Sensors trennen und mit Halter ausbauen, Stecker am Anlasserrelais abziehen, Kabelklemmen abschrauben und das Relais nach oben abschieben.

3.1. Ein garantiert funktionstüchtiges Relais einbauen.

■ Wenn der Motor damit durchgedreht wird und anspringt, ein neues Relais einbauen!

Schalter defekt?

Falls Sie beim Betätigen des Starterknopfs im Finger spüren, dass dieser keinen richtigen Kontakt hat, kann im Schalter etwas kaputt sein. Dann sollte man die Maschine zum BMW-Händler bringen zum Aufspüren der Defekte mit dem BMW-Motorrad-Diagnosesystem.

Motorrad anschieben

Je nachdem, wie heftig die Batterie hinüber ist, kann der Motor möglicherweise durch Anschieben gestartet werden. Weil sich der Motor ohne Batterie auch durch Anschieben nicht starten lässt, muss eine funktionstüchtige Batterie eingebaut sein, diese kann sogar »beinahe leer« sein.

1. Zündung EINschalten, Motorstoppschalter (»Killschalter«) auf ON, Seitenständer einklappen.

2. Zweiten Gang einlegen, Motorrad rückwärts gegen den OT eines Zylinders ziehen, dann die Kupplung ziehen.

3. Fahrer am Lenker nimmt Startposition ein, hinten hilft ein Freund: Gleichzeitig schieben!

4. Fahrer springt in den Sitz und lässt gleichzeitig die Kupplung los – der Motor müsste kommen.

■ Falls »ja« und der Motor anspringt, ihn mit kurzen Gasstößen am Leben halten und nicht unter 2000/min kommen lassen.

■ Falls »nein«: Nochmals versuchen!

Motor fremdstarten

Informationen zu diesem Thema finden Sie in der rechten Spalte dieser Seite plus den zugehörigen Tipps zum Fremdstarten.

Anlasser aus- und einbauen

Wenn der Anlasser defekt ist, muss er komplett erneuert werden, weil einzelne Anlasserbauteile bei BMW nicht erhältlich sind.

Anlasser ausbauen (Bilder 4 und 5)

1. Minuskabel von der Batterie abschrauben (Kapitel 13 »Batterie«).

2. Bild 6: Stecker am Kabel der linken Lambdasonde trennen, Stecker am Stellmotor für die Auspuffklappe abziehen.

2.1. Bild 6: Befestigungsschraube des Stellmotors ausschrauben, mit Scheibe abnehmen.

2.2. Bild 7: Kabel der Lambdasonde aus Halter nehmen, Stellmotor nach hinten von den Gummibuchsen abziehen und zur Seite hängen.

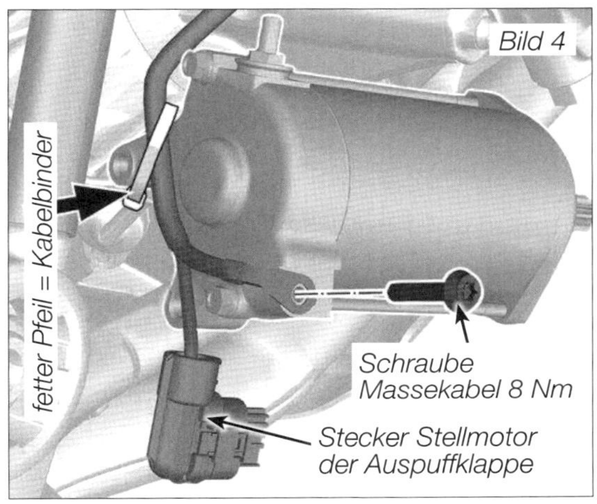

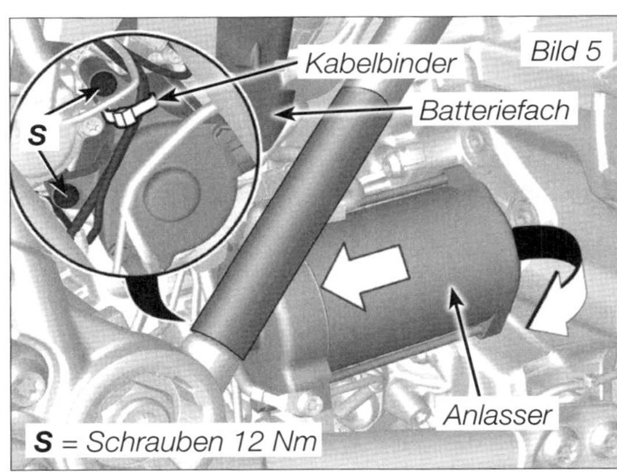

Vier wichtige Tipps zum Fremdstarten:

Kabel: Verwenden Sie zum Fremdstarten Ihrer R 1250 GS niemals Auto-Fremdstartkabel mit dicken Zangen, sondern besorgen Sie sich spezielle Motorrad-Starthilfekabel mit kleinen Zangen.

Zener-Diode: Achten Sie darauf, dass in die Starthilfekabel ein Überspannungsschutz eingebaut ist (»Z-« oder »Zener-Diode«), der die elektronischen Bauteile der Zünd- und Einspritzelektronik vor Überspannung schützt.

Kurzschluss: Beim Fremdstarten mit den Pluszangen keine metallischen Bauteile eines der Fahrzeuge oder die Minuszangen berühren: Kurzschluss ist die Folge.

Starterknopf: Maximal 10 Sekunden den Starterknopf betätigen, sonst läuft der Anlasser heiß und brennt durch!

Motor fremdstarten

Wenn die Batterie nicht genügend Strom zum Starten liefert, kann man den Motor mit Hilfe einer externen Stromquelle fremdstarten, z. B. mit der Batterie eines anderen Motorrades oder eines Autos. Der Strom wird über zwei Starthilfekabel zwischen den Batterieanschlüssen übertragen. Wichtig ist, dass die Stromquelle 12 Volt liefert. Ein Lkw mit 24-Volt-System taugt nicht zum Fremdstarten.

1. Zugang zu beiden Batterien schaffen.

2. Minuspole der fremden Stromquelle und der R 1250 GS-Batterie mit dem schwarzen Starthilfekabel verbinden.

2.1. Mit dem roten Starthilfekabel den Pluspol der fremden Stromquelle mit dem Batterie-Pluspol der R 1250 GS verbinden.

3. Motor der Starthilfe gebenden Maschine mit erhöhter Leerlaufdrehzahl laufen lassen (3000 bis 4000/min).

4. Motor der R 1250 GS starten. Wenn er läuft, die Starthilfekabel abnehmen: Pluskabel abklemmen, dann Minuskabel.

Hinweis 1: Motor der R 1250 GS nicht sofort ausschalten, denn die Batterie bringt noch nicht wieder genug Strom auf, um den Motor aus eigener Kraft starten zu können. Deswegen den Motor mit etwas erhöhter Leerlaufdrehzahl laufen lassen und möglichst bald losfahren.

Hinweis 2: Wenn die Batterie zwar leer, aber sonst funktionstüchtig ist, wird sie bei laufendem Motor von der Lichtmaschine geladen. Dennoch sollte sie bei nächster Gelegenheit ausgebaut, an ein Ladegerät gehängt und fachgerecht geladen werden (Kapitel 13 »Batterie«).

3. Bild 4: Massekabel unten am Anlasser abschrauben.
4. Bild 2: Laschen der Schutzkappe über der Pluskabelklemme öffnen, Kappe abnehmen, Mutter abdrehen, Kabelklemme abnehmen.
5. Bild 5: Beide Befestigungsschrauben des Anlassers lösen und ausdrehen. Dabei das Batteriefach etwas anheben.
6. Bild 5: Anlasser aus der Bohrung im Motor herausziehen und zur Seite herausnehmen.

Einbau des Anlassers umgekehrt zum Ausbau und dabei Folgendes beachten:
- O-Ring im Sitzbund des Anlassers auf Beschädigung prüfen und ggf. ersetzen.
- Anziehdrehmomente siehe Bilder 4 und 5.

Bilder 6 und 7: Vorarbeiten zum Ausbau des Anlassers.

- *Stecker im Kabel der Lambdasonde trennen.*
- *Stecker am Stellmotor abziehen.*
- *Befestigungsschraube des Stellmotors ausschrauben.*
- *Kabel der Lambdasonde aus seinem Halter nehmen.*
- *Stellmotor aus den Gummibuchsen ziehen.*

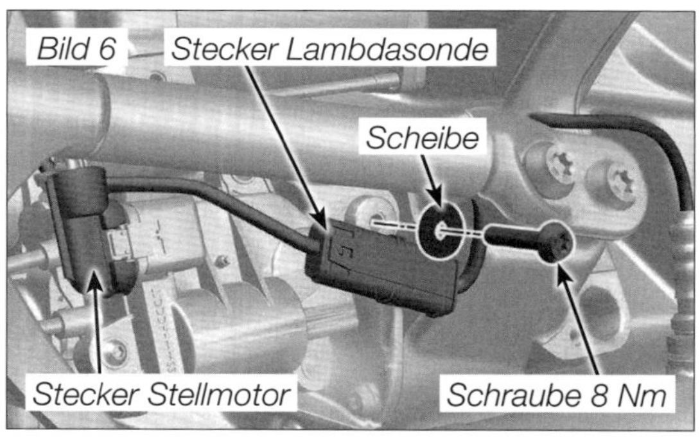

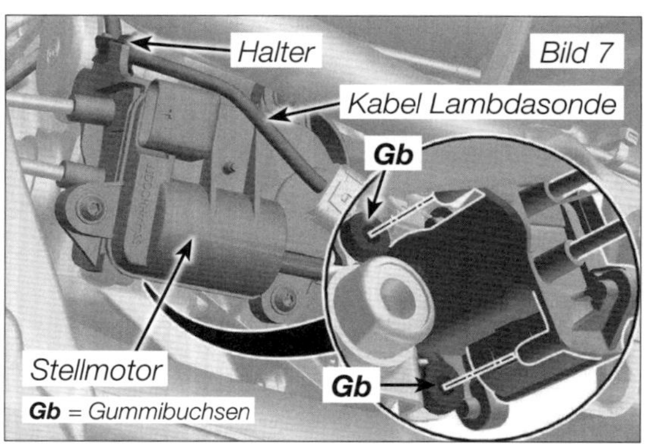

Bilder 8 und 8a: Explosionszeichnung des Anlasserfreilaufs und seine Prüfung.

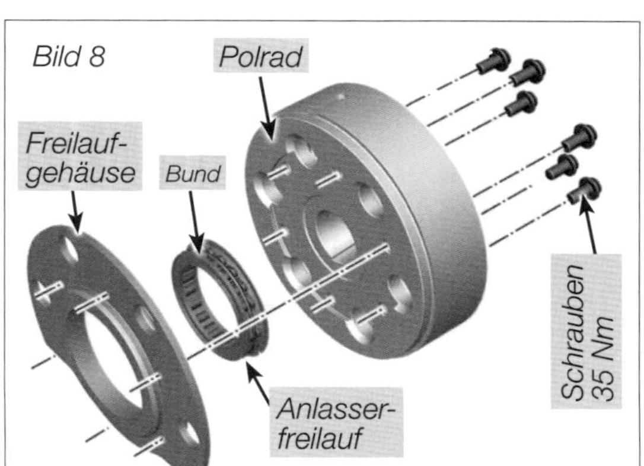

Anlasserfreilauf

Einen Defekt am Anlasserfreilauf erkennt man daran, dass sich die Kurbelwelle bei gedrücktem Starterknopf nicht dreht und stattdessen aus dem Motor ein ratterndes Geräusch zu hören ist. Der Anlasserfreilauf sitzt im Motor hinter dem Generatorstator (»Polrad«). Um an ihn zu gelangen, muss man den Motor ausbauen.

Redaktioneller Hinweis: Der Aus- und Einbau des Motors ist keine einfache Sache. Weil auch zur Reparatur der Lichtmaschine, hinter deren Bauteil »Polrad« der Anlasserfreilauf sitzt, der Motor ausgebaut werden muss, finden Sie die Anleitung »Aus- und Einbau des Motors« sowie »Getriebe vom Motor trennen« im Kapitel 14 »Ladesystem«. Hier in diesem Kapitel behandeln wir nachstehend die reinen Arbeiten zur Instandsetzung des Anlasserfreilaufs.

Anlasserfreilauf prüfen, wenn das Polrad noch eingebaut ist
In Bild 11 ist das Freilaufzahnrad zu sehen, welches hinter dem Polrad auf der Kurbelwelle sitzt. Wenn Sie nun am Zahnrad drehen (Kreis in Bild 11), muss der Anlasserfreilauf …
- … in der einen Richtung sperren …
- … und in der anderen Richtung frei laufen, das Zahnrad muss sich also frei drehen.

Anlasserfreilauf ausbauen und prüfen
Noch einmal der Hinweis: Zu den nun folgenden Arbeitsschritten ist das Polrad abgebaut, wie es in Kapitel 14 »Ladesystem« beschrieben ist. Das Freilaufgehäuse und der Anlasserfreilauf sind noch auf dem Polrad aufgebaut.

1. Freilaufzahnrad ausbauen (Bild 10): Schraube, Scheibe und Hülse ausbauen, Freilaufzahnrad vom Kurbelwellenstumpf abziehen.

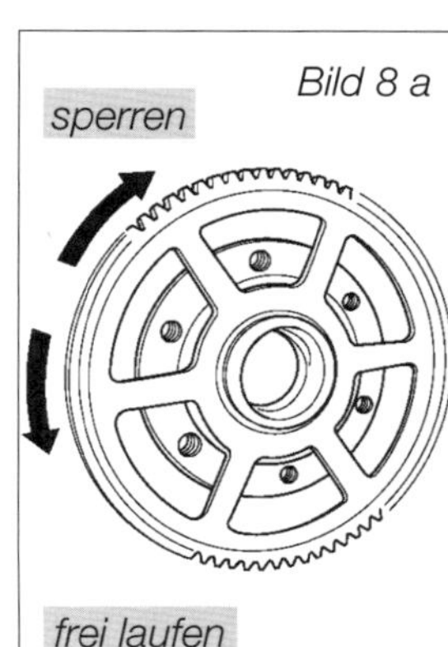

2. Bild 8 a: Zum Prüfen des Anlasserfreilaufs wird das ausgebaute Freilaufzahnrad mit seinem Bund in den Anlasserfreilauf eingeschoben, das ganze Paket mit dem Polrad nach unten flach auf eine saubere Unterlage gelegt und das Zahnrad gedreht:

- in eine Richtung muss es sperren,
- in die anderen Richtung muss es frei laufen, Zahnrad muss sich also frei drehen.

3. Bund des Zahnrads, Laufflächen des Flanschs auf Abnutzung, eingelaufene Druckstellen, Bruch, verfärbte (blaue) Stellen kontrollieren. Wenn defekt, Neuteile einbauien.

Tipp: Die Schrauben, mit denen das Freilaufgehäuse am Polrad befestigt ist (siehe Bilder 8 und 9) sind mit 35 Nm sehr fest angezogen. Deswegen ist es ratsam, diese Schrauben schon dann zu lösen, wenn das Polrad noch fest auf dem Kurbelzapfen sitzt.

Anlasserfreilauf abbauen

Die Schrauben des Freilaufs wurden schon geölt, bevor das Polrad ausgebaut wurde (siehe Kapitel 14 »Ladesystem«).

1. Ausgebautes Polrad so hinlegen, dass man von oben hineinschauen kann. Ein Helfer hält das Polrad mit beiden Händen fest.

2. Schrauben ringsum ausdrehen. Polrad umdrehen, Freilauf mit Gehäuse abnehmen (Bild 8).

Anlasserfreilauf anbauen

1. Freilauf und Freilaufgehäuse mit frischem Motoröl einölen.

2. Freilauf in Gehäuse einsetzen, der Bund muss zum Polrad weisen (siehe Bild 8).

2.1. Bild 12: Freilauf auf die gereinigte Fläche des Polrads so auflegen, dass die Aussparung im Freilaufgehäuse auf die Nut des Polrads ausgerichtet ist. Die Schraubenbohrungen müssen fluchten.

3. Schrauben eindrehen und »handfest« anziehen.

- Beachten: Die Schrauben werden erst nach Einbau des Polrads mit 35 Nm festgezogen.

4. Einbau Polrad siehe Kapitel 14 »Ladesystem«.

Freilaufzahnrad einbauen

1. Bild 11: Das Freilaufzahnrad mit dem Bund nach vorne auf die Kurbelwelle aufsetzen.

- Sitzbund vorher mit frischem Motoröl einölen.

2. Bild 10: Hülse ansetzen, Schraube mit Scheibe eindrehen und mit 10 Nm festziehen.

- Vor dem Einbau der Scheibe diese gut reinigen und ihr Gewinde mit etwas Loctite »mittelfest« bestreichen.

Wichtig: Wenn das Polrad eingebaut und festgezogen ist, wie es in Kapitel 14 beschrieben wird, müssen die sechs Schrauben des Anlasserfreilaufs festgezogen werden: Ringsum in mehreren Schritten bis auf 35 Nm.

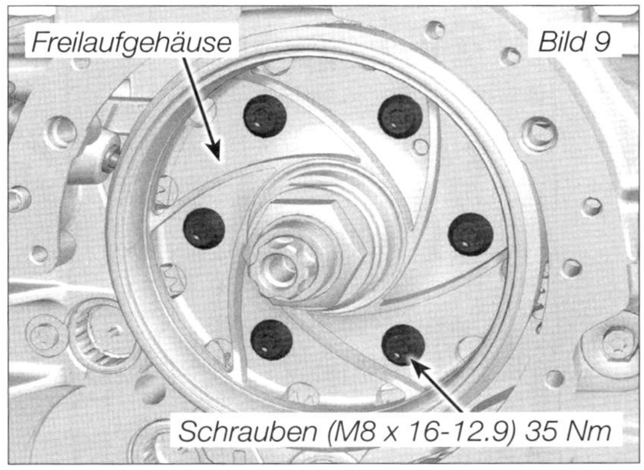

Bild 9: Verschraubung des Anlasserfreilaufs am Rotors.

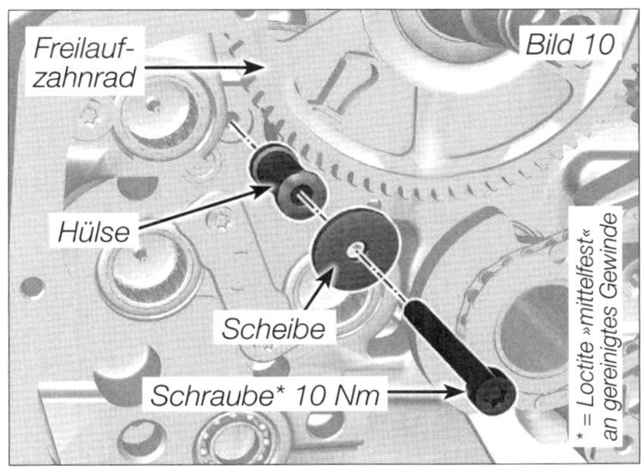

Bild 10: Zum Ausbau des Freilaufzahnrads muss die Hülse abgebaut werden.

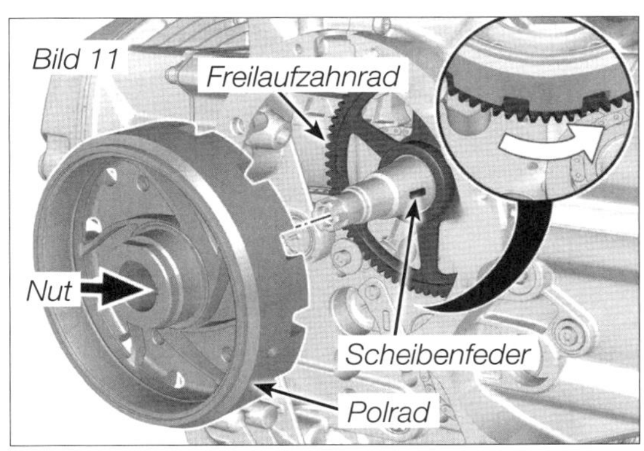

Bild 11: Wenn das Polrad noch aufgebaut ist, kann man durch Drehen des Freilaufzahnrads prüfen, ob der Anlasserfreilauf intakt ist oder defekt.

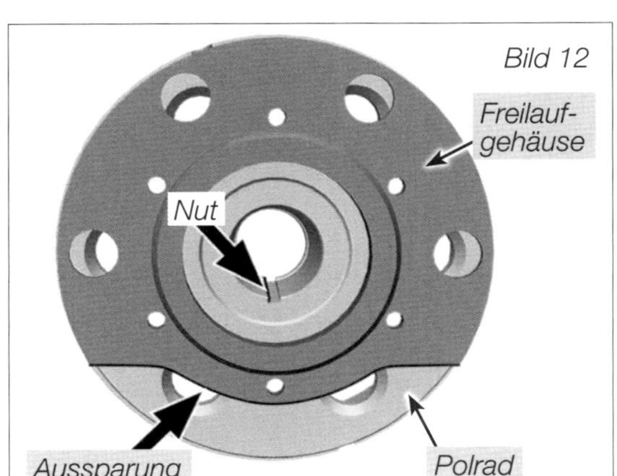

Bild 12: Blick auf das Polrad, seine Nut im Sitzkonus und die Montageposition des Freilaufgehäuses. Die Montage des Polrads ist in Kapitel 14 »Ladesystem« beschrieben.

Wichtige Adresse:
Niterra EMEA GmbH
(Import NGK-Zpndkerzen)
Balke-Dürr-Allee 6,
D-40882 Ratingen
www.ngkntk.com,
www.osterreich-ersatzteile.at
www.derendinger.ch

Zündkerzen

In diesem Kapitel: Zündkerzen · Werkzeuge und Tipps zum Zündkerzenwechsel · Zündkerzen aus- und einschrauben · Elektrodenabstand messen, korrigieren · Zündkerzengesicht.

Zündkerzen

Serienmäßige Zündkerzen NGK LMAR8AI-10

- Elektrodenabstand 0,8 mm (± 0,1 mm), Verschleißgrenze 1,0 mm
- Gewinde M10 x 1, Gewindelänge 19 mm
- Schlüsselweite 14 mm

Die serienmäßigen Zündkerzen haben eine Masseelektrode (Bild 2). Sie sind auf die in Mitteleuropa vorkommenden Temperaturen und Betriebsbedingungen ausgelegt. Ihre Elektroden werden bei normalen Verbrennungstemperaturen (ca. 400 bis 800 °C) so heiß, dass etwaige Rußablagerungen stets verbrennen, bleiben aber auch so kühl, dass Motor und Zündkerze nicht beschädigt werden.

Die Zündkerzen müssen laut Wartungsplan im Rahmen der Inspektionen alle 20 000 km erneuert werden. BMW-Spezialisten prüfen und reinigen sie bei den Inspektionen alle 10 000 km. Das Alter einer Zündkerze ist nicht ausschlaggebend, ob sie ersetzt werden muss; es zählen Laufleistung, Belastung und ihr technischer Zustand.

Bild 1: Aufbau einer modernen Motorrad-Zündkerze.

Bild 2: Serienmäßige Zündkerzen mit doppelter Masseelektrode und Anschlussmutter.

Werkzeuge

Abzieher: Mit der bloßen Hand ohne Werkzeug lässt sich der Zündkerzenstecker nicht abziehen. Dazu gibt es das BMW-Spezialwerkzeug »Ab-

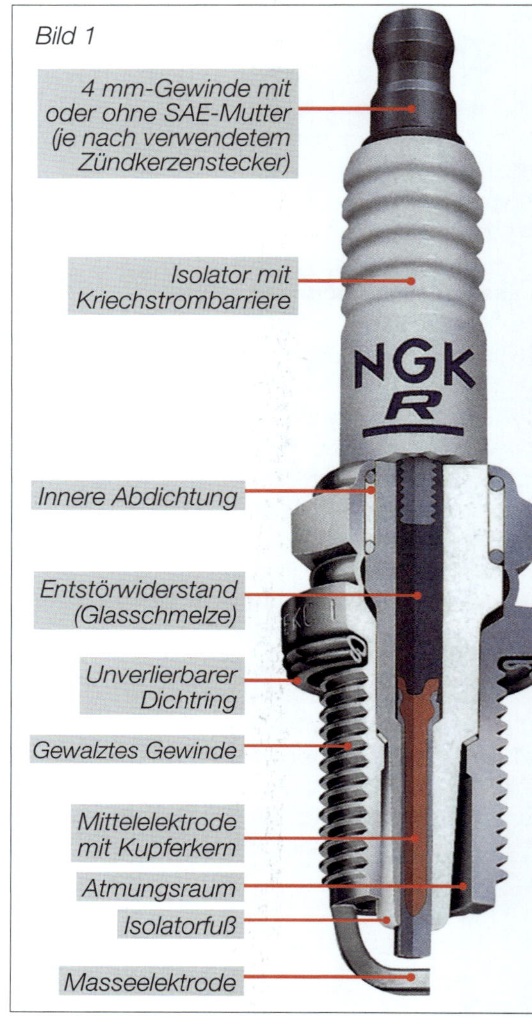

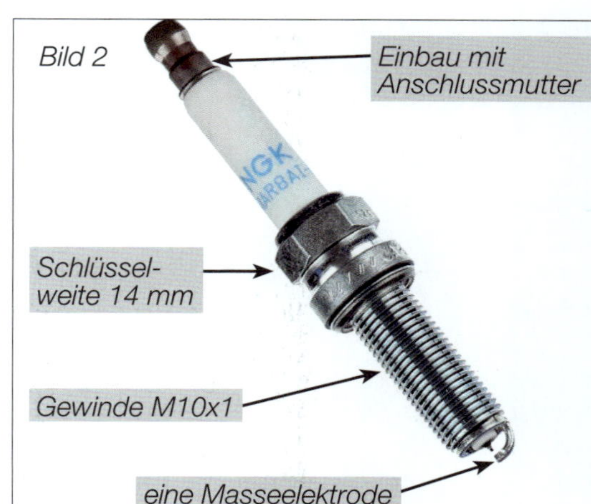

Sicherheitshinweise ⚠ Achtung und ☞ Tipps

⚠ Zu allen Montagearbeiten an den Zündkerzen muss die Zündung zuverlässig ausgeschaltet sein! Zündschlüssel am besten abziehen.

⚠ Zum Abziehen der Zündkerzenstecker das spezielle BMW-Abziehwerkzeug verwenden, nur im Notfall mit einer Zange arbeiten! Nicht wild mit Reifenmontiereisen, Schraubenzieher oder Flacheisen an den Kerzensteckern herumhebeln, denn dadurch kann der Zündkerzenstecker beschädigt werden. Kerzenstecker und Zündkerzen nicht fallen lassen! Dadurch können Teile brechen oder Risse bekommen, wodurch Stromkreisunterbrechungen oder Kurzschlüsse verursacht werden.

⚠ Bei Prüfungen von Bauteilen der Zündanlage keine Stecker bei laufendem Motor abziehen, weil dadurch die Zündanlage beschädigt werden kann.

⚠ Kerzenstecker und Zündkerze nicht fallen lassen oder hart anschlagen! Dadurch können Teile innen oder außen brechen bzw. Risse bekommen, was Kurzschlüsse zur Folge hat.

⚠ Zündkerzenstecker nicht mit Hammer auf Zündkerze auftreiben!

⚠ Halten Sie bei einer Funkenprüfung der Zündkerze bei ausgebauter Zündkerze einen Feuerlöscher betriebsbereit! Es ist schon passiert, dass der Motor »ersoffen« war, sich das aus dem Zündkerzenloch austretende Gemisch entzündet hat und die ganze Maschine sofort in Flammen stand.

zieher Kerzenschachtspule« (Teile-Nr. 12 3 621); man kann es beim BMW-Händler kaufen.

■ **Zündkerzenschlüssel:** Im Bordwerkzeug ist kein Zündkerzenschlüssel. Kaufen Sie einen langen Zündkerzenschlüssel mit SW 14 (Bild 3), denn der Zündkerzenschacht ist sehr tief.

Zündkerzen aus- und einbauen

Zündkerze ausbauen

1. Bild 4: Schraube der Abdeckung ausschrauben, Abdeckung abnehmen.
2. Bild 5: Zum Abziehen des Kabelsteckers vom Zündkerzenstecker dessen Verriegelungslasche mit einem kleinen Schraubenzieher vorsichtig (!) lösen und Stecker ausziehen bzw. ausschieben.
3. Bilder 6 a, 6 b und 6 c: Wenn Sie kein BMW-Spezialwerkzeug »Abzieher Kerzenschachtspule« haben, den Zündkerzenstecker etwas drehen (Bild 6a), damit er sich löst, dann mit einem Schraubenzieher vorsichtig (!) unter den Kopf des Zündkerzensteckers fahren und sanft (!) abhebeln, am Kopf packen und ausziehen.
■ Vorsichtig mit dem Kerzenstecker umgehen, nicht fallen lassen oder anschlagen.
4. Zündkerze mit Zündkerzenschlüssel lösen und herausdrehen.

Zündkerzen einbauen, festziehen

■ **Einfetten des Gewindes:** Einen kleinen Tropfen Kupferpaste oder Keramikfett ans Gewinde der Zündkerze sollte man zumindest bei einem älteren Motor machen, weil es das Zündkerzengewinde im Zylinderkopf schmiert und weiterhin ein Festbacken der Zündkerze verhindert (Bild 8).

■ **Sehr wichtig:** Beim Einschrauben der Zündkerze unbedingt darauf achten, dass schon der erste Gewindegang richtig greift, das Außengewinde der Kerze also richtig am Innengewinde im Zylinderkopf angesetzt ist. Denn eine schräg angesetzte Kerze ruiniert mit ihrem harten Stahlgewinde das weiche Gewinde im Aluminiumzylinderkopf schon nach einer halben Umdrehung.

1. Zündkerze in den Zündkerzenschlüssel einsetzen. Von Hand gefühlvoll und ohne irgendwo anzuschlagen in den Zündkerzenschacht einführen.
2. Wenn man spürt, dass die Zündkerze ganz unten an der Zündkerzen-Gewindebohrung im Zylinderkopf angekommen ist, sie am Gewinde ansetzen und von Hand einschrauben, bis fester Widerstand spürbar wird. Sie dann mit 12 Nm festziehen.
3. Bild 6 c: Zündkerzenstecker bis zum Anschlag einschieben und fest aufdrücken, man muss ein Klicken spüren.
3.1. Kabelstecker an der Steckdose des Zündkerzensteckers ansetzen und ganz einschieben. Lasche über dem Nippel einschnappen lassen.
4. Bild 4: Kerzenschachtabdeckung anbringen: Die Abdeckung hinten mit Nase ansetzen und vorne nach innen klappen. Schraube eindrehen und mit 5 Nm festziehen.

Zündkerzen festziehen ohne Drehmomentschlüssel

■ **Gebrauchte Zündkerze:** Wenn eine bereits benutzte Zündkerze wieder montiert wird, bei der sich der Dichtring

Bild 3: Werkzeuge zur Zündkerzenmontage. Bilder 4 bis 7 siehe Lauftext.

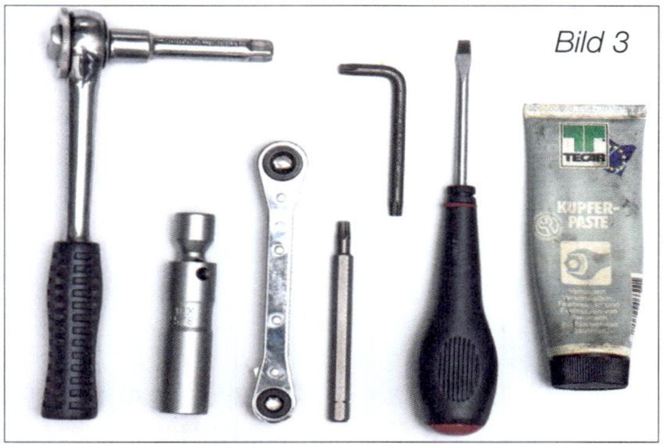

Bild 3

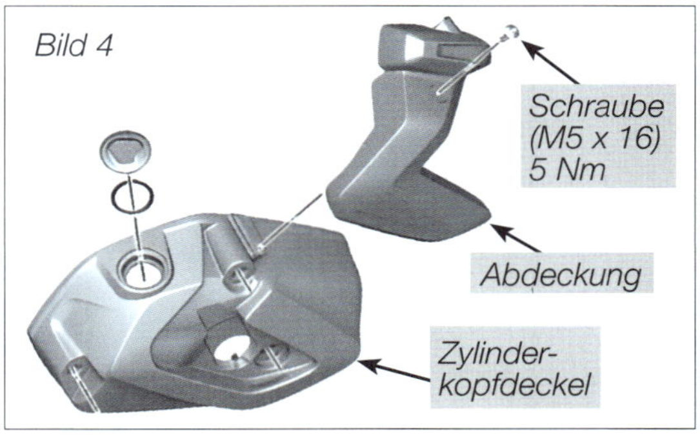

Bild 4

Bild 5

Bild 6 a

Bild 6 b

Vor dem Abziehen des Zündkerzensteckers diesen etwas drehen, damit er sich löst.

Bild 6 c

Bild 7

schon gesetzt hat: Zündkerze nach Aufsitzen des Gewindes um ca. 1/8 Umdrehung festziehen.

■ **Neue Zündkerze:** Wenn eine neue Kerze mit einem neuem Dichtring montiert wird: Die Zündkerze nach Aufsitzen des Gewindebundes um 1/4 bis 1/2 Umdrehung anziehen, wieder lösen und endgültig um 1/8 Umdrehung anziehen.

Elektrodenabstand

Der Elektrodenabstand ist wichtig für ordnungsgemäße Funktion der Zündkerze. Er wird mit einer Fühlerlehre zwischen Mittel- und Masseelektrode gemessen. Nehmen Sie dazu eine Fühlerlehre mit runden Festmaßen wie in Bild 10 und keine mit breiten Plättchen. Stimmt der Elektrodenabstand nicht, muss er korrigiert werden.

Elektrodenabstand messen und korrigieren

1. Bild 10: Elektrodenabstand mit Fühlerlehre messen. Bild 9: Der vorgeschriebene Elektrodenabstand beträgt 0,8 mm. Die Toleranz beträgt ± 0,1 mm, was einem tatsächlichen Elektrodenabstand von 0,7 bis 0,9 mm entspricht.

1.2. Bei einem Elektrodenabstand von 1,0 mm ist die Zündkerze endgültig verschlissen und muss erneuert werden.

2. Ist der Elektrodenabstand zu weit und liegt bei mehr als 0,9 mm, was bei einer alten Zündkerze meist der Fall ist, muss die äußere Elektrode nachgebogen werden. Dazu die Zündkerze kopfüber in der einen Hand halten und mit der anderen Hand einen Schraubenzieher verkehrt herum nehmen und mit dem Griff des Schraubenziehers gaaaanz leicht auf die Elektrode klopfen. Gaaaanz leicht heißt: Lieber einen Hau zu wenig als einen zu viel!

3. Wenn die Außenelektrode aus Versehen zu stark zusammengeklopft wurde, der Elektrodenabstand also zu eng ist, vorsichtig mit einem kleinen Elektroschraubenzieher wieder aufbiegen. Besser noch ist es, die Elektrode mit einer ganz kleinen Spitzflachzange hochzubiegen. In jedem Falle gilt: Beim Einstellen des Elektrodenabstandes viel Gefühl walten lassen!

Bild 8

Bild 8: Vor dem Einbau der Zündkerze einen sehr kleinen Tropfen Kupferpaste oder Keramikfett auf ihr Gewinde geben. Das verhindert ein Festbacken des Stahl-Gewindes der Zündkerze im Aluminium-Gewinde des Zylinderkopfs.

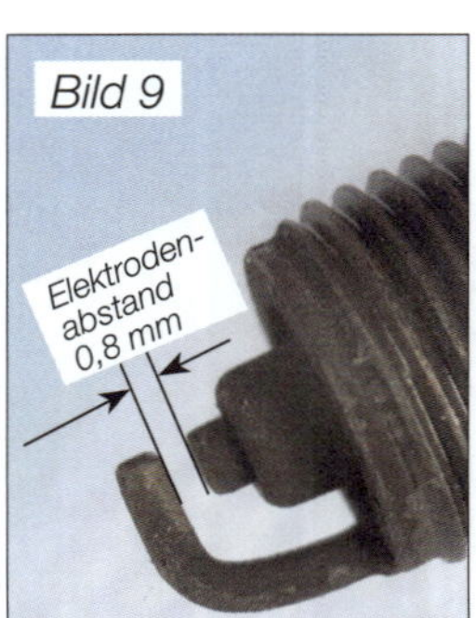

Bild 9

Bild 10

Bilder 9 und 10: Elektrodenabstand zwischen Mittel- und Außen-(Masse-) elektrode messen.

Bitte beachten: Eine Masseelektrode muss mit sehr viel Gefühl nachgebogen werden, denn die Gefahr, dass sie abbricht, ist groß. Auch im Betrieb besteht für eine zu stark oder zu oft verbogene Elektrode höchste Bruchgefahr! Im Zweifelsfall lieber eine neue Kerze einbauen – denn wenn eine Masseelektrode abbricht und in den Motor fällt, gibt es einen kapitalen Motorschaden. **Merke:** Nur wenn es nicht möglich ist, eine neue Kerze zu kaufen, kann man den Elektrodenabstand gefühlvoll korrigieren.

Zündkerzen reinigen, kontrollieren, prüfen

1. Sofern die Kerze nicht allzu sehr verrußt oder sogar verölt wie in Bild 11 ist, was auf einen Motorschaden hindeutet, kann man sie reinigen. Bild 7: Verwenden Sie dazu eine Nylonbürste mit engmaschig zu kleinen Büscheln zusammengefassten Nylonsträngen. Besonders gut eignet sich eine harte Zahnbürste.

2. Stärker verschmutzte Zündkerze mit einer speziellen Zündkerzen-Messingbürste reinigen. **Wichtig:** Keine harte Stahlbürste zum Reinigen der Zündkerze verwenden, diese kann die Elektroden und das Keramik-Mittelteil beschädigen!

3. Isolator auf Risse oder Absplitterungen untersuchen.

4. Dichtring muss vorhanden und einwandfrei in Form sein.

5. Eine Zündkerze muss ausgewechselt werden, wenn sie schwerwiegende Mängel aufweist, beispielsweise wenn die Mittelelektrode stark abgenutzt oder verbrannt ist, der Isolator gebrochen (Bild 16), das Gewinde kaputt oder anderes beschädigt ist (Bilder 11 bis 19).

Zündkerzengesicht

Dieser Kapitelabsatz dient der Information für den Fall, dass ein Motor nicht richtig läuft und man mit normaler Fehlersuche nicht weiter kommt. Denn das Zündkerzengesicht gibt Aufschluss über den Verbrennungsablauf im Motor und kann dem Fachmann wertvolle Hinweise auf den Zustand verschiedener Bauteile im Motor geben: Im Normalfall zeigt die Kerze eine rehbraune Färbung und kaum Abbrand der Elektroden. Bilder 11 bis 19): Wenn das Zündkerzengesicht anders aussieht, ist im Motor etwas nicht in Ordnung.

Das Zündkerzengesicht beurteilen

1. Motor im mittleren Drehzahlbereich etwa zehn Kilometer warm fahren und möglichst ohne Zwischenstopp zur Werkstatt zurück. Dort den Motor sofort abstellen, also nicht längere Zeit im Leerlauf nachlaufen lassen.

2. Zündkerzen herausschrauben.

3. Sind Keramikisolation und Elektrode sauber und ohne Rußbelag und zeigt das innere Keramikbauteil rehbraunen Farbton (Bild 15), passt der Wärmewert der Zündkerze, das Luft-Benzingemisch ist korrekt zusammengesetzt.

4. Zu mageres Gemisch:

4.1. Bei weißem bis aschgrauem Bild ist das Luft-/Kraftstoff-Gemisch zu mager. Dieses Zündkerzenbild deutet auf mögliche Falschluft im Ansaugsystem hin. So können z. B. die Ansaugstutzen lose, gerissen oder porös sein.

4.2. Eine zu helle, fast weiße Zündkerze beobachtet man auch, wenn der Motor ohne Luftfilter betrieben wird.

5. Zu fettes Gemisch:

5.1. Bei dunkelbrauner bis schwarzer Verfärbung ist das Kraftstoff/Luft-Gemisch zu fett. Dieses Zündkerzenbild weist auch auf einen zugesetzten Luftfilter hin.

6. Bild 11: Ölrückstände an der Zündkerze.

6.1. Eine schwarz verrußte, feucht glänzende Kerze deutet auf verschlissene Ventilführungen oder abgenutzte Kolben und Ölabstreifringe hin, durch die Motoröl in die Brennräume gelangt. Deswegen nennt man ein solches Kerzengesicht »verölte Zündkerze«.

7. Bilder 11, 18: Verrußte und verölte Zündkerze.

7.1. Wenn die Zündkerzen fett verrußt sind (Bild 18), dreht der Motor nur stotternd hoch und zieht nicht richtig. Starke Rußablagerungen an der Kerze entstehen durch zu fettes Gemisch plus Öl (siehe Bild 11) aus internen Lecks, wie z. B. verschlissene Ventilführungen oder Kolbenringe.

■ Starker Ruß an einer Zündkerze entsteht auch dann, wenn der Motor permanent untertourig gefahren wurde und/oder meist im Kurzstreckenverkehr, bei dem er nie richtig warm werden konnte. Ruß verhindert einen korrekten Funken zwischen äußerer und innerer Elektrode. Ruß und andere Ablagerungen an der Zündkerze führen nach kurzer Zeit zu einer Kurzschlussbrücke (»Faden«) zwischen den Elektroden oder auf der Keramikisolation.

7.2. Trockene Rußablagerungen lassen die Elektroden glühen, es gibt unkontrollierte Fehlzündungen. Diese machen durch »Klopfen« (gut hörbar bei niedrigen Drehzahlen und starkem Beschleunigen) oder »Klingeln« bei hoher Drehzahl (und deshalb kaum zu hören) auf sich aufmerksam. Fehlzündungen führen oft auch zum Durchbrennen des Kolbenbodens oder einem Verbrennen (Verschmoren) von Ventilen und Ventilsitzen. Weitere Mängel am Zündkerzenbild siehe Bildtexte in den Bildern.

Bild 11
Öl- und Verbrennungsrückstände

Bild 12
Mittelelektrode herausgefallen

Bild 13
Mittelelektrode innen gebrochen

Bild 14
Gas- und Flamm-Durchgang

Bilder 11 bis 19: Beurteilung des Zündkerzengesichts.

Bild 15
normales Zündkerzengesicht

Bild 16
Isolator gebrochen

Bild 17
Isolator beschädigt, starke Ablagerungen

Bild 18
verrußte Kerze

Bild 19
Anschmelzungen

Sichtprüfung Messen

Korrespondenzkapitel:
- 3 »Verkleidung · Rahmen · Tank«
- 12 »Elektrik · Elektronik«
- 13 »Batterie«
- 16 »Zündkerzen«
- 18 »Luftfilter«
- 19 »Gasgriff · E-Gas«
- 20 »Auspuffanlage«

Bild 1: Herzstück der Zünd-Einspritzanlage ist das Motorsteuergerät.

Bilder 2 a und 2 b: Diagnosestecker neben der Batterie zum Auslesen des Fehlerspeichers.

Zünd-Einspritzanlage

In diesem Kapitel: Zünd-Einspritzanlage · Regelmäßige Überprüfungen · Tipps und Tricks zur Zündfunkensuche · Leerlaufdrehzahl · Einspritzventile ausbauen, prüfen, einbauen · Benzinpumpe prüfen, aus- und einbauen · Drosselklappenkörper.

Zünd-Einspritzanlage

Dieses Kapitel soll in erster Linie die Zünd-Einspritzanlage erklären, damit Sie die Möglichkeit haben, einen Fehler zu lokalisieren, falls die Maschine nicht läuft und bestimmte Symptome auf einen Fehler in der Zünd-Einspritzanlage hindeuten.

Die kombinierte Zünd-Einspritzanlage, genannt »DME Digitale Motor Elektronik«, wird durch das Motorsteuergerät gesteuert und geregelt (Bild 1). Basis der DME ist die BMW-Eigenentwicklung »BMS-X BMW Motor Steuerung-X«. Diese Zünd-Einspritzanlage kann nur in der BMW-Motorradwerkstatt auf Funktion oder Fehler überprüft werden, weil dazu das BMW-eigene Werkstatt-Computerprogramm benötigt wird.

Bild 1: Herzstück der Zünd-Einspritzanlage ist das Motorsteuergerät. Das ist ein kleiner Computer, umgangssprachlich »Rechner« genannt. In ihm sind Basiswerte für Zündung und Einspritzung einprogrammiert.

Während des Motorlaufs werden Daten, »Parameter« genannt, die von Sensoren an verschiedenen Abnahmepunkten im Motor gemessen werden, diesem Motorsteuergerät in Echtzeit zugeliefert. Daraus errechnet es die jeweils optimale Spritmenge pro Zylinder (die »Öffnungszeit der Einspritzventile« ergibt die »Einspritzdauer«), den Einspritzzeitpunkt sowie einen dazu optimal passenden Zündzeitpunkt.

⚠ **Achtung:** Bei allen Arbeiten mit dem extrem gesundheitsschädlichen, feuergefährlichen und explosiven Benzin sind jegliche Wärmequellen, offenes Feuer, Funkenflug und brennende Zigaretten fehl am Platze. Benzin nicht schlucken. Wenn's doch passiert, sofort einen Arzt aufsuchen! Benzin nur in geeigneten Behältern lagern (Benzinkanister). Mit offenem Benzin nur in gut gelüfteten Räumen arbeiten!

Falsches, weil altes Benzin?
Zündung und Einspritzung werden oft dafür verantwortlich gemacht, wenn der Motor nicht richtig läuft, wenn er patscht, spuckt und nicht richtig zieht. Es kann aber auch »nur« an der Qualität und dem Alter des Benzins liegen. Generell ist zu sagen, dass »altes Benzin« sich nicht nur in vergessenen Reservekanistern befindet, sondern auch in Tanks von Motorrädern, die längere Zeit abgestellt wurden oder in unregelmäßigen Abständen kurz gefahren werden.

Gutes Beispiel dafür ist das Benzin »E10«. Aber auch das Benzin mit dem Kürzel »E5« ist sehr kritisch, was seine Haltbarkeit angeht: Wenn E5 oder E10 länger in einem Fahrzeug, das nicht gefahren wird, gelagert ist, kann es sich zersetzen und verliert dadurch einen Großteil seiner Energie. Wenn in unserer Werkstatt ein Motor, der zwei Monate oder länger gestanden hat, nicht richtig läuft, lassen wir den Sprit ab und füllen neues SuperPlus in den Tank – die Trefferquote liegt bei 99 Prozent!

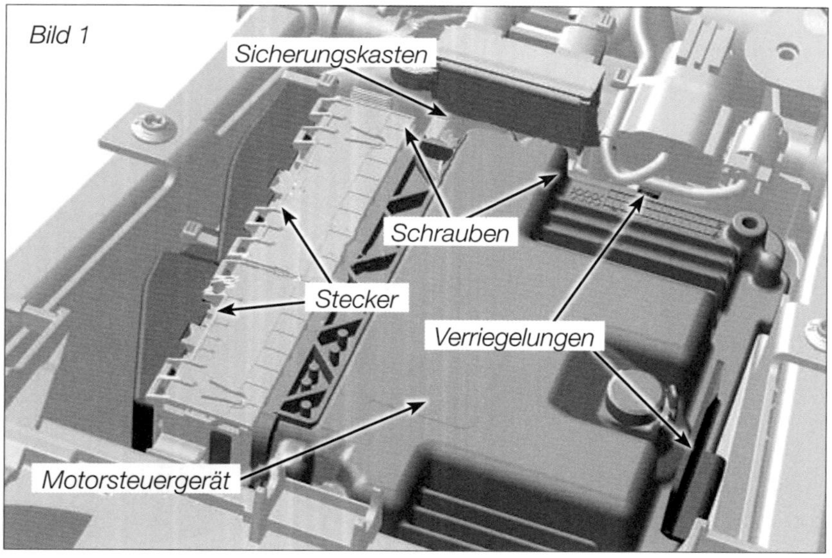

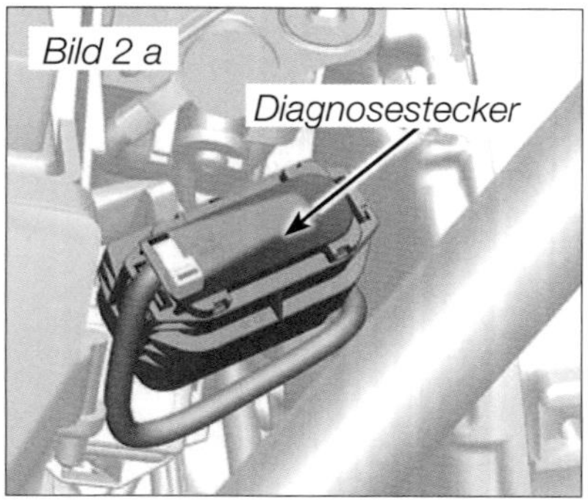

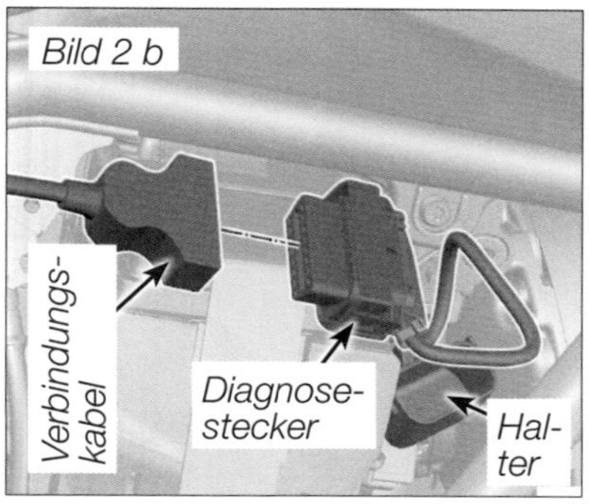

Regelmäßige Überprüfungen

Erstmals bei 1000 km, danach alle 10 000 km oder mindestens einmal pro Jahr muss im Rahmen der Inspektionen das Motorsteuergerät im Hinblick auf abgespeicherte Fehlermeldungen überprüft werden. Dazu wird das BMW-Motorrad-Diagnosegerät an den Diagnosestecker angeschlossen (Bilder 2 a und 2 b). Dann wird Folgendes gecheckt:

1. Welche Fehler sind seit der letzten Überprüfung an welchen Bauteilen der Einspritz-Zündelektronik aufgetreten und im Motorsteuergerät gespeichert?

■ Wenn ein Fehler während des Betriebs aufgetreten und im Motorsteuergerät gespeichert ist, wird dieser Fehler beim »Auslesen« mit dem Diagnosegerät sichtbar gemacht. Der Mechaniker entscheidet dann, ob das betroffene Bauteil erneuert werden muss, oder ob der Fehler z. B. »nur« durch einen korrodierten oder verschmutzten Stecker entstanden ist und eine Reinigung des Bauteils genügt.

2. Nach Austausch oder Reparatur des defekten Bauteils wird das Motorsteuergerät erneut ausgelesen. Wenn angezeigt wird, dass das reparierte oder erneuerte Bauteil vom Motorsteuergerät akzeptiert ist, werden die gespeicherten Fehler gelöscht, der Speicher ist dann »bereinigt« und der Rechner arbeitet wieder im Normalbetrieb.

3. Überprüfen und ggf. Einstellen der gleichmäßigen Öffnungswinkel der Drosselklappen zueinander (»Synchronisieren«): Das Öffnen und Schließen der beiden Drosselklappen erfolgt über die links und rechts an den Drosselklappengehäusen angebrachten elektrischen Stellmotoren (Bild 3). Ihre Signale bekommen sie vom Gasgriff; siehe dazu Kapitel 19 »Gasgriff · E-Gas«.

Synchronisation der Drosselklappen

Das Synchronisieren der Drosselklappen ist nur mit Hilfe des BMW-Diagnosesystems möglich. Herkömmliche Synchrontester, wie man sie von gaszuggesteuerten (und einstellbaren) Drosselklappen kennt, taugen nichts.

Ziel der damit nur von der BMW-Werkstatt durchzuführenden Überprüfung und ggf. Ein- oder Nachstellung ist, dass die Drosselklappen möglichst synchron (= gemeinsam) öffnen und die Zylinder gleich dosiert mit Ansaugluft versorgt werden. Nur bei optimaler Einstellung sind gute Gasannahme, gleichmäßiger Motorlauf und höchstmögliche Leistungsentfaltung garantiert.

Tipps zur Zündfunkensuche

Folgende Symptome deuten auf eine nicht richtig arbeitende Zündanlage hin:

- Motor läuft nicht
- Motor läuft nur auf einem Zylinder
- Motor patscht und knallt aus dem Auspuff
- Motor läuft unrund und ruckelt
- Motor hat schlechte Leistungsabgabe bzw. zieht nicht richtig

Kerzenstecker

Zündspulen und Zündkerzenstecker sind ein gemeinsames Bauteil. Sie werden auch »Kerzenschacht-Zündspulen« genannt. Wenn der Motor nicht gleichmäßig »rund« läuft, überprüfen Sie, ob die Zündkerzenstecker richtig satt auf die Zündkerzen aufgesteckt sind. Zum Kontrollieren bzw. zum Abziehen des Zündkerzensteckers

Bild 3: Jede Drosselklappe wird über einen eigenen Stellmotor betätigt.

Tabelle mit Fehlersymptomen und möglicher Ursachen.

Störungen in der Zünd-Einspritzanlage			
Symptome	**Mögliche Ursachen**	**Abhilfe**	**Kapitel (K)**
Kein Funke an der/den Zündkerze(n)	Zündkerze(n) beschädigt	Auswechseln	**K 16**
	Zündkerze(n) verrußt	Reinigen und trocknen, auswechseln	**K 16**
	Zündkerze(n) verölt	Reinigen und trocknen, auswechseln	**K 16**
	Zündspule/Zündkerzenstecker defekt	Auswechseln	**K 12, K 16**
	Drosselklappen-Stellmotor defekt	Auswechseln	**K 12, K 17**
	Motorsteuergerät defekt	Auswechseln	**K 12, K 17**
	Stromkreisunterbrechung in der Verkabelung	Reparieren, auswechseln	**K 12**
	Anlasserrelais defekt	Auswechseln	**K 12, K 15**
Motor stirbt oft ab, weil kein Funke an der/den Zündkerze(n)	Zündkerze(n) verrußt	Reinigen, auswechseln	**K 16**
	Drosselklappen-Stellmotor defekt	Auswechseln	**K 12, K 17**
	Motorsteuergerät defekt	Auswechseln	**K 12, K 17**
Zündkerze(n) wird/ werden nass oder verrußt/verrußen schnell	Zu fettes Kraftstoff-Luft-Gemisch	Einspritzsystem überprüfen	**K 12**
	Leerlaufdrehzahl zu hoch	Einspritzsystem überprüfen	**K 17**
	Kraftstoff falsch (Diesel getankt? Alter Sprit?)	Wechseln, frisches Benzin tanken	**K 17**
	Luftfiltereinsatz verschmutzt	Reinigen, auswechseln	**K 18**
	Falsche Zündkerzen (zu kalter Zündkerzentyp)	Serienmäßige Zündkerzen einbauen	**K 16**
Zündkerze(n) wird/ werden ölig oder verrußt/verrußen schnell	Kolbenringe abgenutzt	Auswechseln	**Fachwerkstatt**
	Kolben abgenutzt	Auswechseln	**Fachwerkstatt**
	Zylinder abgenutzt	Ausschleifen	**Fachwerkstatt**
	Übermäßiges Spiel zwischen	Auswechseln	**Fachwerkstatt**
	Ventilschaft und Ventilführung		
	Ventilschaft-Dichtringe abgenutzt	Auswechseln	**Fachwerkstatt**
Überhitzung oder Abbrand an den Elektroden der Zündkerze(n)	Falsche Zündkerzen (zu warmer Zündkerzentyp)	Serienmäßige Zündkerzen einbauen	**K 16**
	Motor läuft zu heiß	Einstellen, Inspektion durchführen	**K 1**
	Zündkerzen locker	Mit Drehmoment festziehen	**K 16**
	Zu mageres Kraftstoff-Luft-Gemisch	Einspritzsystem überprüfen	**K 12**

wird ein spezieller Abzieher benötigt (siehe dazu Kapitel 16 »Zündkerzen«).

Warnhinweise

■ Zündkerzenstecker-Zündspulen nicht grob behandeln, nicht hart anschlagen, nicht fallen lassen!

■ Bei fehlendem Zündfunken auch die Kabelstecker genau ansehen, ob sie korrekt zusammengesteckt sind!

Mutter aufgeschraubt?

Überprüfen Sie auch, ob die oben auf die Zündkerze aufgeschraubte Mutter vorhanden ist, denn die serienmäßigen Kerzenstecker sind dafür ausgelegt (Kapitel 16 »Zündkerzen«).

Seitenständerschalter defekt?

Ist dieser defekt, ist die Zündung unterbrochen. Dann dreht sich allerdings auch der Anlasser nicht. Der Motor springt dann auch nicht durch Anschieben an. Prüfung des Seitenständerschalters siehe Kapitel 1 »Wartung · Pflege«.

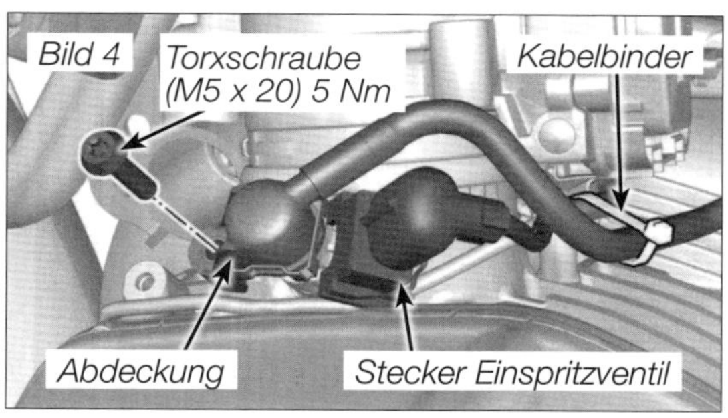

Bild 4: Das Einspritzventil ist eingesteckt und mit einer Schraube gesichert.

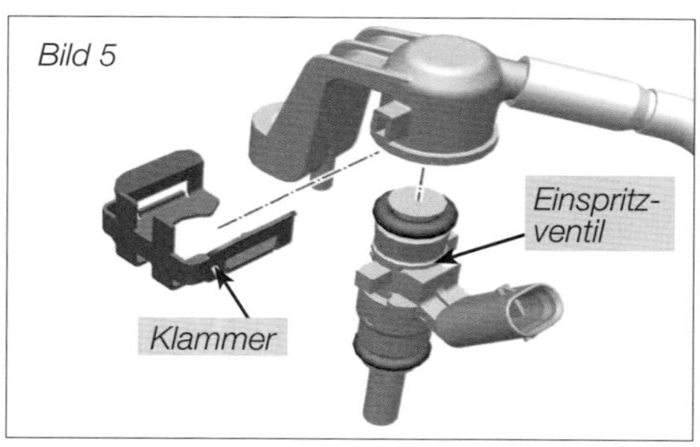

Bilder 5 und 6: Die Einspritzleitung ist auf das Einspritzventil aufgesetzt und mit einer Klammer gesichert.

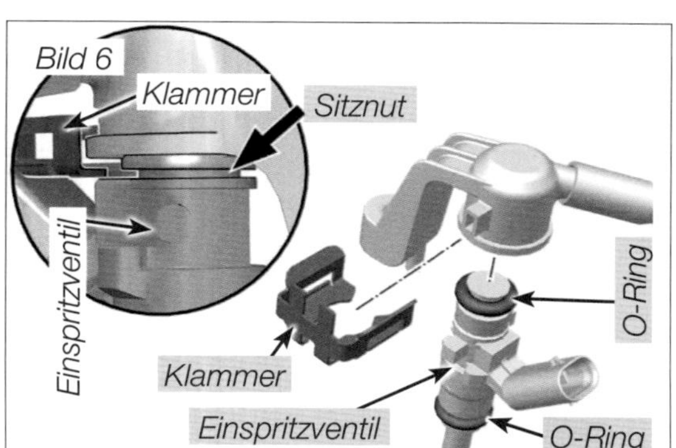

■ Der fette Pfeil in Bild 6 zeigt die Einbaulage der Klammer in der Sitznut.

Leerlaufdrehzahl

Die vorgeschriebene Leerlaufdrehzahl bei warmem Motor beträgt 1050/min. Der Gasgriff muss dabei ganz geschlossen sein.

■ Wenn die Leerlaufdrehzahl zu hoch oder zu niedrig ist, muss das Motorrad zum BMW-Händler gebracht werden. Nur er kann mit Hilfe des BMW-Diagnosesystems eine Korrektur oder Neueinstellung der Leerlaufdrehzahl vornehmen.

Einspritzventile

Wenn der Motor auf einem oder beiden Zylindern nicht läuft, kann man durch Ausbau der Einspritzventile prüfen, ob sie Sprit fördern. **Doch zuerst den Hörtest machen:** Wenn die Einspritzventile ihre Stromimpulse bekommen, hört man das von außen, es tickert ganz leicht. Sicherer ist jedoch ausbauen und spritzen lassen. Das Einspritzventil dabei in ein geeignetes Gefäß halten, damit der Sprit sicher aufgefangen wird!

Einspritzventile ausbauen, prüfen, einbauen

1. Bilder 4 und 5: Torxschraube ausschrauben und das Einspritzventil ausziehen. Die Einspritzleitung bleibt auf dem Einspritzventil montiert.

2. Starterknopf kurz betätigen und beobachten:

■ Wenn das Ventil Benzin spritzt, gelangt dieses auch in den Ansaugtrakt.

■ Spritzt es nicht, muss auch das Einspritzventil des anderen Zylinders überprüft werden.

■ Wenn dieses Ventil spritzt, ist das andere kaputt und muss ersetzt werden.

■ Bilder 5 und 6: Zum Lösen des Einspritzventils von der Einspritzleitung die Klammer ausbauen und dann das Einspritzventil ausbauen.

■ Bild 6: Beim Einbau darauf achten, dass die Klammer richtig eingeschoben wird.

Tipp: Wenn beide Einspritzventile nicht spritzen, kann ein Schaden an der Benzinpumpeneinheit oder der Motorelektronik vorliegen. Eine Überprüfung muss von der BMW-Motorradwerkstatt durchgeführt werden.

Tipp: Wenn KEIN Benzin durch beide Einspritzdüsen kommt, sehen Sie sicherheitshalber nach, ob auch wirklich Sprit im Tank ist. Lachen Sie nicht, es ist alles schon passiert …

Benzinpumpe

Wenn der Motor entweder nicht läuft oder aus unerfindlichen Gründen in unregelmäßigen Abständen immer wieder ausgeht, kann die Benzinpumpe defekt sein. Natürlich kann auch die elektrische Steckverbindung entweder nicht richtig zusammengesteckt oder korrodiert sein.

Benzinpumpe prüfen
Zur ersten Überprüfung der Benzinpumpe die Zündung einschalten und das Ohr links vorne möglichst nahe an den Tank legen: Die Pumpe muss 3 Sekunden lang hörbar arbeiten und schaltet sich dann automatisch so lange wieder aus, bis der Motor gestartet wird; dann schaltet sich die Benzinpumpe wieder ein.

Wenn von der Benzinpumpe kein Geräusch zu hören ist, können folgende Störungen vorliegen:

- Stecker der Elektronikeinheit nicht richtig aufgesteckt oder seine Kontakte sind korrodiert: Überprüfen.
- Benzinpumpe defekt (muss erneuert werden).

Benzinpumpe ausbauen
1. Aus- und abbauen: Sozius- und Fahrersitz, mittlere Tankverkleidung, Seitendeckel und Seitenblende links, linke Tankverkleidung, Seitendeckel und Seitenblende rechts, rechte Tankverkleidung, Tank (siehe dazu Kapitel 3 »Verkleidung · Rahmen · Tank«).
2. Benzin mit einer Handpumpe aus dem Tank abpumpen, er muss möglichst leer werden.
3. Bild 7: Überwurfmutter mit Spezialwerkzeug »Zapfenschlüssel« (Nr. 16 1 021) lösen und abschrauben.
4. Benzinpumpe mit Dichtring aus dem Tank herausnehmen.

Benzinpumpe einbauen
1. Dichtring auf Beschädigung kontrollieren: Aufgequollenen oder beschädigten Dichtring ersetzen.
2. Dichtring an der Fläche zur Benzinpumpe hin mit Reifenmontierpaste oder Silikonspray einschmieren und an der Benzinpumpe anbringen.
3. Benzinpumpe mit Dichtring vorsichtig bis zum Anschlag in den Tank einsetzen, dabei auf korrekten Sitz des Dichtrings achten: Er muss im gesamten Umfang sichtbar sein.
4. Bild 7: Überwurfmutter einschrauben. Dabei darauf achten, dass sich der Haltering nicht mitdreht und seine Nase in der Vertiefung sitzen bleibt.
5. Überwurfmutter mit Spezialwerkzeug »Zapfenschlüssel« (Nr. 16 1 021) mit 35 Nm festziehen.
6. Tank und abgebaute Verkleidungsteile wieder anbauen, Fahrer- und Soziussitz aufbauen (siehe dazu Kapitel 3 »Verkleidung · Rahmen · Tank«).

Drosselklappenkörper

Bilder 8 und 9: Ein Wechsel der Drosselklappenkörper ist in seltenen Fällen nur dann notwendig, wenn die Drosselklappenkörper irreparabel defekt sind und daher erneuert werden müssen.

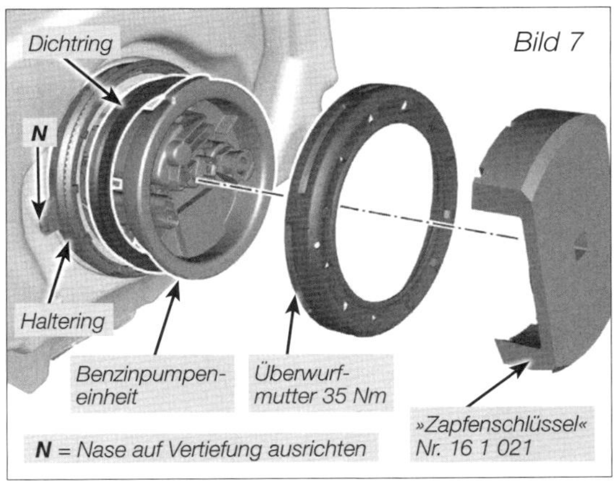

Bild 7

Bild 7: Montagezeichnung der Benzinpumpe. Beim Aus- und Einbau auf den richtigen Sitz des Dichtrings achten.

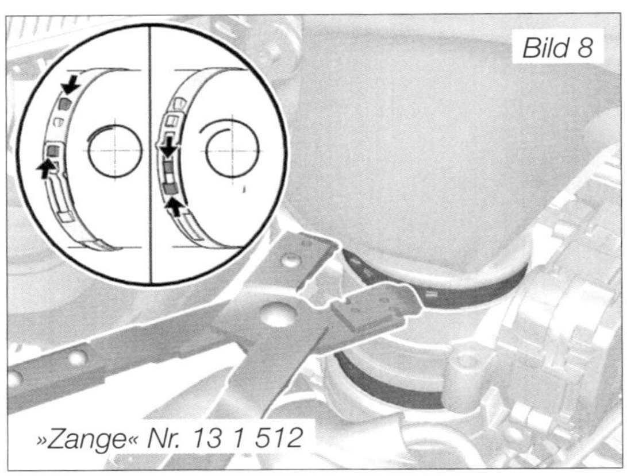

Bild 8

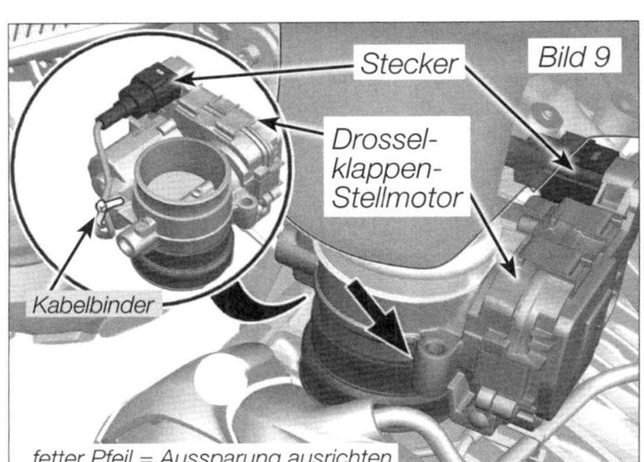

Bild 9

Bilder 8 und 9: Zum Aus- und Einbau der Drosselklappeneinheit wird zum Öffnen der Schellen und zum Wiederverschließen das BMW-Spezialwerkzeug »Zange« Nr. 13 1 512 benötigt.

Sichtprüfung Messen

Luftfilter

In diesem Kapitel:
Luftfilter ausbauen, reinigen und einbauen · Luftfilterkasten aus- und einbauen.

Luftfilter

Der Luftfilter muss laut BMW-Vorschrift alle 20 000 km erneuert werden. Bei Fahrten durch staubige Gebiete ist ein neuer Luftfilter häufiger nötig, zumindest aber sollte er regelmäßig gereinigt werden, wobei aber nur grober Schmutz abgeklopft werden kann, während der feine Staub im ölgetränkten Filterpapier gebunden bleibt und somit fest dort sitzt.

Bilder 1 bis 6: Die Arbeitsschritte zu den Bildern sind im Lauftext nummeriert beschrieben.

Luftfilter ausbauen, reinigen und einbauen

Zum Aus- und Einbau des Luftfilters müssen verschiedene Verkleidungsteile abgebaut werden (siehe Kapitel 3 »Verkleidung · Rahmen · Tank«).
■ Bei der R 1250 GS: Sozius- und Fahrersitz, mittlere Tankverkleidung. Seitliche Tankverkleidungen oben lösen.
■ Bei der Adventure: Fahrersitz und mittlere Tankverkleidung.

Bild 1

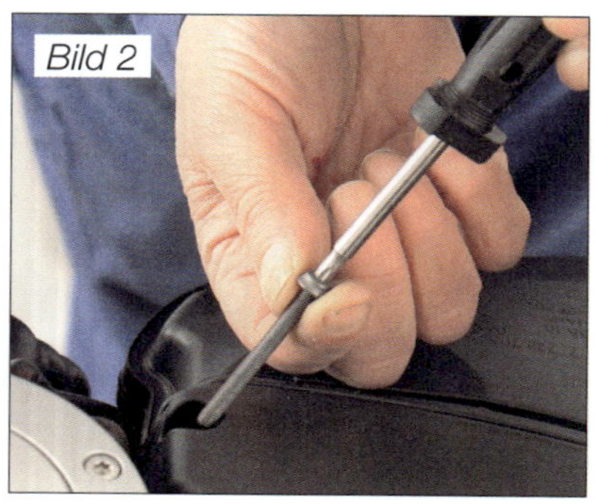
Bild 2

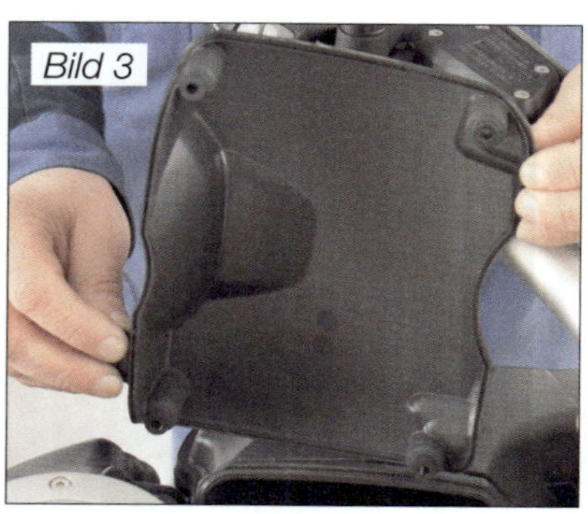
Bild 3

Bild 4

Bild 5

Bild 6

1. Bilder 1, 2 und 3: Schrauben des Luftfilterdeckels ausschrauben, Deckel abnehmen.
2. Bild 4: Luftfilter zusammen mit seinem Rahmen herausnehmen.
2.1. Bild 5: Luftfilter aus dem Rahmen nehmen.
3. Luftfilterkasten innen und Ansaugrohre (Bild 10) mit einem mit Motorradreiniger getränkten Lappen ausreiben und trocken putzen.
4. Bild 6: Zum Reinigen des Luftfilters die Elemente vorsichtig auseinanderfächern. Den daran haftenden Schmutz kann man mit weicher Druckluft abblasen oder mit einem Staubsauger vorsichtig absaugen.
5. Bilder 7 und 8: Gereinigten bzw. neuen Luftfilter in Rahmen einsetzen, ihn dabei etwas zusammendrücken.
6. Luftfilter mit Rahmen in Luftfilterkasten einsetzen.
7. Bild 9: Deckel auf Luftfilterkasten setzen, Schrauben eindrehen und mit 3 Nm festziehen.
8. Abgebaute Teile anbauen.

Luftfilterkasten aus- und einbauen

1. Tank ausbauen (Kapitel 3 »Verkleidung · Rahmen · Tank«).
2. Bilder 11 und 12: Schellen der Ansaugrohre zwischen Luftfilterkasten und Drosselklappenstutzen am Drosselklappenstutzen ausbauen. Die verbauten Oetiker-Schellen lassen sich nur mit der »Spezialzange« (Nr. 13 1 512) öffnen und schließen.
2.1. Bild 12: Nebenluftschlauch links und rechts abziehen.
3. Bild 11: Kühlflüssigkeits-Ausgleichsbehälter vom Luftfilterkasten abschrauben, aber nicht abbauen.
3.1. Bei R 1250 GS Adventure zusätzlich die oberen Halter der Kühler abschrauben.
4. Federbandschelle des Entlüftungsschlauchs mit Flachzange öffnen und nach unten abschieben. BMW empfiehlt die »Spezialzange« (Nr. 17 5 571).
4.1. Entlüftungsschlauch vom Luftfilterkasten abziehen.
5. Kreis in Bild 11: Stecker des Ansaugluft-temperatur-Sensors trennen.
6. Bild 10: Befestigungsschrauben des Luftfilter-

kastens ausschrauben, mit Scheiben abnehmen.
6.1. Bild 10: Überlauf- und Entlüftungsschlauch des Tanks aus Halterung nehmen.
6.2. Luftfilterkasten abnehmen.
Einbau in umgekehrter Reihenfolge. Dabei die Tankentlüftungsschläuche sorgfältig verlegen!

Bild 7

Bild 8

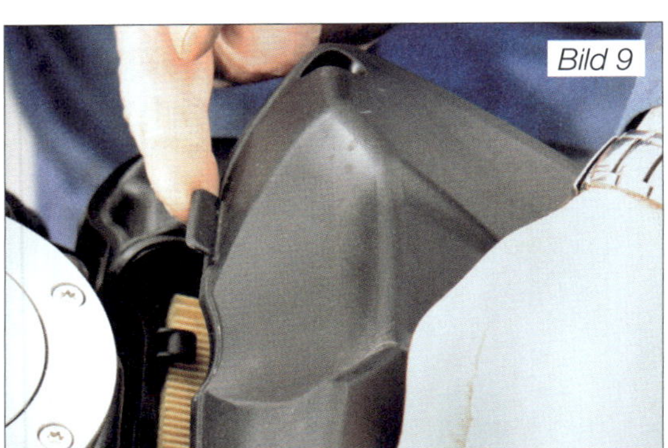
Bild 9

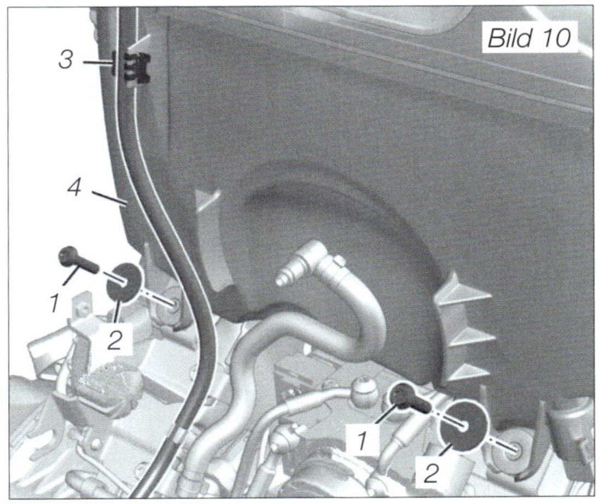

Bild 10

Bilder 7 bis 12: Die Arbeitsschritte zu den Bildern sind im Lauftext nummeriert beschrieben.

Bauteile im Bild 10
Teil 1 = Schrauben (M6x25) 8 Nm
Teil 2 = Scheiben
Teil 3 = Schlauchhalter
Teil 4 = Luftfilterkasten

Bild 11

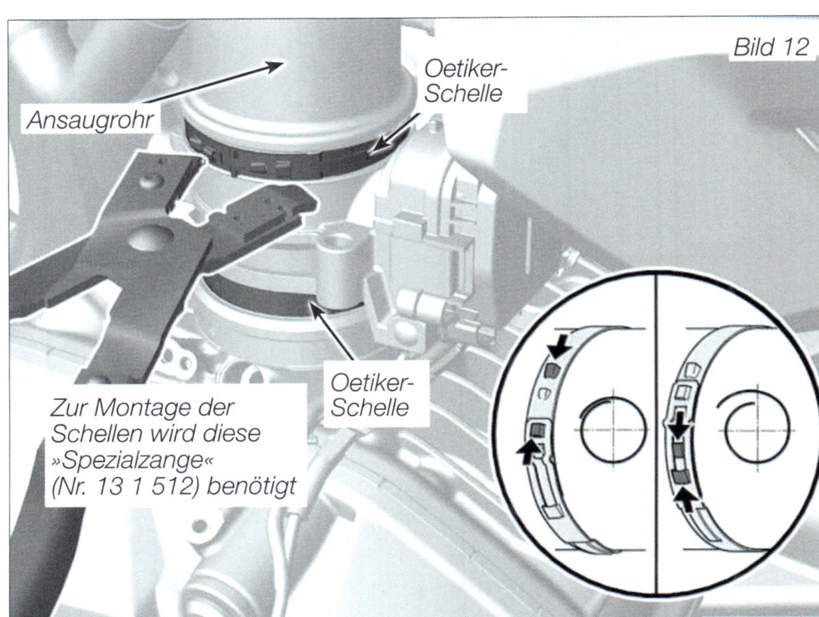

Bild 12

Korrespondenzkapitel:
- 12 »Elektrik · Elektronik«
- 17 »Zünd-Einspritzanlage«

Bilder 1 bis 5: Im Lauftext sind die zu den Bildern gehörenden Arbeitsschritte zum Wechseln des Gasgriffs nummeriert beschrieben.

Gasgriff · E-Gas

In diesem Kapitel: »Drive-by-wire« · Vorteile des E-Gassystems · Gasgriff wechseln · Kabelbaum reparieren Gasgriffkabel.

»Drive-by-wire«

R 1250 GS und Adventure haben keine Gaszüge vom Gasgriff am Lenker zu den Drosselklappen an den Zylinderköpfen. »Gas geben« erfolgt über einen Sensor, der im Gasgriff eingebaut ist. Dieser gibt die Stellung des Gasgriffs (und somit den Wunsch des Fahrers nach mehr oder weniger Gas) an das Motorsteuergerät weiter. Von dort aus wird der elektrische Stellmotor an der Drosselklappe aktiviert, der die gewünschte Stellung in Abhängigkeit vom gewählten Fahrmodus herstellt – übrigens ohne Zeitverlust und damit in »Echtzeit«. Jede der beiden Drosselklappen hat einen Stellmotor. Dieses Gasgriffsystem nennt sich »Drive-by-wire« oder auch »E-Gas«. Es ist eine Neuentwicklung und gleichzeitig die logische Weiterentwicklung der bei BMW seit mehr als 30 Jahren eingesetzten digitalen Motorsteuerung.

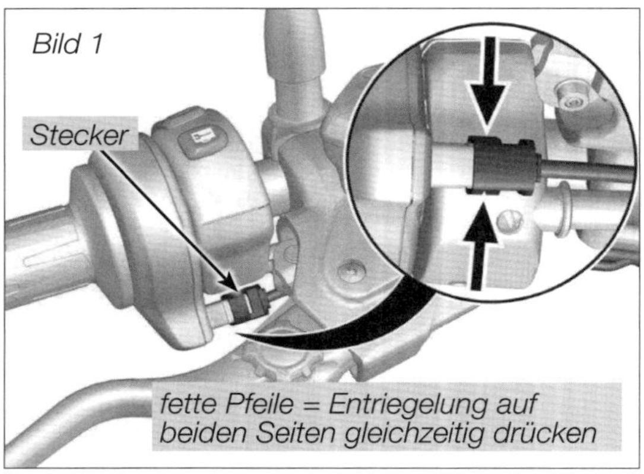

Bild 1

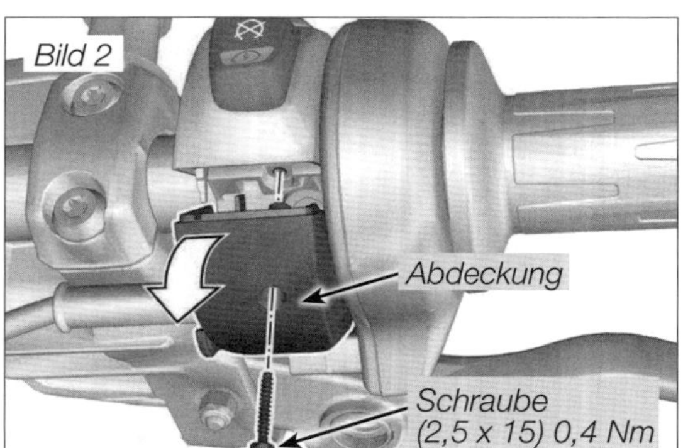

Bild 2

Vorteile des E-Gas
BMW sieht in dem System eine Reihe von Vorteilen: Neben einer Verbesserung der Fahrbarkeit wird auch die Laufkultur im leerlaufnahen Bereich optimiert, weil die Motorsteuerung einen unrunden Motorlauf erkennt und diesen durch eine selektive Drosselklappenansteuerung ohne Zeitverzögerung ausgleicht. Durch das E-Gas lassen sich neben der bedarfsgerechten, auf den jeweiligen Zylinder bezogenen Anpassung der benötigten Luftmenge auch die vom Fahrer gewünschten Fahrmodi, Sonderausstattung »Geschwindigkeitsregelung« oder fahrbedingte Drehzahländerungen ohne großen Aufwand umsetzen.

Der maximale Gasgriff-Drehwinkel reduzierte sich um 15 auf 70 Grad und die nötige Handkraft wurde geringer, das bringt eine deutliche Erleichterung für den Fahrer. Und, nicht zu vergessen, durch den Wegfall der Gaszüge entfallen auch mögliche Verschleißteile. Zudem kann auf die Servicearbeit »Synchronisation der Drosselklappen«, welche bei gaszugbetätigten Drosselklappen regelmäßig nötig ist, verzichtet werden (siehe auch Kapitel 17 »Zünd-Einspritzanlage«).

Zu betonen ist noch, dass Arbeiten am Gasgriff auf ein Minimum reduziert wurden. Ein Wechsel des Gasgriffs (zum Beispiel nach einem Sturz) und Reparatur des Kabels des Gasgriff-Sensors können leicht selbst ausgeführt werden.

Gasgriff wechseln

Zum Wechsel des Gasgriffs muss der rechte Lenkerschalter abgebaut werden:
1. Bild 1: Entriegelung vorne und hinten drücken und den Stecker trennen.
2. Bild 2: Schraube ausbauen, Abdeckung nach unten ziehen.
3. Bild 3: Abdeckung nach vorn-oben drücken und abnehmen. Dabei auf Haltelaschen achten.
4. Bild 4: Stecker vom Lenkerschalter trennen. Schraube ausbauen und den Lenkerschalter vom Lenker abnehmen.

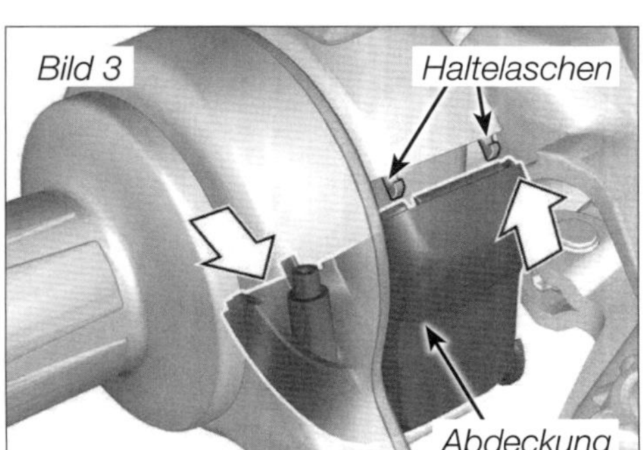

Bild 3

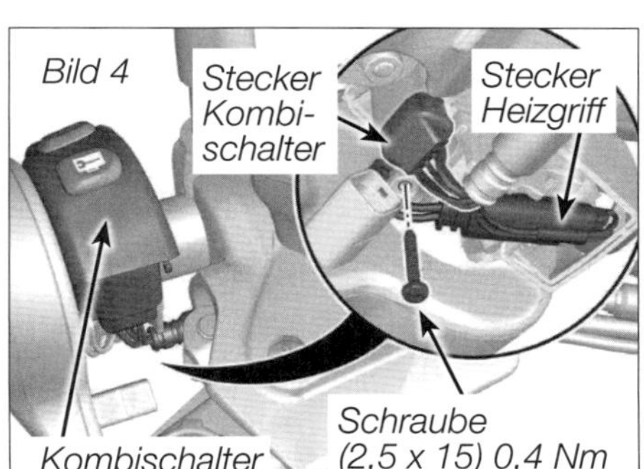

Bild 4

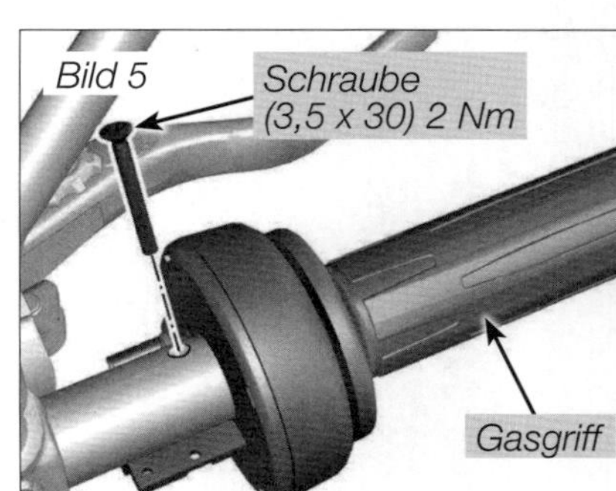

Bild 5

5. Bild 5: Halteschraube des Gasgriffs ausbauen, Gasgriff vom Lenker abziehen.

Einbau in umgekehrter Reihenfolge, dabei besonders beachten:

- Schraube des Gasgriffs mit 2 Nm festziehen.
- Kunststoffschraube des Lenkerschalters mit 0,5 Nm festziehen.
- Haltelaschen der Abdeckung vorsichtig eindrücken.
- Kunststoffschraube der Abdeckung des Lenkerschalters mit 0,5 Nm festziehen.

Gasgriffkabel reparieren

Vorarbeiten

1. Den Stecker an der rechten Lenkerarmatur trennen.

2. Bild 6: Halter öffnen, Kabel lösen.

3. Bild 7: Hülle von Gasgriffkabel auf ca. 280 mm Länge vorsichtig aufschneiden und entfernen.

4. Bild 8: Kabel in folgenden Längen, jeweils gemessen vom Stecker, abschneiden:

A: 150 mm: Kabelfarbe grau/braun und grau/schwarz/gelb

B: 190 mm: Kabelfarben grau/blau und grau/rot

C: 230 mm: Kabelfarben grau/schwarz und grau/braun/gelb

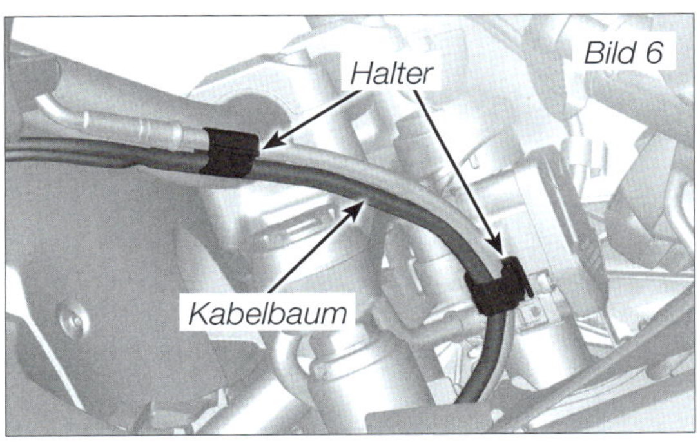

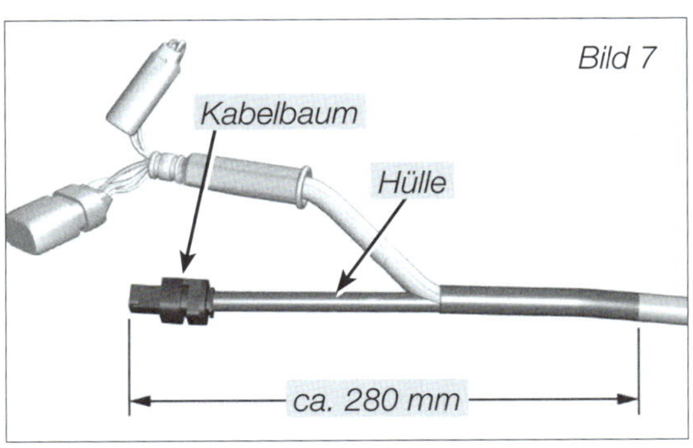

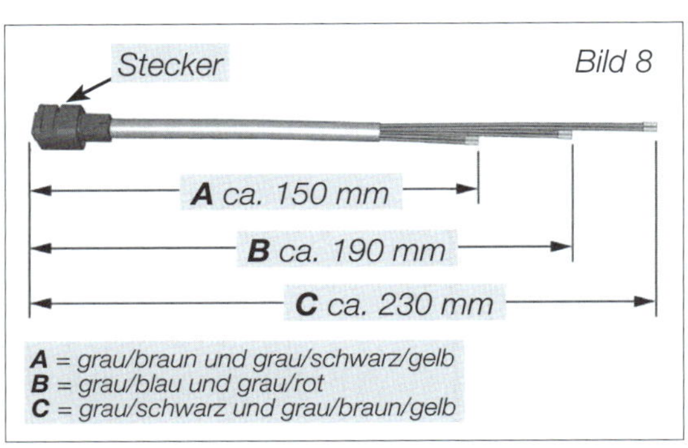

Reparatur Kabelbaum

1. Bild 9: BMW-Werkzeug »Abisolierzange« auf die Drahtdurchmesser einstellen.

1.1. Kabelenden mit der Abisolierzange abisolieren.

2. Bild 10: Schrumpfschläuche aufschieben, Kabelenden in entsprechende Stoßverbinder einlegen, Isolierung und Litze muss befestigt sein. Stoßverbinder mit dem Crimpkopf an der Zange befestigen. Dabei unbedingt die Kabelquerschnitte beachten.

3. Bilder 11 und 12: Schrumpfschlauch über den Reparaturbereich schieben. Mit einem Werkstattföhn sorgsam erhitzen, dadurch zieht sich der Schrumpfschlauch zusammen. Zwischen ihm und dem Kabel tritt etwas Heißkleber aus.

3.1. Schrumpfschlauch über den Kabelbaum schieben, in Position bringen und ebenso sorgsam erhitzen, bis sich der Schrumpfschlauch zusammenzieht.

4. Stecker an der Lenkerarmatur zusammenstecken und das Kabel für den Gasgriff wieder befestigen.

Bild 6 bis 12: Arbeitsschritte siehe Lauftext. Zur Kabelreparatur siehe auch Kapitel 12 »Elektrik · Elektronik«.

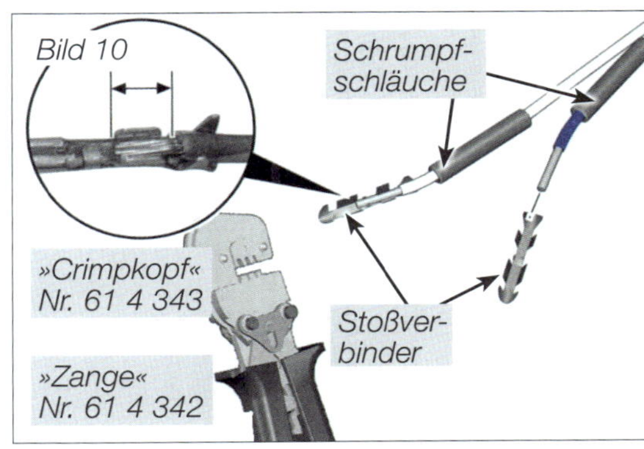

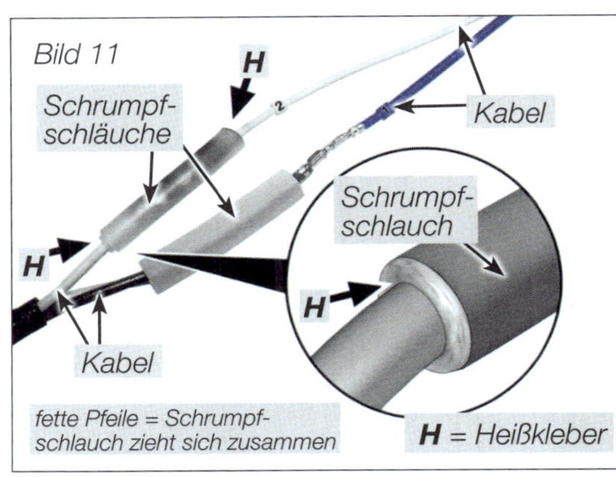

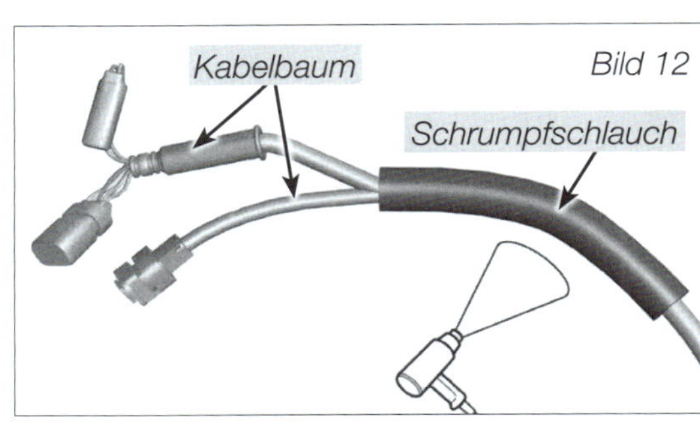

Wichtige Auspuff-Adressen:

Akrapovic: GP Produkte GmbH
Siemensstraße 31
D-47533 Kleve
www.gpproducts.de
www.faber.at
www.partsworldshop.com

BOS: BOS Auspuff GmbH
Dietrich-Borggreve-Straße 17
D-49828 Neuenhaus
www.bos-exhausts.de
www.nl-tuning.ch

Hattech: Hattech Hubert Sommer
Schelklinger Straße 15
D-89155 Ringingen
www.hattech.de

LeoVince: MCA Service GmbH
Albrecht-Thaer-Ring 21A
D-30938 Burgwedel
www.leovince.de
www.partseurope.eu
www.teknoparts.ch

Remus: GP Products Motor
De Hoogt 26
NL-5175 Loon op Zand
www.gpproducts.eu
www.remus.eu
www.aerotechnik.ch

Shark: Fechter Drive Motorsport GmbH
Michael-Becker-Straße 22
D-73235 Weilheim/Teck
www.fechter.de

Auspuffanlage

In diesem Kapitel: Auspuffanlage · Auspufftopf ab- und anbauen, kontrollieren · Auspuffkrümmer ab- und anbauen · Auspuffklappe · Zubehör-Auspuffanlagen.

Auspuffanlage

In der 2-in-1-Auspuffanlage sind ein geregelter 3-Wege-Katalysator und drei Lambdasonden eingebaut. Die beiden Auspuffkrümmer mit Vorschalldämpfer (auch »Auspuffsammler« genannt, in ihm sitzt der Katalysator) und hinterer Auspufftopf sind getrennte Einheiten. In jedem Krümmer ist eine Lambdasonde eingebaut. Eine zusätzliche Lambdasonde ist zwischen Katalysator Auspuffklappe eingebaut. BMW nennt sie »Lambda-Monitorsonde«.

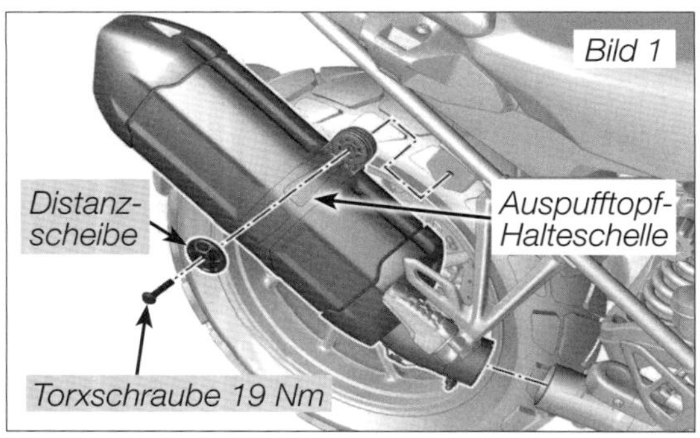

Aufgaben der Lambdasonden

Die Lambdasonden messen den Sauerstoffgehalt im Abgas, sie sind wesentlich verantwortlich für die Gemischzusammensetzung und damit für saubere Abgase. Die Messwerte werden zum Motorsteuergerät geschickt, welches entscheidet, mehr oder weniger Kraftstoff einzuspritzen, damit ein ideales Luft-Kraftstoff-Verhältnis von Lambda 1 erreicht wird (ca. 14 Gramm Luft pro Gramm Treibstoff). Unter »sauberem Abgas« versteht man Emissionen, die möglichst wenig Schadstoffe enthalten, also unverbrannte Kraftstoffreste wie Kohlenwasserstoffe oder unvollständig verbrannter Kohlenstoff (Kohlenmonoxyd, CO). Auch nicht komplett verheizter Luftstickstoff zählt dazu (Stickoxyde, NOx).

Auspuffklappe

Zwischen Vorschalldämpfer und Auspufftopf sitzt eine Auspuffklappe, die von einem Stellmotor über zwei Bowdenzüge betätigt wird. Die Auspuffklappe sorgt für fülligeren Drehmomentverlauf und kernigen Klang.

Bilder 1, 2 und 3: Schraubstellen zum Ab- und Anbau des Auspufftopfs.

■ Kreis in Bild 3: Nut in Schelle auf Nase ausrichten.

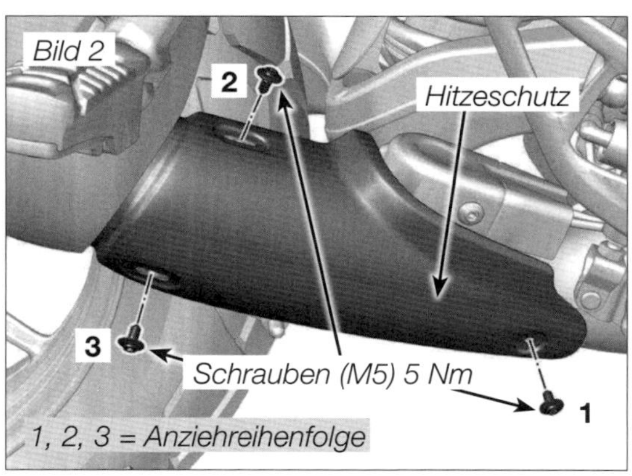

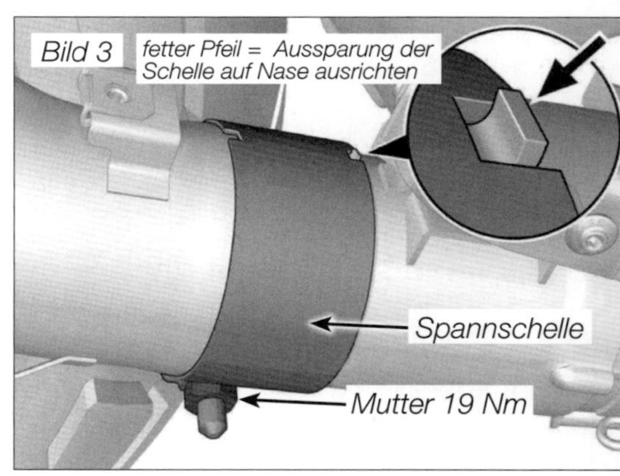

Sicherheitshinweise ⚠ Achtung und ☞ Tipps für dieses Kapitel

⚠ Zu allen Arbeiten an der Auspuffanlage diese kalt werden lassen, nicht in heißem Zustand anfassen.

☞ Bei allen Montagearbeiten an der Auspuffanlage reichlich hitzefeste Paste an Gewinde von Muttern und Schrauben geben, ein Festbacken der Gewinde wird damit verhindert. KEIN Motoren- oder Schmieröl, Kettenspray oder Fett verwenden, das brennt sich ein und backt fest!

☞ Bei älteren Maschinen können die Krümmermuttern so fest sitzen, dass sich beim Versuch, die Muttern zu öffnen, der Stehbolzen aus dem Zylinderkopf herausdreht. Wenn keine Möglichkeit zur Reparatur des Gewindes besteht (z. B. mit Heli-Coil) und das Gewinde von Stehbolzen und Zylinderkopf in Ordnung ist, kann man den Stehbolzen mitsamt der darauf verklemmten Mutter wieder einschrauben. Gut mit Kupferpaste einschmieren. Das Gewinde sollte jedoch bei nächster Gelegenheit repariert werden. Vor dem Einschrauben darauf achten, dass keine herausgerissenen Teile des Zylinderkopfgewindes am Stehbolzen hängen. Wenn doch, gleich reparieren.

Anziehdrehmomente

Auspuffkrümmer an Zylinderkopf (Bundmuttern M8)	21 Nm
Auspuffkrümmer Halterung an Getriebe (Schrauben M8 x 20)	19 Nm
Lambdasonden in Auspuffkrümmer	45 Nm
Lambdasonde hinter Katalysator	25 Nm
Mutter Schelle an Krümmer und Auspufftopf	22 Nm
Aufnahme Stellmotor an Getriebe (Schrauben M6 x 25)	8 Nm
Halteschelle an Auspufftopf	8 Nm
Hitzeschutz an Krümmer und Auspufftopf (Schrauben M5 x 10)	5 Nm
Auspufftopf an Heckrahmen oben	19 Nm
Seilzugeinsteller Auspuffklappe	5 Nm
Motorschutz an Halter	8 Nm

Benötigte Hilfsmittel
Beim Anbau der Auspuffanlage werden neue Dichtungen zwischen Auspuffkrümmer und Zylinderkopf benötigt, weil die alten so gequetscht sind, dass sie bei einer erneuten Montage nicht mehr richtig abdichten. Auch eine Tube Optimoly TA kaufen, dieses Hochtemperaturfett wird zum Einschmieren der Kontaktstellen, Schellen und Schraubverbindungen benötigt, weil es ein »Festbacken« der Teile zueinander verhindert. Wenn Optimoly TA nicht verfügbar ist, kann man an die Kontaktflächen und Schraubverbindungen auch Kupferpaste geben.

Auspufftopf ab- und anbauen

Zu allen Arbeiten an der Auspuffanlage diese kalt werden lassen, nicht in heißem Zustand anfassen.

Auspufftopf kontrollieren
Den Auspufftopf kann man in an- oder abgebautem Zustand folgendermaßen kontrollieren.
1. Sichtprüfung: Alle Schweißnähte dicht? Oberfläche ohne Dellen, Löcher und auch ohne Korrosion?
2. Hörprobe in angebautem Zustand: An verschiedenen Stellen mit der Faust gegen den Auspufftopf schlagen, so hört man, ob innen etwa ein Prallblech lose ist.
3. Hörprobe in abgebautem Zustand: Auspufftopf schütteln, es darf nichts klappern. Wenn doch, hat sich innen ein Prallblech gelöst und der Auspufftopf muss ersetzt werden.

Auspufftopf abbauen
1. Bild 2: Hitzeschutz abbauen.
2. Bild 3: Mutter auf Spannschraube unten lösen und drei bis vier Umdrehungen aufdrehen. Schelle nach hinten schieben.
3. Etwas Ölspray (WD-40) in die Rohrverbindung sprühen und einige Minuten einwirken lassen.
4. Bild 1: Torx-Schraube der Auspufftopf-Halteschelle am Heckrahmen ausschrauben.
5. Auspufftopf mit beiden Händen packen und durch Drehen und Ziehen abziehen.
6. Halteschelle abnehmen.

Einbau in umgekehrter Reihenfolge. Dabei auf Folgendes besonders achten:
- Spannschelle innen leicht mit Optimoly TA einfetten.
- Bild 3: Aussparung der Spannschelle auf Nase ausrichten. Schraube/Mutter der Spannschelle mit 19 Nm festziehen.
- Bild 2: M5-Schrauben des Hitzeschutzes: etwas »Loctite mittelfest« an ihre Gewinde geben, Schrauben eindrehen, mit 5 Nm festziehen.
- Bild 1: Auspufftopf-Halteschraube an Heckrahmen mit 19 Nm festziehen.

Auspuffkrümmer ab- und anbauen

Vor dem Abbau der Krümmer den Auspufftopf abbauen (siehe vorherigen Kapitelabschnitt).
1. Bild 4: Motorschutz abschrauben.
2. Bild 5: Seilzüge für Abgasklappe aushängen. Dazu den Hitzeschutz der Seilzugmechanik abschrauben, den Schutz über den Seilzugschrauben zurückschieben, die Kontermuttern der Einstellschrauben lösen und die Einstellschrauben ganz eindrehen, damit die Seilzüge lose werden. Jetzt die Nippel aus ihren Sitzbohrungen ziehen und die Seilzüge herausnehmen.
3. Rechten Seitendeckel (Batterieabdeckung) abbauen (siehe Kapitel 13 »Batterie«).
4. Bild 6: Kabelbinder am Kabel der Lambda-Monitorsonde aufknipsen.
4.1. Bild 6: Stecker der Lambda-Monitorsonde vom Batterieträger aushängen.
4.2. Bilder 6 und 6 a: Verriegelungslasche am Stecker in Pfeilrichtung »1« entriegeln. Dann in Pfeilrichtung »2« nach unten drücken und den Stecker trennen.
5. Bild 9 a: Kabelbinder am Kabel der linken Lambdasonde aufknip-

Pflegetipp für den Auspuff: Wie man eingebrannte Flecken entfernt, steht in Kapitel 1 »Wartung · Pflege«.

Bild 4: Schrauben und Befestigungsstellen des Motorschutzes.

Bilder 6 bis 9 b: Ab- und Anbau der Kabel der Lambdasonden und Lage des Stellmotors (Bild 7).

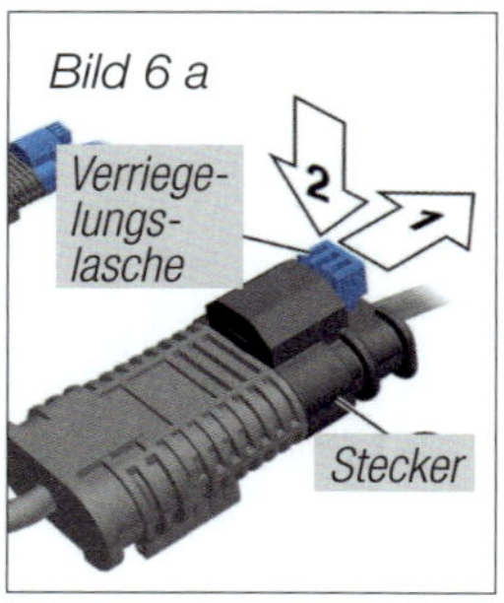

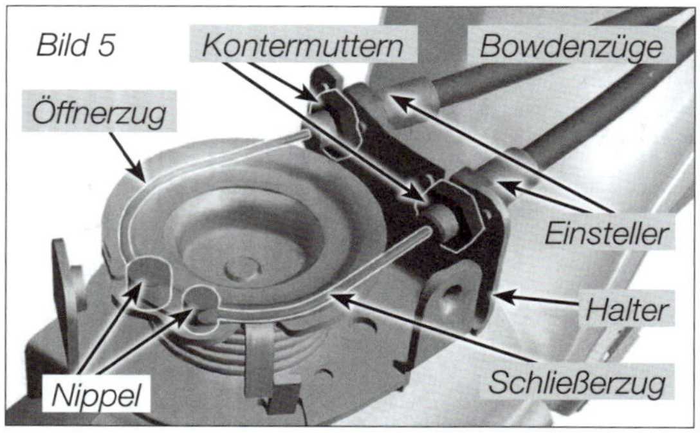

Bild 5: Betätigung der Auspuffklappe. Wichtig zu wissen, dass die Einsteller so hingedreht sein müssen, dass Öffner- und Schließerzug im geschlossenen Zustand etwas Spiel haben.

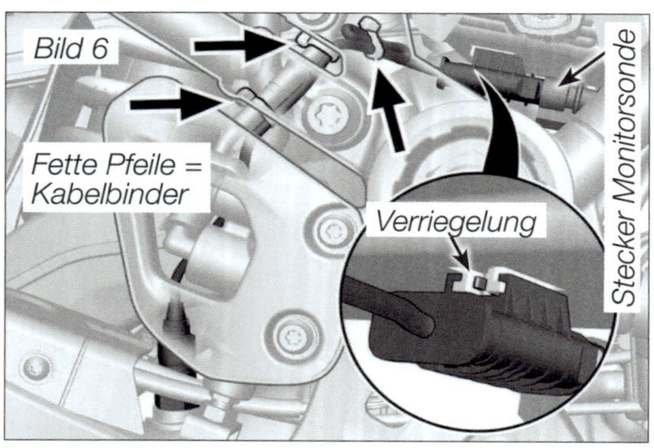

sen. Stecker wie bei der Lambda-Monitorsonde trennen.

6. Bild 9 b: Kabelbinder am Kabel der rechten Lambdasonde aufknipsen. Stecker wie bei der Lambda-Monitorsonde trennen.

7. Bild 8: Stecker am Stellmotor der Auspuffklappe trennen.

8. Bilder 7 und 8: Stellmotor ausbauen:

8.1. Bild 8: Befestigungsschraube des Stellmotors ausschrauben, mit Scheibe abnehmen.

8.2. Bild 7: Stellmotor aus den Gummibuchsen ziehen und abnehmen.

9. Lambdasonden lösen und aus den Gewinden ausdrehen.

■ Dies muss nur gemacht werden, wenn andere Auspuffkrümmer montiert und die Lambdasonden in diese eingebaut werden.

⚠ **Achtung:** Die Kabel der Lambdasonden nicht belasten, nicht daran ziehen und nicht verdrillen. Wenn die Lambdasonden ausgebaut sind, diese vorsichtig behandeln. Nicht auf den Boden fallen lassen, nirgends anschlagen! Eine neue Lambdasonde kostet mehr als 200 Euro.

10. Bild 10: Schrauben des Krümmerhalters ausschrauben, Halter abnehmen.

11. Bild 11: Bundmuttern der Auspuffkrümmer an den Zylinderköpfen abschrauben.

Wichtig: Bei alten Maschinen können die Bundmuttern auf den Stehbolzen so fest sitzen, dass sich beim Öffnen der Mutter auch der Stehbolzen aus dem Zylinderkopf herausdreht. Wenn keine Möglichkeit zur Reparatur des Gewindes besteht (z. B. mit HeliCoil) und das Gewinde von Stehbolzen und Zylinderkopf in Ordnung, also nicht herausgerissen ist, kann man den Bolzen mitsamt der darauf verklemmten Mutter wieder einschrauben. Er sollte aber bei nächster Gelegenheit repariert werden.

12. Rechten und linken Krümmer gemeinsam anpacken, etwas hin- und herbewegen und nach unten herausziehen.

13. Dichtungen von den Stehbolzen an den Zylinderköpfen abnehmen. Wenn sie verklemmt sind, vorsichtig mit einem breiten Schraubenzieher aushebeln.

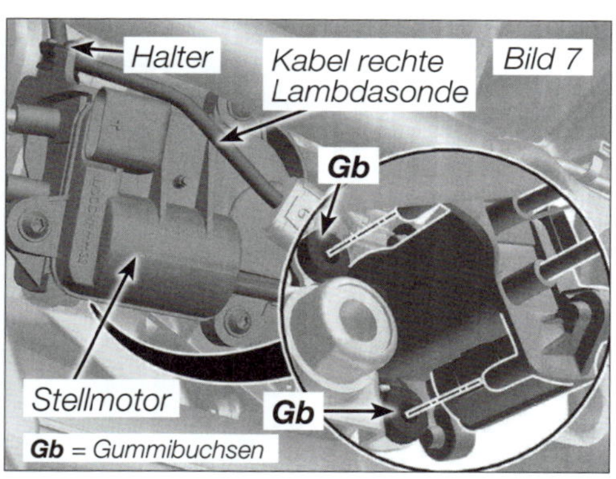

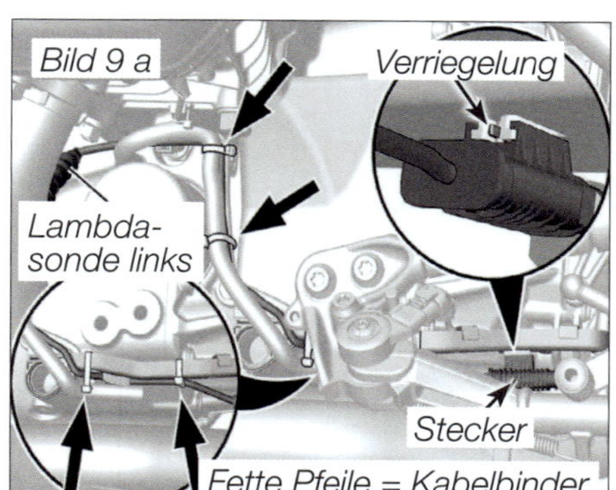

Anbau in umgekehrter Reihenfolge, dabei besonders beachten:

■ Dichtflächen an den Auslasskanälen reinigen. Neue Dichtungen verwenden.

■ Bild 10: Wenn der Krümmerhalter abgenommen wurde: Reinigen und vor Montage der Auspuffkrümmer auf die Zapfen schieben.

■ Wenn die Lambdasonden ausgeschraubt wurden, ihre Gewinde mit etwas Optimoly TA einfetten,

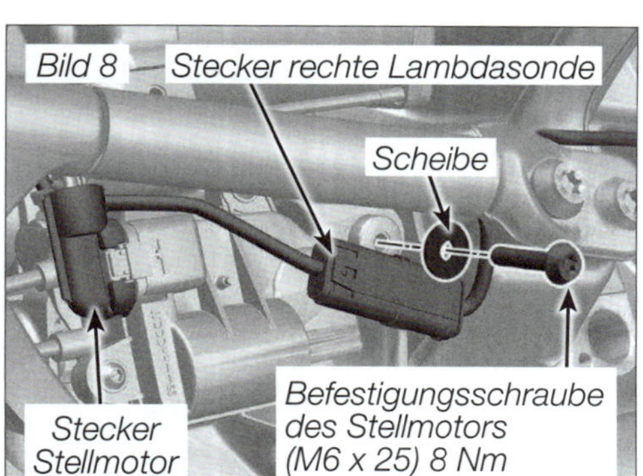

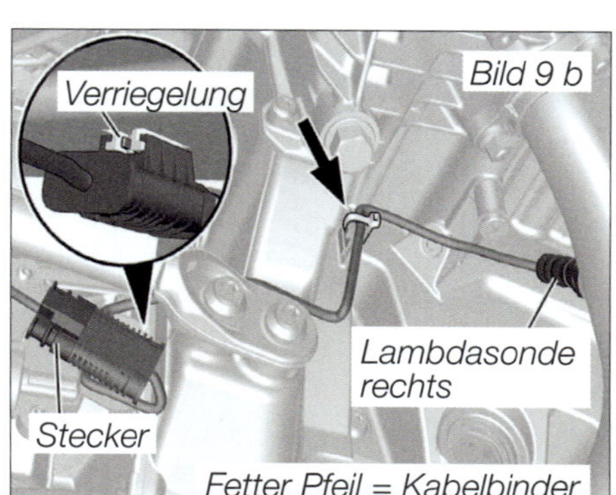

in Krümmer einschrauben: Die Lambdasonden im Auspuffkrümmer mit 45 Nm und die Monitorsonde mit 25 Nm festziehen.
Wichtig: Kabelverlegung der Lambdasonden beachten (Bilder 6, 7, 9 a und 9 b). Die Kabel müssen spannungs- und knickfrei verlegt sein.
■ Bild 11: Bundmuttern auf den Stehbolzen in den Zylinderköpfen in mehreren Schritten gleichmäßig bis auf 21 Nm festziehen.
■ Bild 10: Krümmerhalter auf Befestigungsgewinde am Getriebedeckel ausrichten. Schrauben mit 19 Nm festziehen.
■ Bilder 7 und 8: Den Stellmotor auf die Gummibuchsen schieben. Befestigungsschraube mit 8 Nm festziehen.
■ Bild 4: Schrauben am Motorschutz mit 8 Nm festziehen.

Fehlerspeicher auslesen: Nach dem Wiederanbau der Auspuffanlage und einer Probefahrt sollte der Fehlerspeicher mit dem BMW-Diagnosesystem ausgelesen werden, was Sache der BMW-Werkstatt ist. Dabei wird gecheckt, ob die Lambdasonden korrekte Werte an das Motorsteuergerät liefern und die Gemischzusammensetzung sowie das Abgas in Ordnung sind.

Auspuffklappe

Die Auspuffklappe sitzt zwischen Krümmer und Auspufftopf. Sie wird von einem Stellmotor (Bild 7) über Seilzüge (Bild 5) betätigt. Nach dem Einschalten der Zündung bewegt der Stellmotor die Auspuffklappe auf Stellung »offen«:
■ Wenn sie sich bewegt, hört man dies am Summen des Stellmotors, es ist alles in Ordnung.
■ Wenn sie sich nicht bewegt, muss man die Seilzugmechanik (Bild 5) und die infrage kommenden elektrischen Stecker ansehen, ob sie an ihrem Platz und fest zusammengesteckt sind.

Wenn kein mechanischer Schaden festzustellen ist, muss der Defekt mit dem BMW-Diagnosegerät gesucht werden (BMW-Händler).

Seilzugspiel einstellen

Die Seilzüge müssen spielfrei eingestellt sein. Die Einstellung wie folgt vornehmen (Bild 5):
1. Schutz über den Einstellern zurückschieben.
1.1. Kontermuttern lösen.
2. Einsteller so weit aus- oder eindrehen, bis die Seilzüge spielfrei sind.
■ Mit den Fingern im freien Bereich jeden Seilzug kontrollieren, Er muss sich spannungsfrei etwas hin und her bewegen lassen.
2.1. Kontermuttern kontern, dabei die Einsteller festhalten, damit sie sich nicht verdrehen.
3. Schutz auf die Einstellschrauben schieben.

Zubehör-Auspuffanlagen

Beim Kauf einer Auspuffanlage für Straßenbetrieb ist eine »Allgemeine Betriebs-Erlaubnis« (ABE) Vorschrift. Diese wird vom Auspuffhersteller erstellt, liegt der Auspuffanlage bei und ist EU-weit gültig. Im Auspufftopf ist die Nummer der ABE aufgebracht (siehe Bild 12 b). Wenn bei einer Polizeikontrolle der Nachrüstauspuff auffällt, genügt es normalerweise, den kontrollierenden Polizisten auf die Nummer hinzuwisen. Das Mitführen der ABE-Bescheinigung ist nicht zwingend notwendig; ist jedoch sinnvoll, um Stress mit dem Auge des Gesetzes zu vermeiden. Andere Bestimmungen gelten in der Schweiz (kein EU-Land).

Wichtig: Schweizer und oft auch österreichische Polizisten gehen manchmal sehr rigide mit Ausländern um, die eine ihrer Meinung nach »zu laute Auspuffanlage« an ihrer Maschine haben, egal ob mit oder ohne EU-ABE.

Bei Montage einer »lauten« Auspuffanlage für Rennstreckenbetrieb sollte man sich dennoch um ihre Lautstärke kümmern, weil auf vielen Rennstrecken strenge Lärmbestimmungen gelten. Zu laute Maschinen werden gnadenlos von der Strecke genommen.

Bilder 10 bis 12 b: Unterer Krümmerhalter am Getriebe und Explosionszeichnung der Krümmerbefestigung am Zylinderkopf. ABE-Nummer an einem Nachrüstauspufftopf, dessen db-Killer ausgebaut werden kann.

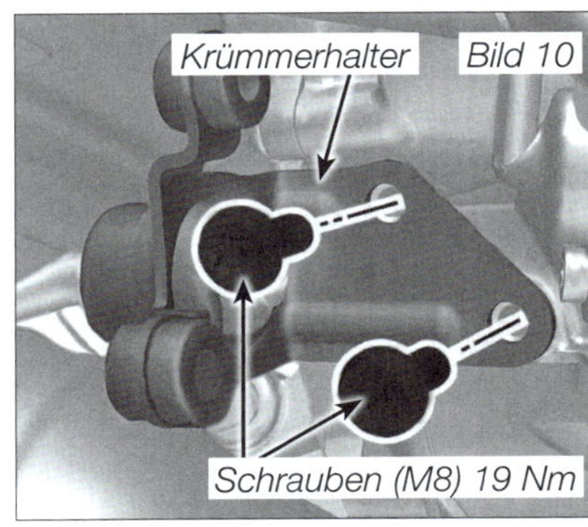

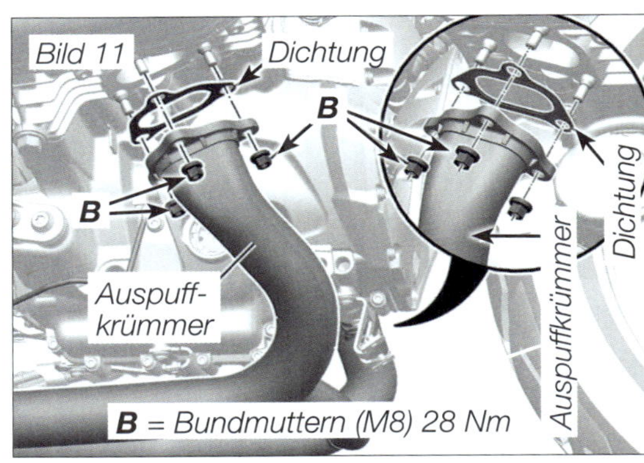

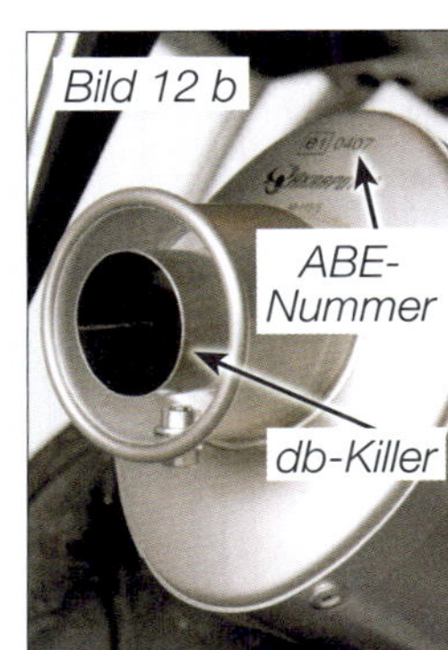

Sichtprüfung · Messen

Ölkreislauf: Ergänzend zu diesem Kapitel ist der Ölkreislauf in Kapitel 29 »Kabelverlegung · Schnittbilder« dargestellt.

Ölwechsel

In diesem Kapitel: Ölverbrauch · Informationen zum Motoröl: Vorgeschriebenes Motoröl, Füllmenge, geeignete Motoröle, Intervalle, Hinterachsöl · Motorölstand, Öl nachfüllen · Motorölwechsel · Ölstand-/Öltemperatur-Sensor · Hinterachsöl wechseln.

Ölverbrauch

Der Boxermotor darf bis zu einem Liter Motoröl auf 1000 km verbrauchen. Ein neuer Motor braucht weniger als ein »alter« Motor, der schon mehr als 100 000 km gelaufen hat. Der Ölverbrauch hängt grundsätzlich stark von den Betriebszuständen ab: Wird eine Maschine über eine längere Zeit mit hoher Geschwindigkeit (und damit hoher Motordrehzahl) gefahren, ist der Ölverbrauch höher als beim Bummeln mit niedrigen Drehzahlen.

Informationen zum Motoröl

Vorgeschriebenes Motoröl

Bild 3 a: BMW empfiehlt das hauseigene »BMW Motorrad ADVANTEC Ultimate Öl«, SAE 5W-40 in der API-Klassifikation SL/JASO MA2. Dieses Öl deckt die mitteleuropäischen Temperaturbereiche ab und kann von –20 °C bis über 40 °C verwendet werden. Ein Liter kostet 24 Euro (Stand Februar 2025), die Bestellnummer ist 83 212 444 514. Andere Viskositätsklassen als SAE 5W-40 werden von BMW nicht empfohlen.

Weiterhin ist zu beachten:

- Nur Motorrad-Motoröle verwenden.
- Keine Ölzusätze dem Motoröl zugeben!
- Nicht verwenden darf man Dieselöle der Spezifikation »CD« und Öle der Spezifikation »Energy Conserving II«/»energiesparend«.

Füllmenge: 4,0 Liter mit Filterwechsel

Sicherheitshinweise ⚠ Achtung und ☞ Tipps für dieses Kapitel

⚠ Zur Kontrolle des Ölstands soll das Motorrad waagerecht und senkrecht stehen. Schon wenige Winkelgrade nach rechts oder links, Steigung oder Gefälle des Untergrunds verfälschen eine genaue Ablesung des Ölstandes. Zum Ablesen des Ölstands die Maschine auf den Mittelständer stellen.

☞ Ölstand entweder nach einer Fahrt kontrollieren, bevor die Maschine (über Nacht bzw. für längere Zeit) abgestellt wird. Ist der Motor längere Zeit abgestellt gewesen, erst dann kontrollieren, wenn er mindestens 15 Minuten gelaufen hat.

- Wer auf mehrtägige Fahrt geht, sollte sich eine flache, 0,5 bis 1,0 Liter fassende Plastikflasche mit dem Motoröl auffüllen, das derzeit im Motor verwendet wird, und die Flasche auslaufsicher (!) ins Gepäck packen. Entsprechende Flaschen gibt es z. B. im Chemiefachhandel.

☞ Motoröl grundsätzlich in betriebswarmem Zustand wechseln, vorher den Motor mindestens zehn Kilometer warm fahren. Damit wird sichergestellt, dass Metallabriebteile, die sich noch nicht abgesetzt haben, sondern noch in der Schwebe sind, vom heißen Öl aufgenommen und beim Ablassen mit herausgespült werden.

☞ Im Motorrad-Zubehörhandel gibt es für kleines Geld kombinierte Ölfangwannen-Behälter (Bild 1), bei denen das Öl in eine Wanne und von dort direkt in den Sammelbehälter läuft. Sie sind groß genug, um den Bereich von Ölablassöffnung und Ölfilter unter dem Motor abzudecken. Diese Ablass-Auffang-Transportbehälter sind verschließbar und mit einem Tragegriff versehen, also leicht transportabel. Das Altöl kann man damit bequem zur Ölsammelstelle bringen, wo es dann fachgerecht entsorgt wird.

⚠ Dem Altöl keine anderen Flüssigkeiten beimischen, wie z. B. Brems- oder Kühlflüssigkeit. Diese extrem giftigen und wenig umweltfreundlichen Betriebsstoffe müssen in extra Behältern aufgefangen und zu Problemstoff-Sammelstellen gebracht werden.

- Altöl niemals einfach wegschütten, sondern an einer Sammelstelle oder Tankstelle abliefern.
- Jeder Ölverkäufer ist zur Rücknahme einer entsprechenden Menge Altöls verpflichtet!
- Beim Kauf von neuem Öl die Quittung aufbewahren, sie muss bei der Rückgabe vorgezeigt werden!

⚠ Keine Getränkeflaschen als Altölbehälter verwenden! Besser sind etwa alte Benzinkanister, die mit einem Klebeetikett »Altes Motoröl« versehen werden.

⚠ Wenn die Ölablassschraube ihren letzten Gewindegang erreicht hat, beginnt das Öl bereits zu laufen. Finger rasch wegziehen! Es ist besser, die Ölablassschraube mit dem ersten Schuss Öl ins Auffanggefäß fallen zu lassen, als sich am heißen Öl die Finger zu verbrühen! Öl läuft erst im Strahl, nach einiger Zeit nur noch tropfenweise. Also geduldig warten, bis auch der letzte Tropfen im Auffanggefäß gelandet ist.

⚠ Im Einfüllgewinde im rechten Ventildeckel ist ein kleiner O-Ring eingesetzt. Diesen kontrollieren, ob er in Ordnung ist, er darf keine geklemmte oder ausgerissene Stelle haben (Bild 7 b).

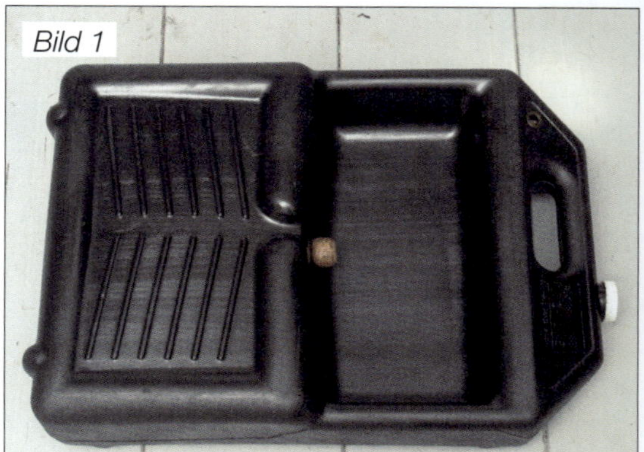

Bild 1

Bild 1: Eine solche Ölauffang-Transportwanne eignet sich prima zum Ölwechsel.

Geeignete Motoröle
Seit vielen Jahren arbeitet BMW auf dem Schmiermittelsektor mit Castrol zusammen. Aus dem Castrol-Programm ist das vollsynthetische Motoröl Castrol »Power 1 Ultimate« in der Spezifikation SAE 5W-40 besonders geeignet (Bild 3 b); man kann es entweder beim BMW-Händler oder im freien Handel kaufen.

Castrol verspricht speziell für sein vollsynthetisches Spitzenöl »Power 1 Ultimate« in SAE 5W-40 unter anderem »volle Motorpower und verbesserte Beschleunigung, mehr Dynamik in allen Drehzahlbereichen, extreme Schmierfilmstabilität, schnelle Ölversorgung beim Kaltstart, perfekte Sauberkeit des Motors, deutlich geringerer Ölverbrauch, hervorragender Verschleißschutz für den Motor, maximaler Schutz für Abgasreinigungssysteme«.

Achtung: Mineralöl oder teilsynthetisches Öl soll nicht verwendet werden, sondern ausschließlich vollsynthetisches Motoröl.

Motorölwechsel-Intervalle
Bei jedem Ölwechsel muss auch ein neuer Ölfilter angebaut werden. Öl- und Filterwechsel ist erstmals bei 1000 km, dann bei 10 000 km und danach alle 10 000 km vorgeschrieben.

Ölwechsel einmal im Jahr
Wenn man keine 10 000 km im Jahr schafft, soll einmal im Jahr ein Öl- mit Filterwechsel durchgeführt werden, weil Motoröl schon durch den Kontakt mit Luft altert (es »oxydiert«). Besonders bei Kurzstreckenbetrieb ist das Motoröl starken Belastungen ausgesetzt.

Hinterachsöl
Im Vorgriff auf den Absatz »Öl im Hinterachsantrieb wechseln« weiter hinten in diesem Kapitel nennen wir hier schon das von BMW freigegebene hauseigene Hinterachsöl »Hypoid Axle Oil G3« 70W-80 (Bild 4).

Motorölstand, Öl nachfüllen

Elektronische Ölstandkontrolle
Die Motoren sind mit einer elektronischen Ölstandkontrolle ausgestattet. Wenn der Ölstand zu niedrig ist, leuchtet die allgemeine Warnleuchte gelb auf und im Display erscheint der Text »Motorölstand prüfen«.
Für eine korrekte Messung müssen folgende Punkte erfüllt sein:

- Die Maschine wurde mit mehr als 10 km/h warmgefahren.
- Der Motor läuft danach mindestens 20 Sekunden im Leerlauf.
- Die Maschine steht senk- und waagerecht auf ebenem Boden.
- Seiten- und Hauptständer sind eingeklappt.
- Das Federbein ist auf den Beladungszustand eingestellt bzw. ESA steht auf »AUTO«.

Wenn »Ölstand prüfen« angezeigt wird, sollte dies umgehend gemacht werden.

Ölstand kontrollieren
Sehr wichtig: Den Ölstand nicht zum Fahrtbeginn bei kaltem Motor kontrollieren, sondern erst dann, wenn der Motor einige Zeit gelaufen hat bzw. die Maschine gefahren wurde. Die empfohlene Zeit ist ungefähr 15 Minuten.

Bild 5: Das Ölschauglas sitzt unterhalb des rechten Zylinders. Zur Kontrolle des Motorölstandes

Bild 2: Benötigte Werkzeuge für den Ölwechsel an Motor und Hinterachse.

Bilder 3 a und 3 b: Das BMW-eigene Motoröl »Advantec Ultimate« und das Castrol-Öl »Power 1 Ultimate«.

Bild 4: Das BMW-eigene Hinterachsöl »Hypoid Axle Oil G3«.

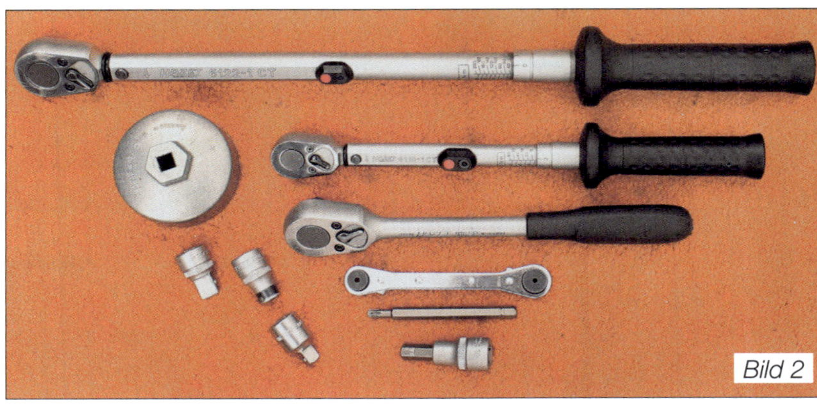
Bild 2

Bild 3 a

Bild 3 b

Bild 4

Sichtprüfung Messen

Bild 5: Ölstandskontrolle im Schauglas.

Bilder 6 a bis 7 b: Öleinfüllöffnung im rechten Ventildeckel, der Schlüssel für den Stopfen ist im Bordwerkzeug.
■ Der O-Ring darf nicht geklemmt oder eingerissen sein.

Bilder 8 a und 8 b: Motorschutzblech montieren.

die Maschine auf ebenem Untergrund auf dem Mittelständer senkrecht und waagerecht aufbocken. Nach dem Abstellen des Motors einige Minuten warten, bis alles Öl in die Ölwanne abgelaufen ist und dann erst den Ölstand beurteilen. Der Ölstand im Ölschauglas sollte sich von etwas unterhalb der Mitte bis zur MAX-Markierung befinden (Bild 5):

■ Wenn der Ölspiegel am unteren Rand des Ölschauglases und somit an der MIN-Markierung steht, dann ist zu wenig Öl im Motor.

■ Wenn das Ölschauglas ganz voll ist, also über der MAX-Markierung und weder Ölspiegel noch eine Luftblase zu sehen sind, dann ist zu viel Öl im Motor.

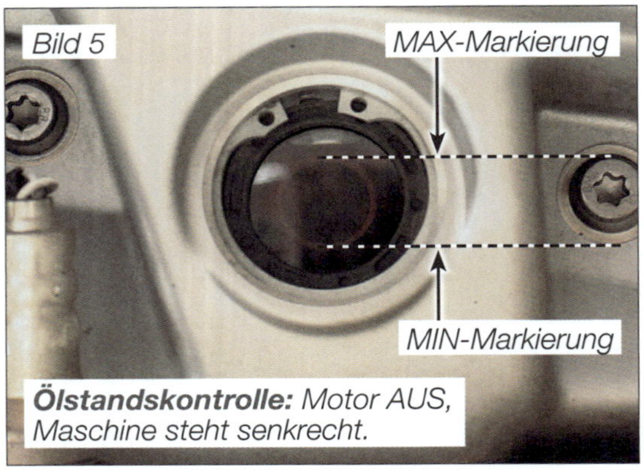

Ölstandskontrolle: *Motor AUS, Maschine steht senkrecht.*

Motoröl nachfüllen

Ist der Motorölstand zu niedrig, muss entsprechend Öl durch die Einfüllöffnung im rechten Ventildeckel (Bilder 7 a und 16) nachgefüllt werden. Zum Öffnen und Festziehen des Schraubstopfens den Schlüssel aus dem Bordwerkzeug benutzen (Bilder 6 a und 6 b); es ist der Griff des Schraubenziehers. Vorsichtig in kleinen Schritten auffüllen, sonst leert man schnell zu viel Öl ein. Übrigens beträgt die sichtbare Ölmenge im Ölschauglas ungefähr 0,9 Liter.

Welches Öl nachfüllen?

Wenn Sie kein Öl zum Nachfüllen dabei haben, lassen Sie sich an der Tankstelle nicht einen Liter vom teuersten Öl aufschwatzen, sondern verlangen exakt die Ölsorte, die Sie im Motor drin haben, also vollsynthetisches Öl in der vorgeschriebenen SAE-Spezifikation 5W-40. Wenn es kein vollsynthetisches Öl gibt, können Sie zur Not zum Nachfüllen auch teilsynthetisches Motoröl verwenden, aber auf keinen Fall Mineralöl.

Bilder 7 a und 7 b: Beim Wiederaufschrauben des Schraubstopfens auf den kleinen O-Ring achten, der unten im Gewinde eingesetzt ist. Diesen O-Ring auf Beschädigungen prüfen, er muss ringsum in Ordnung sein, darf keine eingedrückte oder ausgerissene Stelle haben.

Schraubenziehergriff mit Schraubenzieherklinge aus dem Bordwerkzeug

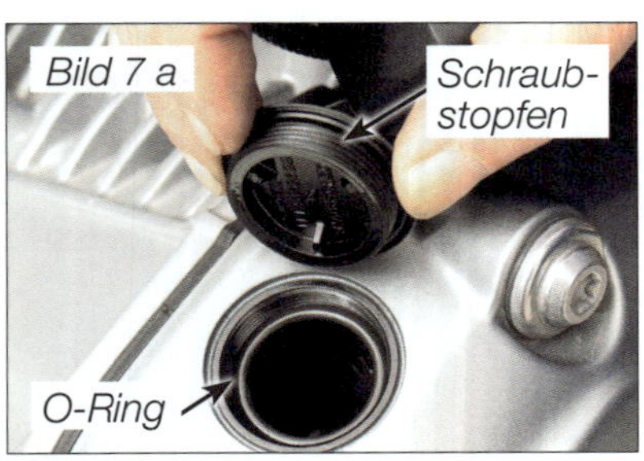

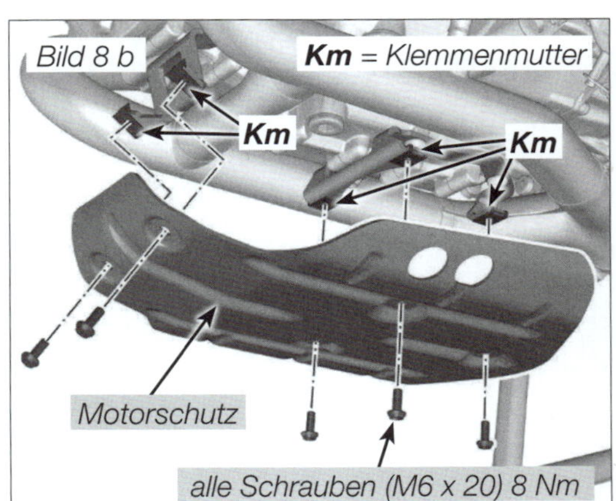

Ölwechsel

Wichtig: Ölwechsel nur bei warmem Motor durchführen. Wenn der Motor einige Monate nicht mehr gelaufen ist, sollte man das Motoröl nicht kalt ablassen, sondern den Motor 10 bis 15 Minuten im Stand warm laufen lassen. Damit wird sichergestellt, dass alle Metallabriebteile, die sich noch nicht abgesetzt haben, sondern sich noch in der Schwebe befinden, vom heißen Öl aufgenommen und beim Ablassen mit herausgespült werden.

Zwei verschiedene Ölfilter

Bild 9 a: Für den Motor gibt es zwei verschiedene Ölfilter, einen kurzen und einen langen. Welchen Sie kaufen und verwenden ist egal. Der Ölfilter sollte bei jedem Ölwechsel erneuert werden, auch wenn man nur auf eine Jahresfahrleistung von z. B. 3000 km kommt. Er hat die Aufgabe, kleinste Schmutzpartikel aus dem Motoröl herauszufiltern. Sobald der Motor läuft, befindet sich das Öl in ständigem Kreislauf vom Ölsumpf durch den Ölfilter zu allen Schmierstellen im Motor. Von dort tropft es wieder zurück in den Ölsumpf und wird erneut durch den Filter zu den Schmierstellen gedrückt.

Spezialwerkzeug

Bilder 9 b, 12 und 15: Zum Aus- und Anschrauben des Ölfilters ist ein spezieller Schlüssel nötig Der Schlüssel für Ölfilter 1 hat die BMW-Nummer 11 4 661, der Schlüssel für Ölfilter 2 die BMW-Nummer 11 4 650. Preiswerte Ölfilterschlüssel gibt es im Zubehörhandel.

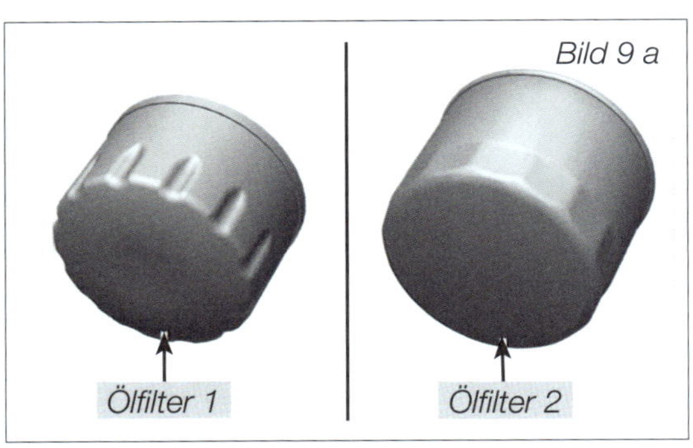

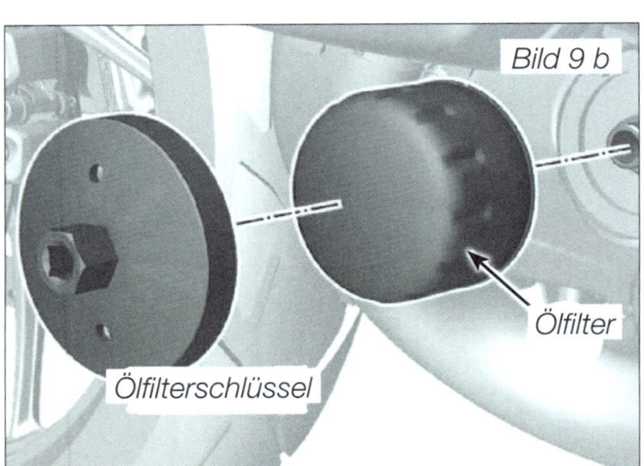

Motoröl ablassen

1. Maschine auf Mittelständer aufbocken.
1.1. Bilder 8 a und 8 b: Motorschutzblech abschrauben.
2. Bilder 1 und 11: Geeignetes Auffanggefäß mit mindestens fünf Litern Fassungsvermögen unter den Motor schieben.
3. Bilder 6 b und 7 a: Schraubstopfen in Öleinfüllöffnung lösen und ausdrehen.
4. Bild 10: Ölablassschraube unten am Motor lösen und ausdrehen.
■ **Wenn das Öl zu laufen beginnt, Finger**

Bild 9 a: Es gibt zwei verschiedene Ölfilter. Es können beide benutzt werden.

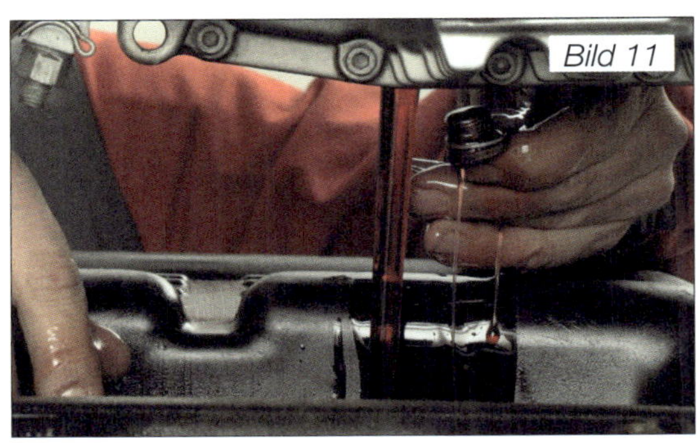

Bilder 10 und 11: Nach Öffnen der Ölablassschraube beginnt das Öl sofort zu laufen – Finger weg, HEISS!

Bilder 9 b und 12: Ölfilter mit Ölfilterschlüssel lösen und abschrauben.

Sichtprüfung Messen

Bilder 13 a und 13 b: Ölablassschraube reinigen, mit neuem Dichtring eindrehen und mit 42 Nm festziehen.

Bilder 14 und 15: Frisches Öl an Dichtgummi des Ölfilters, diesen mit 11 Nm festziehen.

Bild 16: Frisches Öl in Einfüllöffnung im rechten Ventildeckel einfüllen.

Bild 17: Motorölstand-Sensor.

weg, das auslaufende Öl ist heiß! Ölablassschraube ins Auffanggefäß fallen lassen.

5. Bilder 9 b und 12: Ölfilter mit Ölfilterschlüssel lösen, abschrauben: **Achtung, Öl ist heiß!**

5.1. Altöl auch aus dieser Öffnung lange genug auslaufen und abtropfen lassen.

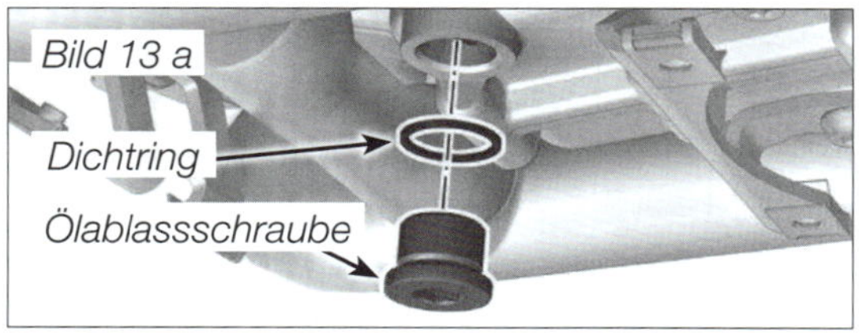

Bild 13 a

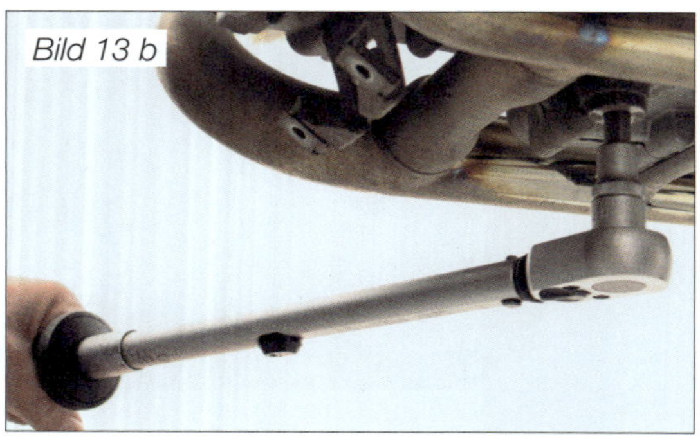
Bild 13 b

Neuen Ölfilter anschrauben, Öl einfüllen

1. Am Motor die Anlageflächen von Ölfilter und Ölablassschraube mit einem sauberen, nicht fusselnden Lappen abwischen.

2. Ölablassschraube reinigen, mit neuem Dichtring versehen, eindrehen und mit 42 Nm festziehen (Bilder 13 a und 13 b).

3. Bild 14: Dichtring und Gewinde des neuen Ölfilters mit frischem Motoröl bestreichen.

4. Ölfilter exakt am Gewinde des Motors ansetzen und von Hand andrehen, bis man spürt, dass der Dichtring des Ölfilters leicht an der Dichtfläche am Motor anliegt.

5. Bild 15: Ölfilter mit 11 Nm festziehen.

6. Bild 16: Durch die Einfüllöffnung im rechten Ventildeckel frisches Öl einfüllen.

Wichtig: Der Motor fasst ungefähr 4 Liter Motoröl. Füllen Sie jedoch zu Anfang nur 3,5 Liter ein, denn der Ölstand wird erst nach dem Motor-Probelauf auf den korrekten Wert gebracht.

7. Bilder 7 a und 6 b: Schraubstopfen in Öleinfüllöffnung einsetzen, festdrehen.

8. Motor starten und zwei bis drei Minuten im Leerlauf laufen lassen: Der Ölfilter muss sich füllen. Ölfilterrand und Ölablassschraube auf Dichtheit prüfen.

Bild 14

Bild 15

Bild 16

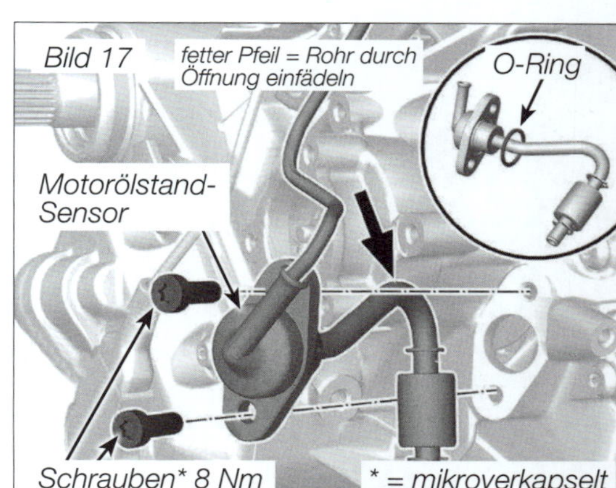

Bild 17

9. Motor ausschalten. Nach einigen Minuten Wartezeit den Ölstand kontrollieren (Bild 5) und vom restlichen frischen Motoröl so viel nachfüllen, bis der Ölstand sich zwischen Mitte des Schauglases und MAX-Markierung befindet.
10. Bilder 8 a und 8 b: Motorschutzblech in Montageposition bringen, Schrauben eindrehen und mit 8 Nm festziehen.

Motorölstand-Sensor

Bild 17: Der Motorölstand-Sensor sitzt hinten am Getriebegehäuse (siehe dazu auch Kapitel 12 »Elektrik · Elektronik«). Er meldet den Ölstand an das Cockpit. Sollte er defekt sein, kann er leicht ausgewechselt werden.

Motoröltemperatur-Sensor

Bild 18: Der Motoröltemperatur-Sensor sitzt über dem Ölfilter (siehe dazu auch Kapitel 12 »Elektrik · Elektronik«). Er meldet die Öltemperatur an die Motorelektronik. Sollte er defekt sein, kann er leicht ausgewechselt werden.

Hinterachsöl wechseln

Das Öl im Hinterachsantrieb wird laut Wartungsplan erstmals bei 1000 km, dann bei 20 000 km und danach alle 20 000 km oder alle zwei Jahre gewechselt. **Vorgeschrieben** sind 0,18 Liter BMW »Hypoid Axle Oil G3« 70W-80 (Bild 4).
1. Motorrad auf dem Mittelständer abstellen. Hinterrad mit Spritzschutz abbauen (Kapitel 5 »Räder«).
1.1. Weil die Ölablassöffnung möglichst senkrecht nach unten zeigen soll, jetzt die Maschine vorsichtig hinten nach unten drücken, bis das Hinterrad Bodenkontakt hat. Einen passenden Holzklotz unter das Vorderrad legen.
2. Ausreichend große Ölauffangwanne unter den Hinterradantrieb stellen.
3. Bilder 20 und 22: Öleinfüllschraube ausdrehen, mit Dichtring abnehmen.
4. Bilder 21 und 22: Ölablassschraube öffnen und ausdrehen, mit O-Ring abnehmen, Altöl ablassen und längere Zeit austropfen lassen.
5. Bild 21: O-Ring der Ablassschraube kontrollieren, bei Beschädigung erneuern. Auf korrekten Sitz in der Nut der Ablassschraube achten. Ablassschraube eindrehen und mit 20 Nm festziehen.
6. Bild 19: Mit einer Spritze 180 ccm Öl einfüllen. ■ Wenn Sie keine Spritze haben: kleinen Trichter nehmen, mit Schlauch verlängern, Öl sehr langsam einfüllen, die Luft muss entweichen können.
7. Öleinfüllschraube mit neuem Dichtring versehen, einschrauben und mit 25 Nm festziehen.
8. Alle Schraubstellen gut und ölfrei reinigen. Hinterrad anbauen (Kapitel 5 »Räder«).

Bild 18: Motoröltemperatur-Sensor.

Bild 19: Hinterachsöl mit einer Spritze einfüllen.

Bilder 20 und 21: Öleinfüll- und Ölablassschraube festziehen. Dichtringe erneuern.

Bild 22: Lage von Öleinfüll- und Ölablassschraube. O-Ring der Ölablassschraube kontrollieren!

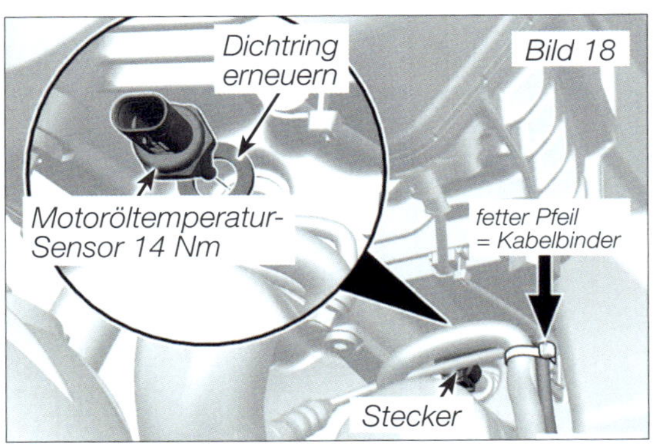

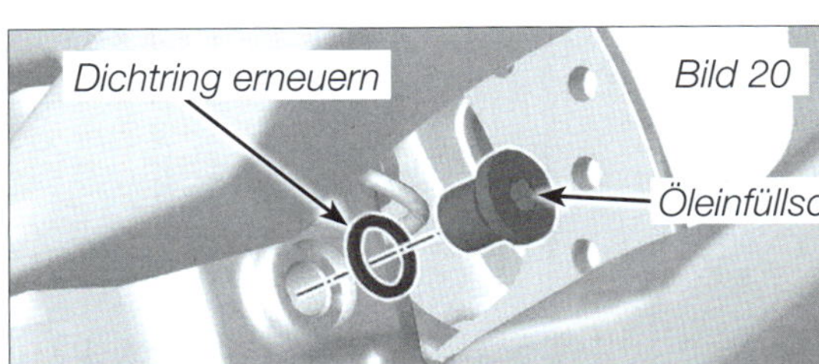

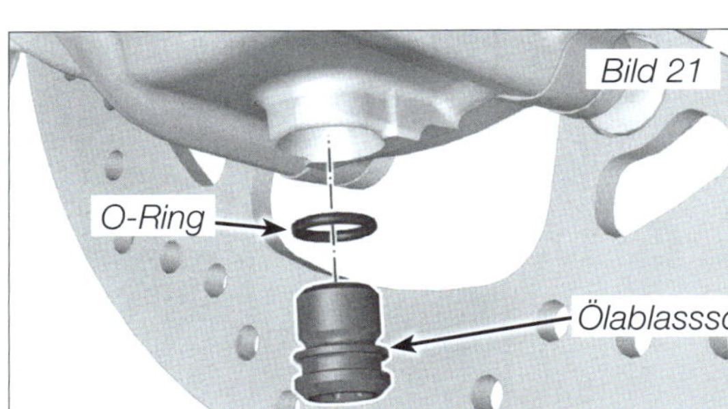

Kühlsystem

Bild 1 a

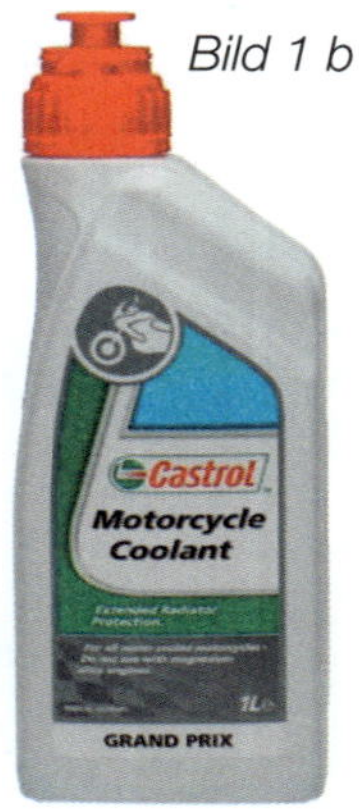

Bild 1 b

Bilder 1 a und 1 b: Kühlflüssigkeit von BMW und Castrol.

In diesem Kapitel: Kühlsystem, Daten · Kühlsystem prüfen auf Sicht und auf Druck · Kühlflüssigkeit wechseln · Wasserpumpe defekt? · Thermostat aus- und einbauen, prüfen, vermessen · Kühlerventilator prüfen · Kühler ab- und anbauen.

Kühlsystem, Daten

Das Kühlsystem hat lebenswichtige Bedeutung für den wassergekühlten Motor. Technisch richtig müsste es »flüssigkeitsgekühlt« heißen, denn reines Wasser ist es nicht, das im Kühlsystem zirkuliert, sondern eine Flüssigkeit, die aus einer Mischung verschiedener chemischer Komponenten besteht. Weil Kühlflüssigkeit auch die Wasserpumpe schmiert und als Korrosionsschutz wirkt, sollte sie immer eingefüllt sein, selbst wenn man nur im Sommer fährt und keine Minustemperaturen zu erwarten sind.

Vorgeschriebene Kühlflüssigkeit
BMW bietet fertig gemischte Kühlflüssigkeit an mit der Bezeichnung »Kühler-Gefrier- und Korrosionsschutzmittel« oder »Nitritfreies Langzeit-Frost- und Korrosionsschutzmittel« (Bild 1a); beide mit der Bestellnummer 83 51 2 445 463. Wenn Sie anderes Kühlmittel kaufen bzw. unterwegs dazu gezwungen sind, achten Sie unbedingt darauf, dass die Kühlflüssigkeit für Aluminiummotoren und Alukühler geeignet ist. Alle BMW-Normen und -Betriebsvorschriften erfüllt das »Motorcycle Coolant« von Castrol (Bild 1b).

Hinweis 1: Kühlflüssigkeit für Auto- oder Lkw-Gussmotoren ist nicht geeignet!
Hinweis 2: Falls nur eine kleine Menge Kühlmittel fehlt, können Sie auch reines Wasser auffüllen.
Hinweis 3: Man soll aber KEIN Leitungswasser einfüllen, denn das ist kalkhaltig, sondern ausschließlich destilliertes Wasser.

Volumen der Kühlflüssigkeit
Im Kühlmittelkreislauf gesamt............... 1,50 Liter
Im Ausgleichsbehälter.......................... 0,25 Liter

Kontrollleuchte Kühlmitteltemperatur
■ Schalttemperatur AUS auf EIN .... bei 118 °C
Kühlerventilator
■ Schalttemperatur AUS auf EIN .... bei 105 °C
Prüfdruck des Kühlsystems .... max. 1,5 bar

Wann am Kühlsystem arbeiten?

Laut BMW-Wartungsplan muss die Kühlflüssigkeit nicht erneuert werden, es ist eine »Lifetime-Füllung«. Auch für die Kühlwasserschläuche gibt es keine Erneuerungsvorschrift, laut BMW halten sie ewig.

Wenn der Kühler abgebaut werden muss, ein Kühlerschlauch undicht ist und erneuert werden

Sicherheitshinweise ⚠ Achtung und ☞ Tipps für dieses Kapitel

⚠ Kaufen Sie neue Kühlflüssigkeit NICHT im Baumarkt oder gar in der Kfz-Abteilung eines Lebensmittel-Supermarktes, auch wenn das Preisangebot scheinbar noch so verlockend ist! Kaufen Sie Kühlflüssigkeit (Bilder 1a und 1b) beim BMW-Händler oder im Motorrad- bzw. Kfz-Zubehör-Fachhandel!

⚠ Kühlflüssigkeit kann Lack beschädigen und auf blankem Metall Flecken hinterlassen. Nichts auf die Haut kommen lassen, nichts verschütten, alte Kühlflüssigkeit umweltgerecht entsorgen!

⚠ Kühlflüssigkeit kann Haut und Augen sowie innere Organe schädigen. Jeglichen Körperkontakt vermeiden, keinesfalls trinken. Falls Haut oder Augen damit in Berührung kommen, mit reichlich klarem Wasser ab- bzw. ausspülen. Nach Verschlucken KEIN Erbrechen herbeiführen, sondern Arzt bzw. Giftnotzentrale anrufen.

⚠ Kühlerdeckel nicht bei heißem Motor öffnen: Heiße Kühlflüssigkeit steht unter Druck und schießt beim Öffnen des Deckels heraus – Verbrühungen wären die Folge.

⚠ Bei Arbeiten mit laufendem Motor in geschlossenen Räumen für ausreichende Belüftung sorgen! Abgase enthalten giftiges und geruchloses Kohlenmonoxid, das Bewusstlosigkeit verursachen und zum Tod führen kann. Alle Fenster und Türen öffnen! Am sichersten ist eine Abgasabsauganlage ins Freie. Dieser Warnhinweis gilt für alle Einstellarbeiten, bei denen der Motor laufen muss. Wenn keine oder ungenügende Belüftungs- und Entlüftungsmöglichkeit der Werkstatträume gegeben ist, im Freien arbeiten!

⚠ Sowohl bei einer Prüfung des Kühlers bei abgenommenem Zustand als auch bei einer Dichtprüfung des gesamten Kühlsystems in eingebautem Zustand den maximal zulässigen Prüfdruck von 1,5 bar nicht überschreiten, denn zu hoher Druck kann Kühlsystembauteile beschädigen!

☞ Ist der Thermostat defekt und Sie haben keine Möglichkeit, einen neuen zu kaufen, können Sie den Motor kurze Zeit auch ohne Thermostat betreiben (zumindest im Sommer). Noch ein Tipp: Falls der Thermostat verkalkt ist, deswegen klemmt und nicht mehr öffnet, legen Sie ihn zwei Stunden lang in Kaffeemaschinen-Entkalker, Haushaltsessig oder Zitronensaft. Dadurch löst sich der Kalk und das Thermostatventil wird wieder freigängig. Danach kann der Thermostat wieder richtig funktionieren.

muss, die Wasserpumpe oder der Thermostat defekt ist, muss die Kühlflüssigkeit abgelassen werden.

Beim Befüllen des Kühlsystems mit frischer Kühlflüssigkeit und Entlüften endet das Selbstmachen, weil das BMW-Spezialwerkzeug »Kühlerbefüll- und Entlüftungsgerät« benötigt wird; dazu noch ein Vorratsbehälter für Kühlflüssigkeit sowie ein Kompressor mit einem Druck von mindestens 8 bar und einer Förderleistung von 125 Liter pro Minute, damit ein entsprechender Unterdruck erzeugt werden kann. Nach Abschluss der Arbeiten muss man den Motor warm laufen lassen und den Fehlerspeicher auslesen.

Damit garantiert ist, dass sich keine Luft im Kühlsystem versteckt und die Motorelektronik bezüglich der elektrischen und elektronischen Kühlbauteile in Ordnung ist, empfehlen wir, neue Kühlflüssigkeit in der BMW-Motorradwerkstatt unter Zuhilfenahme der BMW-Spezialwerkzeuge einzufüllen. Dazu gehört auch die Entlüftung des Kühlsystems.

Schaden unterwegs?

Wenn unterwegs auf Tour ein Schaden am Kühlsystem auftritt und keine BMW-Motorradwerkstatt erreichbar ist, versuchen Sie zu einem BMW-Autohändler zu kommen, denn das Kühlsystem ist eng verwandt mit dem der BMW-Autos. Vielleicht arbeitet beim BMW-Autohändler auch ein Motorrad fahrender Mechaniker – und der wird dann ehrgeizig sein und Ihnen helfen so gut er kann.

Tipps für eine Notreparatur unterwegs, wenn zum Beispiel ein Kühlerschlauch platzt oder der Kühlerdeckel verloren geht (weil er nicht richtig eingebaut wurde …) geben wir selbstverständlich im Laufe dieses Kapitels.

Schadensbilder des Kühlsystems

Kühlflüssigkeit läuft aus und/oder wird bei heißem Motor herausgedrückt:

- Kühlerdeckel ist nicht korrekt angebracht;
- Kühlerschlauch ist gerissen und/oder geplatzt oder wegen seines Alters porös geworden;
- Schlauchanschluss ist nicht korrekt auf den Stutzen aufgeschoben bzw. abgerutscht;
- Schelle am Schlauchanschluss ist nicht mehr vorhanden, weil nicht angebracht, gerissen oder anderweitig verloren gegangen, weswegen der Schlauch am Stutzen nicht mehr dicht ist.

Im Montagefall: Beim Ab- und Anbau des Kühlers, einem Schaden an der Wasserpumpe oder am Thermostat muss neue Kühlflüssigkeit eingefüllt werden.

Kühlsystem prüfen

Bei den Inspektionen einmal im Jahr (oder alle 10 000 km) müssen Kühlflüssigkeitsstand, Kühlschläuche, ihre Anschlüsse und Schlauchschellen kontrolliert werden. Ab und zu ein prüfender Blick auf das Kühlsystem und gezielt auf den Kühlflüssigkeitsstand während dieser Zeit beruhigt die Nerven. Der Prüfpunkt »Kühlflüssigkeitsstand kontrollieren« sollte auch in die regelmäßige Sichtprüfung vor Beginn einer längeren Fahrt aufgenommen werden.

Ausgleichsbehälter

Der Ausgleichsbehälter des Kühlsystems ist angebaut …

- Bild 2: … bei der R 1250 GS unter der rechten Seitenabdeckung;
- Bilder 3 a und 3 b: … bei der Adventure rechts unter dem Inspektionsdeckel.

Bild 2: Auf dem Ausgleichsbehälter sind Markierungen angebracht für »MAX« und MIN«.
Beim Blick durch die Öffnung in der Seitenabdeckung (R 1250 GS) bzw. Abdeckung Ansaug-

Redaktioneller Hinweis: In Korrespondenz zu diesem Kapitel ist in Kapitel 29 »Kabelverlegung · Schnittbilder« eine Phantomzeichnung des Kühlkreislaufs in Farbe abgedruckt.

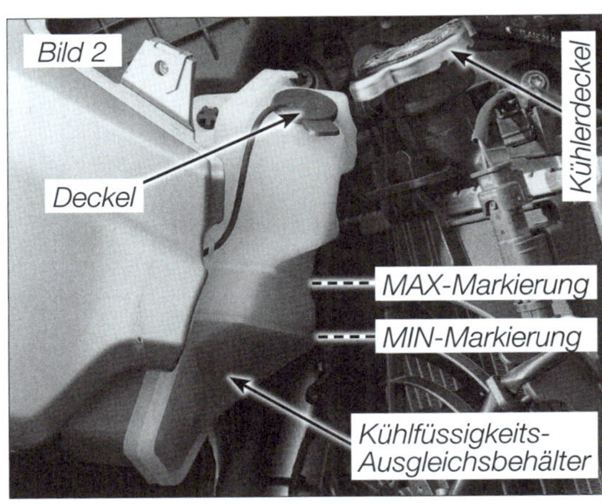

Bild 2: Am Kühlflüssigkeits-Ausgleichsbehälter sind Füllstandmarkierungen angebracht.

- *»MAX« ist die obere Markierung für maximalen Füllstand.*
- *»MIN« ist die untere Markierung für minimalen Füllstand.*

Wenn die Kühlflüssigkeit unter MIN steht, wird in diesen Behälter frische Kühlflüssigkeit nachgefüllt.

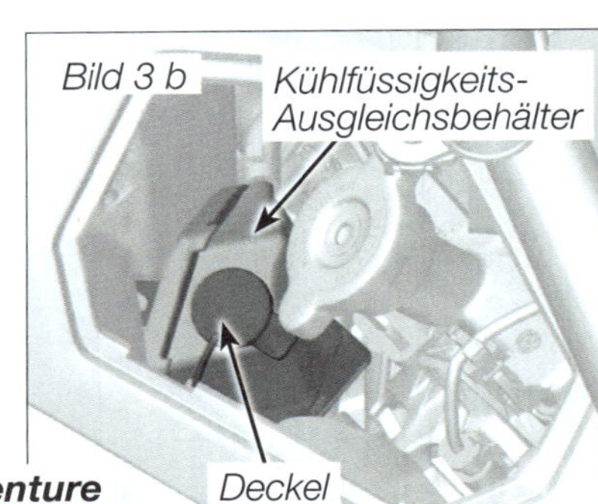

Bilder 3 a und 3 b: Um bei der Adventure an den Deckel des Einfüllstutzens zu gelangen, muss man den Inspektionsdeckel in der Abdeckung des Ansaugschnorchels ausbauen (Bild 3a).

- *Achten Sie darauf, dass der schwarze Deckel auf dem Einfüllstutzen des Behälters sicher aufgedrückt ist (Bilder 2 und 3b).*

Sichtprüfung Messen

Wasserpumpe defekt?
Siehe dazu Zeichnung in Kapitel 29 »Kabelverlegung · Schnittbilder«.
Die Wasserpumpe ist als zuverlässiges Bauteil bekannt. Sie ist vorne am Motor unter dem Motorfrontdeckel eingebaut.
Je nach Alter des Motors kann es vorkommen, dass die mechanische Wasserpumpendichtung oder die O-Ringe in der Wasserpumpe undicht werden. Bei einem solchen Defekt ist entweder Öl in der Kühlflüssigkeit oder Kühlflüssigkeit im Öl:
- Öl in der Kühlflüssigkeit schwimmt als Schicht oder Fettaugen auf der Kühlflüssigkeit.
- Indizien für Kühlflüssigkeit im Öl: Kühlflüssigkeitsstand sinkt ab, Motorölstand steigt an. Auch ist heller, wässriger Schaum im Ölstandauge und innen in der Öleinfüllöffnung zu sehen.

Eine defekte Wasserpumpe kann nicht repariert werden, denn es gibt keine Ersatzteile, sie muss erneuert werden.

schnorchel (Adventure) kann man nachsehen, wo die Kühlflüssigkeit steht.
- Obere Markierung »MAX« = Maximalstand
- Untere Markierung »MIN« = minimaler Stand

Wichtig: Der Pegelstand der Kühlflüssigkeit muss bei warmem Motor zwischen den Markierungen »MAX« und »MIN« sein.

Beachten: Der Stand der Kühlflüssigkeit im Ausgleichsbehälter ist bei heißem Motor etwas höher als bei kaltem. Es kann durchaus sein, dass der Pegelstand bei kaltem Motor unter der Markierung »MIN« ist und der Pegel erst bei warmem Motor über die Markierung ansteigt.

Wichtig: Bei warmem Motor muss der Kühlflüssigkeitsstand dazwischen sein. Kontrolle des Flüssigkeitsstandes und Auffüllen von Kühlflüssigkeit siehe Kapitel 1 »Wartung · Pflege«.

⚠ **Achtung:** Weder den Deckel auf dem Stutzen des Ausgleichsbehälters (Bilder 2 und 3b) noch den Kühlerdeckel (Bild 4) bei

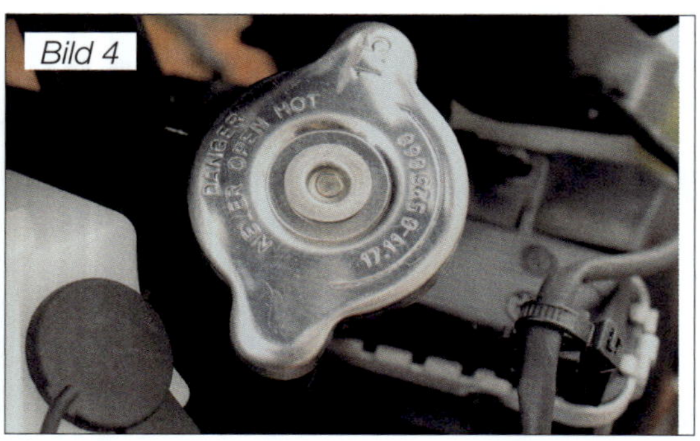

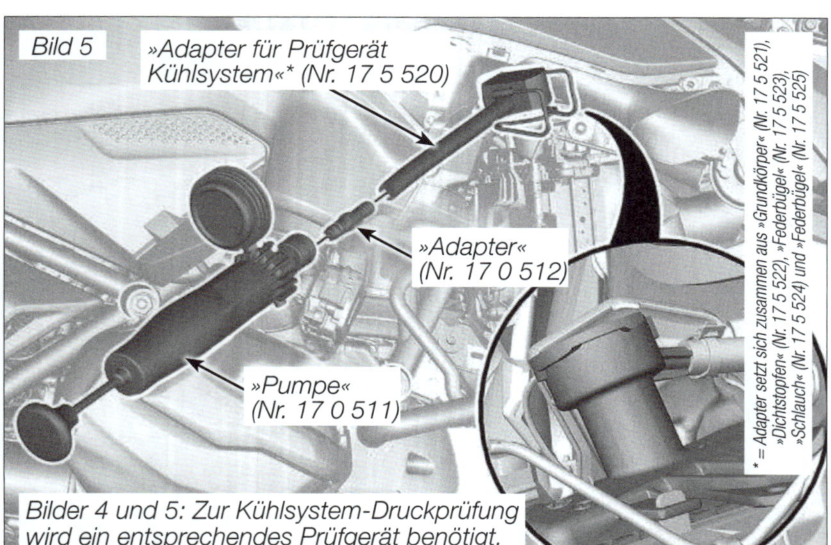

Bilder 4 und 5: Zur Kühlsystem-Druckprüfung wird ein entsprechendes Prüfgerät benötigt.

heißem Motor öffnen, denn die heiße Kühlflüssigkeit wird plötzlich herausschießen und Verbrühungen sind die Folge!

Kühlsystem auf Druck prüfen
Falls der Kühlflüssigkeitsstand im Kühlsystem (bzw. im Kühlflüssigkeits-Ausgleichsbehälter) immer wieder aus scheinbar unerklärlichen Gründen absinkt, tritt irgendwo Kühlflüssigkeit aus. Um diese Leckstelle(n) zu finden, muss man eine Druckprüfung mit einem Kühlerdruck-Prüfgerät (in Bild 5 dargestellt) machen.

1. Kühlerdeckel (Bild 4) mit der flachen Hand eindrücken, gleichzeitig nach links drehen bis zum Anschlag, dann vom Stutzen abnehmen.
2. Bild 5: Prüfgerät auf den Kühlerstutzen aufsetzen. Dabei auf den Schlauch achten, der vom Kühlerstutzen zum Ausgleichsbehälter führt.
3. Druck langsam aufbauen bis auf 1,5 bar. Dieser Druck muss mindestens 5 Minuten lang gehalten werden.
4. Wird der Druck nicht gehalten, das Leck (oder die Lecks) lokalisieren: Kühlerschläuche, Anschlüsse und Kühler sauber putzen und trocknen.
4.1. Prüfdruck erneut aufbringen und genau hinsehen, wo Kühlflüssigkeit austritt.

Kühlflüssigkeit

Am Anfang dieses Kapitels haben wir erklärt, dass die Kühlflüssigkeit nicht erneuert zu werden braucht und warum es für Hobbyschrauber, die keine Spezialwerkzeuge haben, nicht möglich ist, neue Kühlflüssigkeit nach BMW-Vorschrift einzufüllen. Nun, aber was ist, wenn fern der Heimat in unwegsamem Gelände ein Kühlwasserschlauch platzt, einer der beiden Kühler hart angeschlagen wird und ein Leck bekommt oder ein sonstiger Schaden am Kühlsystem, der zum Verlust der Kühlflüssigkeit führt, an der Maschine auftritt?

Redaktioneller Hinweis: In Kapitel 29 »Kabelverlegung · Schnittbilder« ist eine Großformat-Phantomzeichnung des Kühlkreislaufs in Farbe abgedruckt. Bitte sehen Sie in Korrespondenz zu diesem Kapitel auch dort nach.

Kühlflüssigkeit ablassen
Vorbereitung: Motorrad auf Mittel- oder Heckmontageständer stellen. Motor muss kalt sein, höchstens handwarm.
1. Bei R 1250 GS: Sozius- und Fahrersitz, mittlere Tankverkleidung, rechte Seitenabdeckung,

rechte Seitenblende und seitliche Tankverkleidung rechts abbauen (siehe Kapitel 3 »Verkleidung · Rahmen · Tank«).
1.1. Bei Adventure, Bild 3 a: Inspektionsdeckel abbauen.
2. Eine Auffangwanne unterstellen. Am besten einen großen, flachen Behälter verwenden oder einen Plastikkanister aufschneiden.
3. Kühlerdeckel (Bild 4) abnehmen: Mit der flachen Hand eindrücken und gleichzeitig aufdrehen bis zum Anschlag, dann aus Stutzen ziehen.
4. Bild 6: Ablassschraube unten am linken Zylinder öffnen, ausdrehen, Dichtring abnehmen. Kühlflüssigkeit ablaufen und austropfen lassen.
4.1. Ablassschraube mit neuem Dichtring eindrehen, mit 10 Nm festziehen.
5. Bild 7: Befüllschnittstelle unten am rechten Zylinder öffnen, ausdrehen, Dichtring abnehmen. Kühlflüssigkeit ablaufen und austropfen lassen.
5.1. Befüllschnittstelle mit neuem Dichtring eindrehen, mit 5 Nm festziehen.
6. Bild 8: Vorlaufschlauch am linken Kühler abbauen: Federbandschelle mit »Spezialzange« (Nr. 17 5 571) oder einer Flachzange öffnen und nach hinten von der Klemmstelle wegschieben.
6.1. Vorlaufschlauch vom Kühler abziehen, Kühlflüssigkeit ablaufen und austropfen lassen.
6.2. Bild 9: Vorlaufschlauch so auf Stutzen am Kühler schieben, dass die Nase am Kühlerstutzen in die Aussparung im Vorlaufschlauch greift.
6.3. Federbandschelle mit »Spezialzange« (Nr. 17 5 571) oder Flachzange öffnen und nach vorne auf die Klemmstelle schieben.
7. Ausgleichsbehälter leeren:
■ Bei R 1250 GS: Befestigungsschraube ausdrehen, Behälterdeckel öffnen, Behälter abnehmen, umdrehen und auslaufen lassen. Behälter reinigen und wieder montieren, Schraube mit 4 Nm festziehen.
■ Bei Adventure: Kühlmittel mit Hilfe eines Schlauchs absaugen. Behälter reinigen.

Neue Kühlflüssigkeit einfüllen

Noch einmal der Hinweis: Wir beschreiben hier eine Notfallreparatur. Tipps und Kniffe decken sich nicht mit den BMW-Arbeitsanweisungen!

Wenn der Kühlerschaden behoben ist, also z. B. ein neuer Wasserschlauch eingebaut ist, oder ein neuer Thermostat, ein reparierter Kühler etc., und es muss frische Kühlflüssigkeit in den Kühlkreislauf eingebracht werden, muss man zuerst den Raum unter dem Thermostat befüllen. Weil dieser jedoch in kaltem Zustand in Stellung »zu« ist, kann die frische Kühlflüssigkeit nicht von oben über den Kühlerstutzen eingefüllt werden.

1. Den Kühlwasserschlauch, der unten vom Thermostat zum Motor führt, vom Thermostatgehäuse abbauen.
2. Motorrad vom Mittelständer abbocken und auf dem Seitenständer abstellen.
3. In den abgezogenen Schlauch frische Kühlflüssigkeit mit Hilfe eines kleinen Trichters einfüllen, gaaanz langsam und geduldig.
3.1. Wenn der Schlauch voll ist, die Maschine in die Senkrechte bringen und ruckartig nach rechts und links bewegen.
3.2. Maschine wieder auf dem Seitenständer abstellen.
4. Wenn der Schlauch voll ist und nichts mehr nachläuft, ihn am Thermostat anbringen.
5. Nun von oben durch den Kühlerstutzen frische Kühlflüssigkeit auffüllen bis zur Unterkante des Einfüllstutzens.
6. Motor starten und Wechselgas geben von Standgas bis auf ca. 2500/min. Gleichzeitig in den Kühlerstutzen schauen, die Kühlflüssigkeit muss sich bewegen, es »gluckert«.
■ Schutzbrille tragen!
6.1. Nach kurzer Zeit (ca. 40 bis 50 Sekunden) müsste der Thermostat aufmachen, was man daran sieht, dass der Stand der Kühlflüssigkeit im Kühlerstutzen plötzlich absinkt.
■ Die Warnlampe in der Instrumenteneinheit darf

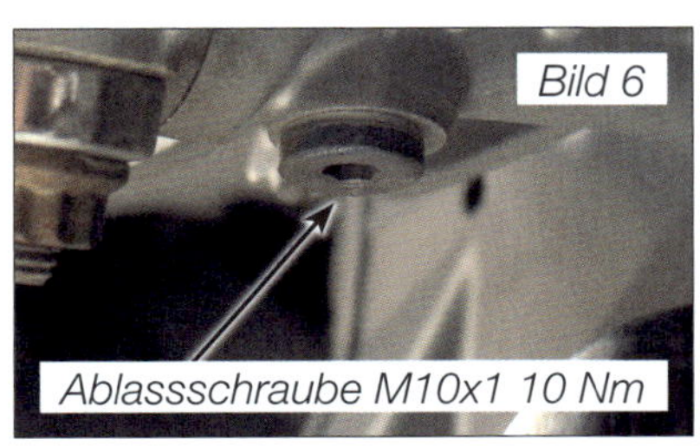

Bild 6: Ablassschraube am linken Zylinder unten.

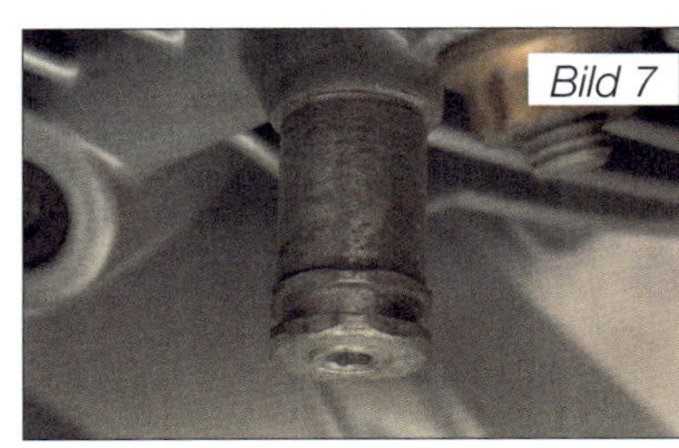

Bild 7: Befüllschnittstelle am rechten Zylinder unten.

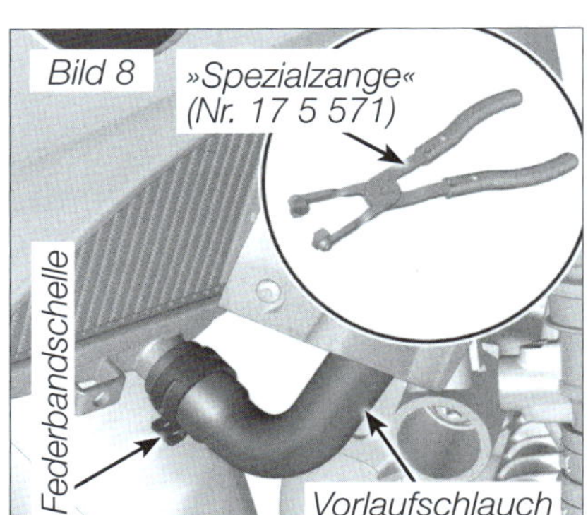

Bild 8: Vorlaufschlauch am linken Kühler mit Spezialwerkzeug abbauen.

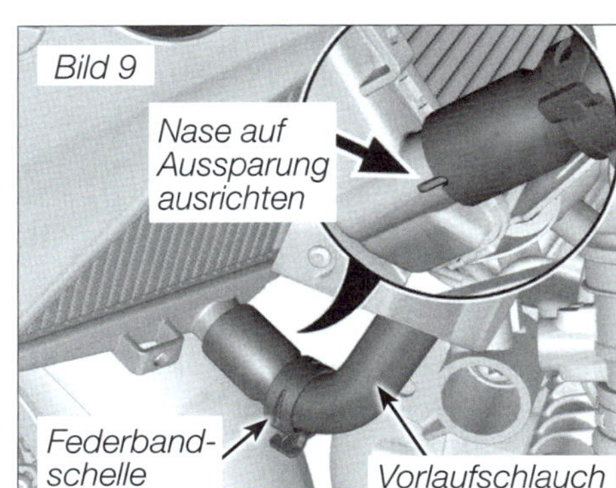

Bild 9: Vorlaufschlauch so auf Stutzen am Kühler schieben.

noch nicht rot leuchten und im Display darf noch nicht der Text »Kühlmitteltemperatur zu hoch!« erscheinen!
■ Der Kühlerventilator kann jetzt anlaufen.

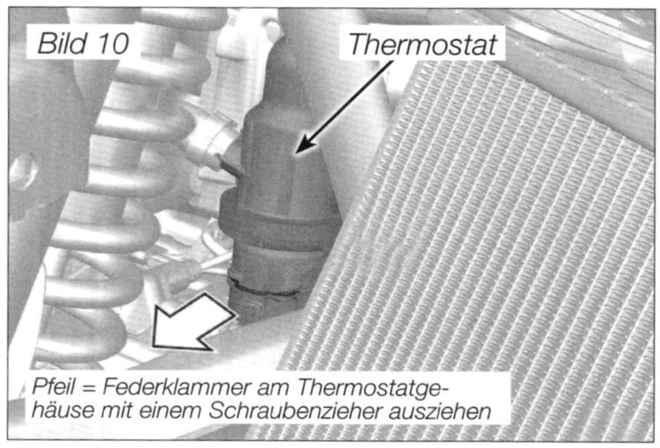

Bild 10: Einbaulage des Thermostats.

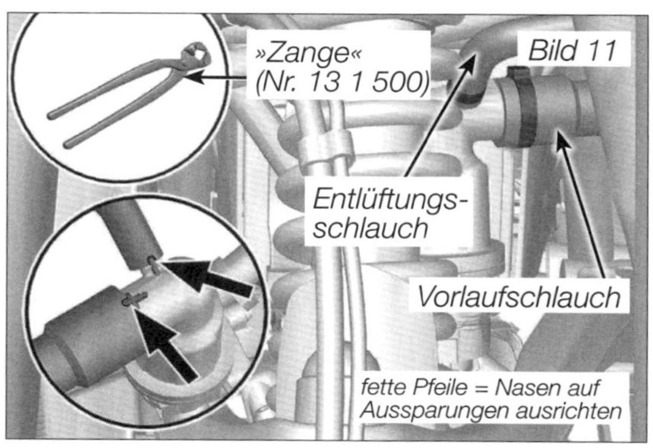

Bild 11: Schlauchschellen von Vorlauf- und Entlüftungsschlauch aufbiegen oder aufzwicken, Schläuche von Stutzen abschieben. ■ *Bei Montage Nasen auf Aussparungen ausrichten, neue Schellen montieren.*

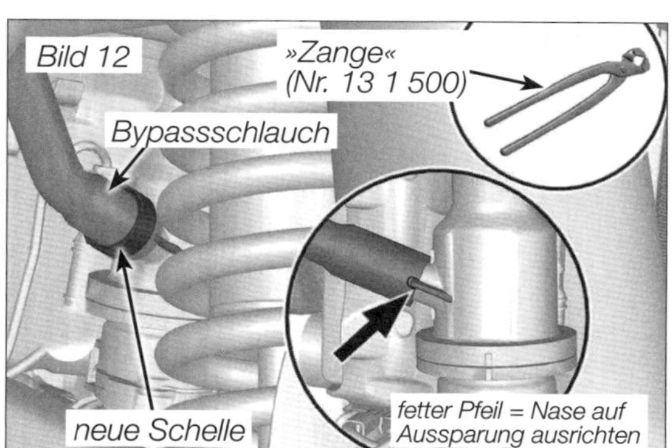

Bild 12: Schelle öffnen, Bypassschlauch vom Stutzen abschieben. ■ *Bei Montage die Nase auf Aussparung ausrichten, neue Schelle montieren.*

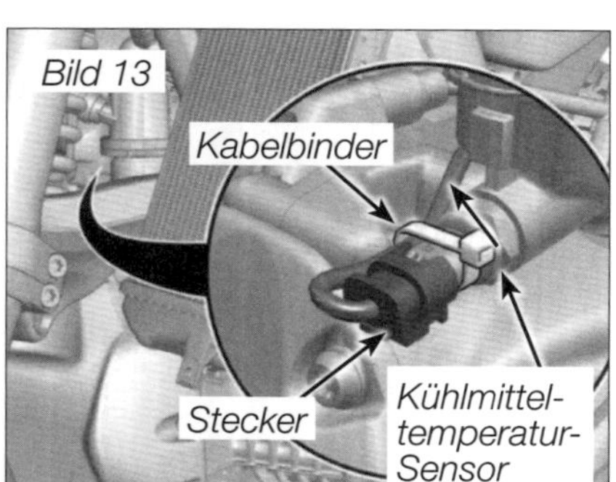

Bild 13: Der Kühlmitteltemperatur-Sensor sitzt vorne rechts am Motor beim Kühler.

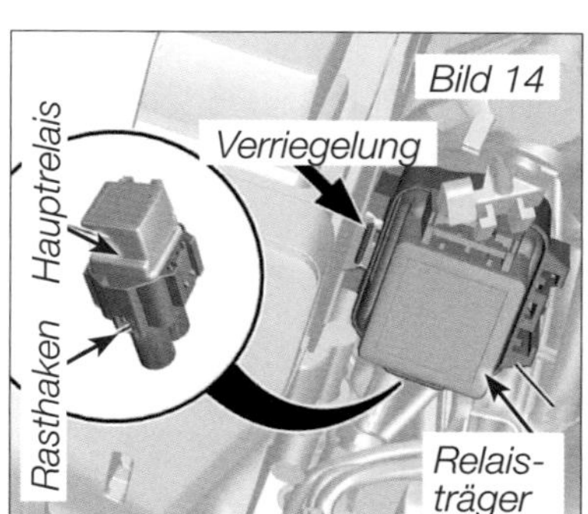

Bild 14: Das Hauptrelais sitzt hinter dem Diagnosestecker bei der Batterie.

7. Motor weiter im Leerlauf laufen lassen und ganz langsam weitere frische Kühlflüssigkeit einfüllen bis zur Unterkante im Kühlerstutzen.
7.1. Kühlerdeckel einsetzen, eindrücken und gleichzeitig rechts herum schließen, es muss leicht knacken.
8. Kühlflüssigkeits-Ausgleichsbehälter bis zur MIN-Markierung mit frischer Kühlflüssigkeit befüllen. Gummideckel aufdrücken.
9. Motor mit rhythmischen Gasstößen zwischen Standgas und 2500/min laufen lassen, Temperaturanzeige und den Kühlflüssigkeits-Ausgleichsbehälter beobachten: Bleibt der Stand der Kühlflüssigkeit stabil?
9.1. Wenn nein, Kühlflüssigkeit bis MAX auffüllen.

Thermostat

Bild 10: Der Thermostat sitzt hinter dem vorderen Federbein. Wenn der Motor zu heiß wird und deswegen Kühlflüssigkeit aus dem Kühlflüssigkeits-Ausgleichsbehälter gedrückt wird, kann es daran liegen, dass der Thermostat fest ist und den großen Kreislauf nicht öffnet. Der Thermostat kann nicht zerlegt werden, muss also erneuert werden. Die Wasserschläuche sind am Thermostatgehäuse mit Einmal-Schlauchschellen befestigt, die zum Abbau vorsichtig aufgebogen oder aufgezwickt werden müssen. Beim Anbau neuer Schellen muss man das Spezialwerkzeug »Zange« (Nr. 13 1 500, Bild 11) benutzen. Man kann aber auch hochwertige Schraubschellen anbauen.

Thermostat aus- und einbauen
1. Kühlflüssigkeit ablassen.
2. Bild 10: Federklammer am Thermostatgehäuse mit einem Schraubenzieher ausziehen.
3. Thermostat aus seiner Halterung lösen.
4. Bild 11: Schlauchschellen von Vorlauf- und Entlüftungsschlauch aufbiegen oder aufzwicken, Schläuche von Stutzen abschieben.
5. Bild 12: Schelle öffen, Bypassschlauch vom Stutzen abschieben.
6. Thermostat abnehmen.

Einbau in umgekehrter Reihenfolge, dabei die Schläuche mit Aussparungen an den Nasen der Stutzen ausrichten, neue Einmalschellen mit der BMW-Zange verschließen oder gute Schraubschellen verwenden. Kühlflüssigkeit einfüllen.

Kühlerventilator

Der Kühlmitteltemperatur-Sensor sitzt vorne am Motor (Bild 13). Durch eine temperaturabhängige Spannungsänderung gibt er die aktuelle Temperatur des Kühlmittels an das Motorsteuergerät weiter. Bei Erreichen von ca. 105 °C läuft der Kühlerventilator an.

Wenn der Kühlerventilator nicht anläuft und der Motor »kocht« und deswegen heißes Kühlmittel herausgedrückt wird, und der Verdacht auf einen defekten Kühlmitteltemperatur-Sensor fällt, sollte man umgehend eine BMW-Werkstatt aufsuchen. Denn zur Feststellung, ob der Sensor defekt ist oder andere Teile (Kabel, Stecker, Steuergerät, etc.) Fehlermeldungen produzieren, wird das BMW-Diagnosesystem benötigt. Wenn der Kühlerventilator unterwegs auf Tour anfängt zu spinnen, geben wir nachfolgend zwei Tipps.

Tipp 1: Ventilator läuft nicht, der Motor wird zu heiß

1. Bild 14: Hauptrelais prüfen, es sitzt hinter dem Diagnosestecker bei der Batterie. Vom Relaisträger abziehen, Pole reinigen, anbauen.
1.1. Versuchsweise ein neues Hauptrelais einbauen.
2. Steckverbindungen am Kühlmitteltemperatur-Sensor und am Kabel des Kühlerventilatormotors auf festen Sitz prüfen (Bilder 13 und 15).
3. Steckverbindungen trennen, Kontakte auf Korrosion überprüfen, diese entfernen.

Tipp 2: Kühlerventilatormotor prüfen
Wenn alle Steckverbindungen in Ordnung sind und das Hauptrelais auch, der Kühlerventilator aber immer noch nicht läuft, mit einer 12-Volt-Batterie den Kühlerventilatormotor püfen.

1. Den zum Ventilatorkabel gehörenden Stecker oben auf dem Kühler trennen (Bild 15).
2. Über je ein rotes (Plus) und ein schwarzes (Masse) Kabel eine externe Batterie an die Steckkontakte des Zuleitungskabels zum Kühlerventilatormotor provisorisch anschließen: Kühlerventilatormotor muss sich jetzt drehen.
3. Wenn sich der Kühlerventilatormotor nicht dreht, ist er wahrscheinlich defekt und muss erneuert werden.
3.1. Bevor der Kühlerventilatormotor ausgebaut wird: Zuleitungskabel genau prüfen!
4. Wenn sich der Kühlerventilatormotor mit externem Strom dreht, aber dann nicht, wenn der Stecker wieder zusammen ist, sollte man beim BMW-Händler den Fehlerspeicher auslesen lassen.

Kühler ab- und anbauen

Der Ab- und Anbau des Kühlers ist einfach, zum Lösen und Befestigen der Federspannschellen über den Wasserschläuchen wird eine Wasserpumpenzange benötigt. Anziehdrehmomente der Befestigungsschrauben sind in den Bildern 17 und 18 angegeben.

Kühler defekt? Wenn der Kühler undicht ist, kann man ihn in einem Spezialbetrieb schweißen lassen. Auch Werkstätten, in denen Kühlaggregate (»Kälte- und Klimaanlagenbau«) gewartet und repariert werden, können Alukühler schweißen.
■ Ablassen und Befüllen des Kühlsystems siehe weiter vorne in diesem Kapitel.

Öffnungsdruck des Kühlerdeckels prüfen

1. Dichtflächen des Kühlerdeckels anfeuchten. Bild 16: Deckel am Testgerät anschließen.
2. Druck langsam aufbauen. Testgerät dabei ruhig halten.
3. Deckel muss einen Druck von mindestens 1,2 und maximal 1,4 bar mindestens 10 Sekunden lang halten.
4. Falls der Deckel bei weniger als 1,2 bar aufmacht oder bei 1,4 bar noch ganz geschlossen ist, ist er defekt und muss erneuert werden.

Bild 15: Steckverbindung am Kabel des Kühlerventilatormotors.

Bild 16: Prüfdruck des Kühlerdeckels kontrollieren.

Bilder 17 und 18: Befestigung der Kühler links und rechts. ■ *Scheiben bei Adventure zum Teil nicht vorhanden.*

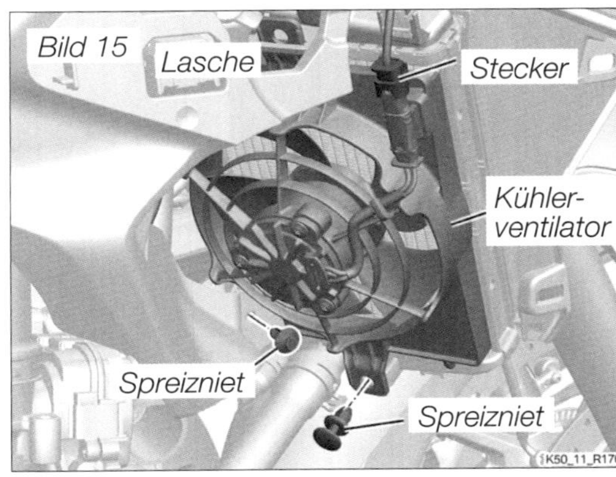

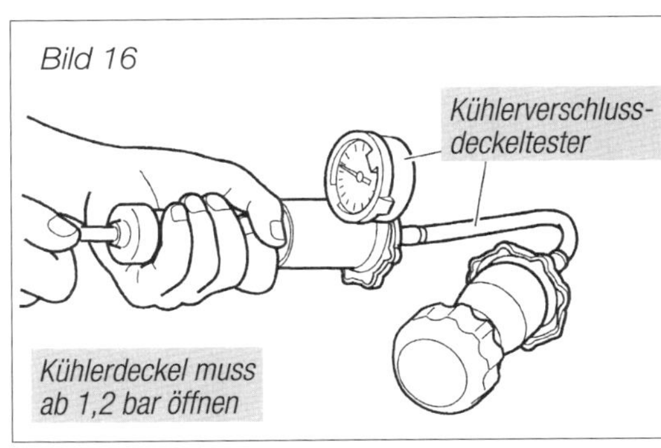

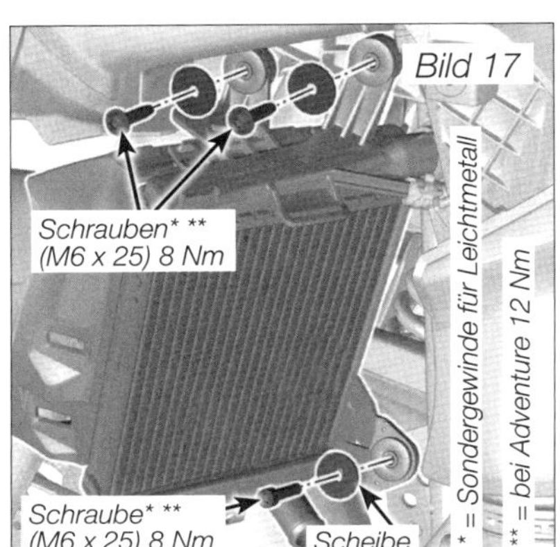

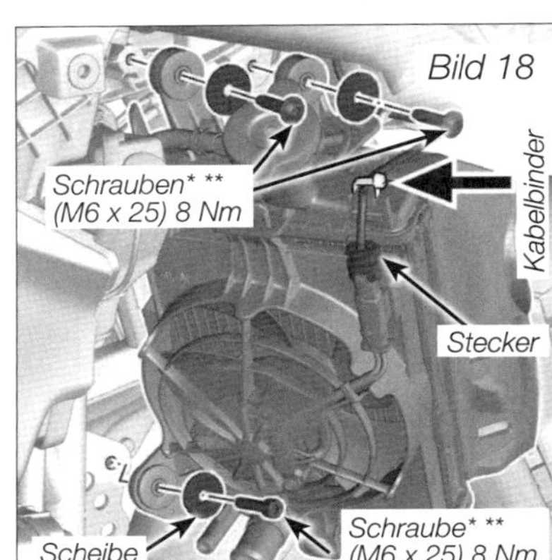

Bild 1: Verlegung der Kupplungsleitung. ■ Fette Pfeile: Die Schlauchleitung ist mit Kabelbindern und Haltern befestigt.

Bilder 2, 3 a und 3 b: Kupplungsflüssigkeit soll an der Markierung im Kupplungsflüssigkeits-Ausgleichsbehälter (Pfeil in 3 b) stehen. ■ Mit zunehmendem Verschleiß der Kupplungsbeläge steigt der Flüssigkeitsstand. Das Spiel am Kupplungshebel ändert sich jedoch nicht, es bleibt immer gleich. ■ In das Hydrauliksystem der Kupplung darf nur Hyspin V10 (Bild 2) eingefüllt werden, keine Bremsflüssigkeit.

Kupplung

In diesem Kapitel: Konstruktion und Verschleiß · Kupplungshydraulik: Stand der Flüssigkeit, wechseln, entlüften · Kupplungsnehmerzylinder aus- und einbauen · Kupplung aus- und einbauen · Paketmaß messen, einstellen.

Konstruktion, Verschleiß

Die Maschinen haben eine hydraulisch betätigte Mehrscheibenkupplung, die im Motoröl läuft.

Kupplungsverschleiß
Die Lebensdauer der Kupplung kann bei normaler Beanspruchung über 100 000 km betragen. »Normale Beanspruchung« sind Straßenfahrten sowie gelegentlich leichter Geländeeinsatz.
■ Wenn der Kupplungsverschleiß zunimmt (= die Kupplungsbeläge dünner geworden sind), dann steigt der Flüssigkeitsstand im Vorratsbehälter.
■ Das Spiel am Handhebel bleibt immer gleich.

Wenn allerdings die Maschine in tiefem, schwerem Gelände bewegt wird (Schlamm, tiefer und weicher Sand) und sie dort, öfter als es dem Fahrer lieb ist, tief einsinkt oder sich gar fest eingräbt, und nur mit schleifender Kupplung frei kommt, dann wird die Kupplung überlastet; im Extremfall verbrennen die Kupplungsbeläge und es muss eine neue Kupplung eingebaut werden.

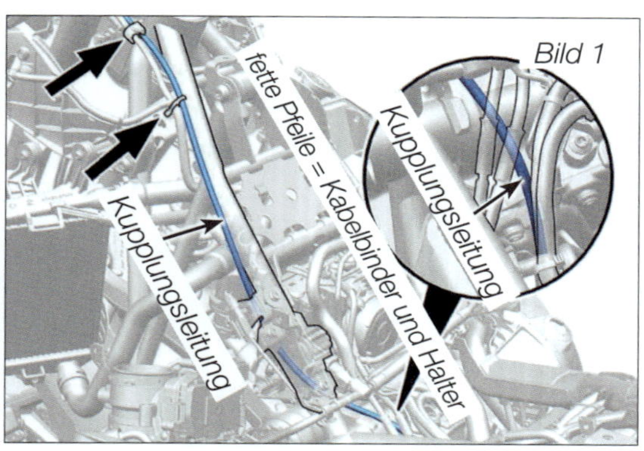

Bild 1

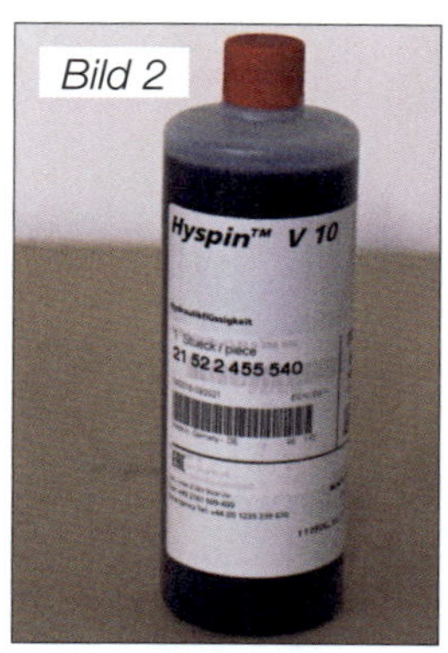

Bild 2

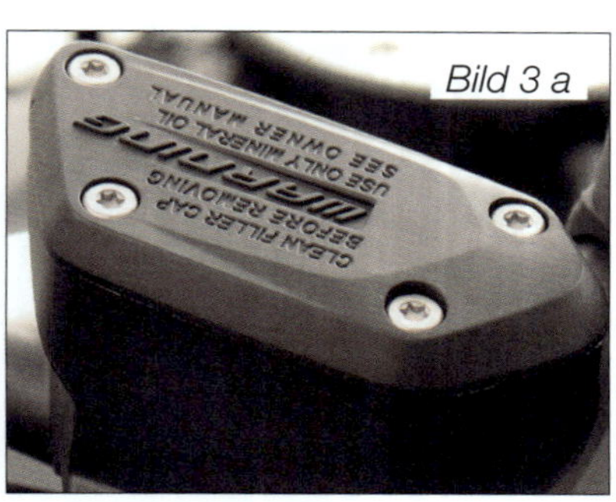

Bild 3 a

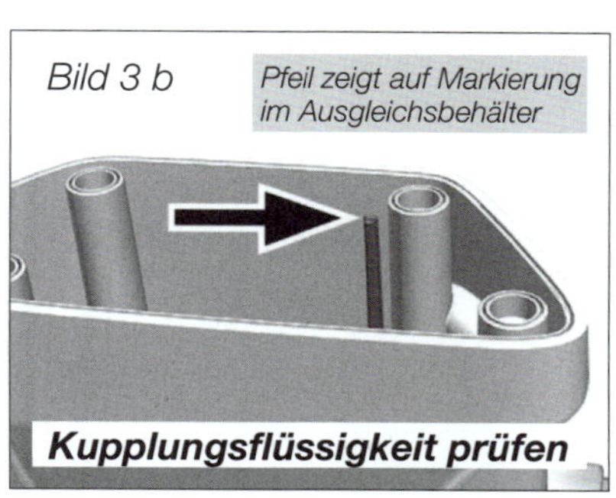

Bild 3 b

Kupplungshydraulik

Das Kupplungshydrauliksystem der R 1250 GS ist mit spezieller Hydraulikflüssigkeit auf biologischer Basis namens »Hyspin V10« (Bild 2) befüllt. Diese unterliegt keiner Alterung und muss deswegen niemals gewechselt werden; es ist eine so genannte »Lifetime-Füllung«.

Achtung: Niemals »normale Bremsflüssigkeit« in das Kupplungs-Hydrauliksystem einfüllen! Dadurch werden die Manschetten in den Geber- und Nehmerzylindern zerstört!

■ Ausschließlich die von BMW vorgeschriebene Flüssigkeit »Hyspin V10« verwenden!
■ Wenn es diese nicht gibt, weil kein BMW-Händler in der Nähe ist, dann versuchen Sie »Bremsflüssigkeit für Mountainbike-Hydraulikbremsen« zu bekommen, diese ist in ihren Grundsubstanzen der »Hyspin V10« ähnlich.
■ Zur Not kann man auch »Hydraulikflüssigkeit auf biologischer Basis für landwirtschaftliche Maschinen« verwenden.

Luft in der Kupplungshydraulik? Luft kann durch ein Leck an den Anschlüssen der Hydraulikleitung in das Kupplungssystem gelangen, das ist meist eine Folge falscher Montage bei Ab- und Anbau des Lenkers. Dann trennt die Kupplung nicht mehr richtig, was am »weichen« Druckpunkt am Kupplungshandhebel zu spüren ist. Das Kupplungssystem muss dann umgehend entlüftet werden (siehe nächste Seite in diesem Kapitel), sonst leidet das Getriebe.

Stand der Hydraulikflüssigkeit

Bilder 3 a und 3 b: Der Stand der Hydraulikflüssigkeit im Behälter kann mit einem Blick von außen nicht kontrolliert werden: Dazu muss der Deckel abgeschraubt werden.

Deckel abschrauben
1. Motorrad steht senk- und waagerecht auf ebenem Untergrund. Lenker so drehen, dass der Kupplungsflüssigkeitsbehälter waagerecht steht.
2. Behälter vor dem Öffnen mit einem weichen, saugfähigen Lappen umwickeln, um eventuell ausschwappende Kupplungsflüssigkeit aufzufangen.
3. Schrauben im Deckel lösen, ausschrauben.
4. Deckel abnehmen, Membran langsam herausnehmen.
■ Bild 3 b: Kupplungsflüssigkeit muss bis zur Markierung stehen.

■ **Wenn sie über der Markierung steht:** Dies ist ein Zeichen für fortgeschrittenen Verschleiß der Kupplungsbeläge. Wenn die Kupplung noch keine Ermüdungserscheinungen zeigt, also noch sauber trennt und auch bei hartem Beschleunigen guten Kraftschluss hat, also nicht durchrutscht, dann sollte eine kleine Menge Hydraulikflüssigkeit abgesaugt werden. **Warum?** Wenn der Kupplungsverschleiß fortgeschritten und deswegen der Behälter zu voll geworden ist, wird die Membran zusammengedrückt und es besteht Gefahr, dass der Dauerdruck im Hydrauliksystem den Kraftschluss der Kupplung verhindert und sie deswegen durchrutscht.
■ **Wenn sie unter der Markierung steht:** Flüssigkeitspegel weit unter der Markierung ist ein Zeichen, dass im Hydrauliksystem etwas nicht stimmt, denn die Hydraulikflüssigkeit verdunstet nicht: Entweder ist ein Anschluss des Hydraulikschlauchs lose oder eine Manschette in Handpumpe oder Nehmerzylinder defekt, weswegen sich die Hydraulikflüssigkeit verflüchtigt.

Stand der Hydraulikflüssigkeit korrigieren
1. Bild 4: Flüssigkeit absaugen oder auffüllen: Flüssigkeitsstand soll bis zur Markierung stehen.
2. Bild 4: Membran, Deckel und Rand des Behälters mit sauberem, fusselfreien Tuch reinigen, Membran in korrekte Form bringen.
3. Membran langsam einsetzen.
4. Deckel aufsetzen, Schrauben eindrehen, in drei Schritten über Kreuz »gut handfest« anziehen.

Flüssigkeit wechseln, entlüften

Wenn Luft in die Kupplungshydraulik gelangt ist und die Kupplung deswegen nicht mehr exakt trennt, was man daran spürt, dass es kracht beim Schalten (!), oder Bauteile wie Hydraulikschlauch, Kupplungspumpe oder Kupplungsnehmerzylinder gewechselt werden, muss das System geleert, neu befüllt und entlüftet werden.

Vorarbeiten: Batterie abklemmen (Kapitel 13 »Batterie«), Rahmenschutz rechts abbauen, Stecker der rechten Lambdasonde trennen (Kapitel 20 »Auspuffanlage«), Stellmotor für Auspuffklappe abbauen (Kapitel 20 »Auspuffanlage«), Anlasser ausbauen (Kapitel 15 »Anlasser«).
Bild 5: Weil der Entlüfternippel am Nehmerzylinder sitzt und in eingebautem Zustand nicht zu erreichen ist, Nehmerzylinder ausbauen und aus dem Fahrzeug nehmen. **Wichtig:** Kupplungsleitung nicht lösen! Das Wechseln der Hydraulikflüssigkeit und Entlüften des Systems mit »Pumpen am Handhebel – Entlüfter auf – langsam durchdrücken – Entlüfter zu – Pumpen … « entspricht der Vorgehensweise bei den Bremsen, siehe Kapitel 6 »Bremsen«.

Kupplungsnehmerzylinder

Der Kupplungsnehmerzylinder sitzt hinten auf dem Getriebegehäuse. Kupplungsnehmerzylinder und Druckstange sind unproblematische Bauteile. Wenn der Kupplungsnehmerzylinder dennoch defekt ist und das Problem festgestellt wird, ist wahrscheinlich schon viel Hydraulikflüssigkeit ausgelaufen. Wichtig: Den ganzen Bereich, der von ausgelaufener Flüssigkeit betroffen wurde, mit reichlich klarem Wasser abspülen.

Kupplungsnehmerzylinder ausbauen
1. Vorarbeiten wie bei »Flüssigkeit wechseln« weiter vorne in diesem Kapitel
2. Bild 5: Hohlschraube am Kupplungsnehmerzylinder lösen, ausdrehen, Leitung abnehmen.
■ Reichlich Lappen unterlegen, um die auslaufende Hydraulikflüssigkeit aufzufangen.
3. Bild 5: Befestigungsschrauben des Kupplungsnehmerzylinders lösen und ausdrehen.
4. Kupplungsnehmerzylinder aus seinem Sitz ziehen, dabei nicht verkanten!

Kupplungsnehmerzylinder einbauen
1. Bild 5: Kupplungsnehmerzylinder in Einbaulage ansetzen und ohne zu verkanten in seinen Sitz drücken.
2. Handdruck auf dem Kupplungsnehmerzylinder halten, Befestigungsschrauben eindrehen, in zwei Schritten festziehen bis auf 8 Nm.
3. Bild 5: O-Ring OK? Hohlschraube eindrehen und mit 7 Nm festziehen.
4. Nun müssen der neue Kupplungsnehmerzylinder befüllt und das Hydrauliksystem entlüftet werden. BMW schreibt vor, dass dieses von unten her

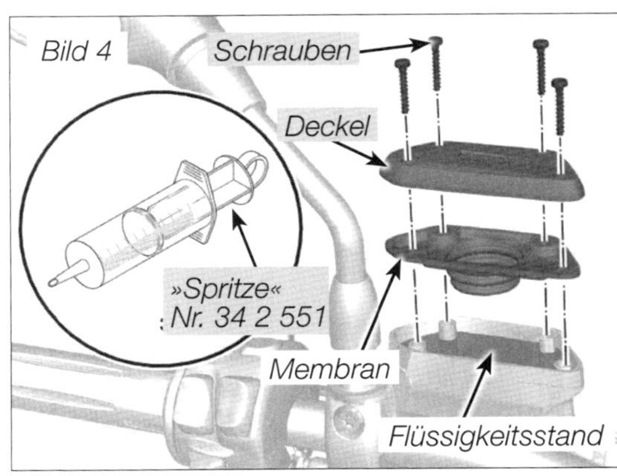

Bild 4: Zur Kontrolle der Kupplungsflüssigkeit im Vorratsbehälter müssen der Deckel abgeschraubt und die Membran herausgenommen werden.
■ *Zum Einbau der Membran diese in korrekte Form bringen und langsam einsetzen.*

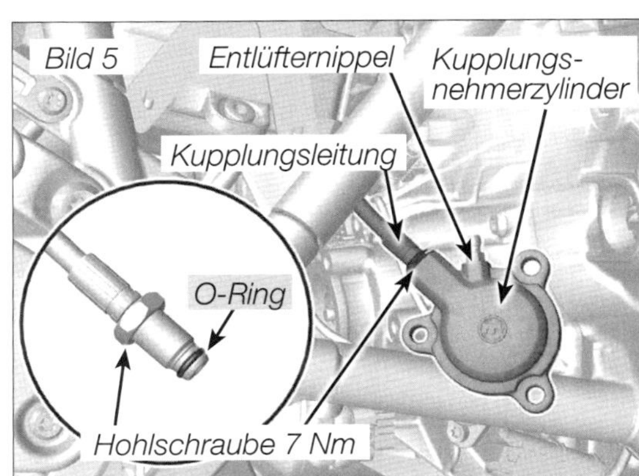

Bild 5: Anbauzeichnung des Kupplungsnehmerzylinders hinten am Getriebe.

Bilder 6 bis 9 a: Im Lauftext sind die zu den Bildern gehörenden Arbeitsschritte nummeriert beschrieben.

gemacht wird, die Erstbefüllung also über das Entlüfterventil vorgenommen wird (Bild 5). Dazu ist eine größere Spritze nötig (BMW Spezialwerkzeug »Spritze«, Nr. 34 2 551, Bild 4). Man kann das Befüllen des neuen Kupplungsnehmerzylinders und der Hydraulikleitung aber auch so machen, wie im Kapitel 6 »Bremsen« unter »Bremsflüssigkeit wechseln, Bremshydraulik entlüften« beschrieben.

Kupplung aus- und einbauen

Motorgehäusedeckel abbauen

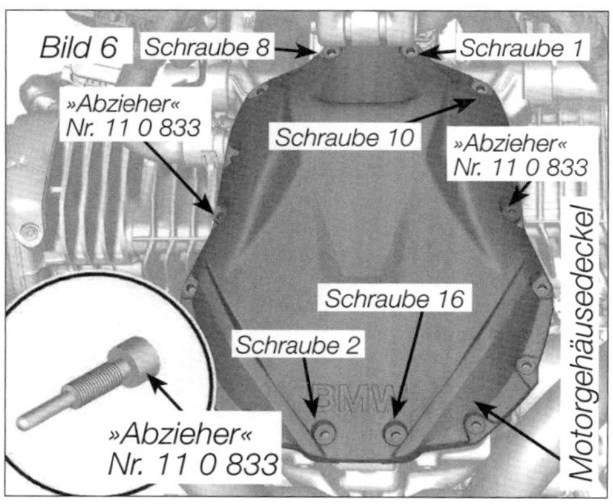

1. Motorrad mit Heckmontageständer aufbocken. Motorschutz abbauen, Motoröl ablassen (Kapitel 21 »Ölwechsel«). Motor in OT arretieren (Kapitel 25 »Ventilspiel«).

2. Motorgehäusedeckel ausbauen: Schrauben ausschrauben. Deckel an den in Bild 6 gezeigten Stellen mit BMW-Spezialwerkzeug »Abzieher« abdrücken und ausbauen.

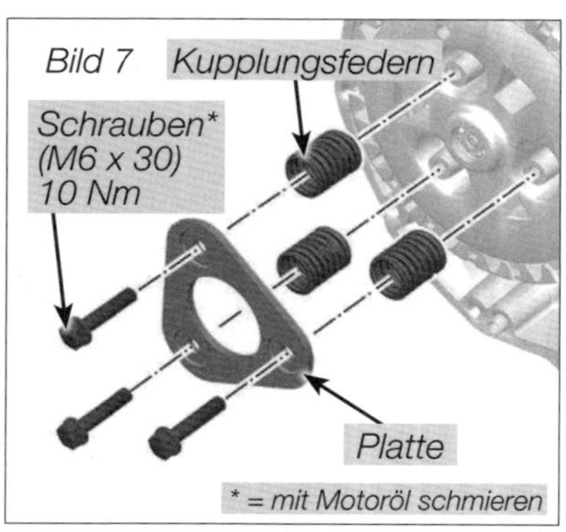

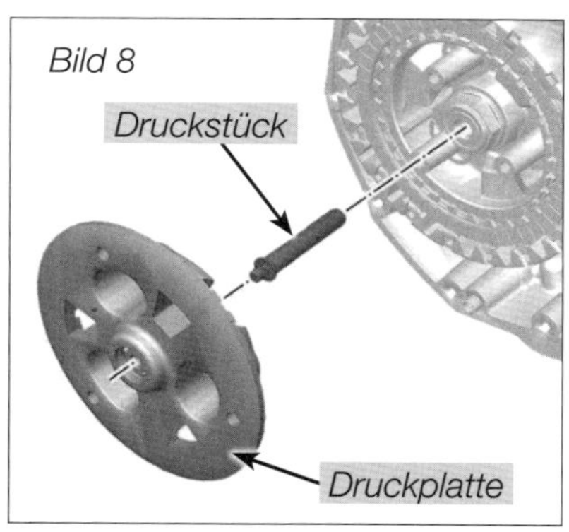

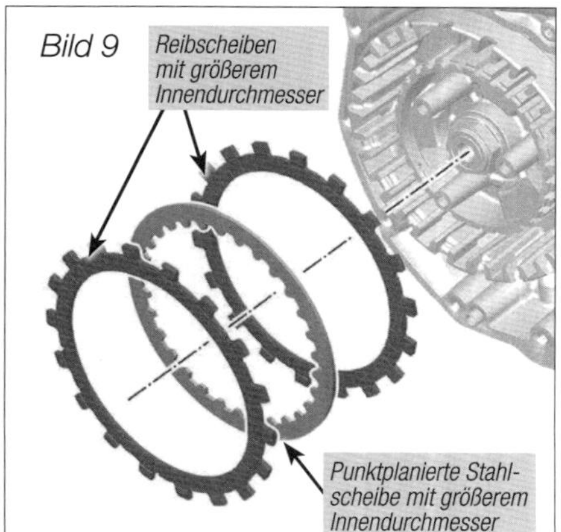

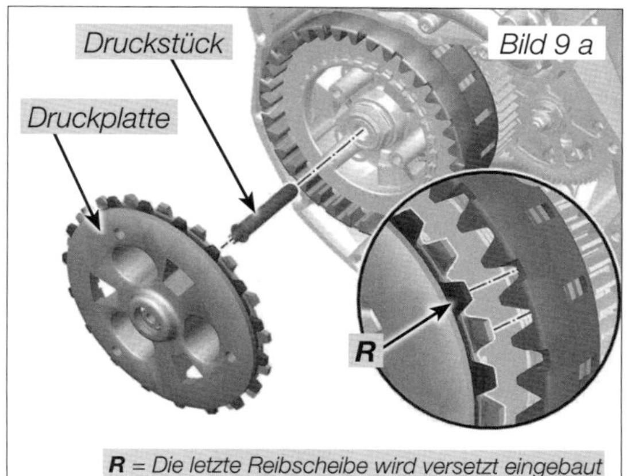

Achtung: Wenn der Motorgehäusedeckel nicht am Längslenker vorbeigeht, den Heckmontageständer höher einstellen.

Kupplungsscheiben ausbauen

1. Bild 7: Kupplungsfederschrauben schrittweise öffnen, ausdrehen, mit Platte abnehmen.
1.1. Kupplungsfedern herausnehmen.
2. Bild 8: Druckplatte abnehmen, Druckstück herausziehen.
3. Bild 9: Zwei Reibscheiben und eine punktplanierte Stahlscheibe mit größerem Innendurchmesser ausbauen.
4. Bild 10: Fünf punktplanierte Stahlscheiben und fünf Reibscheiben mit kleinerem Innendurchmesser ausbauen.
5. Bild 11: Eine glatte Stahlscheibe ausbauen.
5.1. Eine Reibscheibe mit größerem Innendurchmesser ausbauen, Federring und Federsitzring ausbauen.

Kupplung prüfen und vermessen

BMW nennt keine Verschleißmaße für die Stahlscheiben und die Kupplungsfedern. Lediglich für die Reibscheiben werden Neu- und Verschleißmaße angegeben.

1. Bild 13: Stahlscheiben auf Richtplatte mit Fühlerlehre auf Verzug prüfen. Sind sie mehr als 0,1 mm verzogen oder blau verfärbt, Stahl- und Reibscheiben erneuern.
2. Bild 12: Mit einem Lappen alles Öl von den Reibscheiben abwischen. Dicke der Reibscheiben mit Messschieber an mindestens vier Messstellen messen.
- Eine neue Reibscheibe ist 3,0 mm dick.
- Das Verschleißmaß beträgt 2,85 mm (das ist die Mindestdicke).

3. Bilder 14, 15, 16: An den Stellen, wo die äußeren Klauen der Reibscheiben (Bild 14) im Kupplungskorb (Bild 15) und die inneren Zähne der Stahlscheiben in der Kupplungsnabe (Bild 16) anliegen, sind Druckstellen zu sehen. Bis zu einer gewissen Tiefe sind das normale Gebrauchsspuren. Sind die Riefen, Kerben, Scharten oder aufgeworfenen Kanten stark ausgeprägt, müssen Kupplungsnabe, Kupplungskorb, Reib- und Stahlscheiben erneuert werden.
4. Bild 14: Aufgeworfene Kanten an den Klauen der Reibscheiben können abgefeilt werden.

■ Die Kanten nicht stark brechen, sonst wird die Anlagefläche zu schmal und die Klauen schlagen sich wieder im Kupplungskorb ein.

5. Sicht- und Fingerprobe des Kugellagers in der Druckplatte: Das Lager muss einwandfrei in Ordnung sein, muss sich leicht drehen lassen und darf keine starken Geräusche von sich geben.

Kupplungsscheiben einbauen

Wichtig: Wenn neue Reibscheiben eingebaut werden, muss man diese mindestens 30 Minuten in frischem Motoröl »baden«. Erst wenn sie mit Öl vollgesogen sind, sind sie einbaufertig.

■ Wenn sie trocken montiert werden, besteht die Gefahr, dass die Beläge bei der ersten Benutzung der Kupplung verbrennen!

1. Bilder 17 und 18: Federsitzring und Federring wie gezeigt auf Kupplungsnabe schieben.

2. Bild 11: Reibscheibe mit größerem Innendurchmesser und glatte Stahlscheibe einsetzen.

3. Bild 10: Es folgen abwechselnd fünf Reibscheiben und fünf punktplanierte Stahlscheiben mit kleinerem Innendurchmesser.

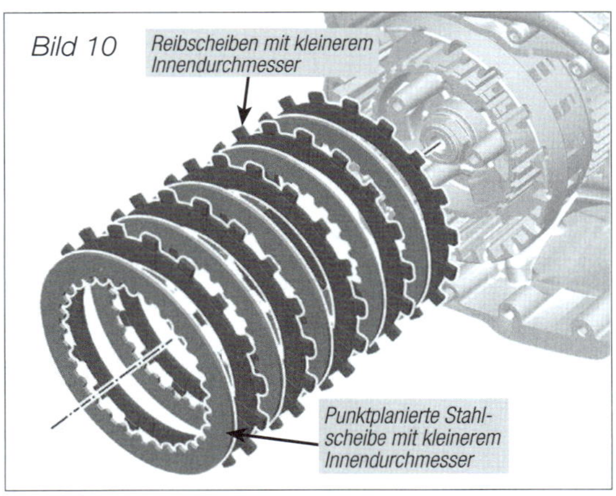

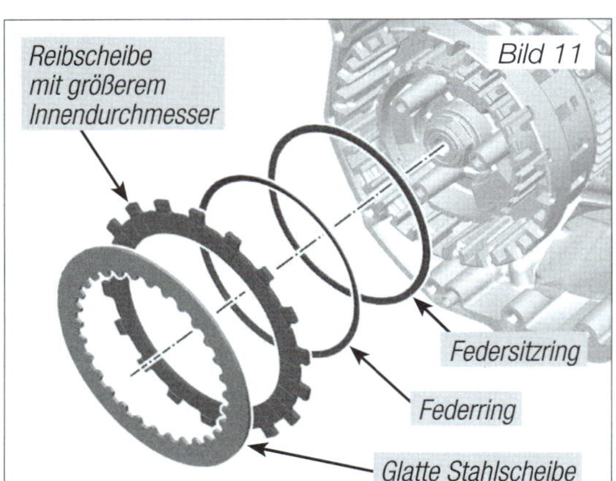

4. Bild 9: Nun zwei Reibscheiben und eine punktplanierte Stahlscheibe mit größerem Innendurchmesser in die Druckplatte einsetzen.

■ Bild 9 a: Die letzte Reibscheibe um einen Zahn versetzt in die Druckplatte einsetzen!

5. Druckplatte auf Kupplungsnabe setzen, Kupplungsfedern einsetzen, Platte aufsetzen,

5.1. Gewinde der Schrauben mit Motoröl einölen, Schrauben eindrehen, fingerfest anziehen.

5.2. Schrauben abwechselnd in mehreren Schritten festziehen mit 10 Nm.

6. Kupplungsfunktion prüfen:

■ Letzte Reibscheibe muss vollständig plan an

Bilder 10 und 11: Im Lauftext sind die Arbeitsschritte beschrieben.

Bild 12: Dicke der Reibscheiben an mehreren Stellen messen.

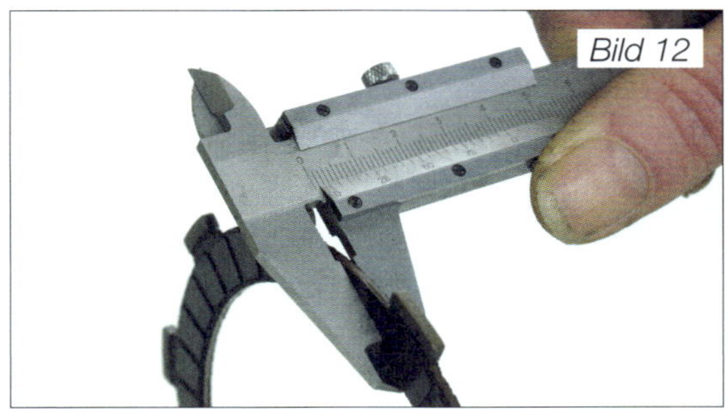

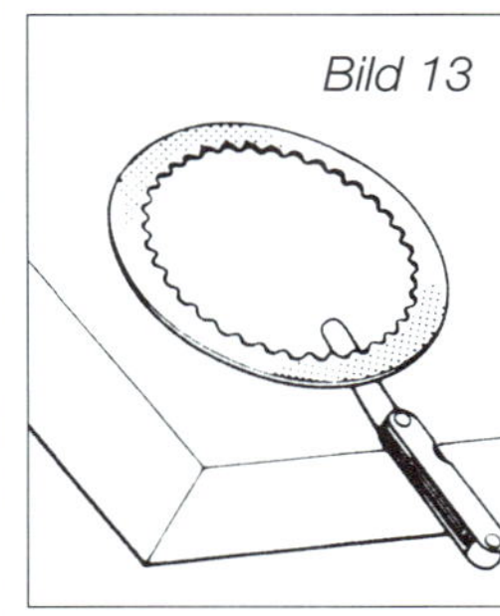

Bild 13: Stahlscheiben mit Fühlerlehre auf Richtplatte prüfen.

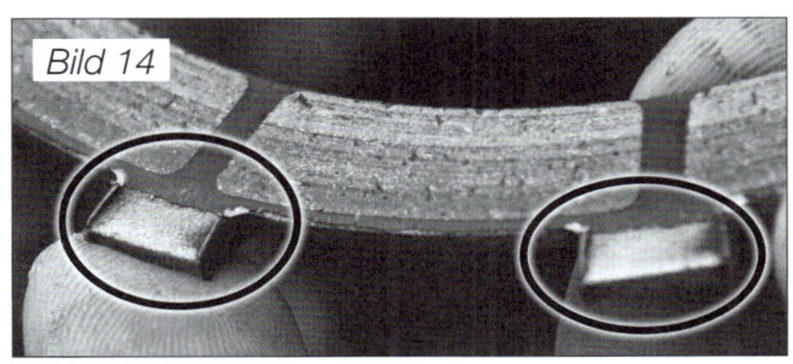

Bild 14: Aufgeworfene Kanten an Klauen der Reibscheiben.

Bilder 15 und 16: Druckstellen im Kupplungskorb und in der Kupplungsnabe.

Bilder 17 und 18: Federsitzring und Federring wie gezeigt auf die Kupplungsnabe schieben.

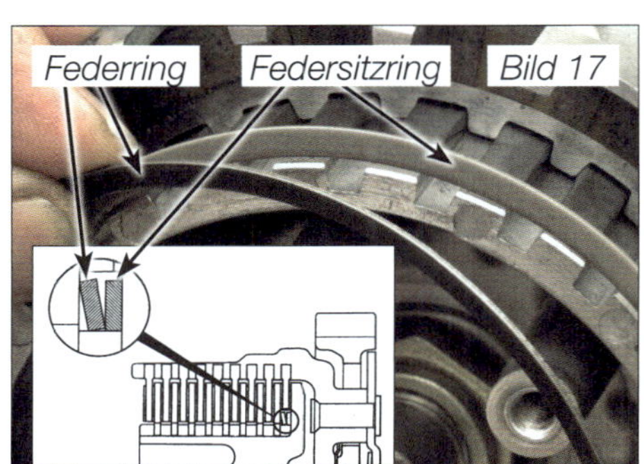

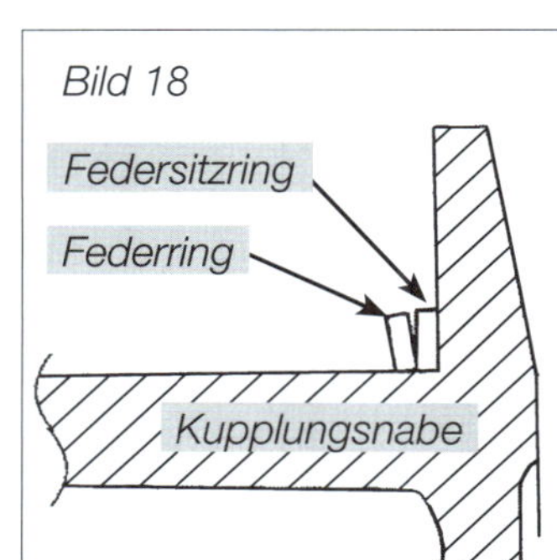

Bilder 19 bis 22 siehe Lauftext.

der Druckplatte anliegen.

■ Kupplungshebel lässt sich vollständig ziehen, die Kupplungsscheiben werden gelockert.

Kupplungsnabe ausbauen

Kupplungsscheiben sind ausgebaut wie weiter vorne beschrieben.

Bild 19: Zum Lösen und Festziehen der Zentralmutter, mit der die Kupplungsnabe auf der Getriebewelle verschraubt ist, wird die »Mitnehmer-Arretierung« (Nr. 11 0 828) benötigt; damit werden Kupplungskorb und Kupplungsnabe blockiert. Man kann aber auch einen herkömmlichen Kupplungsnabenhalter benutzen.

1. Bild 19: »Mitnehmer-Arretierung« einsetzen. Bild 20: Oder den »Kupplungsnabenhalter« auf die Kupplungsnabe aufbauen.
2. Mutter mit passender Nuss öffnen und abdrehen, Kupplungsnabe abnehmen.

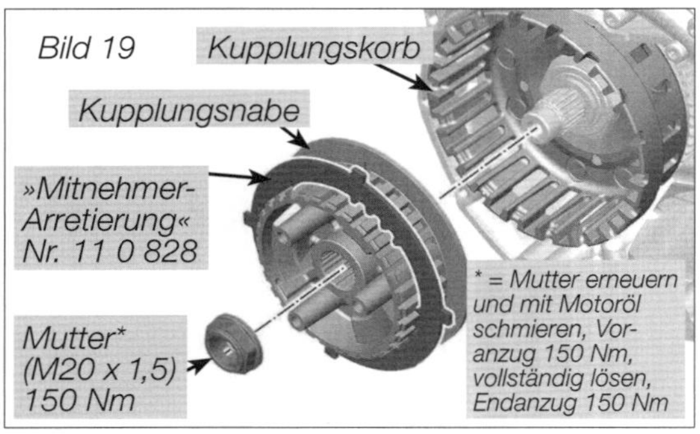

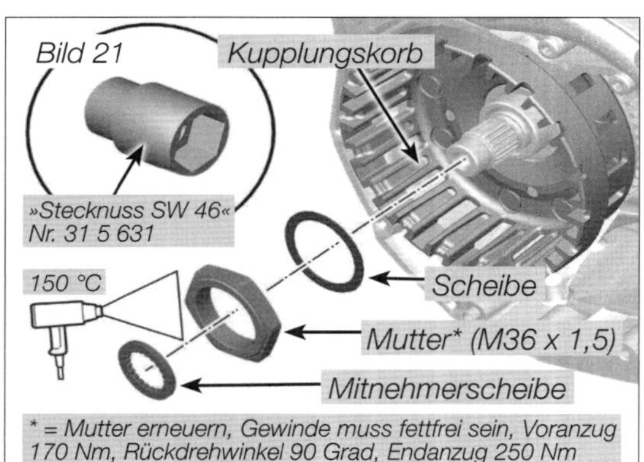

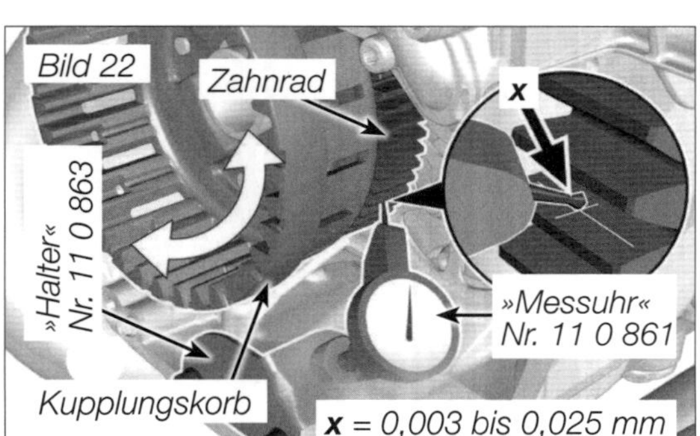

Kupplungsnabe einbauen

1. Kupplungsnabe in den Kupplungskorb einsetzen.
2. Bild 19:»Mitnehmer-Arretierung« einsetzen, neue Mutter aufdrehen.
3. Mutter mit 150 Nm festziehen, dann vollständig lösen und mit 150 Nm anziehen.
4. Kupplungsscheiben einbauen wie weiter vorne beschrieben.

Kupplungskorb ausbauen

Kupplungsnabe ist dazu ausgebaut.

1. Siehe Kapitel 25 »Ventilspiel«: Den rechten Zylinder auf Zünd-OT stellen.
1.1. Nockenwellen des rechten Zylinders mit »Absteckvorrichtung« (Nr. 11 2 512) blockieren.
2. Bild 21: Mitnehmerscheibe abnehmen.
3. Mutter mit Heißluftföhn auf 150 °C erwärmen.
3.1. Mutter mit Nuss SW46 lösen und abdrehen.
4. Scheibe und Kupplungskorb abziehen.

Kupplungskorb einbauen

Wenn der Kupplungskorb ausgebaut ist, soll vor dem endgültigen Wiedereinbau das Zahnflankenspiel gemessen werden.

1. Kupplungskorb auf Welle schieben. Dabei muss seine Nut mit dem Woodruff-Keil (Federscheibe) in der Welle fluchten.
2. Neue Scheibe aufschieben, <u>alte</u> Mutter aufdrehen, handfest anziehen.
3. Rechten Steuerkettenspanner ausbauen (siehe Kapitel 25 »Ventilspiel«).

Zahnflankenspiel messen

1. Bild 22: »Messuhr« (Nr. 11 0 861) mit »Halter« (Nr. 11 0 863) so einbauen, dass der Taster der Messuhr vorgespannt mittig auf der Zahnflanke des Kupplungskorbs aufliegt.
2. Kupplungskorb leicht hin und her bewegen. Spiel muss 0,003 bis 0,025 mm betragen.

■ Ist das Zahnflankenspiel größer oder kleiner, muss ein Kupplungskorb der nächsthöheren bzw. -niedrigeren Klassifizierung eingebaut werden.

Kupplungskorb festziehen

1. *<u>Alte</u>* Mutter ausbauen, *<u>neue</u>* Mutter aufschrauben, mit 170 Nm festziehen.

■ Gewinde der neuen Mutter muss fettfrei sein.

2. Mutter mit einem Rückdrehwinkel von 90 Grad lösen.
3. Mutter mit 250 Nm festziehen.

Wichtig: Der ganze Vorgang von »Mutter ansetzen, Voranzug, Lösen und Endanzug« muss innerhalb einer Minute erledigt sein, weil danach die Mikroverkapselung auszuhärten beginnt.

Motorgehäusedeckel einbauen

1. Dichtfläche fettfrei reinigen.
2. Dow Corning auf die Dichtfläche auftragen.
3. Motorgehäusedeckel aufsetzen, Schrauben handfest eindrehen.
4. Bild 6: Schraube »1« mit 10 Nm festziehen.
5. Schrauben »2« bis »9« im Uhrzeigersinn festziehen.
6. Schrauben »10« bis »16« im Uhrzeigersinn festziehen.

Schaltung

In diesem Kapitel: Getriebe, Funktion · Fußschalthebel einstellen · Schaltprobleme und Behebung · Sonderzubehör Schaltassistent »Pro«.

Getriebe, Funktion

Bild 1: Beim wassergekühlten Boxermotor ist das Getriebe im Motor und wird schmiertechnisch vom Motorölkreislauf mitversorgt. Die Gangräder sind für einen leisen Lauf schrägverzahnt. Das Getriebe ist als Vierwellengetriebe ausgeführt; die Wellen laufen in Wälzlagern:

- eine Getriebeeingangswelle,
- zwei Getriebewellen,
- eine Getriebeausgangswelle.

Die Schaltgabeln sind einsatzgehärtet und an den Enden hartverchromt. Die Schiebemuffen, in denen die Schaltgabeln laufen, sind mit hinterschliffenen Schaltklauen ausgeführt, was für einen sicheren Gangwechsel sorgen soll.

Fußschalthebel

Fußbrems- und Fußschalthebel sollten sich auf gleicher Ebene befinden. Wenn der Fußschalthebel eingestellt werden soll, macht man dies an der Schaltstange (Bilder 3 und 4).

Fußschalthebel einstellen

1. Bild 2: Prüfen, ob der kleine Schalthebel in richtiger Position auf der Schaltwelle sitzt. Sein Klemmschlitz muss mit der Strichmarkierung fluchten.

2. Bild 3: Wenn der Schalthebel verstellt werden soll, die Kontermuttern der Schaltstange lösen.

2.1. Zuerst nachsehen, ob eines der beiden Gewinde auf der Schaltstange ein Linksgewinde ist. Wenn JA, kann die Schaltstange zum Verstellen angebaut bleiben und wird einfach gedreht, was ihre Länge verändert und damit die Position des Fußschalthebels nach oben oder unten.

3. Wenn beides Rechtsgewinde sind, muss man einen Kugelkopf der Schaltstange ausbauen, das

Sonderzubehör Schaltassistent »Pro«: Mit dem Sonderzubehör Schaltassistent »Pro« kann hoch- und runtergeschaltet werden, ohne dass die Kupplung oder der Gasgriff betätigt werden müssen. Neben dem eigentlichen Schaltassistenten wird auch ein Freischaltcode mit Software-Aktualisierung benötigt. Der Einbau kann deswegen nur von einem BMW-Händler durchgeführt werden.

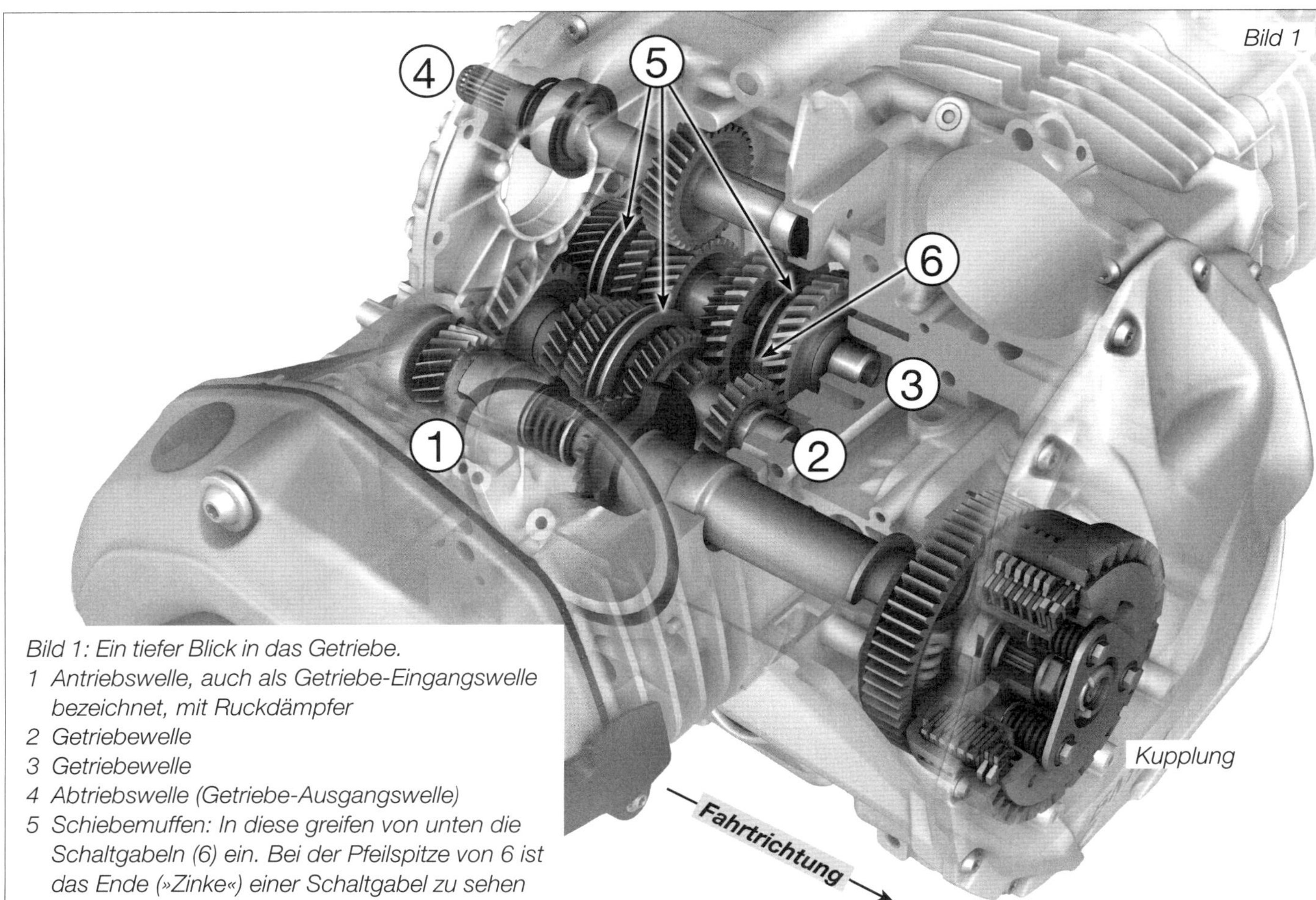

Bild 1: Ein tiefer Blick in das Getriebe.
1 Antriebswelle, auch als Getriebe-Eingangswelle bezeichnet, mit Ruckdämpfer
2 Getriebewelle
3 Getriebewelle
4 Abtriebswelle (Getriebe-Ausgangswelle)
5 Schiebemuffen: In diese greifen von unten die Schaltgabeln (6) ein. Bei der Pfeilspitze von 6 ist das Ende (»Zinke«) einer Schaltgabel zu sehen

Bilder 2, 3, 4 und 4 a: Für die Grundeinstellung des kleinen Schalthebels muss sein Klemmschlitz mit der Strichmarkierung fluchten.

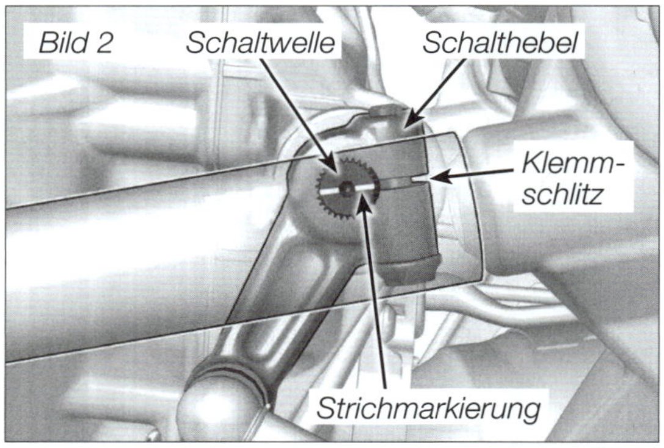

Bilder 4 b bis 5 c: Aus- und Einbau einer Kugelpfanne mit Montagedetails des Sicherungssplints.

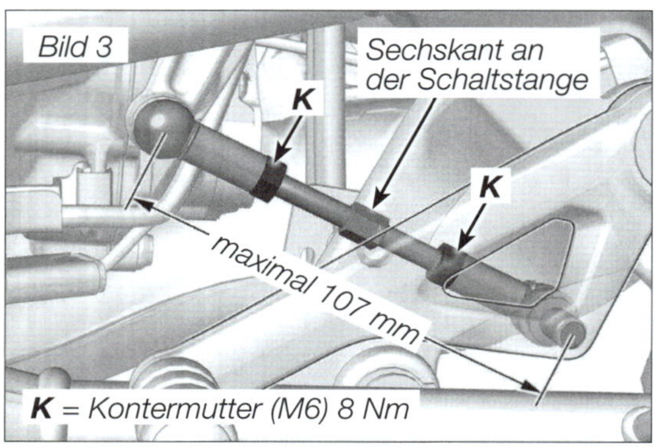

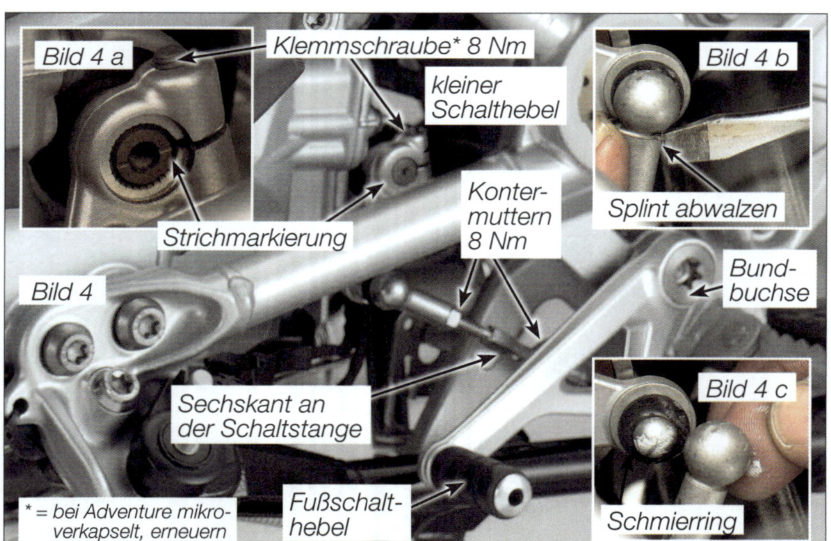

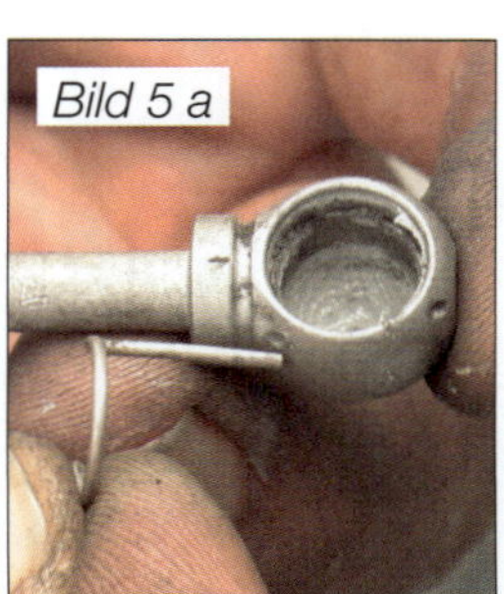

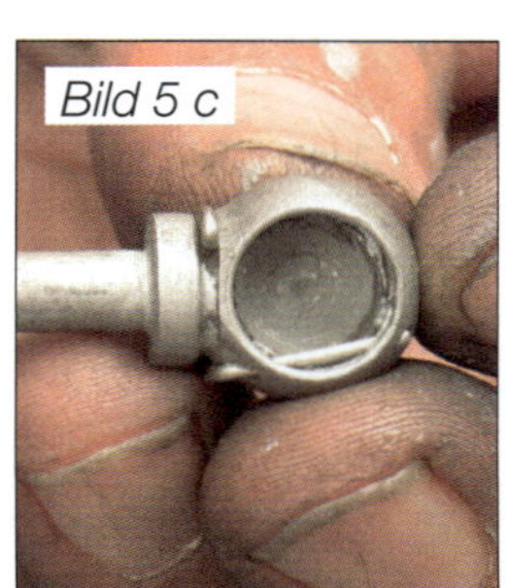

wird im nächsten Kapitelabsatz beschrieben.
3.1. Um die Länge zu verändern, beide Gewinde auf der Schaltstange gleichmäßig in die Gewinde in den Kugelköpfen ein- oder ausdrehen.
4. Bild 3: Gesamtlänge der Schaltstange von 107 mm darf nicht überschritten werden.
5. Kontermuttern der Schaltstange mit 8 Nm (»gut handfest«) festziehen.

Schaltstange aus- und einbauen

1. Bilder 5 a bis 7: Am Rand eines jeden Kugelgelenks sitzt ein Sicherungssplint.
1.1. Bild 4 b: Den Splint an der Kugelpfanne der Schaltstange von seinem Sitz abwalzen.
1.2. Bild 5 a: Splint parallel zur Gewindestange ausziehen.
2. Bild 4 c: Kugelpfanne vom Kugelkopf abziehen, sie dazu fest anpacken!
3. Kugelkopf leicht einfetten.
4. Kugelpfanne auf den Kugelkopf drücken, Sicherungssplint einschieben (Bilder 6 und 7), durch Drehbewegung zum Rand hin aufklicken (Bild 5 c) und somit sichern.

⚠ **Achtung:** Darauf achten, dass der Ring des Sicherungssplintes auch wirklich eingerastet ist, es muss leicht klicken. Denn wenn dieser nicht richtig sitzt, kann er während der Fahrt herausrutschen, dann springt die Kugelpfanne ab und damit ist die Schaltung außer Funktion!

Fußschalthebel aus- und einbauen

1. Bild 8: Von hinten Schraube ausschrauben, mit Scheibe abnehmen.
2. Bundbuchse ausbauen, Fußschalthebel und Scheibe abnehmen.
3. Kugelpfanne der Schaltstange vom Kugelkopf des Fußschalthebels abbauen (siehe Text weiter vorne).

Einbau in umgekehrter Reihenfolge:
■ Kugelkopf leicht einfetten. Bundbuchse nicht schmieren, sie ist PTFE-beschichtet!
■ Befestigungsschraube mit 19 Nm festziehen.

Schaltprobleme und Behebung

Ganz klar: Falls das Getriebe richtig kaputt ist, muss es repariert werden, am besten in einer fachlich guten Motorradwerkstatt. Denn zu einer Getriebereparatur sind Spezialwerkzeuge und umfangreiches Fachwissen über Zerlegung und Zusammenbau des BMW-Getriebes nötig. Profane Schaltprobleme dagegen haben ihre Basis meist in nicht sachgerechter Bedienung, denn konstruktiv bedingt lässt sich ein BMW-Getriebe nicht so schnell schalten wie das eines japanischen Motorrads. Man muss den Schaltvorgang bei einem BMW-Getriebe »sicher zu Ende bringen«:

- Beim Schalten in den nächsthöheren (oder nächstniedrigeren) Gang muss der Kupplungshebel ganz durchgezogen werden,
- ... dann erst den Schalthebel bis zum Anschlag nach oben ziehen (bzw. niedertreten),
- ... Kupplungshebel loslassen – und erst jetzt den Druck auf den Schalthebel wegnehmen.

Geübte BMW-Fahrer haben damit keine Probleme, weniger geübte dagegen können welche haben. Bevor jedoch das Getriebe als solches lautstark verdammt wird oder gar echte Getriebeprobleme vermutet werden, sollte der Fahrer erst einmal die eigene Art des Schaltens überprüfen und ggf. korrigieren.

Problem: Getriebe schaltet sich schwer
1. Mögliche Ursache: Lagerung des Fußschalthebels (Bild 8) schwergängig.
Abhilfe: Fußschalthebel ausbauen, Bundbuchse und Bohrung im Fußschalthebel gut reinigen.

- Bundbuchse nicht schmieren, sie ist PTFE-beschichtet.

2. Mögliche Ursache: Kupplung rückt nicht aus.
Abhilfe: Kupplungshydraulik entlüften (siehe Kapitel 23 »Kupplung«).

3. Mögliche Ursache: Kupplungsbauteile verschlissen.
Abhilfe: Neue Kupplung einbauen (siehe Kapitel 23 »Kupplung«).

4. Mögliche Ursache: Zu viel Öl, zu dickes Öl oder zu wenig Öl im Motor.
Abhilfe: Öl wechseln. Siehe dazu Kapitel 21 »Ölwechsel«.

Problem: Getriebe schaltet sich ungenau, Gang lässt sich nicht sicher einlegen
1. Mögliche Ursache: Fußschalthebel am Rahmen, Schaltstange selbst oder kleiner Schalthebel auf der Getriebeschaltwelle lose.
Abhilfe: Überprüfen, ob die Schraubverbindungen beider Schalthebel korrekt angezogen sind und die Kugelköpfe klemmfrei arbeiten.

- Einstellung des Fußschalthebels und Ab- und Anbau der Kugelköpfe siehe weiter vorne in diesem Kapitel.

2. Mögliche Ursache: Wenn der auf der Schaltwelle aufgebaute kleine Schalthebel lose war, weil die Klemmschraube nicht festgezogen war und über längere Zeit mit loser Klemmschraube gefahren wurde, ist die Verzahnung im Aluminium-Schalthebel meist defekt.
Abhilfe: Neuen Schalthebel anbauen.

Problem: Getriebe macht Geräusche
Mögliche Ursache: Lager im Getriebe defekt. Es können auch die Getriebezahnräder Materialausbrüche haben.
1. Abhilfe: Motoröl wechseln. Das alte, abgelassene Öl nicht wegschütten, sondern mit den Fingerspitzen prüfen: Sind feiner Abrieb oder gar schon grobe Metallspäne zu sehen bzw. zu spüren?

- Wenn »ja«, wird es Zeit für eine Reparatur des Getriebes. Zeigen Sie dem BMW-Motorradmeister die Krümel und lassen ihn entscheiden.
- Wenn kein Abrieb oder nur ganz wenig Metall zu spüren/zu sehen ist, neues Motoröl einfüllen und hören: Das Geräusch kann jetzt geringer oder sogar ganz verschwunden sein.

2. Abhilfe: Getriebe reparieren. Bei dieser Gelegenheit alle Lager erneuern (teuer!) und die defekten Zahnräder sowieso.

Das ist klarerweise eine Sache einer Motorradwerkstatt, die etwas von BMW-Motoren versteht. Zu einer Getriebe-Motor-Überholung werden eine Menge Mess- und Spezialwerkzeuge gebraucht. Man kann auch einen Austauschmotor einbauen, das ist oft preiswerter als eine Getriebereparatur.

Bilder 6 und 7: Schaltmechanik vom Fußschalthebel bis zur Getriebeschaltwelle.

- *Bitte achten Sie darauf, dass alle Sicherungssplinte richtig sitzen, siehe dazu Bilder 5 b bis 7.*

Bild 8: Beim Einbau des Fußschalthebels Bundbuchse nicht einfetten.

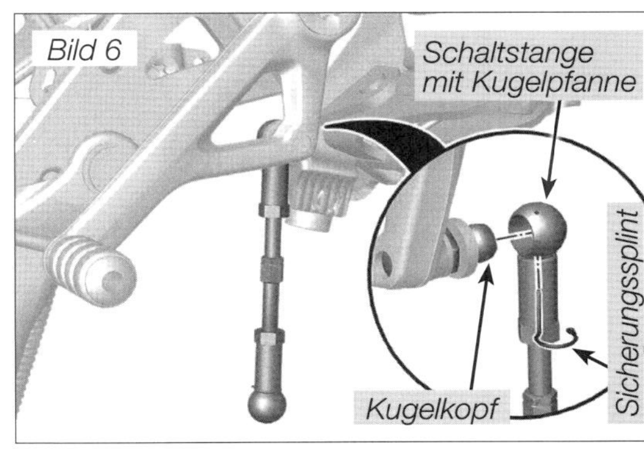

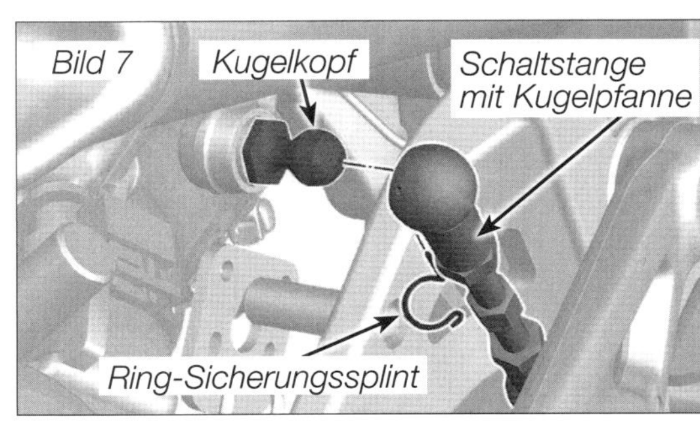

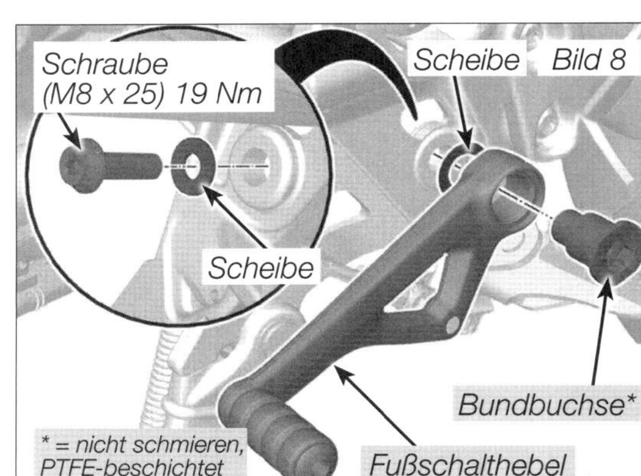

Vorgeschriebenes Ventilspiel
- Einlassventile: 0,10 mm bis 0,17 mm
- Auslassventile: 0,34 mm bis 0,41 mm

Das Ventilspiel am besten mit einer Fühlerblattlehre zwischen dem Schlepphebel und der Nockenlaufbahn messen, NICHT zwischen Schlepphebel und Einstellplättchen.

Bilder 1 bis 2: Blick auf die Ventilbetätigung im Zylinderkopf.

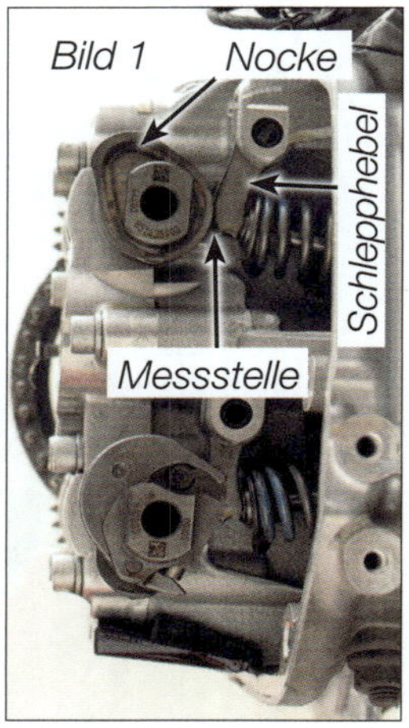

Ventilspiel

In diesem Kapitel: Ventiltrieb · Ventilspiel selbst einstellen? · Ventilspiel kontrollieren · Neue Einstellplättchen einbauen.

Ventiltrieb

Der Boxermotor ist mit je zwei obenliegenden Nockenwellen pro Zylinder bestückt (DOHC = Double Over Head Camshaft), die von je einer Zahnkette (»Steuerkette«) pro Zylinder und Zwischenzahnrädern angetrieben werden. Zwischen Nockenwellen und Ventilen sind Schlepphebel eingebaut, diese übertragen die Nockenerhebungen (»Nockenbuckel«) auf die Oberseite der Ventilschäfte (»Ventilkopf«), wodurch die Ventile geöffnet werden. Geschlossen werden sie durch Ventilfedern.

Im Ventilfederteller ist eine kleine Metallscheibe (»Shim«) aus extrem hartem Stahl eingesetzt. Die Unterseite des Shim sitzt auf dem Ventilkopf, die Oberseite wird vom Schlepphebel beaufschlagt. Der Abstand von der Unterseite des Schlepphebels zur Oberseite des Shim wird als Ventilspiel bezeichnet. Gemessen wird es zwischen Nockenwelle und Schlepphebel (siehe Bilder 1, 7, 8).

Ventilspiel

Ein gewisses Spiel zwischen den Bauteilen Nocken, Schlepphebel und Ventil ist nötig, damit jedes Ventil über seinen Ventilsitz dicht schließt und Verbrennungsgas nicht unkontrolliert entweichen kann. Laut BMW-Vorschrift muss das Ventilspiel alle 20 000 km überprüft (also gemessen) und ggf. eingestellt werden.

Das Ventilspiel wird eingestellt durch ein Ventilspiel-Einstellplättchen mit einem bestimmten Maß, das zwischen Schlepphebel und Ventilschaftkopf im Ventilfederteller sitzt. Wenn das Ventilspiel nicht mehr den vorgeschriebenen Werten entspricht, muss es neu eingestellt werden: Das momentan eingebaute Einstellplättchen wird ersetzt:
- durch ein dickeres bei zu großem Ventilspiel
- durch ein dünneres bei zu geringem Ventilspiel

Alle zum Ventiltrieb gehörenden, das Ventilspiel bestimmenden Bauteile im Zylinderkopf sind von höchster Fertigungsqualität und haben deswegen weder Verschleiß (Nocken, Schlepphebel, Einstellplättchen) noch »längen« sie sich (Ventilschaft) oder »setzen« sich (Ventilsitz am Ventil, Ventilsitz im Zylinderkopf). Deswegen bleibt das Spiel bei allen acht Ventilen (vier pro Zylinder) über sehr lange Zeit innerhalb der Maßtoleranzen; es verstellt sich nur minimal. Erfahrungen zeigen, dass das Ventilspiel bei den Inspektionen alle 20 000 km entweder bei keinem oder nur bei wenigen Ventilen neu eingestellt werden muss.

Dennoch muss eine Prüfung des Ventilspiels alle 20 000 km sein. Wenn sich dabei herausstellt, dass bei einem Ein- oder Auslassventil das Ventilspiel nicht korrekt ist innerhalb der Maßtoleranzen, müssen die entsprechende Nockenwelle ausgebaut und andere Einstellplättchen eingebaut werden.

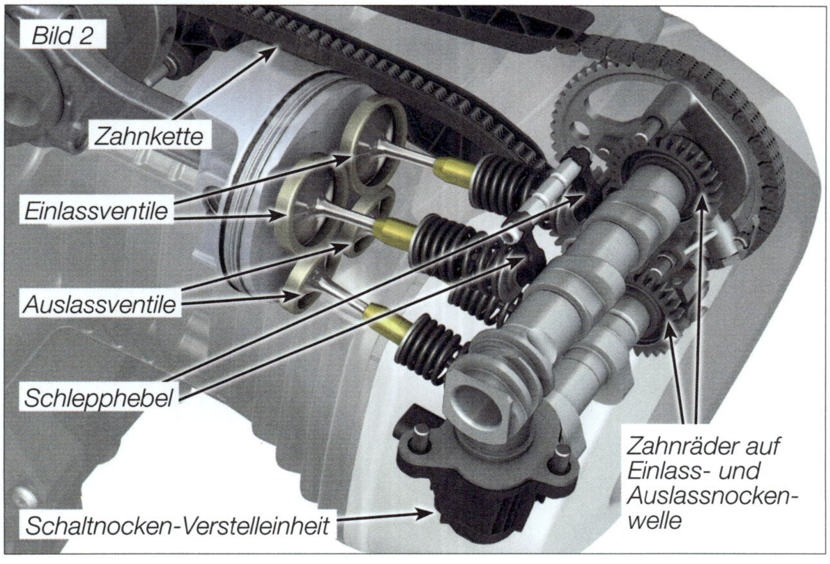

Ventilspiel selbst einstellen?

Wenig geübten Hobbyschraubern raten wir, die Maschine zum Prüfen des Ventilspiels und einer eventuellen Neueinstellung in eine BMW-Werkstatt zu bringen, weil Kontrolle und Neueinstellung fachliches Können, Fingerspitzengefühl, passende Spezialwerkzeuge und einen hohen zeitlichen Aufwand erfordern.

Wenn in der BMW-Werkstatt andere Ventilspiel-Einstellplättchen eingebaut werden, sind diese in der Regel nicht neu, sondern Austauschteile, die in der Werkstatt in großer Anzahl vorrätig sind. Gebrauchte Einstellplättchen können guten Gewissens als »so gut wie neu« verkauft werden, denn sie sind so hart, dass sie weder verschleißen, brechen oder anderweitig unbrauchbar werden.

Wenn Sie jedoch das Ventilspiel selbst einstellen möchten und dazu beim BMW-Händler entsprechende Einstellplättchen kaufen müssen, dann verkauft er Ihnen neue Teile, die ziemlich teuer sind (ca. sieben Euro pro Stück).

Ventilspiel kontrollieren

Zur Kontrolle des Ventilspiels muss der Motor kalt sein (maximal 35 °C). Motorrad auf Mittelständer oder Montageständer abstellen. Eine ausreichend große Wanne unter den Zylinderkopf, der beschraubt wird, stellen, denn beim Abnehmen der Zylinderkopfhaube kommt Öl heraus. In diesem Kapitelabsatz bearbeiten wir den rechten Zylinderkopf.

1. Ungehinderten Zugang zu den Zylinderkopfhauben schaffen. Teile wie z. B. Motorschutzbügel abbauen.
2. Abdeckungen der Zündkerzen abschrauben (siehe dazu Kapitel 16 »Zündkerzen«).
2.1. Zündkerzen ausbauen.
3. Bild 3: Zylinderkopfhaube abbauen. Die drei Schrauben lösen und sie bis zum inneren Bund ausziehen. Mit kräftiger Hand an der Zylinderkopfhaube wackeln, abnehmen.
■ Wenn die Zylinderkopfhaube nicht runter will, weil ihre Dichtung festgebacken ist, Bild 4: Mit einem Kunststoffhammer vorsichtig (!) auf den Deckel klopfen und so die Verklebung lösen.
3.1. Bild 5: Dichtung und Kerzenschacht-Dichtung abnehmen. Verschiebeschutz abnehmen.
4. Bilder 1 und 18: Zum Messen des Ventilspiels und zum eventuell späteren Ausbau der Nockenwellen (zwecks Austausch der Einstellplättchen) müssen die Nockenwellen so stehen:
■ Nockenbuckel zeigen nach außen,
■ angeflachte Enden der Nockenwellen stehen in Flucht zueinander.
5: Nun den OT (»Oberer Totpunkt«) suchen nach BMW-Vorschrift:
5.1. Bild 6 a: Verschlussschraube in der Absteckbohrung lösen und ausdrehen.
5.2. Bild 6 b: BMW-Spezialwerkzeug »Absteckdorn« (Nr. 11 0 822) entriegeln und eindrehen.
■ Der Entriegelungshebel muss auf »A« stehen (schwarzer Pfeil in Bild 6 b), das bedeutet, dass der Absteckdorn mit Ø 8 mm (das entspricht der OT-Absteckbohrung) ausgefahren ist.
5.3. Einen hohen Gang einlegen. In Fahrtrichtung langsam am Hinterrad drehen, bis der Absteckdorn einrastet.
5.4. Position der Nockenwellen kontrollieren, sie müssen so stehen wie in Bild 18 gezeigt.
5.5. Wenn die Nocken nicht nach außen stehen, sondern nach innen und somit die Ventile unter Druck sind: Absteckdorn verriegeln, Motor am Hinterrad etwas weiterdrehen, Absteckdorn entriegeln, Motor am Hinterrad so weit drehen, bis der Absteckdorn einrastet.
5.6. Kontrolle wie in Bild 18 gezeigt:
■ Nockenbuckel zeigen nach außen,
■ die angeflachten Seiten der Nockenwellen stehen in Flucht zueinander.

Anmerkung: Wenn Sie keinen originalen BMW-OT-Absteckdorn haben, schrauben Sie die Verschlussschraube der Absteckbohrung aus, drehen am Hinterrad so lange, bis die Nockenwellen in der Position stehen wie in Bild 18 gezeigt. Mit einer Taschenlampe in die Absteckbohrung reinleuchten: Die 8-mm-Bohrung muss zu sehen sein. Jetzt einen 8er-Bolzen einstecken.

Ventilspiel prüfen, Ist-Ventilspiel ermitteln

■ Bilder 1, 7 und 8: So lange mit verschieden dicken Fühlerblattlehren prüfen, bis eine gefunden ist, die sich zwischen Nocken und Schlepphebel satt durchziehen lässt.
■ Dieses Ist-Ventilspiel mit den zugehörigen Zylinderzahlen sowie E und

Bilder 3, 4 und 5: Abnehmen der Zylinderkopfhaube.

Bild 6 a: Unter dieser Schraube finden sich die Kontrollbohrungen für »UT« und »OT«.

Bild 6 b: Mit dem Absteckdorn wird die Kurbelwelle blockiert.

Bild 5

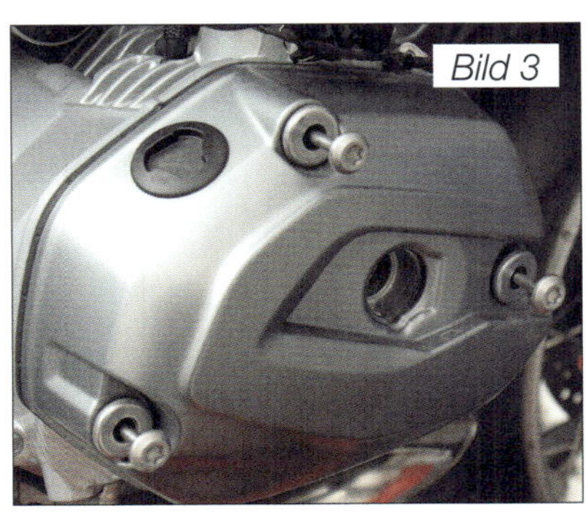
Bild 3

Bild 6 a

Bild 4

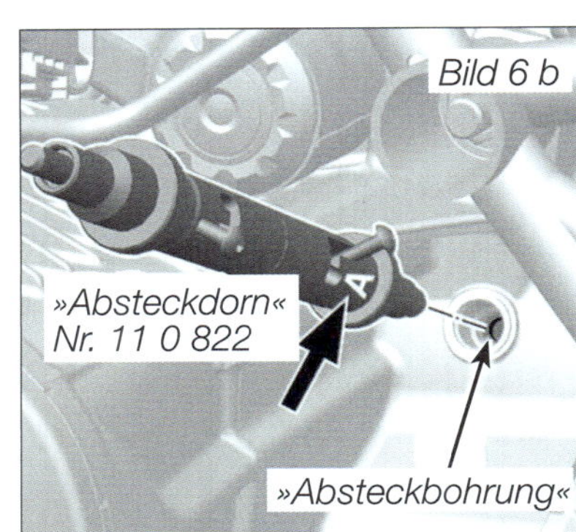

Bild 6 b

Sichtprüfung Messen

A (für Einlass und Auslass) notieren. Es dient später dazu, entsprechende neue Ventilspiel-Einstellplättchen auszuwählen, mit denen das Ventilspiel auf die vorgeschriebenen Werte eingestellt wird.

Fazit der Messaktion

1. Wenn die gemessenen Ventilspiele innerhalb der vorgeschriebenen Toleranzen liegen, braucht man nichts Weiteres zu tun, das Motorrad kann wieder zusammengebaut werden.

2. Wenn aber auch nur ein Ein- oder Auslassventil das vorgeschriebene Ventilspiel unter- oder überschreitet, müssen die zugehörige Ein- oder Auslassnockenwelle ausgebaut und neue Einstellplättchen eingesetzt werden.

3. Wenn kein Ventilspiel eingestellt werden muss, muss der Absteckdorn (Bild 6 b) wieder ausgebaut werden und die Verschlussschraube eingeschraubt und mit 30 Nm festgezogen werden.

Neue Einstellplättchen einbauen

Nockenwellen ausbauen

1. Der Absteckdorn ist vom »Ventilspiel kontrollieren« noch eingebaut.

2. Der folgende Punkt ist von BWM vorgeschrieben und das zu Recht, denn das Einsetzen der Spezialwerkzeuge »Steuerkettenspannvorrichtung« (Nr. 11 1 512) und »Hülse« (Nr. 11 1 513) verhindert, dass die Zahnkette des Nockenwellenantriebs überspringt, wenn am Nockenwellen-Zwischenrad gedreht werden muss (siehe weiter hinten in diesem Kapitel).

■ Bild 9 a: Steuerkettenspanner hinten-unten am Steuerkettenschacht ausbauen: Schraube lösen und ausdrehen, Dichtring abnehmen, Feder und Kolben aus Bohrung herausziehen.

Bilder 7 und 8: Messen des Ventilspiels an Ein- und Auslassventil.

Bild 7

Bild 8

Bilder 9 a und 9 b: Ausbau des Steuerkettenspanners und Einbau des BMW-Spezialwerkzeugs.

Bild 9 a

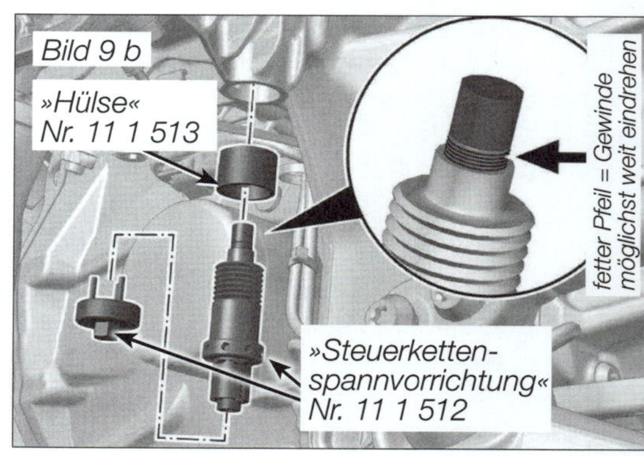

Bild 9 b

Bilder 10 a und 10 b: Abbau der Schaltnocken-Verstelleinheit.

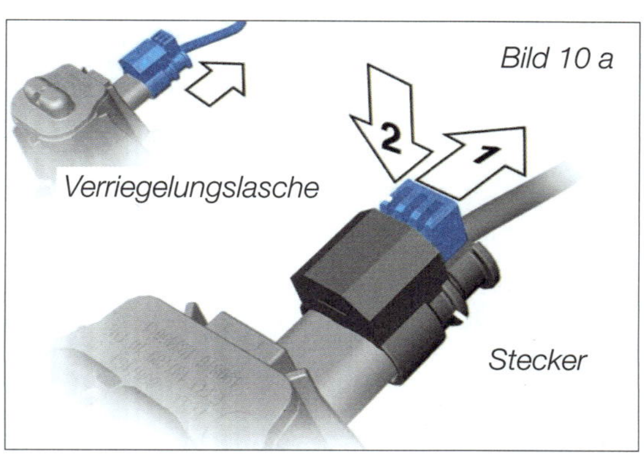

Bild 10 a

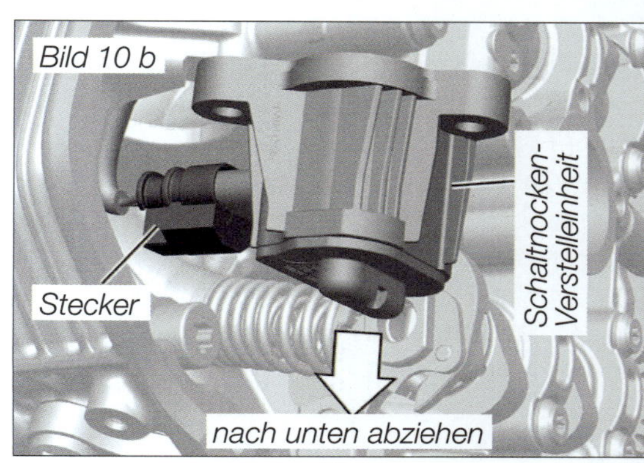

Bild 10 b

Vorgeschriebenes Ventilspiel

■ Einlassventile:
0,10 mm bis 0,17 mm

■ Auslassventile:
0,34 mm bis 0,41 mm

■ Bild 9 b: Dann wird die »Steuerkettenspannvorrichtung« eingedreht, wobei der innere Bolzen möglichst weit eingeschraubt sein muss; die »Hülse« wird vorne aufgesteckt.
■ »Steuerkettenspannvorrichtung« bis zum Freilauf eindrehen, Freilauf dreimal nachknacken.
3. Jetzt mit einem fetten Edding Strichmarkierungen anbringen auf den Zahnrädern der Nockenwellen und dem Zwischenzahnrad.
■ Diese helfen später beim Zusammenbau, dass die Zahnräder in der richtigen Stellung wieder eingebaut werden!
4. Bild 10 b: Die drei Schrauben der Schaltnocken-Verstelleinheit ausschrauben.
4.1. Bild 10 a: Stecker der Schaltnocken-Verstelleinheit trennen: Verriegelungslasche in Richtung »Pfeil 1« schieben und dadurch entriegeln, dann in Richtung »Pfeil 2« eindrücken, jetzt lässt sich der Stecker in Richtung »Pfeil 1« ausziehen.
5. Bild 11 a: Wenn das Zwischenrad verdreht werden muss, damit sich die untere Schraube des Haltebügels ausschrauben lässt, muss der Absteckdorn (Bild 6 b) ausgebaut werden.
5.1. Das Spezialwerkzeug »Drehvorrichtung« in das Zwischenrad einsetzen und damit das Zwischenrad rechts herum so weit verdrehen, dass sich die untere Schraube des Haltebügels ausschrauben lässt.
5.2. Bild 11 b: Die Schrauben des Haltebügels für Axialfixierung ausschrauben, den Haltebügel ausbauen, dabei darauf achten, dass die Führungshülse (fetter Pfeil in Bild 11 b) nicht herausfällt.
6. Bild 12: Nockenwellen-Lagerbrücke ausbauen, dazu alle Schrauben über Kreuz gleichmäßig in kleinen Schritten lösen und ausdrehen.
6.1. Nockenwellen-Lagerbrücke vorsichtig abnehmen, dabei die Nockenwellen in ihrer Lagerposition halten.
6.2. O-Ring abnehmen.
7. Bild 13: Die Nockenwelle ausbauen, bei der die Ventilspiele korrigiert und deswegen neue Einstellplättchen eingesetzt werden müssen. Wenn eine der beiden Nockenwellen in Einbauposition bleibt, sie mit einem Gummiband in ihrem Lager in Einbauposition fixieren.

Einstellplättchen auswählen
Es gibt 40 verschiedene Einstellplättchen in den Dicken 1,72 bis 2,50 mm in Abstufungen von 0,02 mm. Die Maßangabe steht nicht auf dem Einstellplättchen, weswegen jedes Plättchen gemessen werden muss mit einer Bügelmessschraube (»Mikrometer«).
Wichtig: NIEmals ein Einstellplättchen mit Feile oder Schleifpapier bearbeiten, um es passend machen zu wollen!

Beispiel neues Einstellplättchen auswählen
1. Das vorgeschriebene Einlass-Ventilspiel beträgt 0,10 bis 0,17 mm.
2. Gemessenes Einlass-Ventilspiel 0,22 mm.
3. Eingebautes Einstellplättchen misst 1,96 mm.
4. Eingebautes Einstellplättchen ersetzen durch ein neues mit einer Dicke von 2,06 mm.
5. Ergebnis: Das neue Einlass-Ventilspiel beträgt nun 0,12 mm.

Einstellplättchen auswechseln
1. Bild 14: Schlepphebel anheben.
2. Einstellplättchen mit einem Magnetheber aus dem Ventilfederteller herausziehen.
2.1. Dicke feststellen, das ausgewählte Plättchen

Redaktionelle Anmerkung:
Die ShiftCam-Ventilsteuerung in Bild und Text siehe Kapitel 29 Seiten 182/183.

Bilder 11 a und 11 b: Abbau des Haltebügels für Axialführung.

Bild 12: Abbau der Nockenwellen-Lagerbrücke.

Bild 13: Zum Einstellen des Ventilspiels durch den Einbau anderer Einstellplättchen muss die entsprechende Nockenwelle ausgebaut werden.

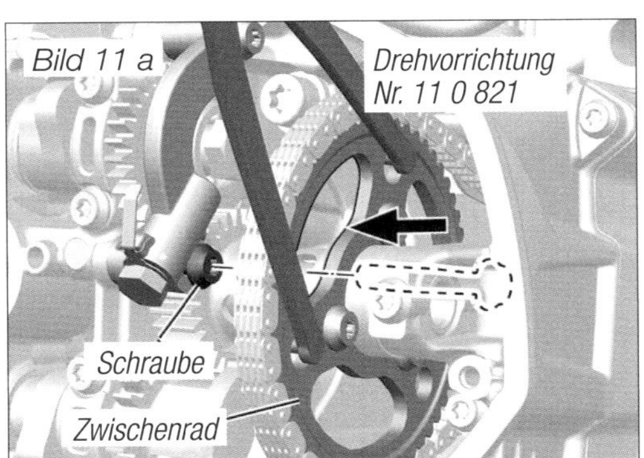

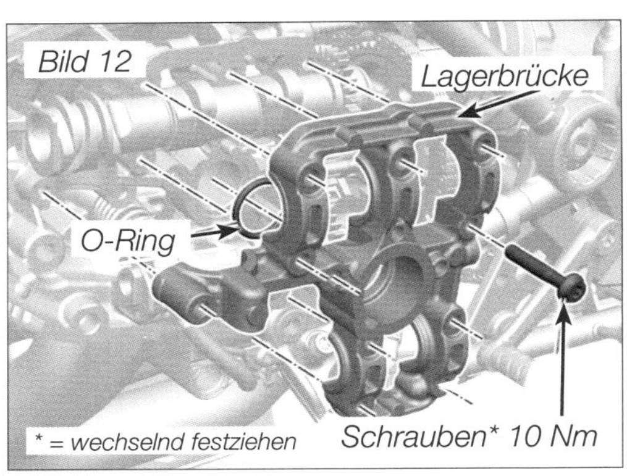

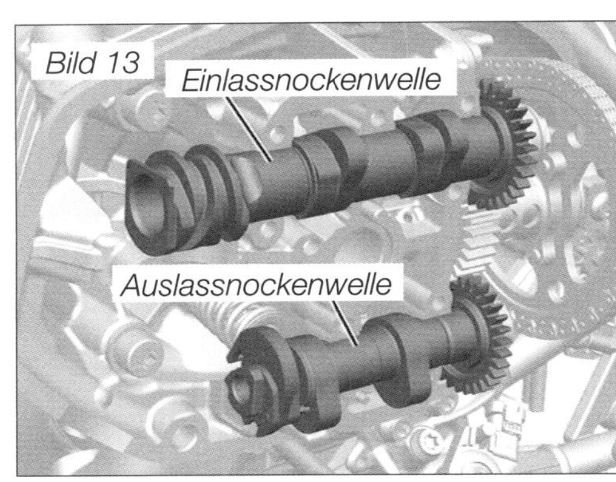

Bild 14: Zum Wechseln des Einstellplättchens Schlepphebel anheben.

Bilder 15, 16, 17: So sitzen die Nockenwellen beim Einbau richtig. Das wird mit der Absteckvorrichtung kontrolliert.

Bauteile im Bild 16
Teil 1 = Einlassnockenwelle
Teil 2 = Auslassnockenwelle
Teil 3 = Nockenwellenzahnräder
Teil 4 = Zahnrad der Zwischenwelle
Fette Pfeile = Nocken

mit einer Mikrometerschraube messen.

3. Neues Einstellplättchen auswählen: mit dem Mikrometer so lange messen, bis man ein passendes gefunden hat.

3.1. Neues Einstellplättchen in den Ventilfederteller einsetzen und nachdrücken.

4. Schlepphebel auf Ventil zurückklappen.

Nockenwelle einbauen

1. Lagerstellen mit frischem Motoröl schmieren.

2. Bild 16: Einlassnockenwelle, Auslassnockenwelle oder beide Nockenwellen so einlegen wie vorhin herausgenommen, dabei die Zähne am Nockenwellenrad in die Zähne des Zwischenrads sorgfältig »einrollen«, dass ...

- die Einlassnockenwelle so weit eingeschoben ist, dass das Nockenwellenrad rechtsbündig am Zwischenwellenrad anliegt (Bild 15),
- sich die vor dem Ausbau angebrachten Edding-Markierungen decken,
- die äußeren Parallelflächen an der Nockenwelle senkrecht stehen (Bild 18),
- die Nockenbuckel nach außen zeigen (schwarze Pfeile in Bild 16),

3. Bild 12: O-Ring einlegen, Lagerbrücke aufsetzen, Schrauben eindrehen und Schritt für Schritt handfest festziehen bis auf 10 Nm.

4. Bild 17: Mit BMW-Spezialwerkzeug »Absteckvorrichtung« (Nr. 112511) die korrekte Stellung der Nockenwellen zueinander prüfen. Wenn Sie dieses Werkzeug nicht haben, siehe Bild 18.

5. Bild 10 a: Darauf achten, dass die Verriegelungslasche noch entriegelt ist. Stecker der Schaltnocken-Verstelleinheit aufschieben. Verriegelungslasche muss hörbar einrasten.

5.1. Bild 10 b: Schaltnocken-Verstelleinheit ansetzen, Schrauben einschrauben, mit 10 Nm festziehen.

6. Jetzt noch einmal das Ventilspiel prüfen.

7. Bild 9 b: »Steuerkettenspannvorrichtung« und »Hülse« ausbauen.

8. Steuerkettenspanner einbauen, Verschlussschraube mit 32 Nm festziehen.

Ventildeckel aufbauen

1. Alle Dichtflächen gut reinigen und entfetten.

2. Dichtungen Ventildeckel und Kerzenschacht kontrollieren: Wenn eingerissen oder zerdrückt, erneuern.

3. Ventildeckeldichtung in Ventildeckel einsetzen.

4. Kerzenschachtdichtung einsetzen, Aussparung muss nach hinten-unten weisen.

5. Bild 5: Ventildeckeldichtung auf Zylinderkopf auflegen, Ventildeckel aufsetzen.

6. Bild 3: Befestigungsschrauben des Ventildeckels einschrauben, nacheinander in kleinen Schritten bis auf 10 Nm festziehen.

7. Abgebaute Teile anbauen.

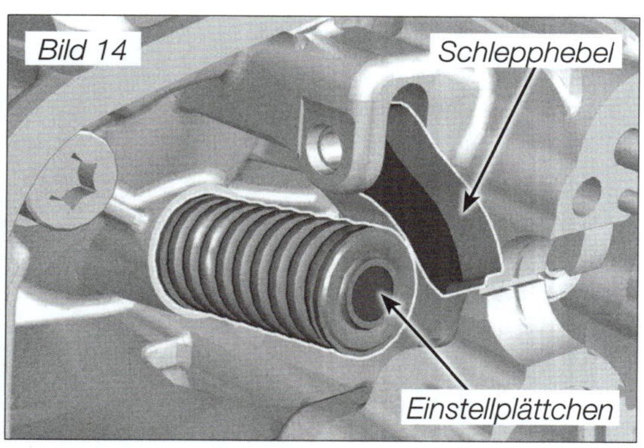

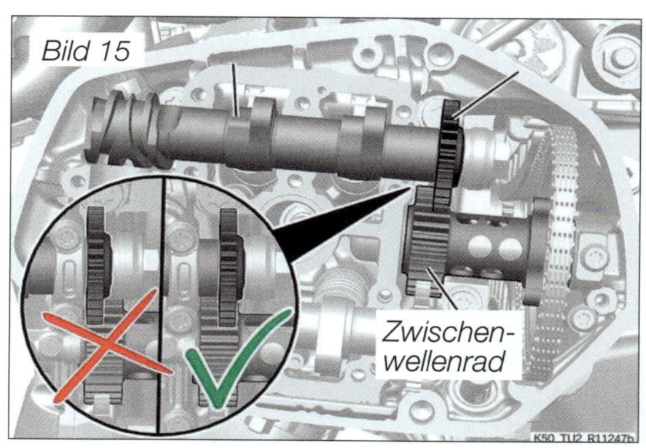

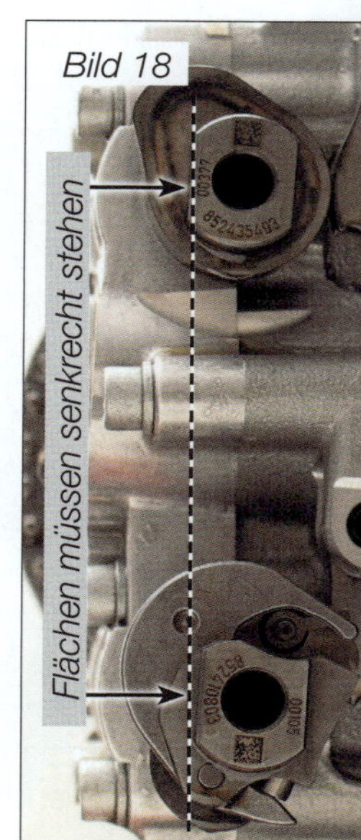

Bild 18: So wird es mit bloßem Auge kontrolliert.

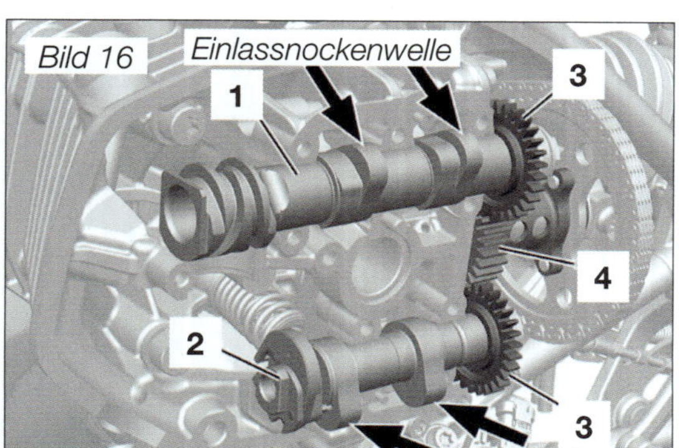

Störungssuche

In diesem Kapitel: Störungssuche in Elektrik, Motor, Kraftübertragung und Fahrwerk.

Sollte bei Ihrer Maschine irgendwo ein Fehler auftreten, kann dieses Kapitel helfen bei der Suche nach der Störungsursache. Wir empfehlen Ihnen, es gelegentlich durchzulesen, auch ohne dass ein Defekt am Motorrad Sie dazu zwingt. Sie lernen dazu und sensibilisieren sich damit für den Fall der Fälle, können bei einem auftretenden Fehler schneller zur »Möglichen Ursache« kommen.

Wenn Sie in den Text einsteigen, werden Sie feststellen, dass sich einige Textpassagen unter »Mögliche Ursachen« bei verschiedenen Fehlerursachen wiederholen, denn mögliche Fehlerquellen können sich verzahnen und eine Negativkette bilden. Beispiel: Wenn über Winter mehrere Tage lang (oder auch Wochen) am teilzerlegten Motorrad geschraubt wurde und der Motor danach nicht anspringt, kann es durchaus sein, dass folgende Dinge zusammenkommen: Spritleitung nicht richtig angeschlossen und Zündkerzen geben keinen Funken ab, weil die Zündkerzenstecker nicht richtig aufgesteckt sind.

Sollte Ihre Maschine einmal den Geist aufgeben und einfach stehen bleiben, sei es mit oder ohne grobe Nebengeräusche, dann bleiben Sie cool. Überlegen Sie: Wo wurde zuletzt herumgeschraubt? Fehler und Probleme haben meist einfache Gründe, man muss sie nur finden! Vieles ist simpel, alles ist logisch. Denn bei allen Emotionen, die im Motorradfahren drinstecken, ist ein Motorrad eben doch bloß ein technisches Gerät, dessen einzelne Bauteile nach physikalisch-technischen Gesichtspunkten funktionieren und zusammenwirken.

Zu den Anmerkungen: »➔ *Fachwerkstatt*« meint Motorrad-Werkstätten, die von einem Meister geführt werden. »➔ *BMW-Werkstatt*«: Zur Lösung eines solchen Problems werden BMW-interne Unterlagen und Diagnosegeräte benötigt.

In diesem Sinne wünschen wir frohes Fehlersuchen!

Elektrik

BELEUCHTUNG UND BLINKER

Fehler: Scheinwerfer funktioniert nicht
Mögliche Ursachen:
- Lampe(n) durchgebrannt ➔ *Kapitel* 11
- Lampentyp falsch ➔ *Kapitel* 11
- Kabelanschlüsse korrodiert, nicht fest genug ➔ *Kapitel* 11 12
- Zu viele Nebenverbraucher, Batterie dafür zu schwach ➔ *Kapitel* 13
- Zündschloss defekt ➔ *Kapitel* 11 12 ➔ *BMW-Werkstatt*

Fehler: Blinker funktioniert nicht
Mögliche Ursachen:
- Blinklampe(n) durchgebrannt ➔ *Kapitel* 11
- Lampentyp falsch ➔ *Kapitel* 11
- Blinkerschalter oder Kabelbaum schadhaft ➔ *Kapitel* 12 ➔ *Fachelektriker*

Fehler: Blinkerrhythmus zu langsam oder zu schnell
Mögliche Ursachen:
- Lampentyp falsch ➔ *Kapitel* 11
- Blinkerschalter defekt ➔ *Kapitel* 12 ➔ *Fachelektriker*
- Zündschloss defekt ➔ *BMW-Werkstatt*
- Blinklampe(n) durchgebrannt ➔ *Kapitel* 11

Fehler: Hupe funktioniert nicht
Mögliche Ursachen:
- Hupe defekt oder falsch eingestellt ➔ *Kapitel* 11
- Hupenschalter defekt ➔ *Kapitel* 11 12
- Batterie defekt ➔ *Kapitel* 13
- Zündschloss defekt ➔ *BMW-Werkstatt*
- Kabel zur Hupe hat schadhafte Stelle ➔ *Kapitel* 11 12

BATTERIE UND LADESYSTEM

Fehler: Kein Strom trotz eingeschalteter Zündung
Mögliche Ursachen:
- Batterie leer oder altersbedingt funktionsunfähig ➔ *Kapitel* 13 14
- Kabel am Batterieanschluss lose ➔ *Kapitel* 13 14
- Massekabel in sich gebrochen oder hat keine zuverlässige Masseverbindung (»schlechter Kontakt«) ➔ *Kapitel* 12 13
- Kontakte der Steckverbindungen im Ladesystem korrodiert ➔ *Kapitel* 14
- Störung im Regler/Gleichrichter ➔ *Kapitel* 14 ➔ *BMW-Werkstatt*
- Zündschloss defekt ➔ *BMW-Werkstatt*

Fehler: Schwacher Strom: Anlasser dreht langsam durch, Motor springt nicht an
Mögliche Ursachen:
- Batterie leer, zu niedrige Spannung, Kabel am Batterieanschluss lose ➔ *Kapitel* 13 14
- Kabel am Anlasser lose ➔ *Kapitel* 15

Fehler: Schwacher Strom bei laufendem Motor
Mögliche Ursachen:
- Batterie unzureichend geladen ➔ *Kapitel* 13 14
- Batterie hat eine oder mehrere »tote« Zellen ➔ *Kapitel* 13
- Störung im Ladesystem ➔ *Kapitel* 14
- Kontakte der Steckverbindungen im Ladesystem korrodiert ➔ *Kapitel* 14
- Störung im Regler/Gleichrichter ➔ *Kapitel* 14 ➔ *BMW-Werkstatt*

Fehler: Zeitweilig aussetzender Strom
Mögliche Ursachen:
- Kabel am Batterieanschluss lose (»Wackelkontakte«) ➔ *Kapitel* 12 13 14

ZÜNDSYSTEM

Fehler: Motor wird durchgedreht, springt aber nicht an
Mögliche Ursachen:
- Kein Funke an den Zündkerzen ➔ *Kapitel* 16 17
- Zündkerzenstecker defekt ➔ *Kapitel* 16 17
- Steuergerät defekt ➔ *Kapitel* 12 17 ➔ *BMW-Werkstatt*
- Störungen E-Gas/Drosselklappenantrieb ➔ *Kapitel* 19 ➔ *BMW-Werkstatt*

Fehler: Kein Funke an den Zündkerzen
Mögliche Ursachen:
- Motorstoppschalter (»Killschalter«) defekt ➔ *Kapitel* 12
- Stromkreisunterbrechung bzw. Wackelkontakt durch schlecht angeschlossene(s) oder gerissene(s) Kabel ➔ *BMW-Werkstatt*
- Steuergerät defekt ➔ *Kapitel* 12 17 ➔ *BMW-Werkstatt*
- Zündschloss defekt ➔ *BMW-Werkstatt*
- Zündkerzenstecker defekt ➔ *Kapitel* 16 17
- Batterie schwach, nicht ausreichend geladen ➔ *Kapitel* 13
- Kurbelwellenpositions-Sensor (Zündgeber) defekt ➔ *Kapitel* 12 17

Fehler: Motor springt zwar an, läuft stotternd, dreht nicht hoch
Mögliche Ursachen:
- Zündkerzen-Elektrodenabstand zu groß ➔ *Kapitel* 16
- Zündkerzen verrußt oder verölt (»nass«) ➔ *Kapitel* 16
- Zündkerzenstecker oder Zündkerze lose ➔ *Kapitel* 16
- Zündkerzenstecker oder Zündkerze defekt ➔ *Kapitel* 16 17
- Loses oder blankes Kabel im Kabelbaum ➔ *Kapitel* 12 ➔ *BMW-Werkstatt*
- Anschlusskabel und/oder Stecker am Zündkerzenstecker defekt ➔ *Kapitel* 16 17 ➔ *BMW-Werkstatt*
- Falscher Zündzeitpunkt ➔ *Kapitel* 12 17 ➔ *BMW-Werkstatt*
- Steuergerät bzw. einer der Sensoren defekt ➔ *Kapitel* 12 17
- Defekt im Einspritzsystem ➔ *Kapitel* 17
- Störungen E-Gas/Drosselklappenantrieb ➔ *Kapitel* 19 ➔ *BMW-Werkstatt*
- Steuerzeiten falsch ➔ *Kapitel* 25

ANLASSER

Fehler: Anlassermotor dreht sich nicht
Mögliche Ursachen:
- Batterie entladen (»schwach«) → *Kapitel* 13
- Starterknopf defekt, Kontaktschwäche im Gehäuse oder in einem Kabel → *Kapitel* 11 12
- Motorstoppschalter (»Killschalter«) auf »STOP« → *Kapitel* 12 15
- Anlasserrelais defekt → *Kapitel* 12 15
- Anlasser defekt → *Kapitel* 15
- Stromkreisunterbrechung/Kontaktschwäche durch loses oder abgetrenntes Kabel → *BMW-Werkstatt*
- Gangpositions-Sensor (Getriebepotentiometer) defekt → *Kapitel* 12
- Kupplungsschalter defekt → *Kapitel* 12

Fehler: Anlasser (Elektrostarter) dreht Motor nur langsam durch
Mögliche Ursachen:
- Schwache Batterie → *Kapitel* 13
- Batteriekabel schlecht angeschlossen → *Kapitel* 13
- Anlassermotor klemmt, defekt → *Kapitel* 15
- Zähes Motoröl (zu dickes Öl im Winterbetrieb) → *Kapitel* 21

Fehler: Anlasser läuft, ohne den Motor durchzudrehen
Mögliche Ursachen:
- Anlasserfreilauf defekt → *Kapitel* 15
- Freilaufzahnrad defekt → *Kapitel* 15

Fehler: Anlasserrelais »klickt«, Anlasser dreht Motor aber nicht durch
Mögliche Ursachen:
- Zu schwache Batterie → *Kapitel* 13
- Anlasserkabel schlecht angeschlossen → *Kapitel* 15
- Anlasserrelais defekt → *Kapitel* 12 15
- Kurbelwelle dreht sich nicht, weil blockiert → *Fachwerkstatt*

Motor

Fehler: Motor wird vom Anlasser durchgedreht, springt aber nicht an
Mögliche Ursachen:
- Kein Benzin im Tank
- Benzin verunreinigt oder von schlechter Qualität → *Kapitel* 3
- Motor mit Benzin überflutet (»ersoffen«): Einspritzung funktioniert, Zündung aber nicht (kein Zündfunke) → *Kapitel* 16 17
- Benzinpumpe arbeitet nicht → *Kapitel* 3 17
- Benzinpumpe oder -schlauch verstopft → *Kapitel* 3 17
- Luftfilter total zugesetzt → *Kapitel* 18
- Kein Funke an den Zündkerzen → *Kapitel* 16 17
- Motorelektronik oder Sensor(en) defekt → *Kapitel* 12 17
- Kompression zu niedrig: Zündkerzen lose, Ventile blasen durch, Ventile verschlissen, Zylinderkopfdichtung defekt → *BMW-Werkstatt*
- Benzin gelangt nicht zu den Einspritzdüsen → *Kapitel* 3 17
- Einspritzdüse(n) verstopft, defekt → *Kapitel* 17
- Benzin gelangt nicht in den Ansaugtrakt → *Kapitel* 17
- Benzinpumpe arbeitet nicht richtig → *Kapitel* 3 17
- Motorelektronik defekt → *Kapitel* 12 → *BMW-Werkstatt*
- Störungen E-Gas/Drosselklappenantrieb → *Kapitel* 19 → *BMW-Werkstatt*

Fehler: Motor springt schlecht an, geht sofort aus
Mögliche Ursachen:
- Zündanlage hat Unterspannung → *Kapitel* 17 → *BMW-Werkstatt*
- Zündkerze(n) defekt: falscher Elektrodenabstand, Masseschluss → *Kapitel* 16
- Anschlusskabel oder Verbindungsstecker der Zündkerzenstecker beschädigt: in sich gebrochen → *Kapitel* 16 17
- Kerzenstecker ist nicht richtig auf Zündkerze(n) aufgesteckt → *Kapitel* 16
- Leerlaufdrehzahl zu niedrig → *Kapitel* 17 19 → *BMW-Werkstatt*
- Tankbe-/entlüftung verstopft → *Kapitel* 3
- Zünd-Einspritzanlage defekt: Steuergerät oder einer der Sensoren defekt → *Kapitel* 12 17 → *BMW-Werkstatt*
- Benzin verschmutzt: Dreck im Tank, in Benzinleitungen oder in Einspritzsystem → *Kapitel* 3 17
- Störungen E-Gas/Drosselklappenantrieb → *Kapitel* 19 → *BMW-Werkstatt*

Fehler: Motor springt schlecht an, hat geringe Leistung bei niedrigen Drehzahlen
Mögliche Ursachen:
- Störungen E-Gas/Drosselklappenantrieb → *Kapitel* 19 → *BMW-Werkstatt*
- Ventile falsch eingestellt, haben zu wenig Spiel → *Kapitel* 25
- Nockenwelle(n) defekt, abgenutzt → *BMW-Werkstatt*
- Ventilfeder(n) gebrochen → *BMW-Werkstatt*
- falsche Ventilsteuerzeiten durch Montagefehler → *BMW-Werkstatt*
- Ventilsitze undicht, verbrannt, Ventilführungen verschlissen, Ventil verbogen, sitzt fest → *BMW-Werkstatt*
- Kolbenringe verklebt, verschlissen, gebrochen → *BMW-Werkstatt*
- Zylinderlaufbahn und/oder Kolben verschlissen → *BMW-Werkstatt*

Fehler: Unrunder Leerlauf
Mögliche Ursachen:
- Störungen E-Gas/Drosselklappenantrieb → *Kapitel* 19 → *BMW-Werkstatt*
- Ventilspiel nicht korrekt: Zu weit oder zu eng → *Kapitel* 25
- Zündsystem defekt → *Kapitel* 17 → *BMW-Werkstatt*
- Zündkerze(n) defekt: zu geringer oder zu großer Elektrodenabstand, Kerze hat Masseschluss → *Kapitel* 16
- Zündkerzenstecker hat/haben keinen richtigen Kontakt → *Kapitel* 16
- Steuergerät oder Sensor(en) defekt → *Kapitel* 12 17
- Drosselklappen nicht synchron → *Kapitel* 17 → *BMW-Werkstatt*
- Leerlaufdrehzahl falsch → *Kapitel* 17 19 → *BMW-Werkstatt*
- Benzin und/oder Einspritzsystem verschmutzt → *Kapitel* 17
- Drosselklappen fest, Betätigung defekt → *Kapitel* 17
- Benzinpumpe defekt → *Kapitel* 3 17

Fehler: Ruckeln/Aussetzer beim Beschleunigen
Mögliche Ursachen:
- Zündkerzen-Elektrodenabstand falsch → *Kapitel* 16
- Zündkerzenstecker nicht richtig angebracht → *Kapitel* 16
- Zündkerzenstecker/Zündspule defekt → *Kapitel* 16
- Feuchtigkeit bzw. Kontaktprobleme in den Steckverbindungen der Motorelektrik → *Kapitel* 12 17
- Störungen E-Gas/Drosselklappenantrieb → *Kapitel* 19 → *BMW-Werkstatt*
- Steuergerät oder einer der Sensoren defekt → *Kapitel* 12 17
- Einspritzventile defekt → *Kapitel* 17
- Batterie defekt oder zu niedrige Batteriespannung → *Kapitel* 13
- Kurbelwellenpositions-Sensor (Zündgeber) defekt → *Kapitel* 12 17
- Benzin verschmutzt: Dreck im Tank, in Benzinpumpe und/oder Leitungen → *Kapitel* 3 17

Fehler: Motor patscht, produziert Fehlzündungen
Mögliche Ursachen:
- Motorelektronik bzw. Zündsystem defekt → *BMW-Werkstatt*
- Zündkerzen-Elektrodenabstand falsch → *Kapitel* 17
- Luftfilterkastenanschlüsse ziehen Nebenluft → *Kapitel* 18
- Ansaugstutzen rissig, gebrochen, lose bzw. nicht richtig befestigt (Falschluft) → *Kapitel* 18

Fehler: Geringe Leistung und hoher Verbrauch
Mögliche Ursachen:
- Luftfilter stark verschmutzt → *Kapitel* 18
- Benzinsystem verstopft → *Kapitel* 3 17
- Zünd-Einspritzsystem defekt → *Kapitel* 17
- Steuergerät oder Sensor(en) defekt → *Kapitel* 12 17
- Störungen E-Gas/Drosselklappenantrieb → *Kapitel* 19 → *BMW-Werkstatt*

Fehler: Motor zieht nicht richtig, wird zu heiß
Mögliche Ursachen:
- Benzinleitung gequetscht, eingeklemmt → *Kapitel* 3
- Druckverlust im Benzinsystem → *Kapitel* 3
- Tankbelüftung verstopft, Belüftungsschlauch geknickt oder eingeklemmt → *Kapitel* 3
- Steuergerät oder Sensor(en) defekt → *Kapitel* 12 17
- Zu mageres Gemisch: Einspritzdüsen verstopft → *Kapitel* 17
- Störungen E-Gas/Drosselklappenantrieb → *Kapitel* 19 → *BMW-Werkstatt*

Fehler: Motor zieht nicht, raucht aus dem Auspuff
Mögliche Ursachen:
- Luftfilter übermäßig stark verschmutzt → *Kapitel* 18
- Zu fettes Gemisch, weil Motor-Einspritzelektronik falsche Signale von einem der Sensoren bekommt → *Kapitel* 17 → *BMW-Werkstatt*

KÜHLSYSTEM

Fehler: Motortemperatur zu hoch
Mögliche Ursachen:
- Zu wenig Kühlmittel im Kühlsystem → *Kapitel* 22
- Kühlerdeckel defekt → *Kapitel* 22
- Leitungen im Kühlsystem verstopft → *Kapitel* 22
- Luft im Kühlsystem → *Kapitel* 22
- Kühler außen verschmutzt, innen verkalkt → *Kapitel* 22
- Wasserpumpe defekt → *Kapitel* 22 29
- Thermostat hängt in geschlossener Stellung → *Kapitel* 22
- Kühlmitteltemperatur-Anzeige defekt → *Kapitel* 12 22
- Kühlerventilatormotor defekt → *Kapitel* 22
- Luft-Kraftstoff-Gemisch zu mager → *Kapitel* 17
- Falschluftansaugung im Ansaugsystem → *Kapitel* 18
- Zu wenig Öl im Motor → *Kapitel* 21
- Ölpumpe defekt oder Ölkreislauf verstopft → *Kapitel* 21
- Übermäßige Ölkohleablagerung im Brennraum → *Fachwerkstatt*

Fehler: Motortemperatur zu niedrig
Mögliche Ursachen:
- Kühlerventilator läuft dauernd, geht nicht aus, weil der Kühlmitteltemperatur-Sensor defekt ist → *Kapitel* 12 22
- Thermostat hängt in geöffnetem Zustand → *Kapitel* 22

Fehler: Kühlsystem leckt
Mögliche Ursachen:
- Zu viel Kühlflüssigkeit im Ausgleichsbehälter → *Kapitel* 22
- Wasserpumpe oder Dichtung defekt → *Kapitel* 22 29
- Kühlerschlauch und/oder Schlauchklemme gelockert → *Kapitel* 22
- Kühlerschlauch schadhaft → *Kapitel* 22
- Kühlerdeckel defekt → *Kapitel* 22
- Zylinderkopfdichtung defekt → *Fachwerkstatt*

SCHMIERSYSTEM

Fehler: Ölstand zu niedrig, hoher Ölverbrauch
Mögliche Ursachen:
- Zu wenig Öl im Motor → *Kapitel* 1 21
- Öl läuft aus, Dichtungen lassen Öl durch → *Kapitel* 21
- Zylinder, Kolbenringe und/oder Ölabstreifringe verschlissen, gebrochen oder falsch eingebaut → *Fachwerkstatt*
- Öl wird durch Überdruck im Motorgehäuse aus Entlüftung herausgedrückt wegen verschlissener Kolbenringe, Ölabstreifringe, Ventilführungen, Ventilschaftdichtungen → *Fachwerkstatt*

Fehler: Öl stark verschmutzt oder emulgiert
Mögliche Ursachen:
- Motoröl oder Ölfilter nicht rechtzeitig gewechselt → *Kapitel* 1 21
- Zylinderkopfdichtung schadhaft → *Fachwerkstatt*
- Kolben- und/oder Ölabstreifringe verschlissen → *Fachwerkstatt*
- Ventilführungen/Ventilschaftdichtungen verschlissen → *Fachwerkstatt*
- Kühlwasser im Öl: Leck im Kühlsystem → *Kapitel* 22 → *Fachwerkstatt*
- Wasserpumpe defekt → *Kapitel* 22 29

Fehler: Öldruck zu niedrig
Mögliche Ursachen:
- Ölstand zu niedrig → *Kapitel* 1 21
- Zu wenig oder falsches Öl im Motor → *Kapitel* 1 21
- Öldruckregler defekt → *Fachwerkstatt*
- Internes Ölleck → *Fachwerkstatt*
- Ölpumpe beschädigt → *Fachwerkstatt*
- Lagerschaden (Kurbelwelle) im Motor → *Fachwerkstatt*

Fehler: Öldruck zu hoch
Mögliche Ursachen:
- Ölfilter bzw. Ölkreislauf verstopft → *Kapitel* 21
- Öldruckregler geschlossen oder festgeklemmt → *Fachwerkstatt*
- Falsche Ölviskosität (zu dickes Öl) → *Kapitel* 21

Fehler: Kein Öldruck
Mögliche Ursachen:
- Ölstand zu niedrig, kein Öl im Motor → *Kapitel* 1 21
- Ölpumpe innen oder ihr Antrieb defekt → *Fachwerkstatt*
- motorinternes Ölleck → *Kapitel* 22 → *Fachwerkstatt*
- Öldruckregler (Überdruckventil) klemmt geöffnet → *Fachwerkstatt*

ZYLINDER, KOLBEN, ZYLINDERKOPF

Fehler: Zu niedrige oder ungleichmäßige Kompression, schlechtes Anspringen, geringe Leistung
Mögliche Ursachen:
- Ventile falsch eingestellt (zu wenig Spiel) → *Kapitel* 25
- Ventilsitze verbrannt, Ventil verbogen → *Fachwerkstatt*
- Falsche Ventilsteuerzeiten (meistens ein Montagefehler) → *Fachwerkstatt*
- Ventilfeder(n) gebrochen → *Fachwerkstatt*
- Zylinderkopfdichtung undicht → *Fachwerkstatt*
- Zylinderkopf verzogen oder gerissen → *Fachwerkstatt*
- Ventilsitz(e) undicht oder Ventilführung(en) ausgeschlagen → *Fachwerkstatt*
- Zylinder und/oder Kolben verschlissen → *Fachwerkstatt*
- Kolbenringe verschlissen oder gebrochen → *Fachwerkstatt*
- Nockenwelle(n) defekt oder abgenutzt → *Fachwerkstatt*
- Zündfunke zu schwach → *Kapitel* 16 17

Fehler: Zu hohe Kompression, Überhitzen oder Klopfen
Mögliche Ursachen:
- Starke Ölkohleablagerung im Brennraum → *Fachwerkstatt*
- Steuergerät oder Zündgeber defekt → *Kapitel* 12 17

Fehler: Starke Geräuschentwicklung
Mögliche Ursachen:
- Auspuffkrümmer am Zylinderkopf undicht → *Kapitel* 20
- Verbindungsstellen im Auspuffsystem undicht → *Kapitel* 20
- Bauteile im Auspuffsystem gerissen → *Kapitel* 20
- Ventile falsch eingestellt (meist zu viel Spiel) → *Kapitel* 25
- Steuerkette peitscht, weil Steuerkettenspanner defekt → *Fachwerkstatt*
- Klemmendes Ventil, gebrochene/ermüdete Ventilfeder → *Fachwerkstatt*
- Nockenwellen oder Ventilfedern defekt → *Fachwerkstatt*
- Nockenwellen-Antriebszahnräder und/oder Nockenwellen-Antriebskette (Steuerkette) verschlissen → *Fachwerkstatt*
- Zylinder und/oder Kolben verschlissen → *Fachwerkstatt*
- Kolbenbolzen oder Kolbenbolzenbohrung verschlissen → *Fachwerkstatt*
- Pleuelfußlager verschlissen → *Fachwerkstatt*
- Kurbelwellenhaupt- oder Getriebelager verschlissen → *Fachwerkstatt*
- Kreuzgelenke der Kardanwelle defekt → *Kapitel* 10

Fehler: Starke Rauchentwicklung
Mögliche Ursachen:
- Zu viel Motoröl im Motor ➔ *Kapitel* 1 21
- Luftfilter zugesetzt, verölt ➔ *Kapitel* 18
- Zylinder oder Kolben verschlissen ➔ *Fachwerkstatt*
- Kolben oder Zylinderwand mit Riefen oder Schrammen ➔ *Fachwerkstatt*
- Kolbenring(e) oder Ölabstreifring(e) verschlissen, gebrochen, keine Spannung mehr oder falsch montiert ➔ *Fachwerkstatt*
- Ventilführungen oder Ventilschäfte abgenutzt ➔ *Fachwerkstatt*
- Ventilschaftdichtung(en) defekt ➔ *Fachwerkstatt*

Fehler: Motor überhitzt
Mögliche Ursachen:
- Zu wenig Öl im Motor ➔ *Kapitel* 1 21
- Übermäßige Ölkohleablagerung im Brennraum ➔ *Fachwerkstatt*
- Zu wenig Kühlflüssigkeit ➔ *Kapitel* 22
- Kühlerventilator läuft nicht an ➔ *Kapitel* 22

Kraftübertragung

KUPPLUNG

Fehler: Kupplung rutscht beim Beschleunigen
Mögliche Ursachen:
- Graphit- oder Molybdänzusatz im Motoröl ➔ *Kapitel* 21 23
- Kupplungsfedern ermüdet ➔ *Kapitel* 23
- Kupplungs-Reibscheiben und/oder -Stahlscheiben verschlissen, verbogen, abgenutzt, ausgebrochen ➔ *Kapitel* 23
- Motoröl zu alt ➔ *Kapitel* 21

Fehler: Kupplung rückt nicht aus, es kracht beim Schalten
Mögliche Ursachen:
- Kupplungsnehmerzylinder defekt ➔ *Kapitel* 23
- Luft und/oder zu wenig Hydraulikflüssigkeit im System ➔ *Kapitel* 23
- Kupplungshebel verbogen ➔ *Kapitel* 23
- Kupplungsscheibe(n) verzogen ➔ *Kapitel* 23
- Kupplungs-Ausrückmechanismus defekt ➔ *Kapitel* 23
- Zu viel Öl im Motor ➔ *Kapitel* 21
- Falsche Ölviskosität (zu dickes Öl) ➔ *Kapitel* 21

Fehler: Kupplung rupft
Mögliche Ursachen:
- Verzahnung der Kupplungsscheiben auf der Kupplungsnabe oder im Kupplungskorb eingeschlagen ➔ *Kapitel* 23
- Kupplungsreibscheibe(n) gebrochen, verbrannt ➔ *Kapitel* 23
- Kolben im Hydraulikzylinder gefressen ➔ *Kapitel* 23

Fehler: Kupplung verlangt übermäßig starke Handkraft
Mögliche Ursachen:
- Kupplungshydraulikzylinder defekt ➔ *Kapitel* 23
- Kupplungshebellager am Handgriff gefressen, verbogen, verdreckt oder anders beschädigt ➔ *Kapitel* 8 23
- Kupplungshebel oder Aufnahme verbogen (Sturz- oder Unfall-Folgeschaden) ➔ *Kapitel* 23
- Kupplungshebel-Lagerbolzen zu fest angezogen ➔ *Kapitel* 8 23
- Kolben im Kupplungsnehmerzylinder gefressen ➔ *Kapitel* 23
- Ausrücklager defekt ➔ *Kapitel* 23

GETRIEBE UND SCHALTUNG

Fehler: Getriebe schwer schaltbar
Mögliche Ursachen:
- Position des Fußschalthebels falsch ➔ *Kapitel* 24
- Kupplung rückt nicht aus ➔ *Kapitel* 23 24
- Zu wenig Öl im Motor, falsche Ölviskosität ➔ *Kapitel* 21
- Schaltwelle beschädigt, klemmt ➔ *Kapitel* 24 ➔ *Fachwerkstatt*
- Fremdkörper blockieren Schaltung ➔ *Kapitel* 24 ➔ *Fachwerkstatt*
- Schaltgabeln, Schaltwalze oder -welle defekt ➔ *Kapitel* 24 ➔ *Fachwerkstatt*

Fehler: Schalthebel hängt
Mögliche Ursachen:
- Schalthebellagerung schwergängig, gefressen, klemmt ➔ *Kapitel* 24
- Schaltwelle schwergängig, gefressen, klemmt ➔ *Kapitel* 24
- Schaltgabeln verbogen oder abgenutzt ➔ *Fachwerkstatt*

Fehler: Gänge springen heraus
Mögliche Ursachen:
- Kleiner Schalthebel lose oder falsch auf Schaltwelle angebracht ➔ *Kapitel* 24
- Schaltwelle klemmt ➔ *Kapitel* 24
- Schaltgabeln verschlissen oder verbogen ➔ *Kapitel* 24
- Klauen an den Gangzahnrädern abgenutzt ➔ *Fachwerkstatt*

HINTERRADANTRIEB

Fehler: Motorrad ruckelt bei langsamer Fahrt, unregelmäßiges Geräusch vom Hinterradantrieb her
Mögliche Ursachen:
- Hinterradantrieb defekt: Verzahnung gebrochen, Lager defekt ➔ *BMW-Werkstatt*
- Kardangelenke defekt ➔ *BMW-Werkstatt*

Fehler: Motorrad schiebt sich schwer, dabei knackendes Geräusch
Mögliche Ursachen:
- Vorderradlager defekt oder Radachse lose, verbogen ➔ *Kapitel* 5
- Radlagerdistanzbuchsen vorne falsch eingebaut ➔ *Kapitel* 5
- Bremsen defekt: Bremskolben festgefressen, Bremsklötze in den Bremssätteln nicht freigängig ➔ *Kapitel* 6
- Lager im Getriebe defekt ➔ *BMW-Werkstatt*
- Lager im Hinterradantrieb defekt ➔ *BMW-Werkstatt*

Fahrwerk

LENKUNG UND FRONTPARTIE

Fehler: Lenkung schwergängig
Mögliche Ursachen:
- Reifenluftdruck zu niedrig ➔ *Kapitel* 4
- Kabel oder Leitungen falsch verlegt ➔ *Kapitel* 8 29
- Fremdteile im Bereich Telelever und Gabelbrücken ➔ *Kapitel* 8
- Gabelbrücke(n) oder Gelenke der unteren oder oberen Gabelbrücke defekt ➔ *Kapitel* 8 9

Fehler: Motorrad zieht nach einer Seite
Mögliche Ursachen:
- Gabelbeine verzogen ➔ *Kapitel* 8 9
- Vorderachse verbogen ➔ *Kapitel* 5
- Rad falsch eingebaut ➔ *Kapitel* 5
- Rahmen verzogen ➔ *BMW-Werkstatt*
- Radlager ausgeschlagen ➔ *Kapitel* 5
- Schwingenlager verschlissen ➔ *Kapitel* 10
- Hinterradschwinge verbogen ➔ *Kapitel* 10

Fehler: Vorderrad flattert
Mögliche Ursachen:
- Rad verzogen, hat starken Seitenschlag (»eiert«) ➔ *Kapitel* 5
- Vorderradlager ausgeschlagen, defekt ➔ *Kapitel* 5
- Reifen hat zu geringen Luftdruck oder ist unwuchtig ➔ *Kapitel* 4
- Reifen falsch montiert (»eiert«) ➔ *Kapitel* 4
- Vorderachse und Klemmschraube(n) lose ➔ *Kapitel* 5

TELELEVER UND FEDERUNG

Fehler: Federung zu weich
Mögliche Ursachen:
- Zu geringer Reifendruck → *Kapitel* 4
- Feder im Federbein ermüdet → *Kapitel* 7
- Federbein undicht (Gas- oder Ölleck) → *Kapitel* 7

Fehler: Federung zu hart
Mögliche Ursachen:
- Zu hoher Reifendruck → *Kapitel* 4
- Gabelbeine verbogen (wegen Unfall/Sturz) → *Kapitel* 9 → *Fachwerkstatt*
- Vorderachse verbogen → *Kapitel* 5
- Kolbenstange des Federbeins verbogen → *Kapitel* 7
- Gabelbeine in den Gabelbrücken verspannt → *Kapitel* 9

Fehler: Geräusche beim Einfedern
Mögliche Ursachen:
- Brems- oder Kupplungsleitung knarzt an Verkleidungskante oder Rahmen → *Kapitel* 3 19
- Telelever-Anbauteile lose: Gabelbrücken, Kotflügel, Vorderachse → *Kapitel* 8
- Lager im Telelever lose oder defekt → *Kapitel* 8

HINTERRADAUFHÄNGUNG UND FEDERUNG

Fehler: Federung zu weich
Mögliche Ursachen:
- Feder im Federbein ermüdet → *Kapitel* 7
- Federbein undicht (Gas- oder Ölleck) → *Kapitel* 7
- Reifendruck zu niedrig → *Kapitel* 4

Fehler: Federung zu hart
Mögliche Ursachen:
- Kolbenstange des Federbeins verbogen → *Kapitel* 7
- Schwingenlager zu fest eingestellt, defekt → *Kapitel* 10
- Reifendruck zu hoch → *Kapitel* 4

Fehler: Geräusche beim Einfedern (Knacken)
Mögliche Ursachen:
- Schwingenlager defekt → *Kapitel* 10
- Verschraubung der Federbeinaufhängung unten/oben lose → *Kapitel* 10
- Trockene/defekte/rostige Lager in der Hinterradschwinge → *Kapitel* 10
- Feder gebrochen, Windungen zueinander verschoben, reibt am Stoßdämpfer → *Kapitel* 10

RÄDER

Fehler: Trommeln oder seitliches Flattern des Rades
Mögliche Ursachen:
- Felge verzogen, starker Seitenschlag (»eiert«) → *Kapitel* 5
- Reifen defekt oder unwuchtig → *Kapitel* 4
- Zu niedriger Reifendruck → *Kapitel* 4
- Reifen sitzt nicht richtig in der Felge → *Kapitel* 4
- Radachse (vorne) und/oder Radschrauben (hinten) lose → *Kapitel* 5
- Radlager (vorne) lose, Lager gebrochen → *Kapitel* 5
- Lager im Hinterradantrieb gebrochen, defekt → *Kapitel* 10
- Schwingenlagerung lose, Lager defekt → *Kapitel* 10

Fehler: Rad schwergängig
Mögliche Ursachen:
- Radlager (vorne) defekt → *Kapitel* 5
- Achse (vorne) verbogen → *Kapitel* 5
- Bremse schleift → *Kapitel* 6

BREMSEN

Fehler: Schlechte Bremsleistung
Mögliche Ursachen:
- Luft im Hydrauliksystem → *Kapitel* 6
- Hydrauliksystem undicht → *Kapitel* 6
- Bremsbeläge abgenutzt, verschmutzt, verglast → *Kapitel* 6
- Bremsscheiben verschmutzt, riefig, überhitzt (»geschirmt«) → *Kapitel* 6
- Bremsscheiben wegen undichter Radlager-Simmerringe mit Fett verschmiert → *Kapitel* 5 6
- Kolben in den Bremssätteln schwergängig → *Kapitel* 6
- Bremskolben-Dichtringe in den Bremssätteln gebrochen, gequollen, verschlissen → *Kapitel* 6
- Bremsflüssigkeit überaltert → *Kapitel* 6

Fehler: Bremshebel wippt, pumpt, pulsiert (»Bremse rubbelt«)
Mögliche Ursachen:
- Bremsscheibe hat zu viel Seitenschlag (»eiert«) → *Kapitel* 6
- Bremsscheibe(n) unterschiedlich dick → *Kapitel* 6
- Bremsscheibe(n) gerissen → *Kapitel* 6
- Bremsscheiben-Befestigungsschrauben lose → *Kapitel* 6
- Bremskolben im Bremssattel fest → *Kapitel* 6
- Bremssattel-Gleitstifte fest → *Kapitel* 6

Fehler: Nachlassende Bremswirkung unter starker Belastung (z. B. bei Passabfahrten), Hebelweg wird länger, Bremse wird »teigig«
Mögliche Ursachen:
- Bremsflüssigkeit überaltert, sie »kocht sich auf« → *Kapitel* 6
- Bremsbeläge schräg/total abgenutzt → *Kapitel* 6
- Bremsbeläge ausgebrochen → *Kapitel* 6

Fehler: Bremshebelweg wird bei kurz aufeinanderfolgenden Bremsungen größer
Mögliche Ursachen:
- Luft im Hydrauliksystem → *Kapitel* 6
- Zu wenig Bremsflüssigkeit → *Kapitel* 6
- Falsche Bremsflüssigkeit → *Kapitel* 6
- Stark riefige, eingelaufene Bremsscheiben → *Kapitel* 6

Fehler: Bremse quietscht, hat zu wenig Bremsleistung
Mögliche Ursachen:
- Bremsbeläge verölt, verglast oder abgenutzt → *Kapitel* 6
- Bremsklötze im Bremssattel fest: verschmutzt, falsche Beläge mit zu großer Trägerplatte → *Kapitel* 6
- Bremsbelagplatte zu groß, zu wenig Seitenspiel → *Kapitel* 6
- Bremskolben im Bremssattel festgefressen → *Kapitel* 6
- Bremskolben-Dichtringe in den Bremssätteln gebrochen, gequollen, verschlissen → *Kapitel* 6
- Bremskolben im Bremssattel fest → *Kapitel* 6
- Fremdkörper in Bremsflüssigkeit → *Kapitel* 6
- Bremssattel-Gleitstifte fest → *Kapitel* 6
- Stark riefige, eingelaufene Bremsscheiben → *Kapitel* 6

Fehler: Bremse schleift
Mögliche Ursachen:
- Bremsbelag/Bremsscheibe verschmutzt → *Kapitel* 6
- Bremsschlauch oder Hydrauliksystem verstopft → *Kapitel* 6
- Bremsscheibe verzogen/verformt → *Kapitel* 6
- Bremskolben abgenutzt/hängt im Bremssattel → *Kapitel* 6
- Bremskolben im Bremssattel fest → *Kapitel* 6
- Bremssattel-Gleitstifte fest → *Kapitel* 6
- Stark riefige, eingelaufene Bremsscheiben → *Kapitel* 6

Technische Daten · Verschleißmaße

FAHRLEISTUNGEN

Beschleunigung .... 0 bis 100 km/h in 3,5 sec
Höchstgeschwindigkeit .... 225 km/h
Verbrauch nach WMTC........................ 4,75 Liter auf 100 km

MOTOR, LEISTUNG, STEUERUNG

Bauart: Viertakt-Zweizylinder-Boxermotor, quer zur Fahrtrichtung eingebaut, Kurbelwelle in Längsrichtung. Luft-/Flüssigkeitskühlung. Zahnradgetriebene Ausgleichswelle. Motortyp A74B12M

Sitz der Motornummer: Am Kurbelgehäuse unten rechts, unter dem Anlasser.

Bohrung x Hub .... 102,5 x 76 mm
Hubraum .... 1254 cm^3
Verdichtungsverhältnis .... 12,5 : 1

Motorleistung mit Superbenzin bleifrei E05 oder E10 (95 ROZ) .... 136 PS (100 kW) bei 7750/min
maximales Drehmoment.................. 143 Nm bei 6250/min

Motorleistung mit Normalbenzin bleifrei (91 ROZ) .... 107 PS (79 kW) bei 7750/min
maximales Drehmoment.................. 140 Nm bei 5000/min
Anmerkung: Die zum Betrieb mit diesem Benzin nötigen Motordaten für Zündung und Einspritzung werden über den Klopfsensor geregelt.

Ventiltrieb: Vier Ventile pro Zylinder, über zwei obenliegende, zahnradgetriebene Nockenwellen mit Schlepphebeln betätigt. Linke Motorseite: Eine Zahnkette führt von der Kurbelwelle zum Zwischenrad des Ventiltriebs. Rechte Motorseite: Eine Zahnkette führt von der Ausgleichswelle unterhalb der Kurbelwelle zum Zwischenrad des Ventiltriebs. Variable Einlassnockenwellen, Steuerung »BMW ShiftCam«. Ventilspiel-Einstellung durch Shims in den Ventilfedertellern.

Ventile Durchmesser
Einlassventil 40 mm, Auslassventil 34 mm

Ventilspiel: Bei kaltem Motor, maximal 35 °C
Einlassventil .... 0,10 bis 0,17 mm
Auslassventil .... 0,34 bis 0,41 mm

Kompression: Im Neuzustand .... ≥ 14 bar
Normal .... 10 bis 14 bar
Verschleißgrenze .... ≤ 10 bar
Druckverlust über Ventile
oder Zylinder ...... maximal 25% bei betriebswarmem Motor

Leerlaufdrehzahl 1050/min
Höchstdrehzahl 9000/min
Bei dieser Drehzahl setzt der Drehzahlbegrenzer ein.
Einfahrdrehzahl bis 1000 km....max. 5000/min, keine Volllast

ANSAUG- UND AUSLASSSYSTEM

Kraftstoffsystem: Elektronische Saugrohreinspritzung mit Schubabschaltung, Digitales Motormanagement BMS-O. E-Gas. Saugrohr-Ø 52 mm (= Innen-Ø des Drosselklappenstutzens). Papierluftfilter. Vorgeschriebene Benzinsorte Super bleifrei E05 oder E10, mindestens 95 ROZ.

Kraftstoffbehälter: Bei R 1250 GS Tankinhalt 20 Liter. Bei Adventure Tankinhalt 30 Liter. Davon ca. 4 Liter Reserve. Elektrische Kraftstoffpumpe im Tank, Betriebsdruck ca. 5 bar.

Kraftstoffdruck im Einspritzsystem.............. 4 bar (± 0,5 bar)

Schubabschaltung in Abhängigkeit von der Motoröltemperatur (betriebswarm)............................. bei 2000/min

Abgasanlage: 2-in-1-Auspuffanlage aus Edelstahl. Elektronisch gesteuerte Auspuffklappe, Seilzugspiel 0,8 bis 1,2 mm. Geregelter 3-Wege-Katalysator. Zwei Lambdasonden (je eine pro Auspuffkrümmer).

SCHMIERSYSTEM

Schmiersystem: Nasssumpf-Druckumlaufschmierung durch Eaton-Ölpumpe.
Motoröldruck bei Leerlaufdrehzahl .... 0,8 bis 1,5 bar
Betriebsöldruck bei 5000/min .... 4,0 bis 5,0 bar

Motorölfüllmenge: Bei Öl- und Filterwechsel........... 4,0 Liter
Differenz zwischen MIN und MAX im Ölschauglas...... 0,8 Liter

Motorölsorte: SAE 5W-40 der API-Klassifikation SL/JASO MA2. BMW Motorrad empfiehlt BMW Motorrad Advantec Ultimate. Nicht erlaubt ist die Zugabe von Additiven, wie z. B. solche auf Molybdän-Basis, weil dadurch beschichtete Motorbauteile angegriffen werden können.

KÜHLSYSTEM

Zwei Wasserkühler, U-förmig durchströmt. Silikathaltiges Langzeitfrost- und Korrosions-Schutzmittel, bleibt flüssig bis mindestens –25 °C.
Gesamtfüllmenge Kühlsystem............................. 1,50 Liter
davon im Ausgleichsbehälter .... 0,25 Liter
Stand des Kühlmittels bei kaltem Motor im Ausgleichsbehälter .... zwischen MIN- und MAX

Einschalttemperatur des Kühlerlüfters .... 105 °C
Einschalttemperatur der Temperaturwarnleuchte ..... 118 °C
Öffnungstemperatur des Thermostats........... 87 °C (± 2 °C)
vollständig geöffnet .... bei 102 °C
Prüfdruck des Kühlsystems für mind. 5 Minuten .... 1,5 bar

ELEKTRISCHE ANLAGE

Zündung: Kontaktlose Transistorzündung, integriert in die **BMS** (= **B**MW **M**otor **S**teuerung).

Zündkerzen: NGK LMAR8AI-10 (mit 1 Masseelektrode)
Elektrodenabstand .... 0,8 mm (± 0,1 mm)
Verschleißgrenze... 1,0 mm

Zündspulen: Kerzenschacht-Zündspulen

Zündzeitpunkt: kennfeldgesteuert, 55,5 Grad vor OT bis OT

Bordelektrik: Spannung 12 Volt, elektrische Belastbarkeit der Bordsteckdosen in Summe .... 5 Ampere

Batterie
Im Modelljahr. 2019: 12 Volt, 14 Ah
AGM-Batterie (»Absorbent Glass Mat«)
BMW-Bestellnummer 61 21 8 389 125
Sonderausstattung: 12 Volt, 10 Ah
Lithium-Ionen-Batterie
BMW-Bestellnummer 61 21 8 504 075
In den Modelljahren 2020 bis 2024: 12 Volt, 12 Ah
AGM-Batterie (»Absorbent Glass Mat«)
BMW-Bestellnummer 61 21 8 394 179

Lichtmaschine: Dreiphasen-Wechselstromgenerator mit integriertem vollelektronischem Spannungsregler, Höchstleistung 580 Watt, maximale Regelspannung 14,5 Volt, Leistung 35 Ampere bei 6000/min. Nennstrom 23 Ampere bei Leerlaufdrehzahl 1150/min. Ladebeginn bei Generatordrehzahl 1150/min, Übersetzung 1 : 1.

Anlasser: Elektrostarter, Bauart Permanentmagnetmotor mit 900 Watt Leistung

Diebstahlwarnanlage (DWA): Batterie CR 123 A Lithium, 3 Volt Nennspannung. Batterie für Fernbedienung CR 1632. Aktivierungszeit bei Inbetriebnahme ca. 30 Sekunden, Alarmdauer ca. 26 Sekunden

Keyless Ride Funkschlüssel: mit Batterie CR 2032

Beleuchtung
Abblendlicht .... LED-12 Volt
Fernlicht .... LED-12 Volt
Standlicht .... LED-12 Volt
Rück-/Bremslicht.. LED-12 Volt
Blinkleuchten in den Mj. 2019
und 2020: Glühlampen RY10W.................. 12 Volt 10 Watt
Blinkleuchten ab Mj. 2021 .... LED-12 Volt
Zusatzscheinwerfer (SA*) .... LED
Instrumentenbeleuchtung .... LED
■ Bei einer defekten LED ist die Funktion nicht mehr gegeben

Sicherungen im Sicherungskasten 1
Sicherung 10 Ampere für:
Instrumentenkombination
Diebstahlwarnanlage (DWA)
Zündschloss
Diagnosesteckdose
Sicherung 7,5 Ampere für:
Kombischalter am Lenker links
Reifendruck-Control (RDC)

Sicherung im Sicherungskasten 2
Sicherung 50 Ampere für:
Generatorregler

KUPPLUNG, GETRIEBE, KARDAN

Primärantrieb: Zahnräder (Z 60/60), i_{prim} = 1,000

Kupplung: Mehrscheiben-Ölbadkupplung mit Anti-hopping-System, hydraulisch betätigt.
Kolben-Ø in der Handarmatur.................................. 13 mm
Kolben-Ø im Nehmerzylinder .... 34 mm

Kupplungsflüssigkeit:
Hyspin V10

Bild 1 *Der Pfeil zeigt auf die Maximalstand-Markierung im Ausgleichsbehälter.*

Bild 1: Sichtkontrolle des Kupplungsflüssigkeitsstands im Vorratsbehälter am Lenker
■ Motorrad steht senkrecht, Lenker gerade
■ Deckel abgeschraubt
■ Flüssigkeitsstand bis maximal an Pfeilmarkierung (Bild 1)
■ Bei langsamer (!) Betätigung der Kupplung darf der Flüssigkeitsstand nicht absinken

Kupplungslamellen:
Kupplungsscheiben Durchmesser .... 125 mm
Dicke einer Reibscheibe (Verschleißmaß) ...... 3 mm (2,85 mm)
Zahnflankenspiel am Kupplungskorb .... 0,003 bis 0,025 mm

Getriebe: Klauengeschaltetes Sechsganggetriebe mit Schrägverzahnung, über Fußschalthebel und Schaltwalze mit Überschaltsperre und getriebeinterner Richtungsumlenkung betätigt.

Getriebe-Eingangsübersetzung .... 1,650 (Z 32/20)
Getriebe-Ausgangsübersetzung .... 1,061 (Z 35/33)

Gangabstufungen

1. Gang 2,438 (Z 39/16)	4. Gang 1,059 (Z 36/34)
2. Gang 1,714 (Z 36/21)	5. Gang 0,943 (Z 33/35)
3. Gang 1,296 (Z 35/27)	6. Gang 0,848 (Z 28/33)

Äußere Schaltungsteile, Schaltgestänge
Mittenabstand der Kugelköpfe zueinander .... 107 mm
bei Adventure .... 107,3 ± 0,5 mm

Innere Schaltungsteile
Schaltwellen-Axialspiel .... 0,10 bis 0,20 mm
Schaltgabelstegbreite an Anlageflächen .... 4,83 bis 4,90 mm

Hinterradantrieb: Wellenantrieb mit Winkelgetriebe
Übersetzungsverhältnis 2,91:1
Zähnezahl 32:11

Getriebeölsorte: Ganzjährig Hypoid Axle Oil G3 70W-80
Füllmenge bei Neubefüllung .... 0,20 Liter
Füllmenge bei Wechsel .... 0,18 Liter

Gelenkwelle: In der Einarmschwinge »BMW Paralever« läuft eine gekapselte zweiteilige Doppelgelenkwelle mit integriertem Torsionsdämpfer und zwei Kreuzgelenken

FAHRWERK

Rahmen: Vorder- und Hinterrahmen aus manganlegiertem Stahlrohr, Motor ist mittragendes Element. Typenschild am Rahmen vorne rechts neben dem Federbein, Fahrgestellnummer am Rahmen vorne rechts am Lenkkopf

Federwege .... vorne 190 mm, hinten 200 mm
bei Adventure .... vorne 210 mm, hinten 220 mm

Bei Sonderausstattung
»Tieferlegung« .... vorne 158 mm, hinten 170 mm

Vorderradaufhängung: BMW-Telelever. Obere Gabelbrücke kippentkoppelt. Gabelbeine Standrohrdurchmesser 37 mm, ein Gasdruck-Federbein, unten am Längslenker und oben am Rahmen befestigt

Bei Sonderausstattung »Dynamic ESA« (= **E**lectronic **S**uspension **A**djustment): Federbein mit Ausgleichsbehälter, elektrisch verstellbarer Zugstufendämpfung und elektrohydraulisch verstellbare Federvorspannung

Gabelöl: Hydrauliköl SAE 10
Füllmenge bei Ölwechsel je Gabelholm .... ca. 0,485 Liter
Füllhöhe von Oberkante gemessen,
ohne Standrohr .... 133 bis 137 mm

Hinterradaufhängung: BMW Paralever, Einarm-Schwinge aus Aluminiumguss. Hydraulisch gedämpftes Gasdruck-Federbein, Federvorspannung und Zugstufendämpfung einstellbar

Bei Sonderausstattung »Dynamic ESA«: Federbein mit Ausgleichsbehälter. Federvorspannung, Zug- und Druckstufendämpfung elektrisch einstellbar

Federvorspannung: Hydraulisch einstellbar.
Basiseinstellungen:
- **»Solo ohne Beladung«:** Handrad bis an Anschlag in Richtung »LOW« drehen
- **»Solo mit Beladung«:** Handrad bis zum Anschlag in Richtung »LOW« drehen, dann 15 Umdrehungen in Richtung »HIGH«
- **»Mit Sozius und Beladung«:** Handrad bis zum Anschlag in Richtung »LOW« drehen, dann 30 Umdrehungen in Richtung »HIGH«

Zugstufendämpfung: Stufenlos einstellbar.
Basiseinstellungen:
- **»Solo ohne Beladung«:** Handrad im Uhrzeigersinn bis zum Anschlag drehen, dann 8 Klicks gegen Uhrzeigersinn drehen
- **»Solo mit Beladung«:** Handrad im Uhrzeigersinn bis zum Anschlag drehen, dann 2 Klicks gegen Uhrzeigersinn drehen
- **»Mit Sozius und Beladung«:** Handrad im Uhrzeigersinn bis zum Anschlag drehen, dann 2 Klicks gegen den Uhrzeigersinn drehen

Bei Adventure Zugstufendämpfung: Stufenlos einstellbar.
Basiseinstellungen:
- **»Solo ohne Beladung«:** Handrad im Uhrzeigersinn bis zum Anschlag drehen, dann 8 Klicks gegen Uhrzeigersinn drehen
- **»Solo mit Beladung«:** Handrad im Uhrzeigersinn bis zum Anschlag drehen, dann 4 Klicks gegen Uhrzeigersinn drehen
- **»Mit Sozius und Beladung«:** Handrad im Uhrzeigersinn bis zum Anschlag drehen, dann 4 Klicks gegen den Uhrzeigersinn drehen

* = SA = Sonderausstattung ab Werk
SZ = Sonderzubehör

RÄDER UND REIFEN

Räder: Bei R 1250 GS gegossene Leichtmetallräder mit fünf Doppelspeichen, vorne 3,00 x 19, hinten 4,50 x 17

Sonderausstattung bei R 1250 GS, serienmäßig bei Adventure: Kreuzspeichenräder mit 40 Speichen, vorne 3,00 x 19, hinten 4,50 x 17

Reifen: Schlauchlos, vorne 120/70 R19 M/C 60V TL, hinten 170/60 R17 M/C 72V TL

Reifenluftdruck: Solo, mit Sozius und/oder Beladung. Messen bei kalten Reifen (ca. 20 °C)
Vorderradreifen .... 2,5 bar
Hinterradreifen .... 2,9 bar

Maximal zulässige Unwucht
Vorderrad .... 5 Gramm
Hinterrad .... 45 Gramm

Maximal zulässige Wuchtgewichte
Vorder- und Hinterrad .... 80 Gramm
■ Gewichte je zur Hälfte rechts und links an Felge anbringen

Höhen- und Seitenschlag
Leichtmetallräder .... maximal 1,5 mm
Kreuzspeichenräder .... maximal 1,7 mm

Prüfdruck der Radventile .... 4 bar

Reifenprofiltiefe: BMW empfiehlt vorne und hinten eine Reifenprofiltiefe von mindestens 1,6 mm

BREMSEN

Bremsflüssigkeit: DOT 4

ABS »BMW Motorrad Integral ABS«: Teilintegral, abschaltbar. Abstände der ABS-Raddrehzahlsensoren zum Sensorring
am Vorderrad .... 0,1 bis 1,4 mm
am Hinterrad .... 0,1 bis 1,6 mm

Vorderradbremse: Doppelscheibenbremse, Bremsscheiben gelocht, schwimmend gelagert, Vierkolben-Festsättel
Bremsscheiben-Ø .... 305 mm
Seitenschlag .... maximal 0,15 mm
Dicke der Bremsscheibe: Neumaß .... 4,5 mm
Verschleißgrenze .... 4,0 mm
Kolben-Ø im Bremssattel .... 4 x 32 mm
Kolben-Ø im Handbremszylinder .... 15 mm
Leerweg Bremsbetätigung .... 1,6 bis 2,1 mm

Bremsbeläge aus Sintermetall mit Nuten als Verschleißmarkierungen. Verschleißgrenze .... 1,0 mm

Hinterradbremse: Scheibenbremse, Bremsscheibe gelocht. Zweikolben-Schwimmsattel
Bremsscheiben-Ø .... 276 mm
Dicke der Bremsscheibe (Neumaß) .... 5 mm
Verschleißgrenze .... 4,5 mm
Seitenschlag .... maximal 0,35 mm
Kolben-Ø im Bremssattel .... 2 x 28 mm
Kolben-Ø im Fußbremszylinder .... 12,7 mm
Leerweg Bremsbetätigung .... ca. 1 mm
Schnüffelspiel Fußbremshebel zwischen Fußbremshebel und Anschlag am Rahmen .... 1 mm

Bremsbeläge organisch, Verschleißgrenze .... 1,0 mm

ABMESSUNGEN UND GEWICHTE

Fahrwerksmaße
Radstand .... 1514 mm
bei Adventure .... 1504 mm
Lenkkopfwinkel zur Waagerechten gemessen .... 64,3 Grad
bei Adventure .... 65,1 Grad
Nachlauf .... 100,6 mm
bei Adventure .... 95,4 mm

Abmessungen
Länge über alles .... 2207 mm
bei Adventure .... 2270 mm
Breite über die Spiegel gemessen .... 952,5 mm
bei Adventure .... 980 mm
Höhe über Windschild gemessen .... 1430 bis 1490 mm
bei Sonderausstattung »Tieferlegung« ... 1330 bis 1380 mm
bei Adventure: Höhe über Windschild in oberster Stellung gemessen .... 1460 mm

Sitzhöhe bei Maschine abgebockt, ohne Fahrer:
bei Serienausstattung .... 850 bis 870 mm
mit niedriger Sitzbank (**SA***) .... 820 bis 840 mm
mit Tieferlegung (**SA***) .... 800 bis 820 mm
bei Adventure: bei Serienausstattung .... 890 bis 910 mm
mit niedriger Sitzbank (**SZ***) .... 840 bis 860 mm
mit Rallye-Sitzbank (**SZ***) .... 895 mm

Gewichte
Leergewicht vollgetankt .... 249 kg
bei Adventure .... 268 kg
zulässiges Gesamtgewicht .... 465 kg
bei Adventure .... 485 kg
maximale Zuladung .... 216 kg
bei Adventure .... 217 kg

Anziehdrehmomente

In diesem Kapitel werden die von BMW vorgeschriebenen Anziehdrehmomentwerte für alle Schraubverbindungen (bzw. Bauteile) der R 1250 GS und der Adventure aufgelistet. Wenn für eine Schraubverbindung kein eigener Wert aufgeführt ist, gelten die unter »Allgemeine Schrauben und Muttern« aufgelisteten Standard-Anziehdrehmomente für Gewinde entsprechender Größe und Festigkeitsklasse (das ist der Wert in Klammer).

Warum ist ein bestimmtes Anziehdrehmoment nötig?
Schraubverbindungen müssen entsprechend ihrer Abmessung mit einem festgelegten Drehmoment angezogen werden, damit die Bauteile sicher miteinander verbunden sind. Die genannten Werte müssen möglichst genau eingehalten werden, sonst besteht die Gefahr, dass sich die Schraubverbindung entweder lockert (wenn sie zu lose angezogen ist) oder die Schrauben bzw. ihre Gegengewinde zu stark belastet werden (wenn sie zu fest angezogen sind) und sie im Betrieb reißen oder brechen.

Sauberkeit
Eine wichtige Voraussetzung zum korrekten Anziehen aller Schrauben und Muttern ist, dass ihre Gewinde und Anlageflächen unbeschädigt und frei von Schmutz sind.
Wichtig 1: Verschmutzte Schraubengewinde soll man NICHT mit einer Stahlbürste reinigen, denn diese kann das Gewinde beschädigen. Verwenden Sie eine Messingbürste mit feinen Borsten (»Zündkerzenbürste«).
Wichtig 2: Schrauben und Muttern mit verrostetem oder beschädigtem Gewinde müssen durch Neuteile ersetzt werden.
Wichtig 3: Wenn nichts anderes angegeben ist, soll man Schrauben, Muttern und Unterlagscheiben vor dem Einbau etwas einölen. Normales Motoröl dazu verwenden.

Flüssige Schraubensicherung
An einigen Schraubverbindungen ist die Verwendung von **flüssiger Schraubensicherung** »Loctite« vorgeschrieben; dieses gibt es in den Klebequalitäten »**leicht**« (222), »**mittelfest**« (243), »**hochfest**« (2701). Die am meisten benötigte Qualität ist »mittelfest« (243), sie bringt hohe Festigkeit und die Schraubverbindung kann ohne Zerstörung des Gewindes wieder gelöst werden. Weitere Spezifikationen und Qualitätsbeschreibungen zu Loctite finden Sie im Internet unter *www.loctite.de*.

Ausgedrehte Schrauben, an denen Reste von Schraubensicherung oder altem Dichtmittel hängen, müssen vor dem Beträufeln mit frischem Loctite oder Dichtmittel gereinigt und entfettet werden. Verwenden Sie dazu ebenfalls eine Messingbürste. Zur Unterstützung sollte man Bremsenreiniger verwenden, weil dieser die festgebackenen Reste des alten Schraubenklebers sehr gut löst. **Sehr wichtig** ist auch, dass zum Herstellen entsprechender Drehmomentwerte einwandfreies Werkzeug benutzt wird, damit sind hochwertige Nüsse und genau eingestellte Drehmomentschlüssel (Bild 1) gemeint. Man denke nur an die Achsschrauben, Bremsschrauben, Schrauben und Muttern der Federung, am Kardantrieb und im Motor. Was wir unter »ordentlichem Qualitätswerkzeug« verstehen, lesen Sie bitte in Kapitel 2 »Werkstatt« nach.

Weiterhin zu beachten: Manche Schrauben müssen vor dem Einbau (und damit Festziehen) entsprechend dem Einsatzzweck speziell vorbehandelt werden. Was jeweils zu tun ist bzw. welche Besonderheit die Schraube aufweist, wird nach der Bezeichnung des Bauteils mit dem Zeichen »■« besonders herausgestellt.
■ **»mikroverkapselt«** bedeutet, dass Gewindesicherung auf dem Gewinde einer neuen Schraube aufgebracht ist. Laut BMW-Vorschrift muss eine neue mikroverkapselte Schraube verwendet werden. Wenn Sie keine Möglichkeit haben, eine neue originale BMW-Schraube/Mutter einzubauen, und die alte Schraube/Mutter noch einwandfrei in Ordnung ist: Gewinde der alten Schraube/Mutter reinigen, etwas Loctite »mittelfest« drangeben, ein-/aufdrehen und mit entsprechendem Anziehdrehmoment festziehen.
■ **»mechanische Schraubensicherung«** (selbstsichernd); solche Schrauben/Muttern nur einmal verwenden.
■ **»Optimoly TA«** ist ein Hochtemperatur-Montagefett, das z. B. für Gewinde der Lambdasonde dünn (!) verwendet wird.

Allgemeine Schrauben und Muttern

Für Schrauben und Muttern, die in der nachfolgenden Baugruppen-Aufstellung nicht bezeichnet sind, gelten folgende Anziehdrehmomente der Verschraubungsklasse III mit einer Toleranz beim Anziehen von ± 15%. In Klammern (...) ist die Festigkeitsklasse vermerkt. Weiterhin gilt die DIN EN ISO 4014 für »Sechskantschrauben mit Schaft«.

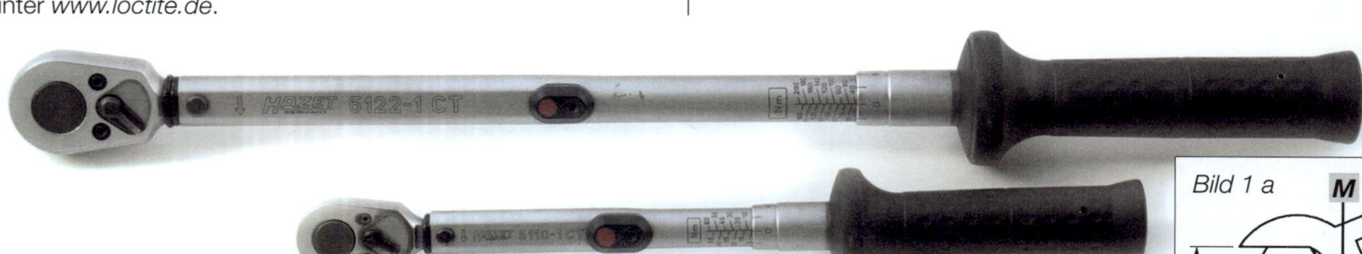

Bild 1: Kleiner (5 bis 60 Nm) und großer Drehmomentschlüssel (40 bis 200 Nm).

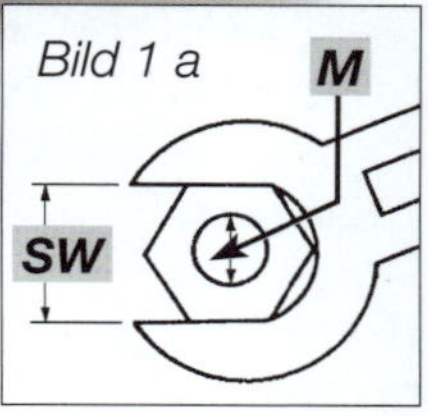

Bild 1 a: ***SW*** *= Schlüsselweite und* ***M*** *= Gewindedurchmesser; beides wird in Millimeter angegeben.*

In Klammern (...) ist die Festigkeitsklasse genannt.

■ Schraube/Mutter M3 x 0,5 (8.8) ... 1 Nm
Schraube/Mutter M3 x 0,5 (10.9) ... 1,4 Nm
■ Schraube/Mutter M4 x 0,7 (8.8) ... 2,3 Nm
Schraube/Mutter M4 x 0,7 (10.9) ... 3,3 Nm
■ Schraube/Mutter M5 x 0,8 (8.8) ... 4,5 Nm
Schraube/Mutter M5 x 0,8 (10.9) ... 6,8 Nm
Schraube/Mutter M5 x 0,8 (12.9) ... 7,6 Nm
■ Schraube/Mutter M6 x 1 (8.8) ... 8 Nm
Schraube/Mutter M6 x 1 (10.9) ... 11,8 Nm
Schraube/Mutter M6 x 1 (12.9) ... 13 Nm
■ Schraube/Mutter M7 x 1 (8.8) ... 13 Nm
Schraube/Mutter M7 x 1 (10.9) ... 19 Nm
Schraube/Mutter M7 x 1 (12.9) ... 21 Nm
■ Schraube/Mutter M8 x 1,25 (8.8) ... 19 Nm
Schraube/Mutter M8 x 1,25 (10.9) ... 28 Nm
Schraube/Mutter M8 x 1,25 (12.9) ... 31,5 Nm
■ Schraube/Mutter M8 x 1 (8.8) ... 20,5 Nm
Schraube/Mutter M8 x 1 (10.9) ... 30 Nm
Schraube/Mutter M8 x 1 (12.9) ... 33 Nm
■ Schraube/Mutter M10 x 1,5 (8.8) ... 38 Nm
Schraube/Mutter M10 x 1,5 (10.9) ... 56 Nm
Schraube/Mutter M10 x 1,5 (12.9) ... 62 Nm
■ Schraube/Mutter M10 x 1 (8.8) ... 41 Nm
Schraube/Mutter M10 x 1 (10.9) ... 60 Nm
Schraube/Mutter M10 x 1 (12.9) ... 67 Nm
■ Schraube/Mutter M12 x 1,75 (8.8) ... 66 Nm
Schraube/Mutter M12 x 1,75 (10.9) ... 96 Nm
Schraube/Mutter M12 x 1,75 (12.9) ... 108 Nm
■ Schraube/Mutter M12 x 1,5 (8.8) ... 68 Nm
Schraube/Mutter M12 x 1,5 (10.9) ... 100 Nm
Schraube/Mutter M12 x 1,5 (12.9) ... 110 Nm

Fahrwerk

Vorderrad

Vorderachsschraube M12 x 20 in Vorderachse ... 30 Nm
Achsklemmschrauben M8 x 35 ... 19 Nm

Hinterrad

Hinterrad an Radträger, Schrauben M10 x 1,25 x 40 ... 60 Nm
■ *Schrauben über Kreuz stufenweise festziehen*

Vorder- und Hinterrad

Speichenrad: Nippel M4 auf Speiche ... 4 Nm
■ *Voranzug mit 1 Nm, Endanzug mit 4 Nm*
Speichen kontern mit Madenschraube M4 ... 2 Nm
Metallventil in Felge G 1/8 Zoll ... 12 Nm
■ *Loctite »mittelfest« an gereinigtes Gewinde*

Sonderausstattung:

RDC-Sensor (Reifendruck-Control) an Vorderrad- und Hinterrad-Felge, Schraube M8 x 25 bei Grussrad ... 9 Nm
■ *Loctite »mittelfest« an gereinigtes Gewinde*
Überwurfmutter M8 bei Kreuzspeichenrad ... 6 Nm
■ *Loctite »mittelfest« in gereinigtes Gewinde*

Lenkung

Lenker in Lenkerklemmbock auf obere Gabelbrücke, Schrauben M8 x 35 ... 19 Nm
■ *Markierungen an Lenker für Lenkerposition beachten*
■ *Vordere Schrauben zuerst anziehen, Spalt hinten*
Lenkergewicht an Lenker, Schraube M10 x 50 ... 38 Nm
Handarmatur an Lenker, Schrauben M6 x 30 ... 8 Nm
■ *zuerst obere, dann untere Schraube festziehen*
Hebel an Handarmatur, Mutter M5 ... 7 Nm
■ *mechanische Schraubensicherung, Mutter erneuern*
Deckel an Bremsflüssigkeits-Vorratsbehälter, Schrauben M4 x 16 ... 2,5 Nm
Abdeckkappe an Spiegel, Schraube M3 x 8 ... 1 Nm
Spiegel-Gewindebuchse in Handarmatur M10 x 14 ... 25 Nm
Kontermutter des Spiegelarms an Gewindebuchse (Linksgewinde!) M10 x 1,25 ... 22 Nm
Sonderausstattung: Spiegel gefräst an Handarmatur, Schraube M10 x 50 ... 25 Nm
Kupplungsschalter an Handarmatur, Kunststoffschraube 2,2 x 22 ... 0,4 Nm
Lenkergriff links an Lenker, Schraube M3,5 x 30 ... 2 Nm
Multi-Controller an Lenkergriff links, Kunststoffschrauben 2,5 x 23 ... 0,4 Nm
Gasgriff an Lenker, Schraube M3,5 x 30 ... 2 Nm
Handschutz an Halter, Schrauben M5 x 14,5 ... 2 Nm
Lenkungsdämpfer an Gabelbrücke, Mutter M8 ... 19 Nm
■ *mechanische Schraubensicherung, Mutter erneuern*
Lenkungsdämpfer an Längslenker, Schraube M8 x 45.. 24 Nm
■ *mikroverkapselt, Schraube erneuern oder Loctite »mittelfest« an gereinigtes Gewinde*

Vorderradgabel

Vorderes Federbein an Vorderrahmen und Längslenker, Schrauben M10 x 55 x 1,5 (10.9) ... 56 Nm
■ *mikroverkapselt, Schrauben erneuern oder Loctite »hochfest« an gereinigte Gewinde*
Längslenker an Motor, Schraube M14 x 1,5 ... 120 Nm
Kugelgelenk an Längslenker, Mutter M14 x 1,5 ... 130 Nm
■ *mikroverkapselt, Mutter erneuern oder Loctite »hochfest« in gereinigtes Gewinde*
Verschlussschraube M4 x 8 an Gabelstopfen ... 2,5 Nm
■ *O-Ring erneuern*
Schraubbolzen M14 x 1,5 in oberer Gabelbrücke ... 130 Nm
■ *mikroverkapselt, Schraubbolzen erneuern oder Loctite »mittelfest« an gereinigtes Gewinde*
Gabelbrücke oben an Standrohr, Muttern M10 x 1,25 ... 40 Nm
■ *mechanische Schraubensicherung, Muttern erneuern*
Untere Gabelbrücke an Gleitrohr, Schrauben M8 x 25 .. 19 Nm
■ *jeweils dreimal jede Schraube im Wechsel festziehen (Bild 4 b)*
Kabelhalter für ABS-Sensor, Schraube M5 x 10 ... 5 Nm
Vorderradabdeckung oben/unten an Frontträger, Schraube M5 x 14,5 ... 2 Nm

Bei Sonderausstattung Dynamic ESA (Dynamic **E**lectronic **S**uspension **A**djustment) **bei R 1250 GS und Adventure:**
Höhenstand-Sensor an Tankhalter, Schraube M5 .... 5 Nm
Kugelzapfen Anlenkstange an Höhenstand-Sensor, Mutter M6 .... 8 Nm
Kugelzapfen Anlenkstange in Längslenker, M6 x 14,5..... 8 Nm

Hinteres Federbein
Federbein an Hauptrahmen, Schraube M12 x 1,5 x 60 .... 100 Nm
■ *mikroverkapselt, Schraube erneuern oder Loctite »hochfest« an gereinigtes Gewinde*
Federbein an Schwinge, Schraube M12 x 1,5 x 75 (10.9) .... 100 Nm
■ *mikroverkapselt, Schraube erneuern oder Loctite »hochfest« an gereinigtes Gewinde*

Bei Sonderausstattung Dynamic ESA (Dynamic **E**lectronic **S**uspension **A**djustment) **bei R 1250 GS und Adventure:**
Halter Höhenstands-Sensor an Rahmen, Schrauben M6 x 35 .... 8 Nm
Höhenstands-Sensor hinten an Halter, Schrauben M5 x 10 .... 5 Nm
Kugelzapfen Anlenkstange an Höhenstand-Sensor, Mutter M6 .... 8 Nm
Kugelzapfen Anlenkstange in Schwinge, M6 x 14,5 .... 8 Nm
Spritzschutz an Federbein, Schraube M4 x 5 .... 3 Nm
■ *Loctite »mittelfest« an gereinigtes Gewinde*

Hinterachsgetriebe
Öleinfüllschraube M12 x 1,5 (Bild 4 f) .... 20 Nm
■ *Dichtring erneuern*
Ölablassschraube M12 x 1 .... 20 Nm
■ *Dichtring erneuern*
Gehäusedeckel an Hinterachsgehäuse, Schrauben M8 x 30
■ *Schrauben über Kreuz stufenweise festziehen*
■ *Voranzug mit 10 Nm, Endanzug durch Weiterdrehwinkel 45 Grad*
■ *Schrauben erneuern*

Hinterradschwinge
Hinterachsgetriebe an Schwinge, Schraube M12 x 1,5 .... 100 Nm
■ *mikroverkapselt, Schraube erneuern oder Loctite »hochfest« an gereinigtes Gewinde*
Schwinge an Rahmen rechts, Loslagerzapfen M24 x 1,25 .... 7 Nm
■ *Voranzug mit 15 Nm, dann lösen, Endanzug mit 7 Nm*
■ *Gewinde und Lagersitz dünn mit »Optimoly TA« befetten*
Kontermutter (Loslagerzapfen) an Rahmen M24x1,25 ...145 Nm
Schwinge an Rahmen links, Festlagerzapfen M27 x 1,25 .... 100 Nm
■ *mikroverkapselt, Festlagerzapfen erneuern oder Loctite »hochfest« an gereinigtes Gewinde*
Momentstrebe (Paraleverstrebe) an Hinterachsgetriebe und an Rahmen, Schrauben M10 x 60 (10.9) .... 56 Nm
■ *mikroverkapselt, Schrauben erneuern oder Loctite »hochfest« an gereinigte Gewinde*

Bremsen

Vorderradbremse
Bremssattel an Gabeltauchrohr, Schrauben M10 x 65 .... 38 Nm
Entlüfterschraube M8 im Bremssattel .... 10 Nm
Bremsscheibe an Vorderrad, Flachkopfschrauben M8 x 27 .... 19 Nm
■ *mikroverkapselt, Schrauben erneuern oder Loctite »mittelfest« an gereinigte Gewinde*
■ *Schrauben über Kreuz stufenweise festziehen*
Bremsklotz-Haltestift .... 6 Nm
Hohlschraube M10 x 1 Bremsschlauchanschluss .... 24 Nm
Bremsleitung an Gabelbrücke, Schraube M6 x 16 .... 8 Nm
■ *mikroverkapselt, Schraube erneuern oder Loctite »mittelfest« an gereinigtes Gewinde*
ABS-Sensor an Gabelbein, Schraube M6 x 16 .... 8 Nm
■ *mikroverkapselt, Schraube erneuern oder Loctite »mittelfest« an gereinigtes Gewinde*
Kabelhalter ABS-Sensorkabel, Schraube M5 x 10 .... 5 Nm
ABS-Sensorring, Schrauben M5 x 10 .... 5 Nm

Hinterradbremse
Bremssattel an Hinterachsgehäuse, Schrauben M8 x 30 .... 28 Nm
■ *mikroverkapselt, Schraube erneuern oder Loctite »mittelfest« an gereinigtes Gewinde*
Entlüfterschraube M10 x 1 im Bremssattel .... 14 Nm
Bremsscheibe an Radträger, Schrauben M8 x 15,5 ...... 30 Nm
■ *Schrauben über Kreuz stufenweise festziehen*
■ *Voranzug mit 12 Nm, Endanzug mit 30 Nm*
■ *mikroverkapselt, Schrauben erneuern oder Loctite »mittelfest« an gereinigte Gewinde*
Hohlschraube M10 x 1 Bremsschlauchanschluss .... 24 Nm
Abdeckung Bremsleitung an Strebe, Schraube M5 x 12 .... 5 Nm
Fußbremshebel an Hauptrahmen, Schraube M8 x 25... 19 Nm
ABS-Sensor an Hinterachsgetriebe, Schraube M6 x 16.. 8 Nm

Hauptbremszylinder
Fußbremszylinder an Hauptrahmen, Schraube M6 x 25.. 8 Nm
Kontermutter M8 auf Druckstange Fußbremszylinder.... 17 Nm
Bremsflüssigkeitsbehälter an Rahmen, Schraube M6 x 16 .... 6 Nm
ABS-Steuergerät (Druckmodulator) an Halter, Schrauben M6 x 14,5 .... 8 Nm

Verkleidung, Tank, Rahmen, Anbauteile

Verkleidung

Verkleidungsschrauben M5 .... 2 Nm
Frontträger links/rechts an Rahmen,
Schrauben M8 x 30 .... 19 Nm
■ *mikroverkapselt, Schrauben erneuern oder Loctite »mittelfest« an gereinigte Gewinde*
Frontträger links/rechts an Frontträger Mitte,
Schrauben vorne M6 x 16 .... 8 Nm
Schrauben hinten M6 x 30 .... 8 Nm
■ *Schrauben erneuern*
Frontträger Mitte an Rahmen, Schrauben M8 x 55 .... 19 Nm
Windschild an Windschildverstellung, Schraube M5 x 12 4 Nm
Blende für Blattfeder an Windschildverstellung,
Schrauben M6 x 16 .... 5 Nm
Halter an Windschild und Blenden,
Schrauben M5 x 12 ohne Bund .... 4 Nm
Linearführung an Windschildverstellung,
Schrauben M5 x 10 .... 4 Nm
Vorderradabdeckung oben an Verkleidungshalter,
Schrauben M5 x 14,5 .... 2 Nm
Vorderradabdeckung oben an untere Gabelbrücke,
Schrauben M5 x 14,5 .... 2 Nm
Vorderradabdeckung unten an Gabelfäuste,
Schrauben M5 x 14,5 .... 2 Nm

Adventure:

Windabweiser an Halter, Schrauben M5 x 20 .... 2 Nm

Tank

Tankhalter an Rahmen, Schrauben M6 x 12 .... 8 Nm
Tank an Rahmen, Schrauben M8 x 45 .... 19 Nm
Tankdeckel an Tank, Schrauben M5 x 28 .... 4 Nm
Mittlere Tankverkleidung an Rahmen,
Schrauben M6 x 25 .... 8 Nm
Überwurfmutter Benzinpumpeneinheit an Tank .... 35 Nm

Adventure:

Benzinpumpe an Tank, Schrauben M5 x 16 .... 5 Nm
■ *Schrauben über Kreuz stufenweise festziehen*
Tankschutzbügel an Halter, Schrauben M8 x 40 .... 19 Nm
Tankschutzbügel an Motorschutzbügel,
Schrauben M8 x 16 .... 19 Nm
■ *Loctite »mittelfest« an gereinigte Gewinde*

Seitenständer und Mittelständer

Seitenständer an Lagerbock,
Lagerbolzen M10 x 1 x 38 .... 41 Nm
■ *mikroverkapselt, Schraube erneuern oder Loctite »mittelfest« an gereinigtes Gewinde*
Seitenständerschalter an Lagerschraube,
Schraube M6 x 16 .... 6 Nm
■ *mikroverkapselt, Schraube erneuern oder Loctite »mittelfest« an gereinigtes Gewinde*
Gewindebolzen M10 x 1,5 für Seitenständerfeder in Rahmen .... 38 Nm

Rahmen

Hauptrahmen an Motor unten, Schrauben M10 x 45 .... 55 Nm
■ *mikroverkapselt, Schraube erneuern oder Loctite »mittelfest« an gereinigtes Gewinde*
Hauptrahmen an Motor vorn oben,
Mutter auf Haltebolzen M12 x 255 (10.9) .... 100 Nm
■ *mikroverkapselt, Mutter erneuern oder Loctite »mittelfest« in gereinigtes Gewinde*
Hauptrahmen an Motor hinten oben,
Mutter auf Haltebolzen M12 x 215 (10.9) .... 100 Nm
■ *mikroverkapselt, Mutter erneuern oder Loctite »mittelfest« in gereinigtes Gewinde*
Heckrahmen an Hauptrahmen,
Schrauben M10 x 25 (10.9) .... 56 Nm
■ *mikroverkapselt, Schrauben erneuern oder Loctite »hochfest« an gereinigte Gewinde*
Heckteil an Heckrahmen vorne, Schrauben M8 x 40 .... 19 Nm
■ *mikroverkapselt, Schrauben erneuern oder Loctite »mittelfest« an gereinigte Gewinde*
Heckteil an Heckrahmen hinten, Schrauben M8 x 25 .... 19 Nm
■ *mikroverkapselt, Schrauben erneuern oder Loctite »mittelfest« an gereinigte Gewinde*
Sozius-Fußrastenträger an Heckrahmen,
Schrauben M8 x 30 (10.9) .... 38 Nm
■ *mikroverkapselt, Schrauben erneuern oder Loctite »mittelfest« an gereinigte Gewinde*
Kappe an Sozius-Fußrastenplatte, Schraube M4 x 12 . 1,5 Nm
■ *mikroverkapselt, Schrauben erneuern oder Loctite »mittelfest« an gereinigte Gewinde*
Fersenschutz links an Rahmen, Schrauben M6 x 16 .... 8 Nm
Spritzschutz an Hinterachsgetriebe, Schrauben M6 x 20. 8 Nm
■ *mikroverkapselt, Schrauben erneuern oder Loctite »mittelfest« an gereinigte Gewinde*
Kennzeichenträger an Heckrahmen,
Schrauben M6 x 17,5 .... 8 Nm
Hinterradabdeckung an Heckrahmen,
Schrauben oben M6 x 14,5, Bund 3 mm .... 8 Nm
Schraube unten M6 x 17,5, Bund 6 mm .... 8 Nm
Gepäckbrücke-Unterteil an Gepäckbrücke
Schrauben M6 x 20 .... 5 Nm
Gepäckbrücke an Heckrahmen,
Schrauben M8 x 25, M8 x 40 .... 19 Nm
■ *mikroverkapselt, Schrauben erneuern oder Loctite »mittelfest« an gereinigte Gewinde*
Sitzverstellung an Rahmen, Schraube M6 x 14,5 .... 8 Nm
Schließriegel Soziussitz an Heckträger,
Kunststoff-Schraube 4 x 10 .... 1 Nm

Adventure:

Motorschutzbügel hinten mit Rahmen an Motor,
Schrauben hinten unten M10 x 45 .... 55 Nm

Motorschutzbügel an Rahmen,
Schrauben vorne oben M8 x 30 .... 19 Nm
Motorschutzbügel an Motorgehäuse,
Schrauben vorne unten M10 x 45 .... 55 Nm
■ *Schrauben in dieser Reihenfolge anziehen*
Tankschutzbügel an Motorschutzbügel,
Schrauben M8 x 16 .... 19 Nm
■ *Loctite »mittelfest« an gereinigte Gewinde*
Tankschutzbügel an Halter,
Schrauben M8 x 40 .... 19 Nm

Koffer, Topcase

Kofferverriegelung an Kofferboden
Schrauben M6 x 55, M6 x 25 .... 3 Nm
■ *mikroverkapselt, Schrauben erneuern oder Loctite »mittelfest« an gereinigte Gewinde*
Schlossleiste an Kofferdeckel .... 1,5 Nm
Topcaseverriegelung an Topcaseboden
Muttern auf Schrauben M5 x 14 .... 4 Nm
■ *mechanische Schraubensicherung, Muttern erneuern*

Sonderzubehör bei R 1250 GS:

Motorschutzbügel mit Rahmen an Motor,
Schrauben hinten unten, M10 x 45 .... 55 Nm
■ *Loctite »mittelfest« an gereinigtes Gewinde*
Motorschutzbügel an Rahmen,
Schrauben vorne oben M8 x 30 .... 19 Nm
Motorschutzbügel an Motorgehäuse,
Schrauben vorne unten M10 x 45 .... 56 Nm
■ *mikroverkapselt, Schrauben erneuern oder Loctite »hochfest« an gereinigte Gewinde*
Bei Anbau von Topcase und Gepäckbrücke:
Blende an Trägerplatte, Schraube M5 x 14,5 .... 2 Nm
Trägerplatte an Heckrahmen,
Schrauben M8 x 35, M8 x 50 .... 19 Nm
Blende für Haltegriffbohrung an Heckrahmen,
Schrauben M8 x 25, M8 x 40 .... 8 Nm
■ *mikroverkapselt, Schrauben erneuern oder Loctite »mittelfest« an gereinigte Gewinde*
Topcasehalter mit Haltegriff an Heckrahmen,
Schrauben M8 x 35, M8 x 40 .... 19 Nm
■ *Loctite »mittelfest« an gereinigte Gewinde*
Topcasehalter an Haltegriff, Schrauben M6 x 20 .... 5 Nm

Sonderzubehör bei R 1250 GS und Adventure:

Sport-Auspufftopf an Heckrahmen, Schraube M8 x 35. 19 Nm
Hitzeschutz an Krümmer, Schelle,
Schrauben M5 x 12 .... 3 Nm
Sportauspufftopf an Krümmer, Schraube in Schelle ...... 19 Nm
Schelle mit Halteblech an Rahmenrohr, M6 x 16 .... 8 Nm
Ventildeckelschutz an Ventildeckel, Schrauben M6 .... 10 Nm
Ventildeckelschutz an Motorgehäuse,
Schrauben M5 x 12 .... 5 Nm
Enduro-Motorschutz an Halteblech,
Schrauben M6 x 16 .... 8 Nm
Enduro-Motorschutz an Halter, Schrauben M6 x 25........ 8 Nm
Klemmbock an einstellbare Fußraste,
Schrauben M8 x 20 .... 20 Nm
Kofferhalter an Heckrahmen, Schrauben
oben vorn M8 x 40, oben hinten M8 x 25 .... 19 Nm
■ *mikroverkapselt, Schrauben erneuern oder Loctite »mittelfest« an gereinigte Gewinde*
Kofferhalter an Heckrahmen, Schrauben
oben hinten M8 x 40, oben hinten M8 x 25 .... 19 Nm
■ *mikroverkapselt, Schrauben erneuern oder Loctite »mittelfest« an gereinigte Gewinde*
Kofferhalter an Heckrahmen, Schrauben
unten vorn M8 x 20 .... 19 Nm
Querstrebe an Kofferhalter, Schraube M8 x 20 .... 19 Nm
Blende an Trägerplatte Topcase,
Schrauben M5 x 14,5 .... 2 Nm
Trägerplatte an Heckrahmen,
Schrauben M8 x 35, M8 x 50 .... 19 Nm
Anbindung vorne für Tankrucksack an Rahmen,
Schrauben M6 x 28 .... 8 Nm

Sonderzubehör bei Adventure:

Staufach innen an mittlerer Tankverkleidung,
Kunststoffschraube 4 x 10 .... 1 Nm

Motor und Anbauteile

Motor

Verschlussschraube M16 x 1,5 für
OT-Fixierung in Motorgehäuse .... 30 Nm

Motorschutz

Halter Motorschutz an Motorgehäuse,
Schrauben M8 x 25 .... 19 Nm
Motorschutz an Halter, Schraube M6 x 20 .... 8 Nm

Kraftstoffaufbereitung und -regelung

Luftfilterkasten an Tankhalter, Schrauben M6 x 25 .... 8 Nm
Deckel Luftfilter an Luftfilterkasten, Schrauben M5 x 50.. 3 Nm
■ *Schrauben über Kreuz festziehen*
Abdeckung Einspritzventil an Zylinderkopf,
Schrauben M5 x 20 .... 5 Nm
Kraftstoffverteiler an Zylinderkopf, Schraube M5 x 20 ..... 5 Nm

Auspuffanlage

Auspuffkrümmer an Zylinderkopf, Muttern M8 .... 21 Nm
Auspuffkrümmer Halterung an Getriebe,
Schrauben M8 x 20 .... 19 Nm
Auspufftopf an Heckrahmen, Schraube M8 x 35........... 19 Nm
Schelle an Auspufftopf, Schraube M5 x 16 .... 8 Nm
■ *mikroverkapselt, Schraube erneuern oder Loctite »mittelfest« an gereinigtes Gewinde*
Lambdasonde in Auspuffkrümmer M18 x 1,5 .... 45 Nm
■ *Gewinde dünn mit »Optimoly TA« befetten*

Lambda-Monitorsonde zwischen Katalysator und Auspuffklappe M12 x 1,25 .... 25 Nm
■ *Gewinde dünn mit »Optimoly TA« befetten*
Schelle an Auspuffkrümmer und Auspufftopf .... 19 Nm
Stellmotor an Halter, Kunststoffschrauben 5 x 12 .... 2 Nm
■ *mikroverkapselt, Schrauben erneuern oder Loctite »mittelfest« an gereinigtes Gewinde*
Stellmotor Halter an Getriebe, Schrauben M6 x 25 .... 8 Nm
Seilzug an Auspuffklappe, Kontermutter M6 .... 5 Nm
Abdeckung für Auspuffklappe an Auspuffkrümmer, Schraube M5x10 .... 3 Nm
■ *mikroverkapselt, Schraube erneuern oder Loctite »mittelfest« an gereinigte Gewinde*
Abdeckung an Auspuff/Auspuffkrümmer, Schrauben M5 x10 .... 5 Nm
■ *Reihenfolge Auspuffkrümmer, Auspufftopf oben, Auspufftopf unten*
Blende an Auspuffkrümmer und Auspufftopf, Schrauben M5x10 .... 5 Nm

Motorgehäuse

Schrauben M10 x 130
■ *Voranzug 25 Nm, Endanzug durch Weiterdrehwinkel um 90 Grad*
Schrauben M6 x 30 .... 10 Nm
Schrauben M8 x 80 .... 19 Nm
Verdrehsicherungsplatte (Gleitlager) an Kurbelgehäuse, Schrauben M6 x 25 .... 12 Nm
Gehäusedeckel an Motorgehäuse, Schrauben M6 x 20 .. 10 Nm
■ *Anziehreihenfolge beachten (Bild 2)*
Ölbehälter an Frontdeckel, Schrauben M5 x 16 .... 5 Nm
Entlüftungsdeckel an Getriebedeckel, Schrauben M6 x 20 .... 12 Nm
Entlüftungsrad an Kurbelwelle, Schrauben M10 x 1 x 25. 40 Nm
Membranventile der Kurbelgehäuseentlüftung an Motorgehäuse, Schrauben M6 x 16 .... 12 Nm

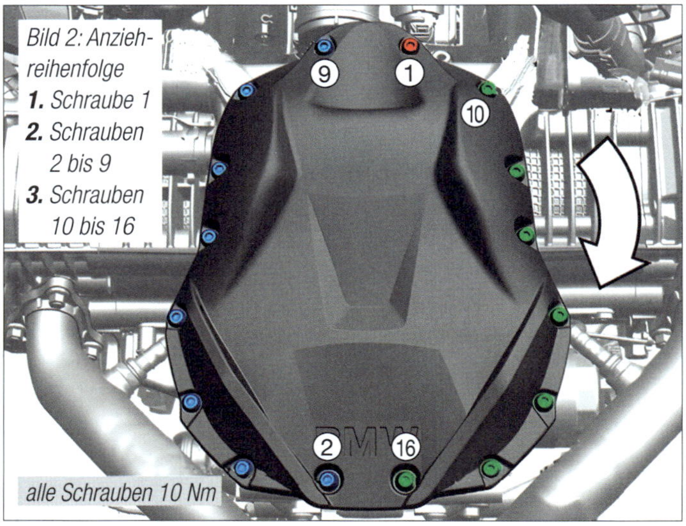

Bild 2: Anziehreihenfolge
1. *Schraube 1*
2. *Schrauben 2 bis 9*
3. *Schrauben 10 bis 16*
alle Schrauben 10 Nm

Schmiersystem

Ölablassschraube M20 x 1,5 an Kurbelgehäuse .... 42 Nm
■ *Gewinde, Dichtfläche und Dichtscheibe mit frischem Motoröl bestreichen*
Anschluss Öldruckmessung, Schraube M10 x 1 .... 10 Nm
Öleinfüllschraube in Zylinderkopfhaube M34 x 1,5 .... 8 Nm
Ölfilter an Motorgehäuse .... 11 Nm
■ *Dichtring mit frischem Motoröl bestreichen*
Ölfilterstutzen an Motorgehäuse M20 x 1,5 .... 35 Nm

Ölpumpe

Ölpumpendeckel an Motorgehäuse, Schrauben M6 x 16 .... 12 Nm
Ölsaugschnorchel in Motorgehäuse, Schraube M6 x 20 . 8 Nm
■ ***Loctite »hochfest« an gereinigtes Gewinde***
Überdruckventil Verschlussschraube M24 x 1,5 .... 42 Nm
Ölpumpenritzel an Ölpumpenwelle, Mutter M6 .... 10 Nm
■ *mechanische Schraubensicherung, Mutter erneuern*

Kühlsystem

Kühlerblende an Seitenabdeckung, Schrauben M5 x 14,5 .... 1,5 Nm
Kühlmittelablassschraube M10 x 1 .... 10 Nm
Befüllschnittstelle Schraube M10 x 1 .... 5 Nm
Wasserpumpe an Motorgehäuse, Schrauben M6 x 40 .... 12 Nm
Kühlmittelstutzen an Motorgehäuse, Schrauben M6 x 16 .... 12 Nm
Kühlmittelstutzen für Thermostat an Motorgehäuse, Schrauben M6 x 16 .... 12 Nm
Kühler an Frontträger, Schrauben Sondergewinde für Leichtmetall M6 x 25 .... 8 Nm
Kühler an Rahmen, Schrauben Sondergewinde für Leichtmetall M6 x 25 .... 8 Nm
Ausgleichsbehälter an Luftfilterkasten, Kunststoff-Schrauben 5,5 x 16 .... 4 Nm
Adventure: Kühler/Halterung Tankschutzbügel an Frontträger/Rahmen, Schrauben Sondergewinde M6 x 25 .... 12 Nm

Kupplung

Kupplungsnabe an Vorgelegewelle, Mutter M20 x 1,5 .... 150 Nm
■ *Voranzug 150 Nm, Mutter vollständig lockern, Endanzug 150 Nm*
■ *Mutter erneuern*
Kupplungskorb an Ausgleichswelle, Mutter M36 x 1,5 .... 250 Nm
■ *Voranzug 170 Nm, Mutter lockern im Rückdrehwinkel 90 Grad, Endanzug 250 Nm*
■ *mikroverkapselt, Mutter erneuern, Gewinde fettfrei montieren*
Befestigungsplatte an Kupplungsnabe, Schrauben M6 x 30 .... 10 Nm
■ *Schrauben geölt einbauen*

Kupplungsnehmerzylinder an Getriebe,
Schrauben M6 x 20 .... 8 Nm
■ *Schrauben zwei Mal festziehen*
Kupplungsleitung an Kupplungsarmatur,
Hohlschraube M10 x 1 .... 7 Nm
Kupplungsleitung an Nehmerzylinder,
Hohlschraube M10 x 1 mit Entlüfter .... 7 Nm
Entlüfterschraube an Nehmerzylinder .... 5 Nm
Kupplungsschalter an Handarmatur,
Kunststoffschraube 2,2 x 22 .... 0,4 Nm

Schaltung bei R 1250 GS und Adventure:
Klemmschraube kleiner Schalthebel an Schaltwelle,
Schraube M6 x 30 .... 8 Nm
■ *mikroverkapselt, Schraube erneuern oder Loctite »mittelfest« an gereinigte Gewinde*
Kugelpfanne auf Schaltstange, Kontermutter M6 .... 8 Nm
Kugelzapfen an Schalthebel, Gewinde M8 .... 19 Nm
Fußschalthebel an Rahmen, Schraube M8 x 25 .... 19 Nm

Schaltung bei R 1250 GS:
Trittstück an Fußschalthebel, Schraube M6 x 20 .... 10 Nm
■ *mikroverkapselt, Schraube erneuern oder Loctite »mittelfest« an gereinigte Gewinde*

Schaltung bei Adventure:
Trittstück an Fußschalthebel, Schraube M6 x 16 .... 8 Nm

Sonderzubehör bei R 1250 GS und Adventure:
Schaltassistent »Pro« an Schaltwelle, Schraube M5 x 20. 10 Nm
■ *mikroverkapselt, Schraube erneuern oder Loctite »mittelfest« an gereinigtes Gewinde, Scheibe erneuern*

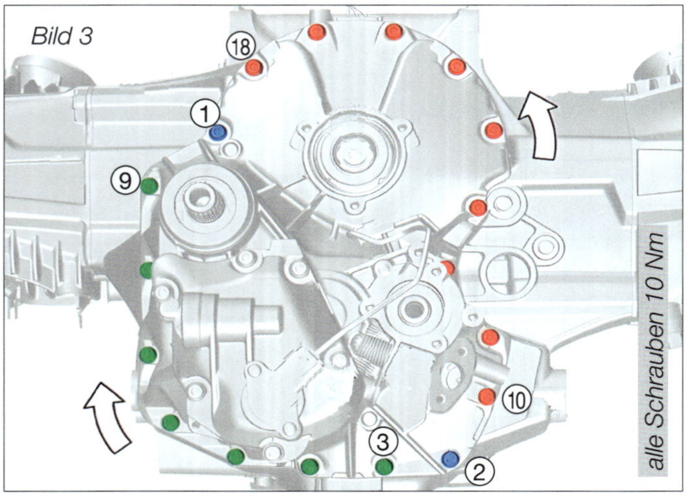

*Bild 3: Vorgeschriebene Anziehreihenfolge **1.** Schraube 1 und 2 »handfest« anziehen, **2.** Schrauben 3 bis 18 »handfest« anziehen, **3.** Schrauben 1 und 2 festziehen mit 10 Nm, **4.** Schrauben 3 bis 9 im Uhrzeigersinn festziehen mit 10 Nm, **5.** Schrauben 10 bis 18 gegen Uhrzeigersinn festziehen mit 10 Nm.*

Getriebe
Getriebedeckel an Motorgehäuse, Schrauben M6 x 25 . 10 Nm
■ *Anziehreihenfolge beachten (Bild 3)*
Halteblech für Festlager an Getriebedeckel,
Schrauben M6 x 16, innen .... 8 Nm + 90 Grad
Schrauben M6 x 25, außen .... 8 Nm + 90 Grad
■ *Voranzug 8 Nm, Endanzug durch Weiterdrehwinkel um 90 Grad*
■ *mikroverkapselt, Schrauben erneuern oder Loctite »mittelfest« an gereinigte Gewinde*
Halteblech für Loslager an Motorgehäuse,
Senkkopfschraube M6 x 16 .... 10 Nm
■ *mikroverkapselt, Schrauben erneuern oder Loctite »mittelfest« an gereinigte Gewinde*
Halteblech für Loslager (Getriebeabtriebswelle) an Motorgehäuse, Schraube M6 x 18 .... 10 Nm
Schaltungsdeckel an Getriebedeckel,
Schrauben M6 x 20 .... 10 Nm
Gangpositions-Sensor M5 x 14 (10.9) an Getriebe .... 5 Nm
Lager an Vorgelegewelle, Schraube M20 x 1,5 .... 100 Nm
■ *mikroverkapselt, Schraube erneuern oder Loctite »mittelfest« in gereinigtes Gewinde*
Halteblech für Schaltwalze an Getriebedeckel,
Schraube M6 x 16 .... 8 Nm + 90 Grad
■ *Voranzug 8 Nm, Endanzug durch Weiterdrehwinkel um 90 Grad*
■ *mikroverkapselt, Schraube erneuern oder Loctite »mittelfest« an gereinigtes Gewinde*
Arretierhebel an Getriebedeckel,
Schraube M6 x 18 .... 8 Nm + 90 Grad
■ *Voranzug 8 Nm, Endanzug durch Weiterdrehwinkel um 90 Grad*

Zylinderkopf
Zylinderkopfhaube (Ventildeckel) Schrauben M6 .... 10 Nm
Sekundärluftsystem-Membranventil an
Motorgehäuse, Schrauben M6 x 16 .... 12 Nm
Zylinderkopf an Motorgehäuse, Schrauben
M10 x 110-10.9 (Bild 4 d)
■ *Schrauben über Kreuz stufenweise festziehen, Voranzug mit 5 Nm, zweiter Voranzug mit 20 Nm, dritter Voranzug mit 40 Nm, Endanzug durch Weiterdrehwinkel um 150 Grad*
Zylinderkopf an Kurbelgehäuse, Schrauben
M6 x 25, M6 x 95 (Bild 4 d) .... 12 Nm

Anlasserfreilauf, Vorgelege
Freilaufgehäuse an Generator,
Schrauben M8 x 16 (12.9) .... 35 Nm
Hülse für Axialanschlag an Freilaufrad an Kurbelgehäuse,
Schraube M6 x 50 .... 10 Nm
■ *Loctite »mittelfest« an gereinigtes Gewinde*
Achse für Starterdoppelrad an Kurbelgehäuse,
Schrauben M6 x 80 .... 8 Nm
■ *mikroverkapselt, Schrauben erneuern oder Loctite »mittelfest« an gereinigte Gewinde*

Achse für Starterzwischenrad an Kurbelgehäuse,
Schrauben M20 x 1,5 (Linksgewinde!) .... 18 Nm
Schrauben M6 x 80 .... 8 Nm
■ *mikroverkapselt, Schrauben erneuern oder Loctite »mittelfest« an gereinigte Gewinde*

Nockenwelle

Steuerkettenschienen an Kurbelgehäuse,
Schrauben M8 .... 19 Nm
Kettenrad an Nockenwelle, Auslassnockenwelle rechts,
Schrauben M10 x 1,25 x 25 (10.9) .... 65 Nm
Alle anderen Nockenwellen, Schrauben
M10 x 1,25 x 35 (10.9) .... 60 Nm
Geber für Nockenwellenpositions-Sensor an
Nockenwelle (Klemmung), Schraube M5 x 20 (10.9)... 8 Nm
Sicherungsschraube M6 x 14 für
Zwischenwellenachse im Zylinderkopf .... 8 Nm
Kettenrad an Zwischenwelle, Schraube M6 x 12.......... 10 Nm
Nockenwellenkettenspanner M18 x 1,5 an Zylinder ...... 32 Nm
Nockenwellenlagerbrücke an Zylinderkopf,
Schrauben M6 x 35 .... 10 Nm
■ *Schrauben abwechselnd festziehen*
Haltebügel für Axialführung der Einlassnockenwelle,
Schrauben M6 x 35 .... 10 Nm
Schaltnocken-Verstelleinheit der Einlassnockenwelle
an Zylinderkopf, Schrauben M6 x 20 .... 10 Nm

Pleuel

Pleuellager Schrauben M10 x 1 x 50 (13.9)
■ *neue Schrauben verwenden, Gewinde und Kopfauflage geölt einsetzen*
■ *Fügemoment 5 Nm, Voranzug 20 Nm, Endanzug durch Weiterdrehwinkel um 150 Grad, Schraube lockern und nochmals festziehen: Fügemoment 5 Nm, Voranzug 20 Nm, Endanzug durch Weiterdrehwinkel um 150 Grad*

Elektrik

Zündkerzen, Zündung

Zündkerzen M10 x 1 NGK LMAR8AI-10 in
Zylinderkopf, Erst- und Wiederanzug .... 12 Nm
Zündspulen-Abdeckung an Zylinderkopf,
Schrauben M6 x 20 .... 10 Nm
Zünd-Lenkschloss an Gabelbrücke,
Fächerschraube M8 .... 19 Nm
■ *mikroverkapselt, Schraube erneuern oder Loctite »mittelfest« an gereinigtes Gewinde*

Lichtmaschine (Stromgenerator)

Lichtmaschinenrotor auf Kurbelwelle
Mutter M24 x 1,5 .... 250 Nm
■ *Loctite »hochfest« in gereinigtes Gewinde*
■ *Voranzug 150 Nm, vollständig lösen, Endanzug 250 Nm*
Spulenträger an Motorgehäuse, Schrauben M6 x 20.... 12 Nm
Generatorstator an Spulenträger, Schrauben M6 x 40 .. 10 Nm
■ *Loctite »hochfest« an gereinigte Gewinde*

Schalter, Sensoren

Gangpositions-Sensor an Getriebedeckel,
Schrauben M5 x 14 (10.9) .... 5 Nm
Kurbelwellenpositions-Sensor, Schraube M6 x 14.......... 8 Nm
Nockenwellenpositions-Sensor an
Zylinderkopf, Schraube M6 x 16 .... 8 Nm
Klopf-Sensor an Zylinderkopf, M8 x 30 .... 20 Nm
Kühlmitteltemperatur-Sensor an Stutzen Kühlmittelanschluss, M12 x 1,5 .... 15 Nm
Ölstand-Sensor an Getriebedeckel, Schraube M6 x 16... 8 Nm
■ *mikroverkapselt, Schraube erneuern oder Loctite »mittelfest« an gereinigtes Gewinde*
Öltemperatur-Sensor an Motorgehäuse, M12 x 1,5 ...... 14 Nm
Kombischalter Handarmatur an Lenker
Kunststoffschraube 2,5 x 15 .... 0,4 Nm
Deckel, Kunststoffschraube 2,5 x 15 .... 0,4 Nm
Bedieneinheit für intelligenten Notruf an Handarmatur,
Schraube M5 x 22 .... 3 Nm
■ *mechanische Schraubensicherung, Schraube erneuern*
Höhenstand-Sensor vorne an Tankhalter, Schraube M5.. 5 Nm
Anlenkstange an Höhenstand-Sensor vorne, Mutter M6. 8 Nm
Halter Höhenstands-Sensor hinten an Rahmen,
Schrauben M6 x 35 .... 8 Nm
Höhenstands-Sensor hinten an Halter,
Schrauben M5 x 10 .... 5 Nm
Aufprall-Sensor an Halter,
Schraube M6 x 20 .... 6 Nm
Halter Aufprall-Sensor an Tankhalter,
Schraube M6 x 20 .... 6 Nm
Halter Aufprall-Sensor an Tankhalter,
Schraube M6 x 12 .... 8 Nm
Drehraten-Sensor an Hinterradabdeckung, Mutter M6.... 6 Nm
■ *mechanische Schraubensicherung, Mutter erneuern*

Anlasser (Elektrostarter)

Anlasser an Getriebegehäuse, Schrauben M6 x 35....... 12 Nm
Massekabel an Anlasser, Schraube M6 x 10.................. 8 Nm
Pluskabel an Anlasser, Mutter M6 .... 8 Nm
■ *mechanische Schraubensicherung, Mutter erneuern*
Kabelbaum an Anlasserrelais, Mutter M6 .... 6 Nm
■ *mechanische Schraubensicherung, Mutter erneuern*

Beleuchtung

Scheinwerfer an Frontträger, Schrauben M6 x 20 .... 5 Nm
Blinker an Frontträger, Schraube M6 x 16 .... 4 Nm
Blinker hinten an Kennzeichenträger, Schraube M6 x 20 . 3 Nm

Andere elektrische Bauteile

Regler/Gleichrichter an Hinterradabdeckung,
Schrauben M5 x 25 .... 4 Nm
Sicherung 50A für Regler/Gleichrichter an Halter,
Schrauben M5 x 8 .... 3,5 Nm

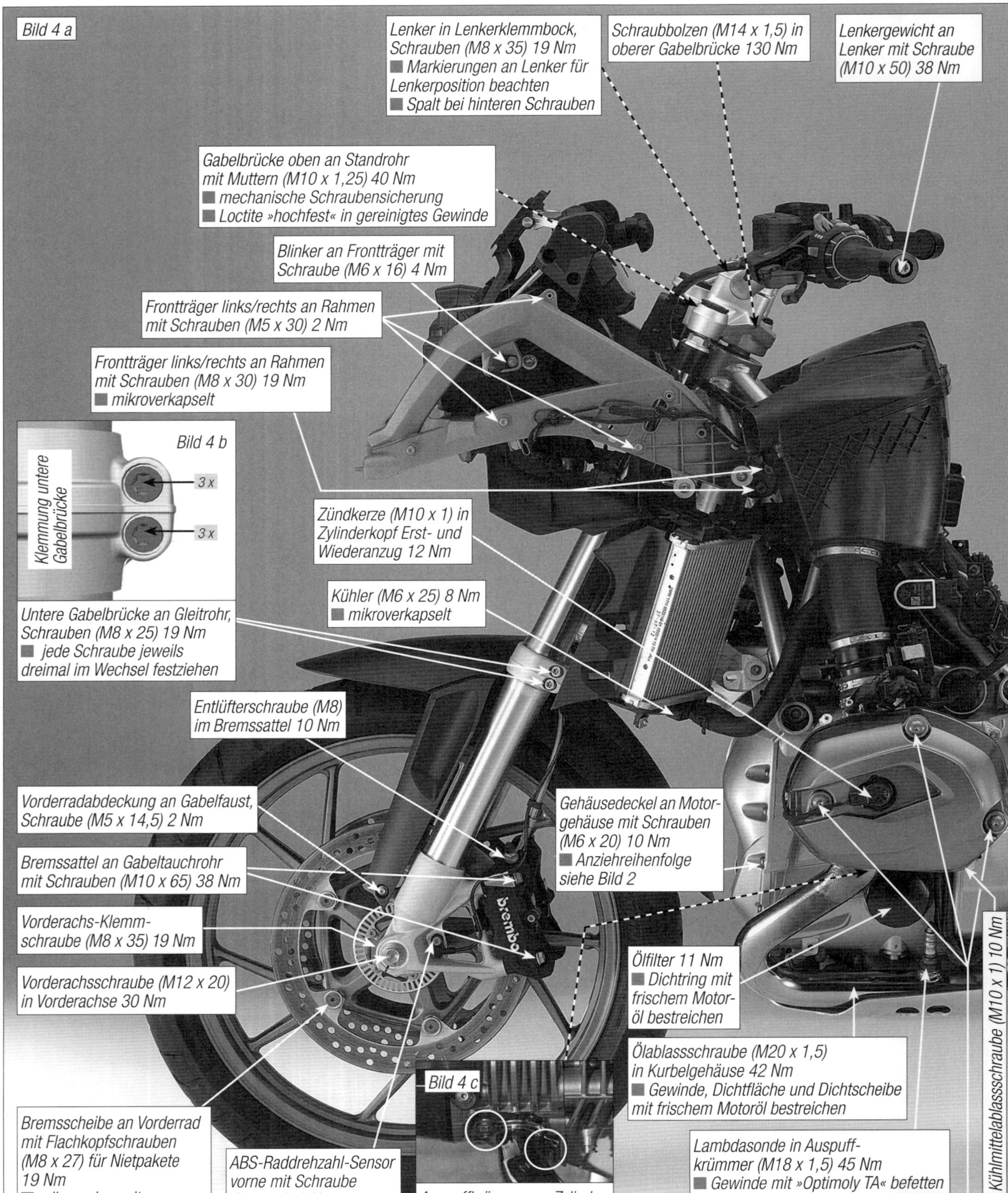
Bild 4 a
Lenker in Lenkerklemmbock, Schrauben (M8 x 35) 19 Nm
■ Markierungen an Lenker für Lenkerposition beachten
■ Spalt bei hinteren Schrauben
Schraubbolzen (M14 x 1,5) in oberer Gabelbrücke 130 Nm
Lenkergewicht an Lenker mit Schraube (M10 x 50) 38 Nm
Gabelbrücke oben an Standrohr mit Muttern (M10 x 1,25) 40 Nm
■ mechanische Schraubensicherung
■ Loctite »hochfest« in gereinigtes Gewinde
Blinker an Frontträger mit Schraube (M6 x 16) 4 Nm
Frontträger links/rechts an Rahmen mit Schrauben (M5 x 30) 2 Nm
Frontträger links/rechts an Rahmen mit Schrauben (M8 x 30) 19 Nm
■ mikroverkapselt
Bild 4 b
Klemmung untere Gabelbrücke
3 x
3 x
Untere Gabelbrücke an Gleitrohr, Schrauben (M8 x 25) 19 Nm
■ jede Schraube jeweils dreimal im Wechsel festziehen
Zündkerze (M10 x 1) in Zylinderkopf Erst- und Wiederanzug 12 Nm
Kühler (M6 x 25) 8 Nm
■ mikroverkapselt
Entlüfterschraube (M8) im Bremssattel 10 Nm
Vorderradabdeckung an Gabelfaust, Schraube (M5 x 14,5) 2 Nm
Bremssattel an Gabeltauchrohr mit Schrauben (M10 x 65) 38 Nm
Vorderachs-Klemmschraube (M8 x 35) 19 Nm
Vorderachsschraube (M12 x 20) in Vorderachse 30 Nm
Gehäusedeckel an Motorgehäuse mit Schrauben (M6 x 20) 10 Nm
■ Anziehreihenfolge siehe Bild 2
Ölfilter 11 Nm
■ Dichtring mit frischem Motoröl bestreichen
Ölablassschraube (M20 x 1,5) in Kurbelgehäuse 42 Nm
■ Gewinde, Dichtfläche und Dichtscheibe mit frischem Motoröl bestreichen
Kühlmittelablassschraube (M10 x 1) 10 Nm
Bild 4 c
Lambdasonde in Auspuffkrümmer (M18 x 1,5) 45 Nm
■ Gewinde mit »Optimoly TA« befetten
Bremsscheibe an Vorderrad mit Flachkopfschrauben (M8 x 27) für Nietpakete 19 Nm
■ mikroverkapselt
■ über Kreuz anziehen
ABS-Raddrehzahl-Sensor vorne mit Schraube (M6 x 16) 8 Nm
■ mikroverkapselt
Auspuffkrümmer an Zylinderkopf mit Muttern (M8) 28 Nm
Zylinderkopfhaube (Ventildeckel), Schrauben (M6) 10 Nm

Zu beachten:

1. ***»mikroverkapselt«*** *bedeutet, dass Gewindesicherung auf dem Schraubengewinde aufgebracht ist. Laut BMW-Vorschrift muss eine neue Schraube verwendet werden. Wenn Sie keine Möglichkeit haben, eine neue originale BMW-Schraube/Mutter einzubauen, und die alte Schraube/Mutter noch einwandfrei in Ordnung ist: Gewinde der alten Schraube/Mutter reinigen, etwas Loctite »mittelfest« drangeben, eindrehen und mit entsprechendem Anziehdrehmoment festziehen.*
2. ***»mechanische Schraubensicherung«*** *(selbstsichernd) bedeutet, dass Schrauben/Muttern nur einmal verwendet werden dürfen.*
3. ***Optimoly TA*** *= Hochtemperatur-Montagefett in/an das gereinigte Gewinde geben.*

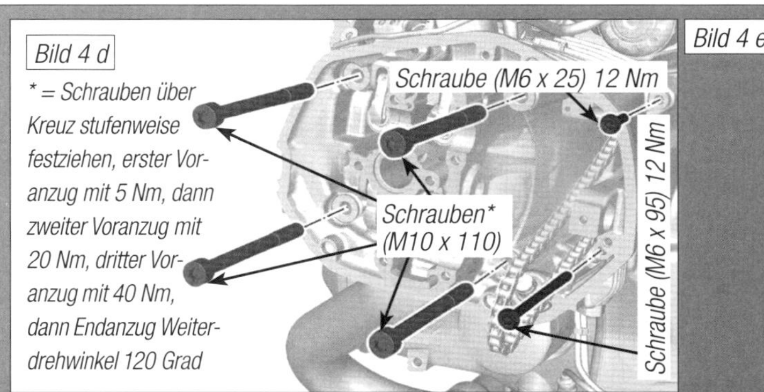

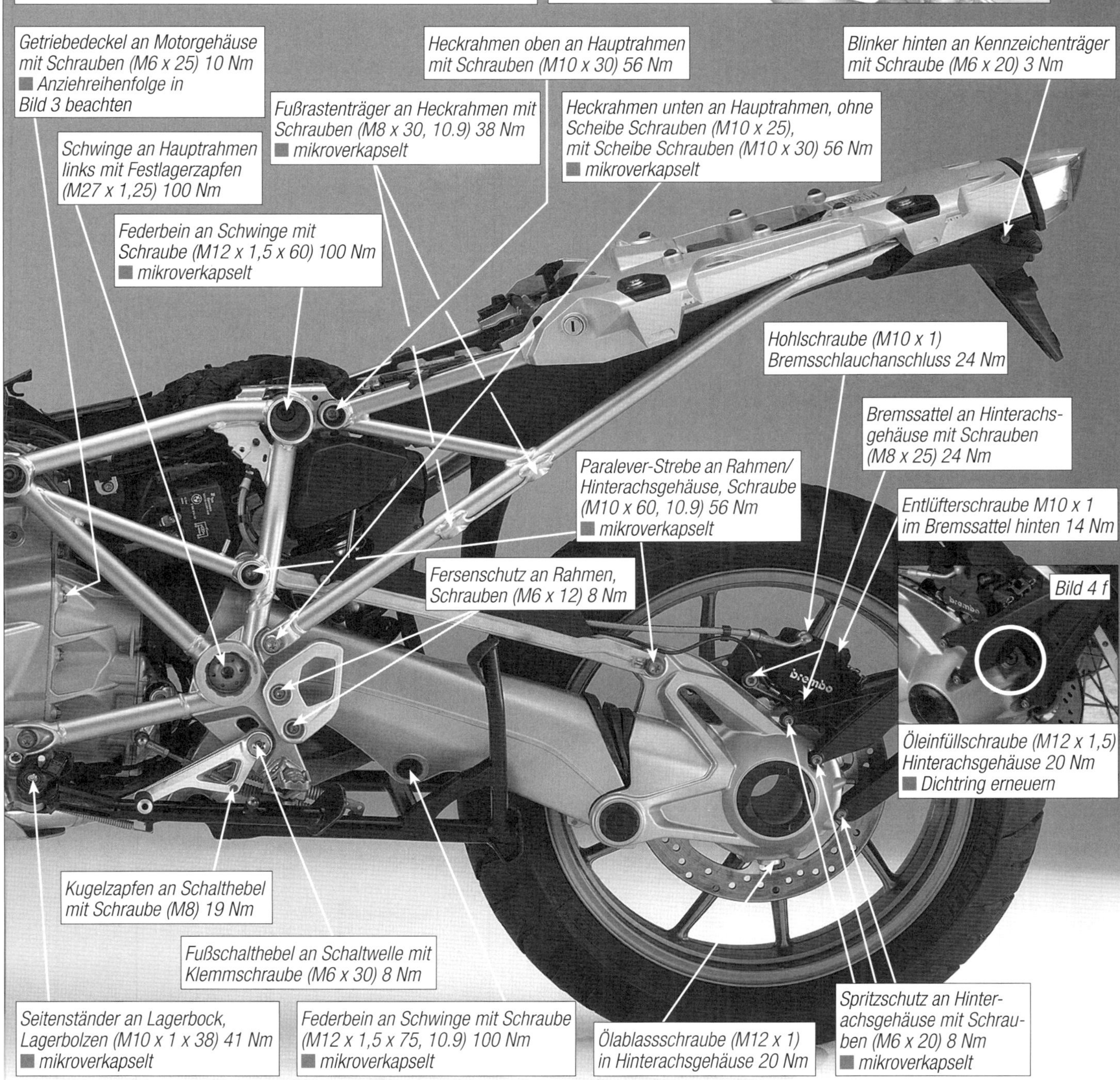

Bild 5 a

Zu beachten:

1. ***»mikroverkapselt«*** *bedeutet, dass Gewindesicherung auf dem Schraubengewinde aufgebracht ist. Laut BMW-Vorschrift muss eine neue Schraube verwendet werden. Wenn Sie keine Möglichkeit haben, eine neue originale BMW-Schraube/Mutter einzubauen, und die alte Schraube/Mutter noch einwandfrei in Ordnung ist: Gewinde der alten Schraube/Mutter reinigen, etwas Loctite »mittelfest« drangeben, eindrehen und mit entsprechendem Anziehdrehmoment festziehen.*
2. ***»mechanische Schraubensicherung«*** *(selbstsichernd) bedeutet, dass Schrauben/Muttern nur einmal verwendet werden dürfen.*
3. ***Optimoly TA*** *= Hochtemperatur-Montagefett in/an das gereinigte Gewinde geben.*

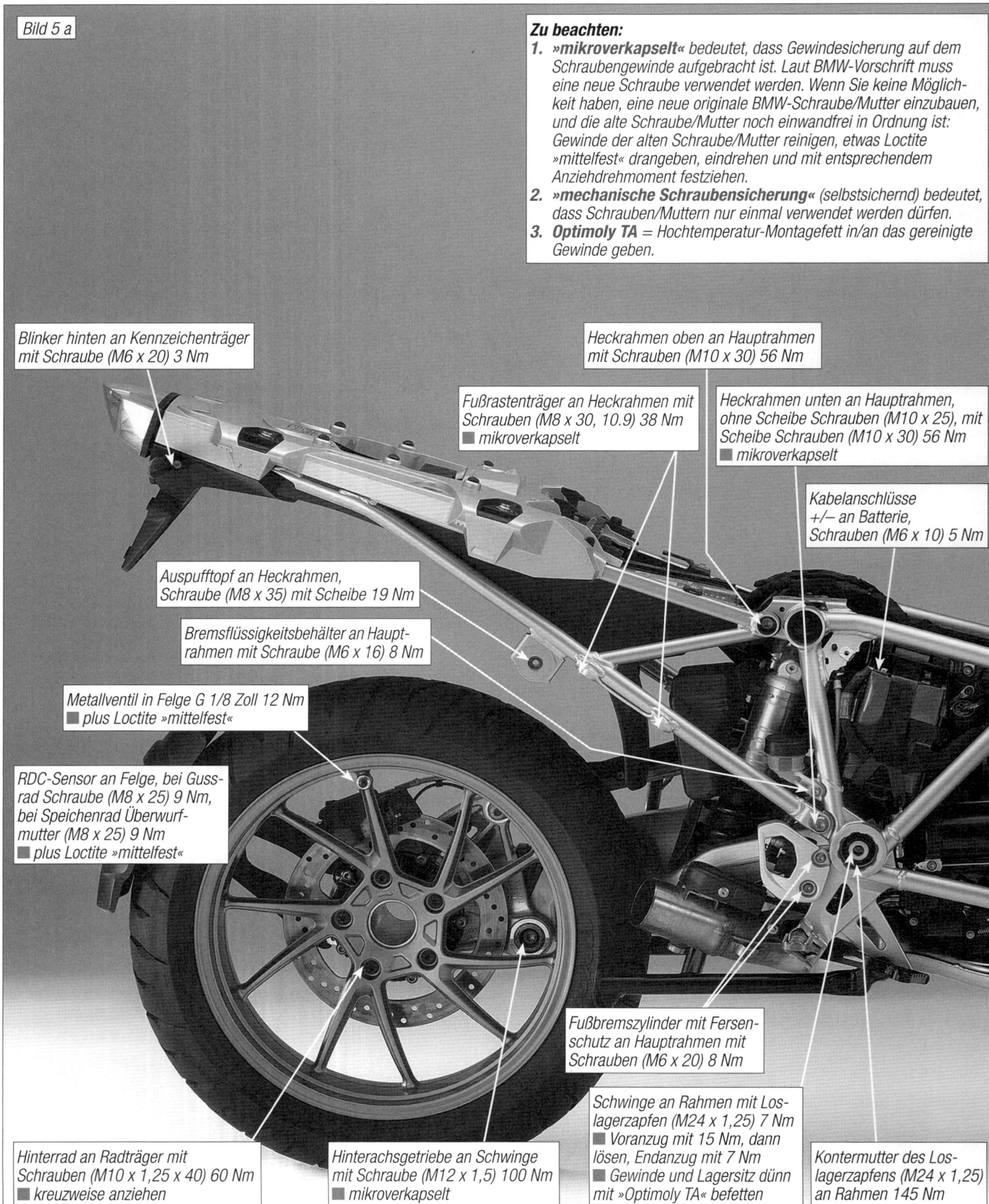

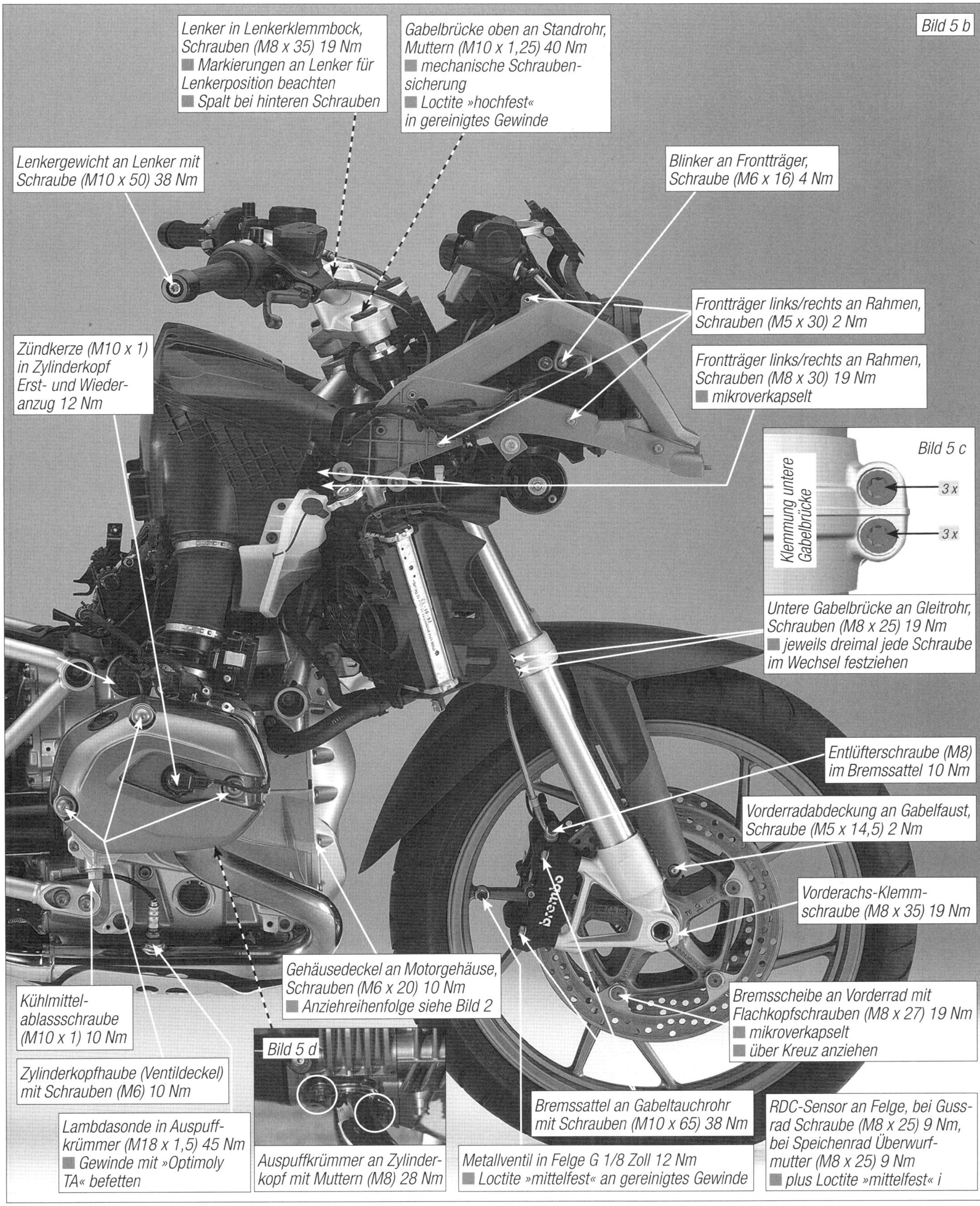

Bild 5 b
Lenker in Lenkerklemmbock, Schrauben (M8 x 35) 19 Nm ■ Markierungen an Lenker für Lenkerposition beachten ■ Spalt bei hinteren Schrauben
Gabelbrücke oben an Standrohr, Muttern (M10 x 1,25) 40 Nm ■ mechanische Schraubensicherung ■ Loctite »hochfest« in gereinigtes Gewinde
Lenkergewicht an Lenker mit Schraube (M10 x 50) 38 Nm
Blinker an Frontträger, Schraube (M6 x 16) 4 Nm
Frontträger links/rechts an Rahmen, Schrauben (M5 x 30) 2 Nm
Frontträger links/rechts an Rahmen, Schrauben (M8 x 30) 19 Nm ■ mikroverkapselt
Zündkerze (M10 x 1) in Zylinderkopf Erst- und Wiederanzug 12 Nm
Bild 5 c
Klemmung untere Gabelbrücke
3 x
3 x
Untere Gabelbrücke an Gleitrohr, Schrauben (M8 x 25) 19 Nm ■ jeweils dreimal jede Schraube im Wechsel festziehen
Entlüfterschraube (M8) im Bremssattel 10 Nm
Vorderradabdeckung an Gabelfaust, Schraube (M5 x 14,5) 2 Nm
Vorderachs-Klemmschraube (M8 x 35) 19 Nm
Gehäusedeckel an Motorgehäuse, Schrauben (M6 x 20) 10 Nm ■ Anziehreihenfolge siehe Bild 2
Bremsscheibe an Vorderrad mit Flachkopfschrauben (M8 x 27) 19 Nm ■ mikroverkapselt ■ über Kreuz anziehen
Kühlmittelablassschraube (M10 x 1) 10 Nm
Bild 5 d
Zylinderkopfhaube (Ventildeckel) mit Schrauben (M6) 10 Nm
Lambdasonde in Auspuffkrümmer (M18 x 1,5) 45 Nm ■ Gewinde mit »Optimoly TA« befetten
Auspuffkrümmer an Zylinderkopf mit Muttern (M8) 28 Nm
Bremssattel an Gabeltauchrohr mit Schrauben (M10 x 65) 38 Nm
Metallventil in Felge G 1/8 Zoll 12 Nm ■ Loctite »mittelfest« an gereinigtes Gewinde
RDC-Sensor an Felge, bei Gussrad Schraube (M8 x 25) 9 Nm, bei Speichenrad Überwurfmutter (M8 x 25) 9 Nm ■ plus Loctite »mittelfest« i

Batterieplus-Stützpunkt an Batterieträger,
Schrauben M6 x 14 .... 2 Nm
Kabelanschlüsse +/– an Batterie, Schrauben M6 x 11 ... 8 Nm
Hupe an Frontträger, Mutter M8 x 18 (10.9) .... 19 Nm
Bordsteckdose an Frontträger, Mutter M18 x 1 .... 3 Nm
Abdeckscheibe an Instrumentenkombination,
Kunststoffschraube 3 x 12 .... 0,5 Nm
Kabelbaum an Anlasserrelais, Mutter M6 .... 6 Nm
■ *mechanische Schraubensicherung, Mutter erneuern*
Kabelbaum Masse an Zylinderkopf, Schraube M6 x 10... 8 Nm
Kabelbaum Masse an Kurbelgehäuse,
Schraube M6 x 14,5 .... 8 Nm
Kabelkanal an Kurbelgehäuse, Schrauben M6 x 16 .... 8 Nm
Kabelkanal an Zylinderkopf, Schraube M6 x 10 .... 8 Nm
Halter Diagnosestecker an Heckträger .... 1,5 Nm

Sonderausstattung bei R 1250 GS und Adventure:
Keyless Ride-Steuereinheit an Gabelbrücke,
Fächerschraube M8 x 26 .... 20 Nm
■ *mikroverkapselt, Schrauben erneuern*
oder Loctite »mittelfest« an gereinigtes Gewinde
Haltebügel des Navigationssystems links an Frontträger,
Schraube M6 x 18 .... 8 Nm
Haltebügel des Navigationssystems rechts an Frontträger,
Schraube M6 x 16 .... 8 Nm
Halter für Scheinwerferschutz an Cockpitverkleidung,
Schrauben M5 x 17,5 .... 2 Nm
Scheinwerferschutz an Halter,
Schrauben M6 x 10 .... 2,5 Nm
Schalter für Zusatzscheinwerfer an Klemmschelle,
Schraube M5 x 12 .... 2 Nm
Tagfahrlicht an Scheinwerfer,
Kunststoffschraube M3,5 x 12 .... 1 Nm
Blende für Tagfahrlicht an Frontträger,
Schrauben M5 x 20 .... 2 Nm

Sonderausstattung bei R 1250 GS:
Halter für LED-Zusatzscheinwerfer an Frontträger
Schrauben M6 x 30 .... 8 Nm
■ *mechanische Schraubensicherung, Schrauben erneuern*
oder Loctite »mittelfest« an gereinigte Gewinde
LED-Zusatzscheinwerfer an Halter, Schrauben M6 x 45.. 6 Nm

Sonderausstattung bei Adventure:
Halter für LED-Zusatzscheinwerfer an Frontträger
Schrauben M6 x 30 .... 8 Nm
■ *mechanische Schraubensicherung, Schrauben erneuern*
oder Loctite »mittelfest« an gereinigte Gewinde
LED-Zusatzscheinwerfer an Halter, Schrauben M6 x 40.. 6 Nm
Adapter an LED-Zusatzscheinwerfer, Schrauben M5 x 16. 4 Nm
■ *mikroverkapselt, Schrauben erneuern*
oder Loctite »mittelfest« an gereinigte Gewinde

Halter für Zusatzscheinwerfer an Verbindungsstück
Schrauben M5 x 16, M5 x 10 .... 4 Nm
Halter für Zusatzscheinwerfer an Tankschutzbügel
Schrauben M6 x 30 .... 8 Nm
Zusatzscheinwerfer an Halter, Schrauben M6 x 40 .... 6 Nm

Raum für Notizen

Kabelverlegung

Kabelbaum in der Ansicht von der rechten Maschinenseite aus gesehen. Das Bild zeigt die wichtigsten elektrischen und elektronischen Geräte, Schalter und Stecker. Im Kapitel 12 »Elektrik · Elektronik« sind die einzelnen Bauteile und ihre Funktion aufgelistet und erklärt. Zu finden sind dort auch die Bauteile »Steuergerät für intelligenten Notruf« (eingebaut vor dem Batteriefach unter dem Fahrersitz), der »Motoröltemperatur-Sensor« (eingebaut im Motorgehäuse über dem Ölfilter) und das »Steuergerät für Keyless Ride« (eingebaut unter dem Zündschloss).

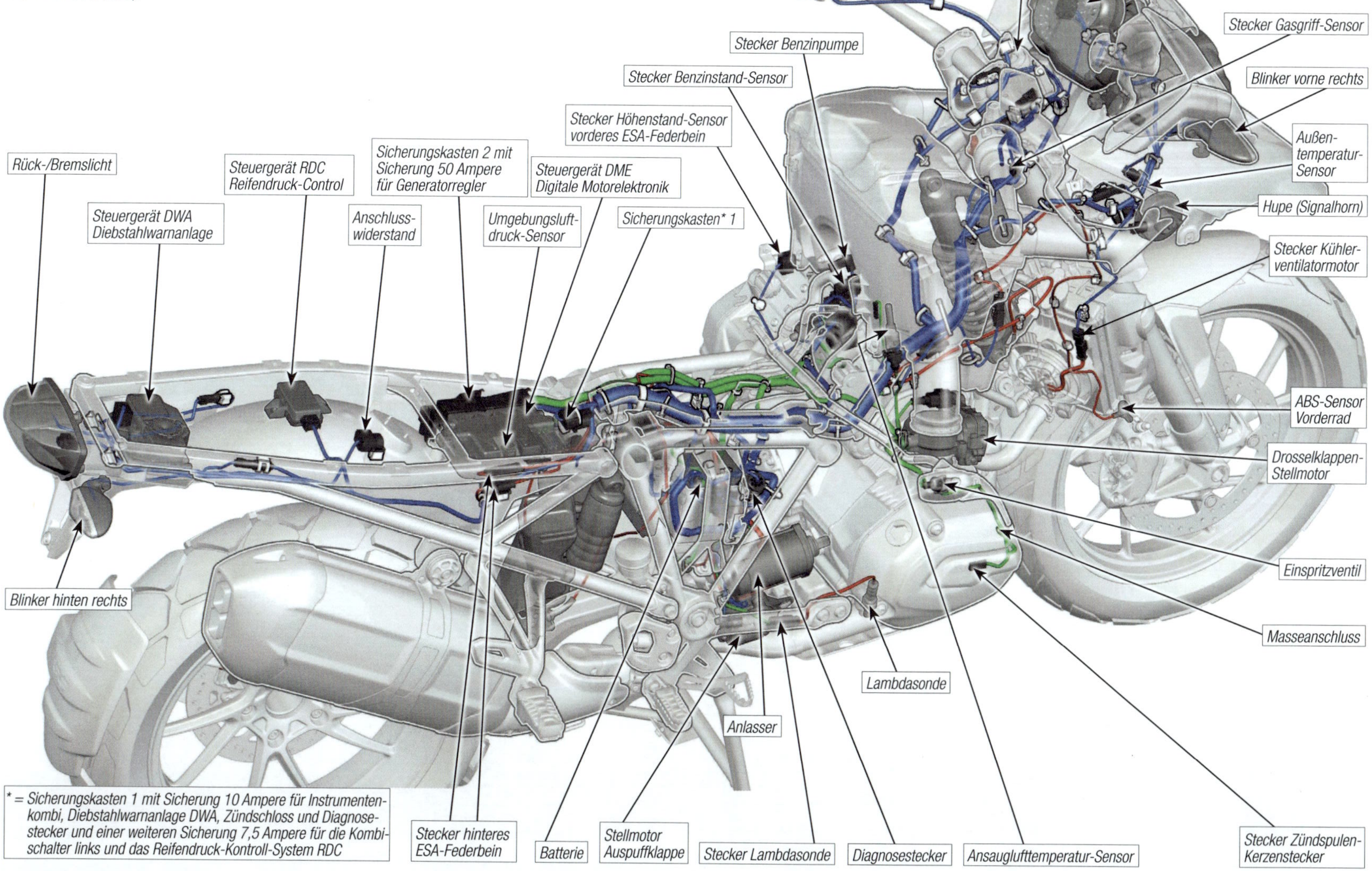

Kabelverlegung

Kabelbaum in der Ansicht von der linken Maschinenseite aus gesehen. Das Bild zeigt die wichtigsten elektrischen und elektronischen Geräte, Schalter und Stecker. Im Kapitel 12 »Elektrik · Elektronik« sind die einzelnen Bauteile und ihre Funktion aufgelistet und erklärt. Zu finden ist dort auch das Bauteil »Aufprall-Sensor für intelligenten Notruf« (angebaut am linken Tankhalter).

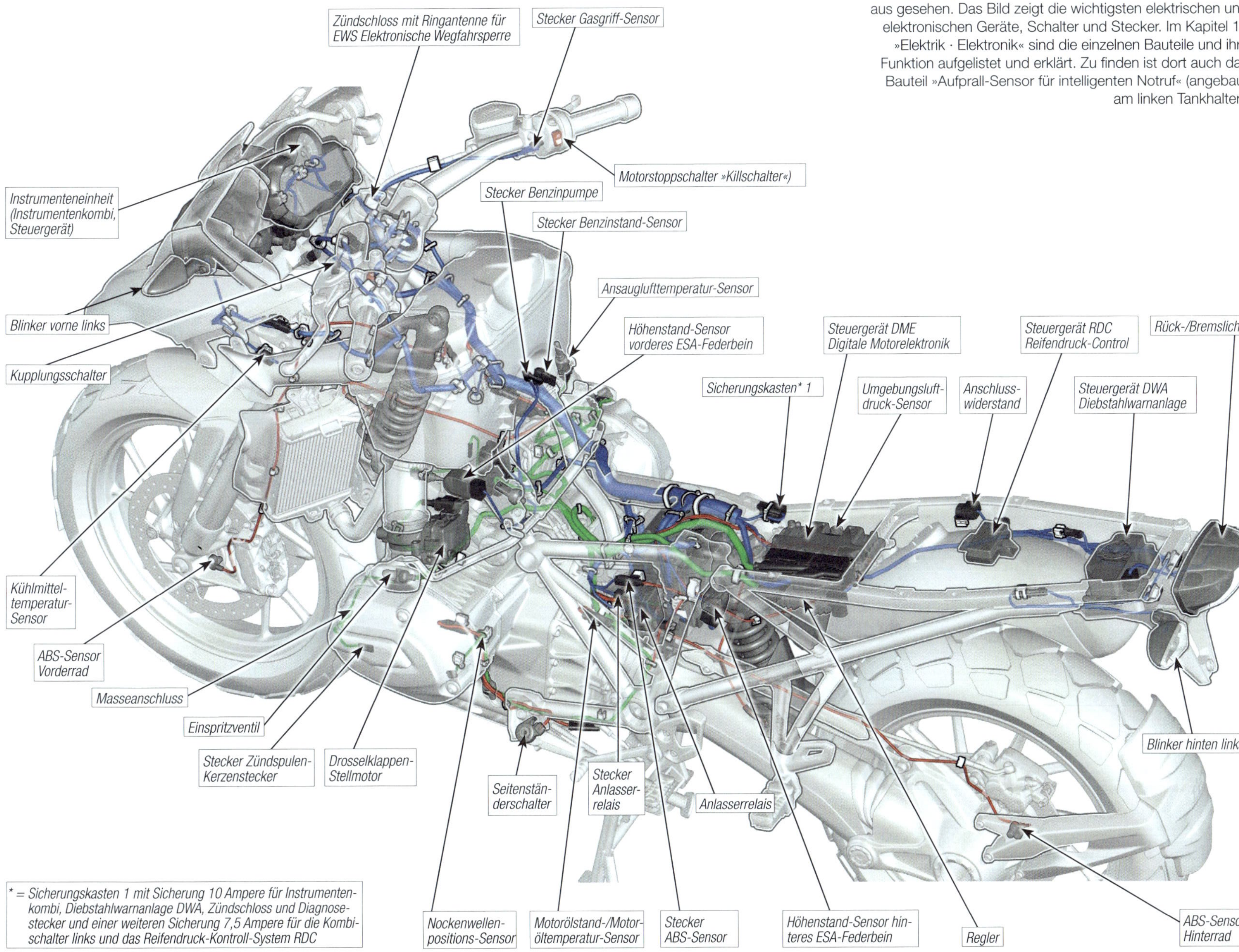

* = Sicherungskasten 1 mit Sicherung 10 Ampere für Instrumentenkombi, Diebstahlwarnanlage DWA, Zündschloss und Diagnosestecker und einer weiteren Sicherung 7,5 Ampere für die Kombischalter links und das Reifendruck-Kontroll-System RDC

Kabelverlegung

Kabelbaum in der Ansicht von rechts hinten auf den vorderen Teil des Motorrads mit den wichtigsten elektrischen und elektronischen Geräten, Schaltern und Stecker. Im Kapitel 12 »Elektrik · Elektronik« sind die einzelnen Bauteile und ihre Funktion aufgelistet. Zu finden ist dort auch das Bauteil »Steuergerät für Keyless Ride« (eingebaut unter dem Zündschloss).

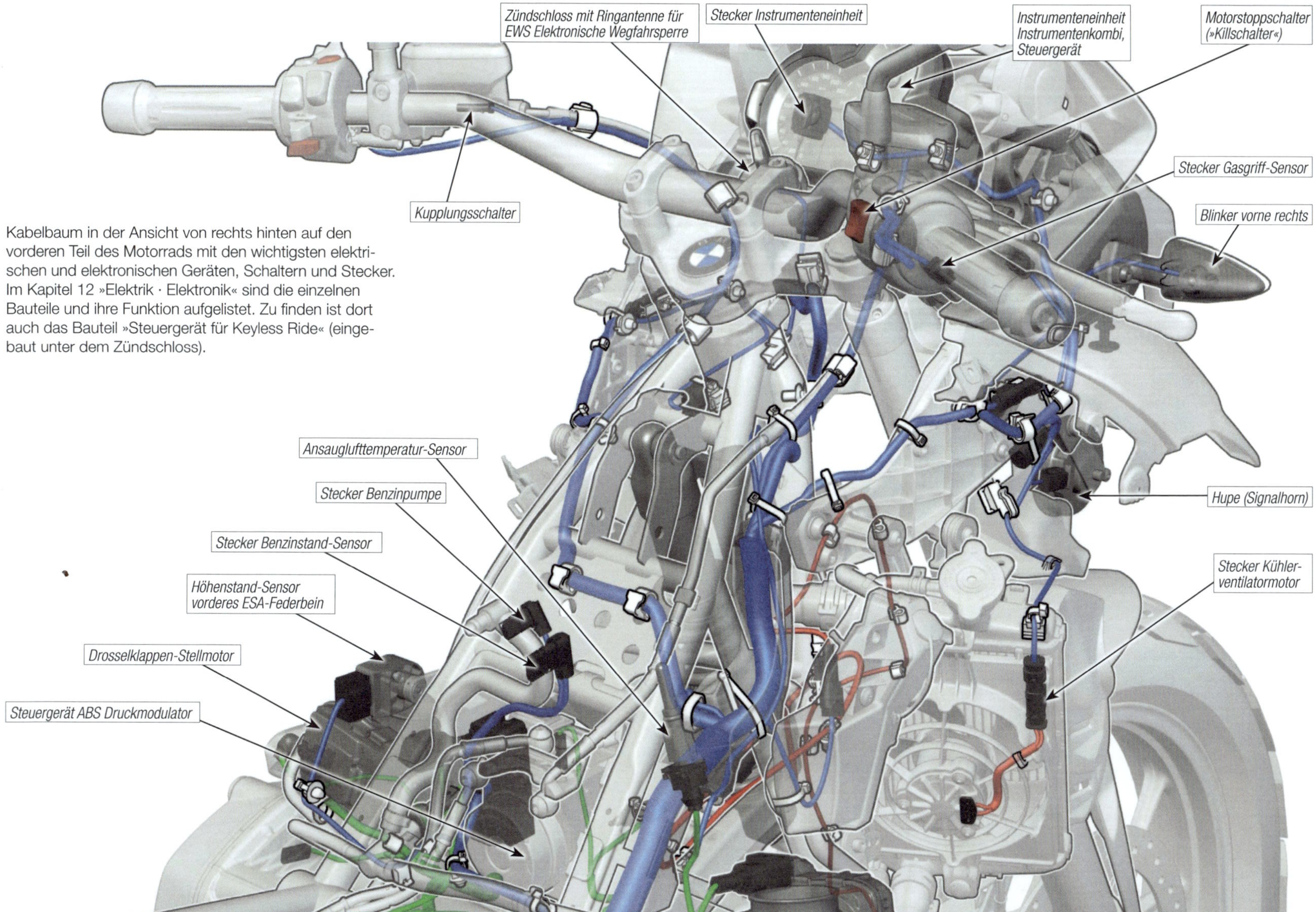

Kabelverlegung

Kabelbaum in der Ansicht von hinten auf den Motor mit den wichtigsten elektrischen und elektronischen Geräten, Schaltern und Stecker. Im Kapitel 12 »Elektrik · Elektronik« sind die einzelnen Bauteile und ihre Funktion aufgelistet.

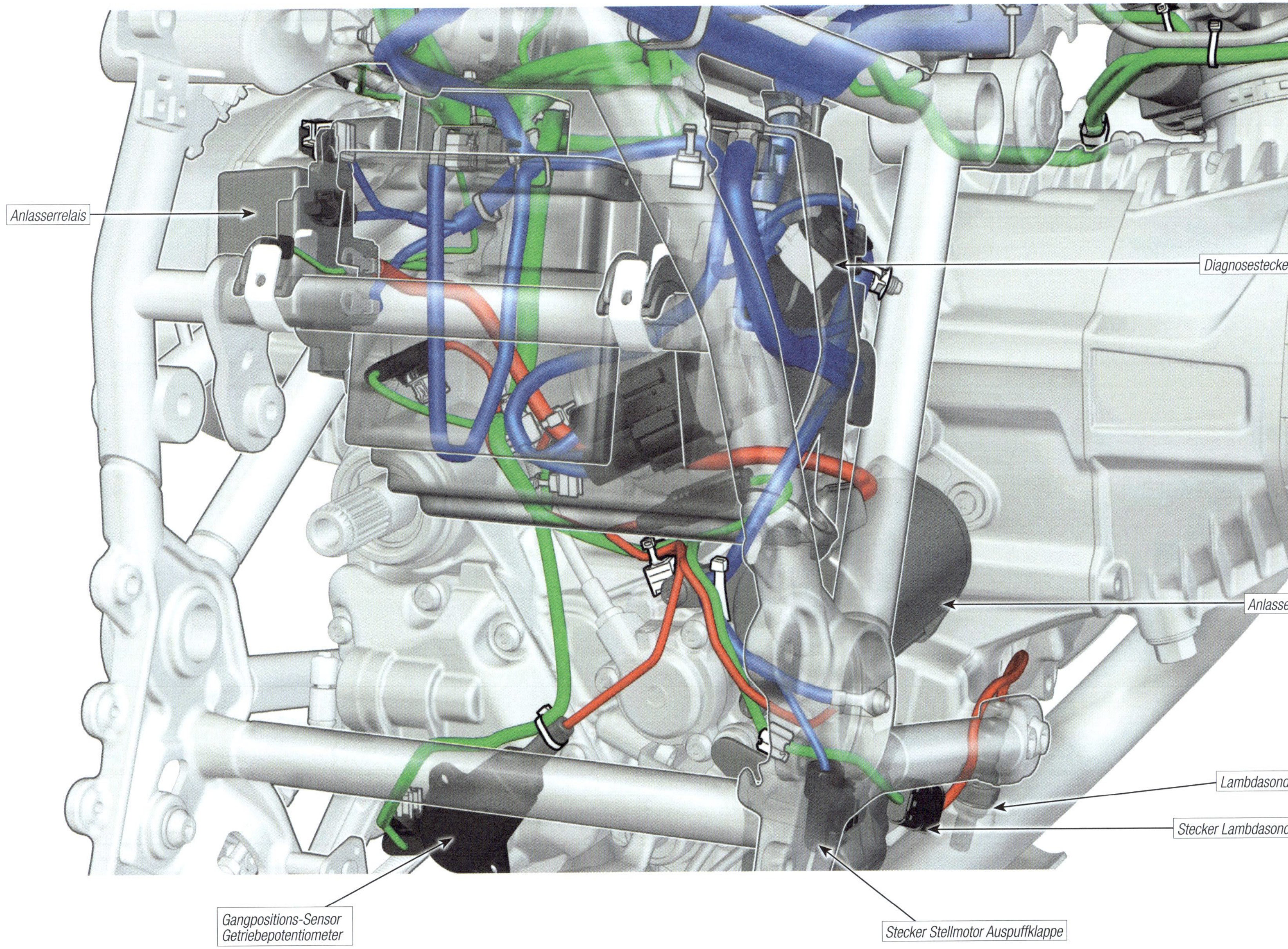

Kühlkreislauf

Der Kühlkreislauf ist farbig dargestellt:
ROT ist heiße Kühlflüssigkeit, die den Pfeilen nach aufsteigt und durch den Kühler geleitet wird.
BLAU ist abgekühlte Kühlflüssigkeit, die von der Wasserpumpe nachgedrückt wird.

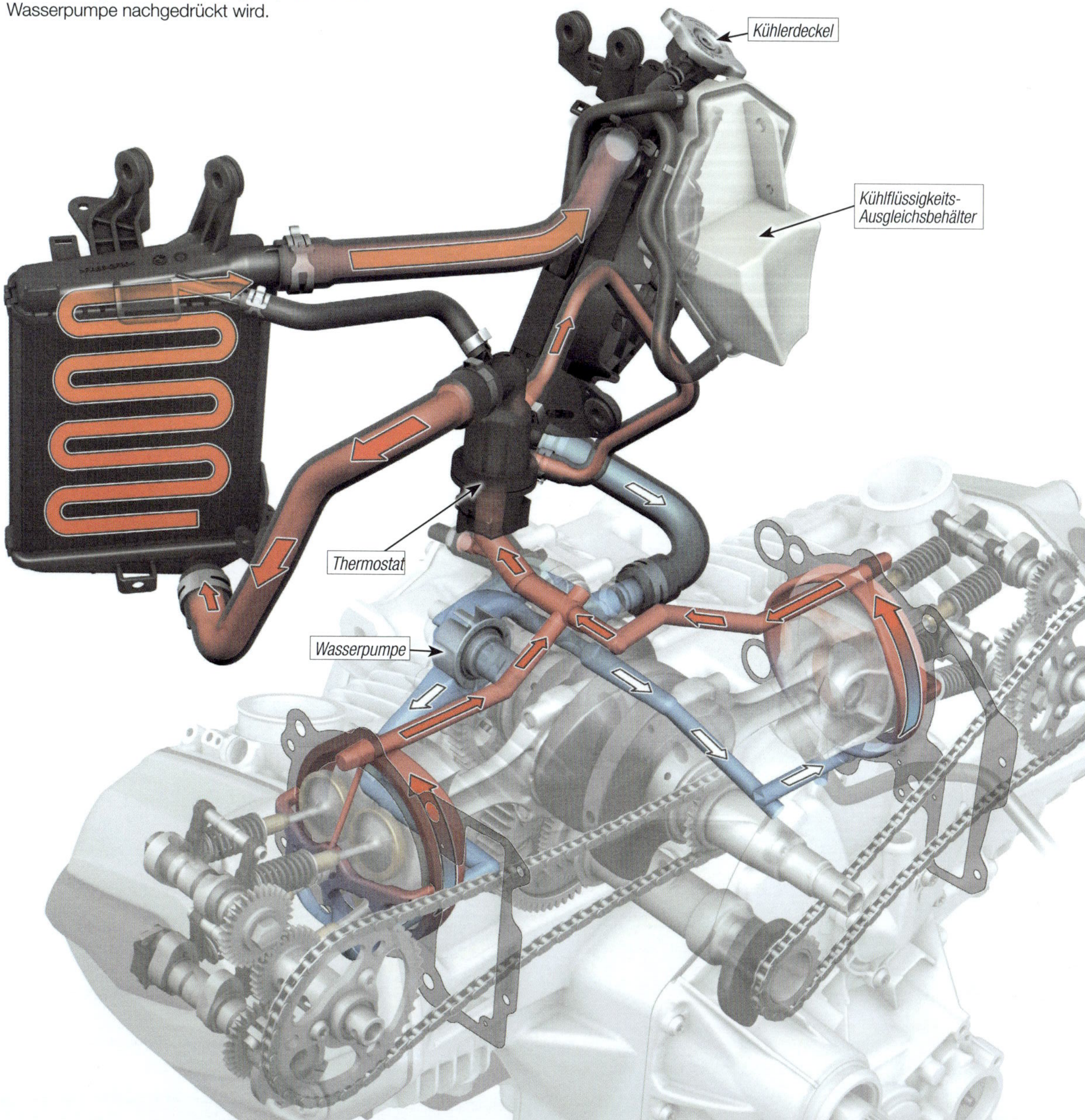

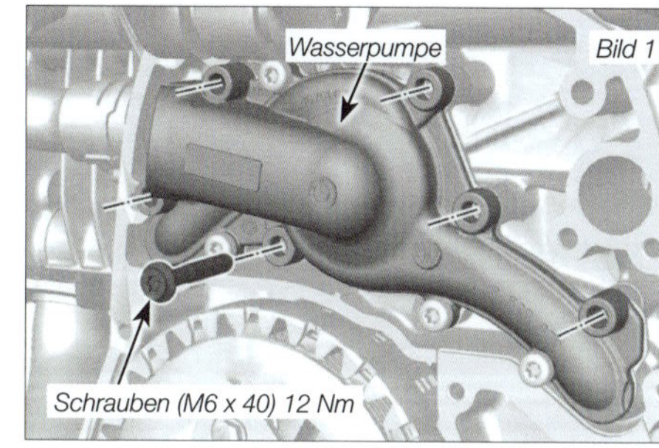

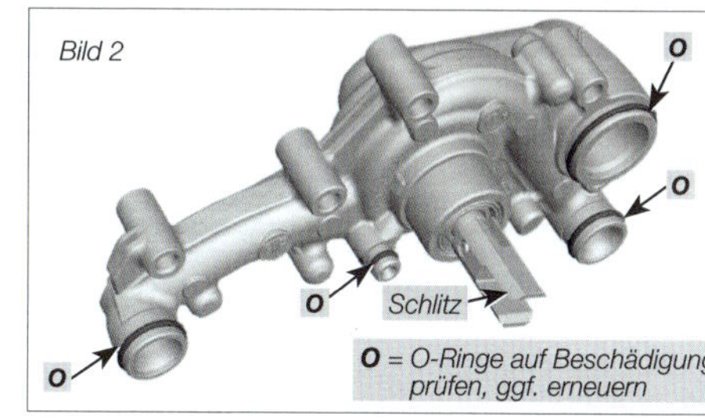

Wasserpumpe aus- und einbauen

Ergänzend zum Kapitel 22 »Kühlsystem« zeigen wir hier die Wasserpumpe in Einbaulage und in ausgebautem Zustand und beschreiben ihren Aus- und Einbau. Wenn die Wasserpumpe kaputt ist, kann sie nicht repariert werden, weil es keine Einzelteile als Ersatzteile gibt; sie muss also komplett erneuert werden.

Ausbau: Motorrad sicher aufbocken. Motoröl ablassen. Kühlflüssigkeit ablassen. Vorderen Motordeckel abschrauben. Bild 1: Befestigungsschrauben der Wasserpumpe lösen und ausdrehen. Pumpe fest mit beiden Hände anpacken, an ihr wackeln und gleichmäßig ziehen, so kommt sie aus ihren Sitzbohrungen heraus und kann abgenommen werden.

Einbau: Bild 2: O-Ringe leicht einfetten oder mit frischem Motoröl einölen. Pumpe in Einbauposition ansetzen. Unbedingt darauf achten, dass der Schlitz in der Antriebswelle auf den Zapfen im Motor ausgerichtet ist. Pumpe gleichmäßig in ihre Sitzbohrungen eindrücken. Bild 1: Schrauben eindrehen und ringsum in mehreren kleinen Schritten bis auf 12 Nm festziehen. Motordeckel aufschrauben siehe Kapitel 23 »Kupplung«, Motoröl einfüllen siehe Kapitel 21 »Ölwechsel«, Kühlflüssigkeit einfüllen siehe Kapitel 22 »Kühlsystem«.

Ölkreislauf

Ergänzend zum Kapitel 21 »Ölwechsel« wird hier der Ölkreislauf in einem Phantombild dargestellt. In den beiden Bildern 2 und 3 ist das Bauteil »Ölkolben« zu sehen, welches frei im unteren Teil des Bauteils »Ansaugschnorchel Saugstufe« eingesetzt ist. Dank seiner Beweglichkeit garantiert es, dass bei jeder Fahrposition das Motoröl vom motorinneren Ölreservoir »Ölsumpf« zur Ölpumpe gelangt. Im Bildtext zu den Bildern 1, 2 und 3 steht geschrieben wie es geht.

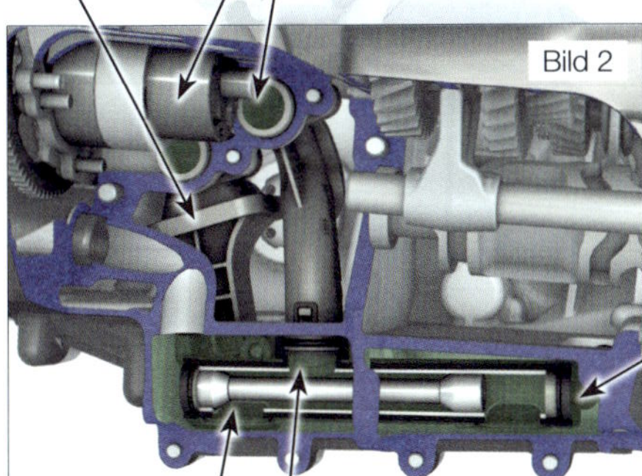

Bild 2: Ölkolben in vorderer Position, Ölfluss von **X 1** *nach* **X 2**

Das Motoröl ist unten im Motor gelagert, umgangssprachlich »Ölsumpf« genannt. Eine sonst übliche Ölwanne wie in Bild 1 zu sehen (sie stammt vom Vorgängermotor R 1200 GS LC) findet man beim Motor der R 1250 GS nicht (Bilder 2 und 3); hier ist das Ölreservoir direkt im Motorgehäuse. Des Weiteren ist ein frei beweglicher Ölkolben eingebaut, der bei scharfem Beschleunigen, Bremsen, Wheelies, Stoppies oder gar Überschlägen im Gelände die Ölversorgung des Motors garantiert.

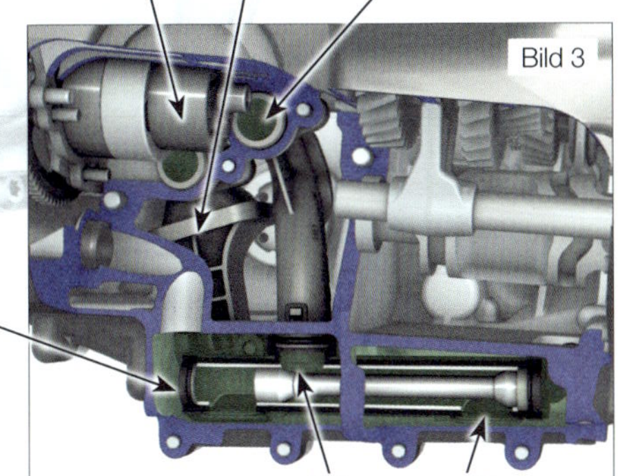

Bild 3: Ölkolben in hinterer Position, Ölfluss von **X 3** *nach* **X 2**

Sichtprüfung Messen

Bild 1

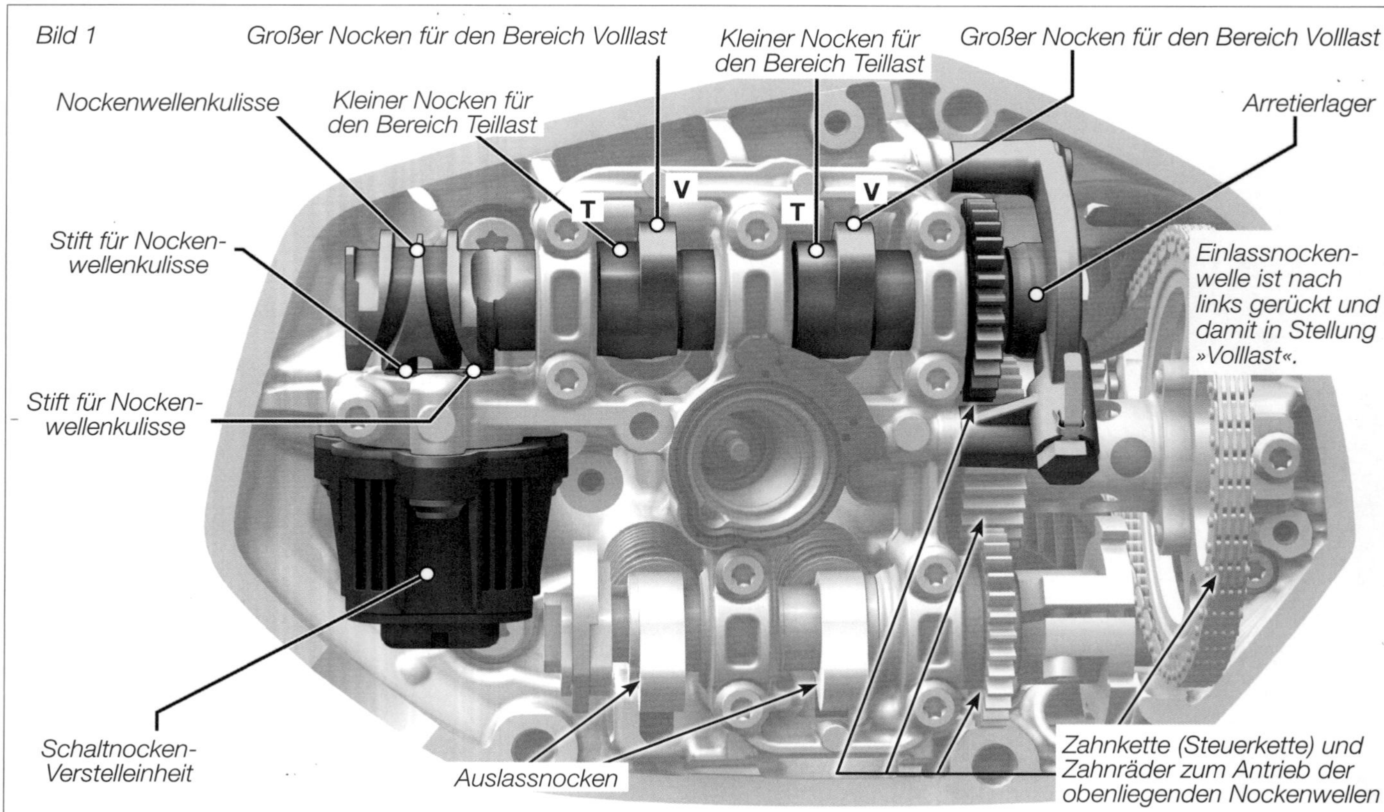

Bild 2

In diesem Bild ist die Einlassnockenwelle nach rechts gerückt und in Stellung »Teillast«. Dazu passt Bild 3, in dem man sieht, wie die Schlepphebel auf den Teillastnocken anliegen und die Einlassventile mit geringerem Hub betätigt werden.

ShiftCam-System Verstellbare Einlassnockenwellen

Der Boxermotor in R 1250 GS und Adventure ist eine Weiterentwicklung des Motors der R 1200 GS, die zum Modelljahr 2013 ihr Debut feierte. Erstmals waren beim Boxer der Motor, die Kupplung und das Getriebe zu einer Einheit zusammengefasst. Für R 1250 GS und Adventure wurde vor allem der Ventiltrieb einer gründlichen Kur unterzogen und neben der leise laufenden beiden Zahnketten zum Antrieb der je zwei obenliegenden Nockenwellen eine variable Ventilsteuerung entwickelt, genannt »ShiftCam-System«.

Die drei Bilder auf diesen Seiten zeigen die Bauteile des ShiftCam-System und ihre Funktion: Es sind zwei Nockenprofile pro Einlassventil vorhanden, ein »sanftes« mit zahmen Steuerzeiten (mit »T« für »Teillast« gezeichnet in den Bildern), und ein scharfes Profil, das wir mit »V« wie »Volllast« bezeichnet haben.

Daraus ergibt sich folgender Vorteil für die Motorleistung:
■ Ein kleinerer Ventilhub bei niedrigen Drehzahlen, sprich »Teillast«, produziert ein höheres Drehmoment als wenn das Ventil weiter öffnen würde.
■ Die so genannten »Spülverluste« sind bei geringerem Ventilhub geringer, weil das Einlassventil schon wieder zu ist, wenn das eben angesaugte Frischgas wieder rückwärts in den Einlasskanal verschwinden wollte.
■ Das nun in größerem Volumen angesaugte und bei rasch wieder schließenden Einlassventilen zwanghaft im Verbrennungsraum gehaltene Frischgas kann dann mehr Explosionskraft entwickeln, wenn es kurz vor OT (»oberer Totpunkt«) vom Funken der Zündkerze entzündet und zur Explosion gebracht wird.

Die Teillastnocken sind auch im Hinblick auf Verbrauchsopitimierung und Laufkultur entwickelt worden. Denn ein Motor, der mit geringen Ventilhüben arbeitet, läuft weicher als einer der »scharfe« Nockenprofile hat. Der Begriff »Scharfe Steuerzeiten« kennt man von Rennmotoren und deren Ventitrieben. Man weiß, dass solche Motoren wenig Laufkultur und ein geringes Durchzugsvermögen in niedrigen Drehzahlen bieten.

Nun vereint das ShiftCam-System der BMW enorme Vorteile:
■ Bei Motorlauf im Bereich der Teillast arbeiten sanfte Steuerzeiten mit reduziertem Ventilhub und produzieren ein höheres Drehmoment – der Motor hat »unten viel Bums«!
■ Wenn die Motordrehzahlen einen gewissen Wert erreichen, verschiebt die Schaltnocken-Verstelleineit über die Nockenwellenkulisse (so nennen sich die rillenartigen Einfräsungen auf der linken Seite der Einlassnockenwelle) die Einlassnockenwelle axial und die Volllast-Nocken werden aktiviert. Dadurch strömt mehr Luft in die Zylinder, was erlaubt auch mehr Kraftstoff einzuspritzen und so das Luft-Kraftstoff-Gemisch für höhere Leistung und Drehmoment anzureichern.

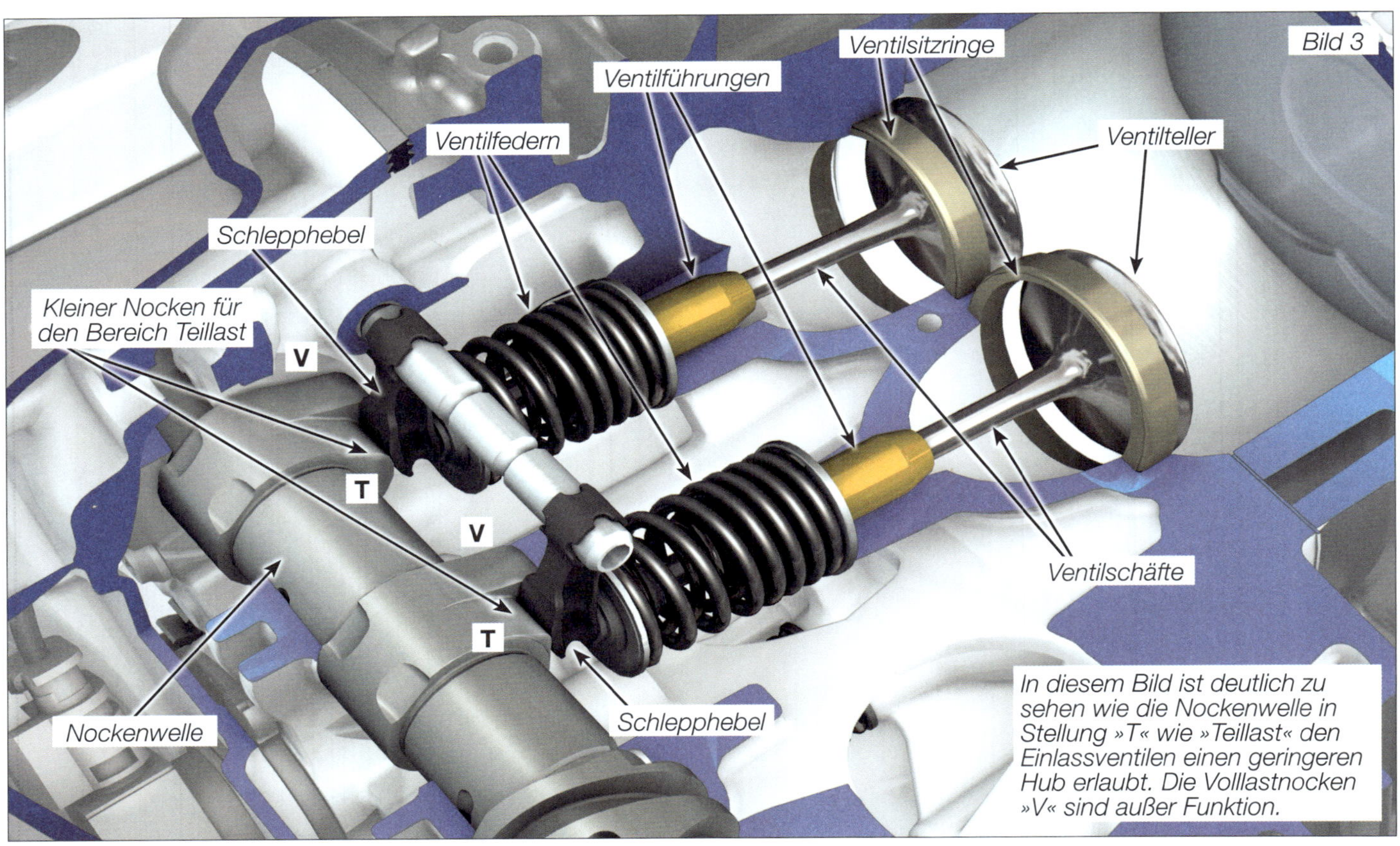

In diesem Bild ist deutlich zu sehen wie die Nockenwelle in Stellung »T« wie »Teillast« den Einlassventilen einen geringeren Hub erlaubt. Die Volllastnocken »V« sind außer Funktion.

Stichwortverzeichnis